电磁兼容设计与应用系列

开关电源电磁兼容分析与设计

杜佐兵　王海彦　编著

机 械 工 业 出 版 社

电子行业中开关电源的设计应用与电磁兼容（EMC）一直以来都是一个难点，同时很少有书籍专门对开关电源 EMC 进行全面的阐述。本书通过理论到实践，介绍了开关电源电磁兼容的正向设计。正向设计是以电磁兼容理论、方法和过程等效模型为指导，从系统（非隔离的 DC-DC 电路到隔离系统的反激电路、PFC 电路、LLC 电路、磁性元件、PCB 设计等）角度对开关电源系统进行 EMC 分析与设计，从而提升开关电源系统 EMC 的性能及可靠性。最后还介绍了开关电源 EMI 测试与优化方面具体的实践内容。

本书以实用为目的，化繁为简，将复杂的理论简单化，可以作为在企业中从事电子产品开发的部门主管、EMC 设计工程师、EMC 整改工程师、EMC 认证工程师、硬件开发工程师、PCB Layout 工程师、结构设计工程师、测试工程师、品管工程师、系统工程师等研发人员进行 EMC 设计的参考资料。

图书在版编目（CIP）数据

开关电源电磁兼容分析与设计/杜佐兵，王海彦编著．—北京：机械工业出版社，2022.4（2024.1 重印）
（电磁兼容设计与应用系列）
ISBN 978-7-111-70082-1

Ⅰ.①开…　Ⅱ.①杜…　②王…　Ⅲ.①开关电源-电磁兼容性　Ⅳ.①TN03

中国版本图书馆 CIP 数据核字（2022）第 013773 号

机械工业出版社（北京市百万庄大街 22 号　邮政编码 100037）
策划编辑：江婧婧　　　责任编辑：江婧婧　翟天睿
责任校对：陈　越　王　延　封面设计：鞠　杨
责任印制：单爱军
北京虎彩文化传播有限公司印刷
2024 年 1 月第 1 版第 4 次印刷
169mm×239mm · 18.25 印张 · 363 千字
标准书号：ISBN 978-7-111-70082-1
定价：99.00 元

电话服务　　　　　　　　网络服务
客服电话：010-88361066　机　工　官　网：www.cmpbook.com
010-88379833　机　工　官　博：weibo.com/cmp1952
010-68326294　金　书　网：www.golden-book.com
封底无防伪标均为盗版　　机工教育服务网：www.cmpedu.com

目前，几乎所有的电子产品都离不开开关电源。对于带有开关电源设计的产品，如果不考虑 EMC 问题，就很可能导致不能通过 EMC 测试，以至于无法通过相关的法规认证。电源开发设计人员都会经历让电源成功量产的磨炼，其问题点要么是热设计，要么是安规问题，当然最麻烦的还是 EMC 问题，因为 EMC 问题是最难预测的。设计工程师通常发现在开关电源 EMC 问题上，将发射频谱在某一频率降下来，却又会在另一频率上超标。在设法符合了传导发射限制后，可能会发现辐射限制值又超标了。

电磁干扰（EMI）是开关电源设计中公认的最具有挑战性的领域，这在一定程度上是因为许多寄生参数在产生影响，这些寄生参数最需要关注，所以再次调整将不可避免。如果对电源本身有深刻的理解，则电源的主体就不需要进行重新设计，只需要在 EMC 的领域进行分析和优化。有一本更接地气的关于开关电源类的 EMC 分析与设计参考书籍是目前行业电子工程师亟须的。

EMC 的分析与设计实际上是和测试相关联的，EMC 的分析和设计需要建立在 EMC 测试的基础上。EMC 的三要素是关键因素，如干扰源、耦合路径、敏感源/设备。敏感源/设备如果是敏感电路或器件就可能会有 EMS 问题；敏感源/设备如果是接收天线，当干扰源存在等效发射天线时就可能会有 EMI 辐射发射问题。传导干扰测试是通过线路阻抗稳定网络（LISN）进行的，在 50Ω 阻抗一定的情况下，传导干扰的大小程度取决于流过 LISN 中这个电阻的电流，那么最简单的处理 EMI 传导问题的方法就是要降低流经这个电阻的电流，在实践的过程中在电源端口传导干扰的问题在于流过电源端口的共模电流，分析其共模电流的路径和大小就变得非常重要。对于辐射干扰，当在屏蔽暗室进行天线接收测试时，可以减小流过产品中等效发射天线模型（单偶极子天线模型）的共模电流，从而有利于解决辐射发射的问题。

对于开关电源的 EMC 问题的分析和设计，思路和方法很重要，比如，任何的信号源总是要返回其源头，即电流的路径总是从源端到负载再返回到源端。这时就可以分析出所有的等效路径，建立简化的等效模型。

在 EMC 领域，任何的开关电源拓扑结构电路都会存在 du/dt、di/dt。电路中也没有绝对的零阻抗，当电路中的导体一旦有电流流过，就会产生一定的电压降。利用欧姆定律，在电子电路板上就没有零电压和零电流值，其可能在 μA、μV 级别的范围内，即存在一个较小的极限值，因此 du/dt、di/dt 就会带来电磁兼容问题。

任何噪声信号源的回路都可能有很多不同的路径，不希望某些电流在该路径上流动，就在该路径上采取措施包含其源，这是电磁兼容的设计与解决方法。

本书共有9章，第3~6章介绍电磁兼容领域，基本将与开关电源相似的拓扑结构的EMI分析和设计都包含其中。开关电源设计本身是一个复杂的电磁学，如有较深的开关电源设计理论，再来研究其电磁兼容设计，这两者结合后往往会有很大的收获。电磁学也不再那样可怕和难懂，电源的控制环路稳定性也是如此。因此，也期望本书能对实际的生产有用。

第1章为开关电源电磁兼容正向设计理论，把EMC变成一种可控的设计技术同步设计的过程。对于开关电源的电磁兼容分析和设计就需要理论原理和工程实践的结合，针对三要素中的一个或几个采取某些技术措施，限制或消除其影响，从而正向设计开关电源中的EMC问题。

第2章为电磁干扰传输和耦合理论，任何电磁干扰的发生都必然存在干扰能量的传输和传输途径或传输通道，也是EMC三要素中的耦合路径，重点分析了电磁干扰的两种传输方式：一种是传导传输方式，另一种是辐射传输方式。

第3~6章为开关电源电磁兼容分析与设计最重要的部分，通过分析开关电源各个拓扑结构的干扰源及传播路径，以及磁元件的特性及应用，给出了EMI的设计方法，再通过典型案例进行补充说明。

第7章为开关电源PCB优化EMC，包含PCB的接地滤波设计、PCB的布局和布线设计。一个良好接地设计的PCB不但可以降低流过共模电流产生的压降，同时也是减小电路中环路面积的重要手段。一个好的PCB设计就可以解决大部分的电磁兼容和EMI问题，同时在接口电路PCB布局时适当增加瞬态抑制器件和滤波电路就可以同时解决大部分的抗扰度问题及电磁干扰问题。

第8章为开关电源设计的浪涌抑制技术，主要解决防雷与防浪涌问题。任何形式的浪涌对电子设备的影响都可以归纳为从电源、信号和接地端口侵入。因此，电子设备的端口防护也从电源端口防护、信号线端口防护和接地端口防护三个方面入手，其基本的防护策略可以采用分压法和分流法。分压法采用的元器件有正温度系数（PTC）电阻、功率电阻、电感元件等；分流法采用的元器件有压敏电阻、瞬态抑制二极管（TVS）、气体放电管等。

第 9 章为开关电源 EMI 测试与优化，通过分析给出了开关电源系统在产品中的传导发射和辐射发射的优化思路和方法，对出现的常见问题给出了测试与整改的步骤。

开关电源电磁兼容分析和设计的目的是能让设计工程师进行产品的正向设计，让产品具有最低的 EMC 风险，即使通过测试与整改也能达到最高性价比的设计。由于作者的研究面有限，其 EMC 设计并不能包含开关电源中所有的 EMC 问题，同时也会因为作者知识结构的不全面性，导致出现一些描述不合理或不够准确甚至错误的地方，还请广大读者提供宝贵意见。

另外，需要说明的是，有的分析是基于 IEEE 中一些分散、但很好的文章，同时也参考了其他的一些论文和文章，其中绝大部分内容简单易读，方便与大家达成共识。书中的元器件符号、波形、图形和数据等有些是实测的，没有进行标准化处理，希望读者谅解，谢谢！

编　者

2022 年 1 月

目录

第1章 开关电源电磁兼容正向设计理论

目前几乎所有的电子产品都离不开开关电源的设计和应用。对于这样的带有开关电源设计的产品，如果不考虑EMC问题，就会导致EMC测试无法通过，以至于无法通过相关的法规认证。因此，EMC问题在测试之前优先加以考虑，就是所包含的正向设计方法。比如，设计工程师根据需要，设计出了效果良好的滤波、去耦、旁路电路，放置于产品电源输入/输出接口的前级，可使因传导而进入系统的干扰噪声消除在电路系统的入口处；设计出了隔离电路，例如变压器隔离、光电隔离等解决通过电源线、信号线和地线进入电路的传导干扰，同时阻止因公共阻抗、长线传输而引起的干扰；设计出了能量吸收回路，从而减小电路、器件吸收的噪声能量；通过选择电路元器件和合理安排电路系统，使干扰影响最小。

在电子产品设计中，同时也包含开关电源的设计，对产品进行EMC的正向设计是非常重要的。这样就能够使产品获得好的EMC性能和高的性价比。

如果在设计时没有用正向设计理论考虑潜在的EMC问题，而是通过测试整改来解决设计成型产品及电路级的EMC问题，那么大量的人力和物力都会放在后期的测试、验证、整改阶段。即使产品最终整改成功，大多数情况下还是会由于整改涉及电路原理、PCB设计、结构模具的变更，导致研发费用增加，产品上市周期延长。

通过前期产品设计过程中的电磁兼容正向设计理论，把EMC设计变成一种可控的设计技术，同时同步于产品功能的设计过程。对于开关电源的电磁兼容的分析和设计，需要理论原理和工程实践的结合，EMC问题必须有三要素即干扰源、耦合路径、敏感器同时存在，才会出现EMC问题，缺少三要素中的任何一个，EMC问题都不会存在。EMC设计就是针对三要素中的一个或几个采取某些技术措施，限制或消除其影响，从而正向设计开关电源中的EMC问题。

1.1 电磁兼容设计中的基本措施及滤波器电路

在开关电源系统中，对连接线电缆的接口使用适当的滤波、去耦、旁路或抑制电路，改变高频干扰电流的流向和大小是EMC设计中常用的措施。滤波、去耦、旁路或抑制电路对EMI的重要性也同样适用于EMS问题。接口电路与电缆在电路上直接相连，接口电路是否进行了有效的滤波、去耦、旁路或抑制，直接关系到整机系统能否通过 EMC 测试。接口电路滤波设计的目的是减小系统通过接口及电缆对外产生的辐射，抑制外界辐射和传导噪声对整机系统的干扰，其电路的组成元器件是电容器、电感类器件（比如磁珠、电抗器）及 RC 组合器件等。

1）去耦、旁路与储能的概念。旁路和去耦是指防止有用能量从一个电路传到另一个电路中，并改变噪声能量的传输路径，从而提高电源分配网络的品质。它有三个基本概念，即电源、地平面，元件和内层的电源连接。

去耦是当器件进行高速开关时，把射频能量从高频器件的电源端泄放到电源分配网络。去耦电容也为器件和元件提供一个局部的直流源，这对减小电流在板上传播浪涌尖峰很有作用。

在数字电路及 IC 电路中，必须要进行电源去耦。当元件开关消耗直流能量时，没有去耦电容的电源分配网络中将发生一个瞬时尖峰。这是因为电源供电网络中存在着一定的电感，而去耦电容能提供一个局部的没有电感的或者说电感很小的电源。通过去耦电容，把电压保持在一个恒定的参考点，阻止了错误的逻辑转换，同时还能减小噪声的产生，因为它能提供给高速开关电流一个最小的回流面积来代替元件和远端电源间的大的回流面积，如图 1-1 所示。

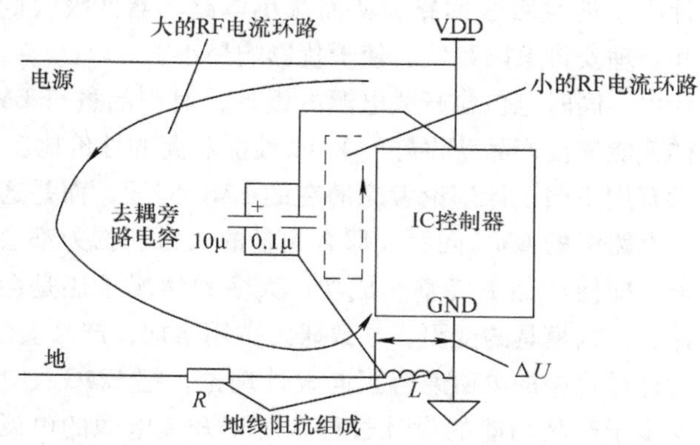

图 1-1　PCB 中的去耦电容大幅度减小了电流回流面积

去耦电容的另一个作用是提供局部的能量存储源，可以减小电源供电的辐射路径。电路中的 RF 能量的产生与 IAf 成正比，这里 I 是回流的电流，A 是回路的面积，f 是电流的频率。由于电流和频率在选择器件时已确定，所以要想减小辐射，减小电流的回路面积就变得非常重要。在有去耦电容的电路中，电流在小的 RF 电流回路中流动，从而减小 RF 能量，可以通过放置去耦电容得到小的回路面积。

如图 1-1 所示，ΔU 是 $L\mathrm{d}i/\mathrm{d}t$ 在地线上产生的噪声，它在去耦电容中流动。这个 ΔU 驱动着板上的地结构和分配系统中的共模电压流向整个电路板。因此减小 ΔU 与地阻抗有关，也与去耦电容的用法及位置有关。

去耦也是克服物理的和时序约束的一种方法，它是通过在信号线和电源线及平面间提供一个低阻抗的电源来实现的。在频率升高到自谐振点之前，随着频率的升高，去耦电容的阻抗会越来越低，这样高频噪声会有效地从信号线上泄放，这时剩下的低频辐射能量就没有什么影响了。根据去耦电容的原理，如果增加从电源线吸收能量的难度，就会使大部分能量从去耦电容中获得，充分发挥去耦电容的作用，同时电源线上也将产生更小的 di/dt 噪声。根据这样的思路，可以人为增加电源线上的阻抗。

在电源线上串联铁氧体磁珠是一种常用的方法，由于铁氧体磁珠对高频电流呈现较大的阻抗，因此增强了电源去耦电容的效果。

2）旁路是把不必要的共模 RF 能量从元件或线缆中泄放掉。它的实质是产生一个交流支路来把不希望的能量从易受影响的区域泄放掉。另外，它还提供滤波功能，其滤波的能力显然还受其自身的带宽的限制。有时也把旁路统称为滤波的设计，旁路或滤波通常应用在电源与地之间、信号与地之间或者不同的地之间，它与去耦有所不同。但是对于电容的使用方法来说是一样的，因此通常描述有关电容的特性都适用于去耦合旁路。

3）储能是当所用的信号引脚在最大容量负载下同时开关时，用来保持提供给器件的恒定的直流电压和电流。它还能阻止由于器件的 di/dt 电流浪涌而引起的电压跌落。如果说去耦是高频的范畴，那么储能可以理解为低频的范畴。

1.1.1　电磁兼容设计中的电容器

在 EMC 设计过程中，电容器是应用最广泛的元件，主要用于构成各种低通滤波器或用作去耦电容和旁路电容。通过实践数据可以看出，在 EMC 设计中，恰当选择与使用电容，不仅可以解决许多 EMC 问题，还能充分体现效果好及使用方便的优点。如果电容的选择或者使用不当，则可能达不到预期的目的，甚至会恶化产品的 EMC 水平。

1. 电容的自谐振

电容器是基本的滤波元件，在低通滤波器中作为旁路元件使用。利用它的阻抗随频率升高而降低的特性，可起到对高频干扰旁路的作用。但是，在实际使用中一定要注意电容器的非理想性。

从理论上看，理想电容的容量越大，容抗就越小，滤波效果就越好。但是，电容器都存在等效串联电感 ESL，容量大的电容器一般等效串联电感也大，而且等效串联电感与电容本身呈串联关系，于是串联自谐振就产生了，等效串联电感越大，自谐振频率越低，对高频噪声的去耦效果也越差，甚至根本起不到去耦作用。元件的物理尺寸越大，同样容值电容器的自谐振点频率越低。

实际电容器的电路模型及频率阻抗特性如图 1-2 所示，它是由等效串联电感

ESL、电容和等效串联电阻 ESR 构成的串联网络。电感分量是由引线和电容结构决定的，电阻是介质材料固有的。电感分量是影响电容频率特性的主要指标，因此在分析实际电容器的旁路作用时，用 LC 串联网络来等效。

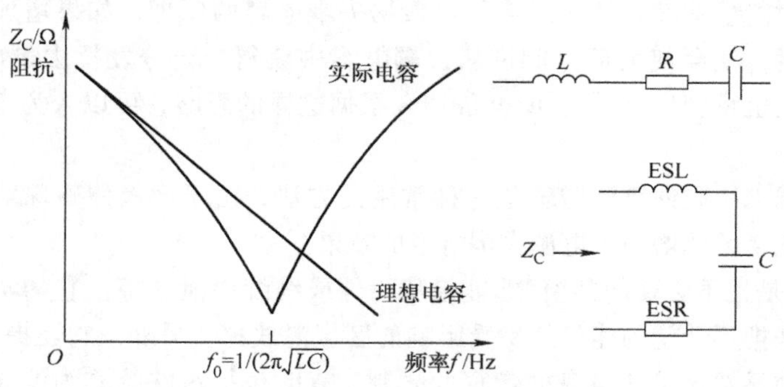

图 1-2　电容器的等效电路及频率阻抗特性

如图 1-2 所示，在谐振频率 f_0 上，L 和 C 将串联谐振，此时整个回路的阻抗最低。在自谐振点以上的频率，电容的阻抗随感性的增加而增加，这时电容将不再起旁路和去耦的作用。因此，旁路和去耦受电容器的引线电感及电容和元器件间布线长度、通孔焊盘等影响。

2. 电容对滤波特性的影响

实际的电容器如图 1-2 所示，当 $f_0=1/(2\pi\sqrt{LC})$ 时，会发生串联谐振，这时电容的阻抗最小，旁路效果最好。超过谐振点后，电容器呈现电感的阻抗特性，其随着频率的升高而增加，旁路效果开始变差。这时，作为旁路元件的电容器开始失去旁路的作用。

理想电容的阻抗是随着频率的升高而降低，而实际电容的阻抗在频率较低时呈现电容特性，即阻抗随频率的升高而降低，在某一点发生谐振，在这点电容的阻抗等于等效串联电阻 ESR。在谐振点以上，由于 ESL 的作用，电容阻抗随着频率的升高而增加，因此对高频噪声的旁路作用减弱，甚至消失。

电容的谐振频率由 ESL 和 C 共同决定，电容值或电感值越大，谐振频率越低，也就是电容的高频滤波效果越差。ESL 除了与电容器的种类有关外，电容的引线长度也是一个非常重要的参数，引线越长，电感越大，电容的谐振频率越低。因此在实际的应用中，要使电容元件的引线尽量短，电容器的正确设计方法和不正确的连接方法如图 1-3 所示。

根据 LC 电路串联谐振的原理，谐振点不仅与电感有关，还与电容有关，电容越大，谐振点越低。有许多的设计工程师认为电容器的容值越大，滤波效果越好，这是一种误解。电容越大，对低频干扰的旁路效果虽然好，但是由于电容在较低的频

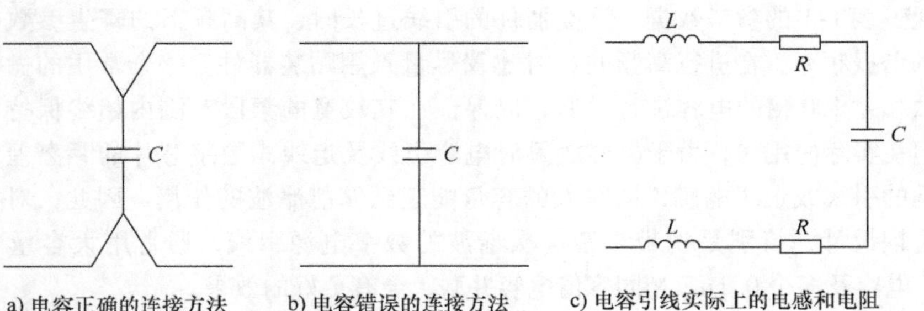

图 1-3　滤波电容器正确与错误连接方法示意图

率发生了谐振，阻抗开始随着频率的升高而增加，因此对高频噪声的旁路效果变差。

因此，在选择电容器时，并非取决于电容值的大小，而是电容器的自谐振频率，并与逻辑电路和所用的工作频率相匹配。在自谐振频率以下，电容器表现为容性，在自谐振频率以上电容器变为感性。当电容器表现为感性时，实际上已经失去了电容应有的作用。表 1-1 中对比两种类型的瓷片电容的自谐振频率。一种是带有 6. 4mm 引线的，另一种是表贴 0805 封装的。

表 1-1　电容器的自谐振频率

电容值	电容的自谐振频率	
	插装（6. 4mm 引线）	表面贴装（0805 封装）
10pF	800MHz	1. 6GHz
100pF	250MHz	500MHz
500pF	116MHz	225MHz
1000pF	80MHz	160MHz
0. 01μF	25MHz	50MHz
0. 1μF	8MHz	16MHz
1μF	2. 5MHz	5MHz

注：表中对于插件的寄生电感估算值 $L=3.75$nH；0805 封装寄生电感估算值 $L=1$nH。

尽管从滤除高频噪声的角度看，不希望有电容谐振，但是电容的谐振并不总是有害的。当要滤除的噪声频率确定时，可以通过调整电容的容量，使谐振点刚好落在干扰频率上。

电磁兼容设计中使用的电容要求频率应尽量高，这样才能够在较宽的频率范围（10kHz ~ 1GHz）内起到有效的滤波作用。提高谐振频率的方法有两种：一种是尽量缩短引线的长度；另一种是选用电感较小种类的电容器件。

表 1-1 中，以 1μF 电容为例，插装（6. 4mm 引线）的高频电容的谐振点为 2. 5MHz，在谐振点其阻抗最小，表面贴装（0805 封装）的高频电容的谐振点为 5MHz，在谐振点其阻抗最小。

通过表 1-1 的参考数据，该类器件的引线过长时，其高频下的寄生参数会降低自身的谐振频率，在进行高频滤波时建议尽量采用贴装器件。一个常用的做法是选择参数相差 100 倍的电容进行并联，以保证在其较宽的频段范围内始终保持电容特性。但在实际应用时，由于电容放置时电容引线及走线离数字芯片的距离差异会带来不同的引线或走线电感，同时大的容量能起到储能滤波的作用。因此，对数字芯片做去耦设计，特别是携带丰富高次谐波的数字电源引线，通常用大容量电容与 0.1μF 电容及多个 0.1μF 相同容值电容并联，会有更好的效果。

表贴电容器的自谐振频率相对较高，在实际应用中，它的连接线的等效串联电感也会削弱其原来的优势。表贴电容器有较高的自谐振频率是因为小包装尺寸的径向和轴向的电容的引线电感较小。根据实际经验，不同封装尺寸的表贴电容，随着封装的引线电感的变化，它的自谐振频率的变化在 ±(2～5)MHz 之内。

插件的电容器只不过是表贴器件加上插脚引线的结果。对于典型的插件电容，它的等效串联电感平均约为 0.98nH/mm。表贴电容器的等效串联电感平均为 1nH。综合以上所述，在使用去耦电容时电容的等效串联电感是需要重点考虑的。表贴电容器比插件电容器在高频时有更好的效能，就是因为它的等效串联电感很低。

既然等效的串联电感是引起电容在自谐振频率以上失去其应用的主要因素，那么在实际电路应用中，必须将 PCB 中电容的连接线电感包括过孔等影响因素都考虑进去。在某些电路中，如果工作频率很高，而且频率要比电容在电路中呈现的自谐振频率范围高很多，那么就不能使用该电容。

比如，一个 0.1μF 的电容不适合给 100MHz 时钟信号去滤波，而 0.001μF 电容在不考虑引线及过孔的电感情况下，就是一个很好的选择。这是因为 100MHz 及其谐波已经超过了 0.1μF 电容的谐振频率。

在实际应用中，一般选择瓷片电容，超小型聚酯或聚苯乙烯薄膜电容也是可以的，它们的尺寸与瓷片电容相当。还有一种三端电容，因为电容引线电感极小，所以它可以将小瓷片电容的频率范围从 50MHz 以下扩展到 200MHz 以上，这对抑制较高频段的噪声是很有用的。要在较高频段或更高的频段获得更好的滤波效果，特别是保护屏蔽体不被穿透，必须使用馈通电容，这是三端电容的一种。

图 1-4～图 1-6 所示分别为不同电容及容值的电容器的频率阻抗关系图，从图中可以看出自谐振频率点及其阻抗特性曲线，以供参考。

为了直观地了解三端电容的高频特性，通过图 1-7～图 1-9 给出普通电容与三端电容的滤波效果，提供简单的应用参考依据。

PCB 中电源层与地层之间的分布电容是理想的平板电容，电流一律从一边流入，从另一边流出，电感几乎为 0。在这种情况下，平板电容在高频时仍然表现为容性，因此在多层板 PCB 设计时，电源层与地层之间形成的平板电容对高频数字电路的高频去耦具有重要意义，PCB 中电源层和地层之间形成的平板电容与电源层和地层之

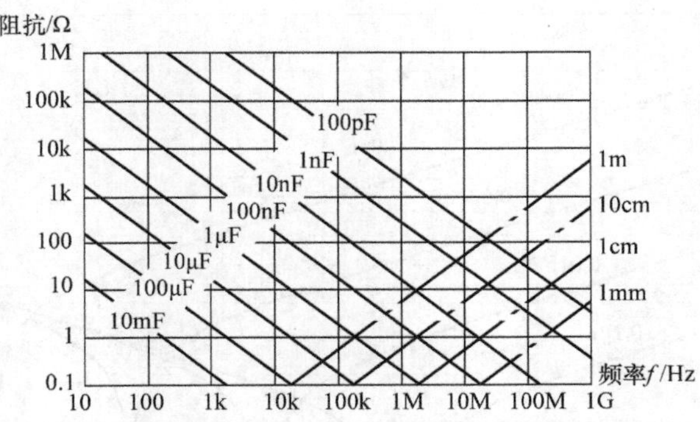

图 1-4　常用陶瓷电容不同容值的频率阻抗关系图

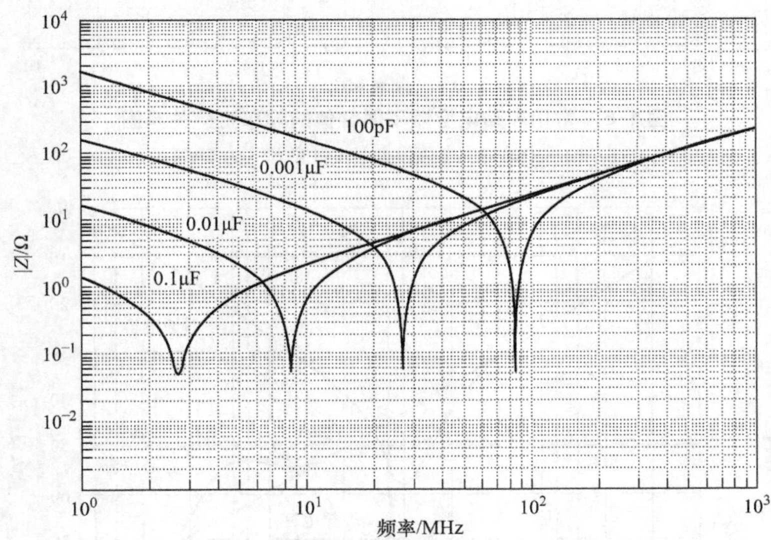

图 1-5　常用插件电容器不同容值的频率阻抗关系图

注：图示中的寄生电感 ESL 为 35nH，电容 ESR 为 50mΩ。

间距离成反比，与电源层和地层的面积成正比。因此，在数字电路中增加的高频电容与平板电容之间存在并联关系，相当于电容器的并联，这样在电路中就会出现并联电容的反共谐振点。

3. 电容器的并联

有效的容性去耦是通过在 PCB 上适当位置放置电容器来实现的。在实际应用中，两个电容并联使用能提供更宽的抑制带宽。

图 1-10 所示为采用一个大电容和一个小电容，比如 0.1μF 和 100pF 两个去耦电容单独使用和并联使用的曲线。由图可知，当不同电容器并联使用时，出现了一个

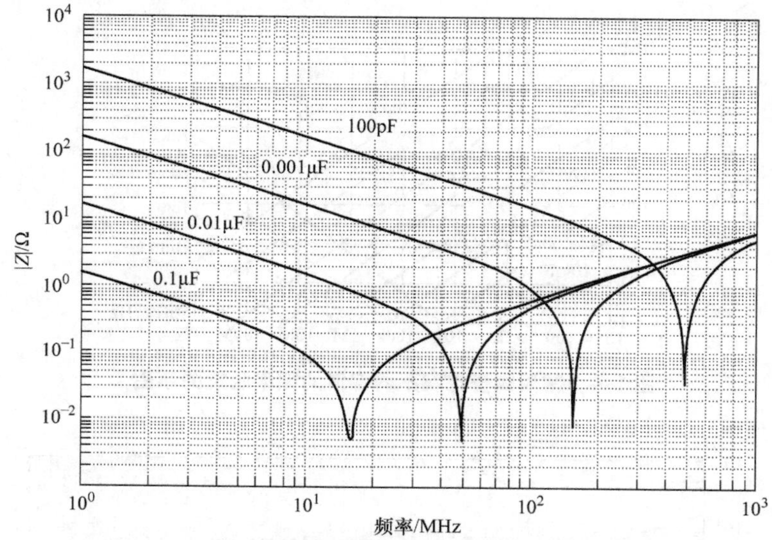

图 1-6　常用表贴电容器不同容值的频率阻抗关系图

注：图示中的寄生电感为 1nH，电容 ESR 为 5mΩ。

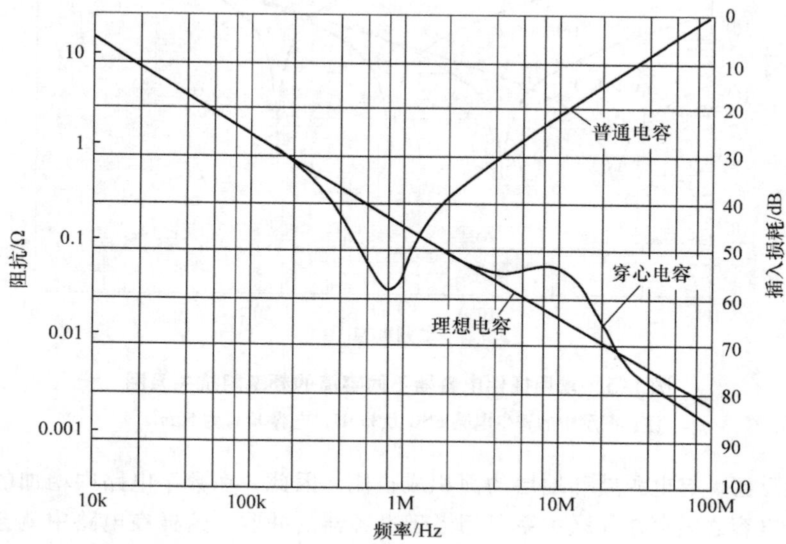

图 1-7　三端电容（穿心电容）元件的频率阻抗及插入损耗特性

例外的情况。假如 0.1μF 电容器的自谐振频率为 15MHz，100pF 电容的自谐振频率为 150MHz。在 100MHz 以上，并联电容的结合阻抗有一个很大的上升，那是因为在 100MHz 以上，0.1μF 电容变成了感性，而 100pF 电容仍为容性，这样在这个频率范围内就形成了一个并联谐振 *LC* 电路。

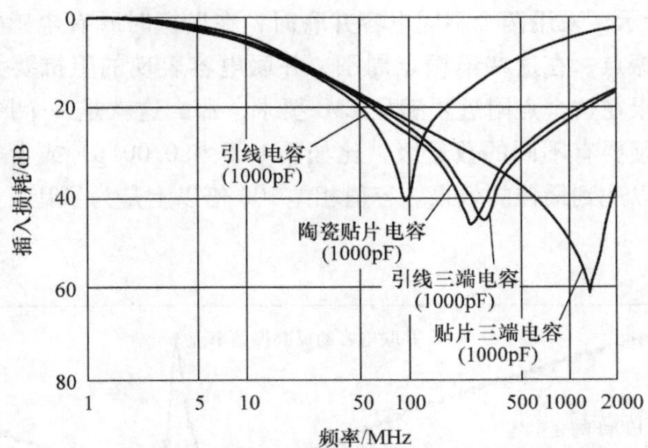

图 1-8　三端电容与普通电容元件的插入损耗对比特性

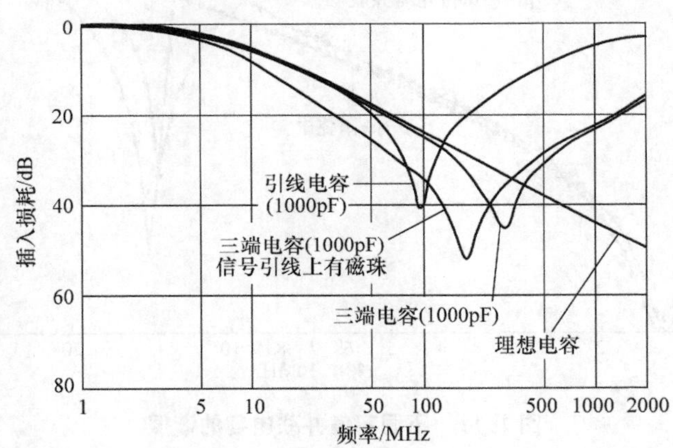

图 1-9　三端电容的滤波效果

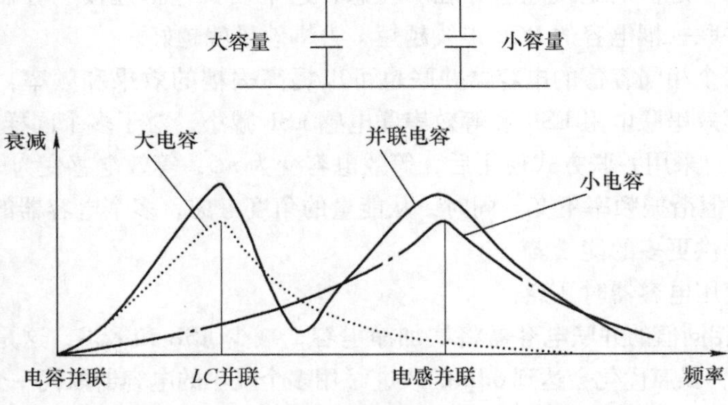

图 1-10　不同容值电容并联克服非理想特性

如图 1-11 所示，采用两个不同电容并联时，在谐振时既有电感也有电容，因此会有一个反共谐振点，在这些谐振点周围，并联电容表现的阻抗要大于它们单个使用时的阻抗，如果在这个点附近要满足 EMI 要求，那么这就是一个风险位置。因此，两个并联电容必须要有不同的数量级，比如 0.1μF 和 0.001μF 或者容值相差 100 倍以上的关系，可以达到最佳的效果。容值相差 100 倍以上是为了让反共谐振频率范围变得更窄一些。

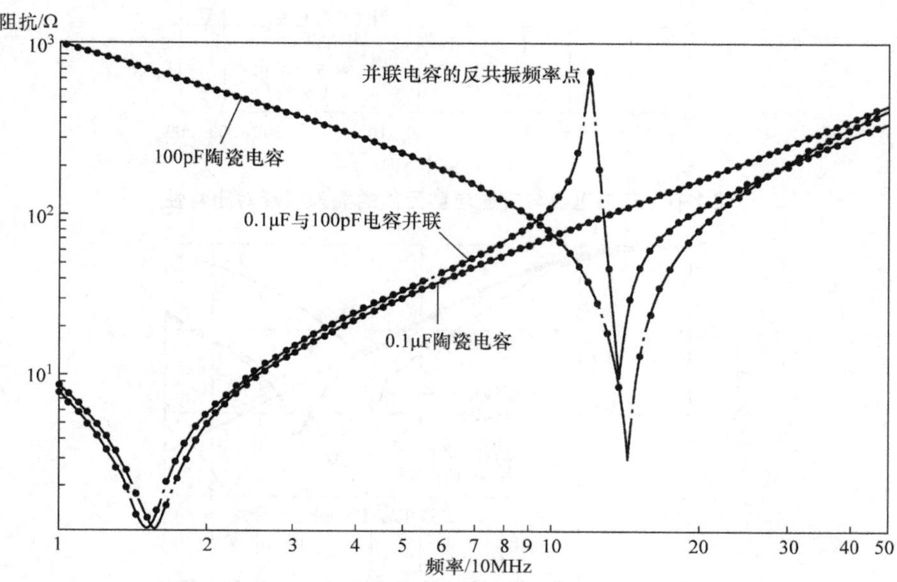

图 1-11　不同容值并联电容的谐振

为了优化并联去耦的效果，还需要减小电容内的引线电感。同时，当电容装到 PCB 上时会有一定值的走线电感存在。注意：这个线长包括连接电容器到平面的过孔的长度。并联去耦电容的 PCB 走线越短，去耦效果就越好。

另外，两个相同容值的电容器并联也可以提高去耦的效果和频率，这是因为电容器并联后等效串联电阻 ESR 和等效串联电感 ESL 减小，对于多个同样值的电容器，比如数量为 n，采用并联方式使用后，等效电容变为 nC，等效电感变为 L/n，等效电阻变为 R/n，但谐振频率不变。同时，从能量的角度考虑，多个电容器的并联能为被去耦的器件提供更多的能量。

在并联使用电容器时注意：

1）采用相同值的并联电容器将增加净电容，减少 ESL 和 ESR，这是最重要的性质。好的设计，噪声优化会达到 6dB 的改进（用多个较小的电容器取代一个电容器）。

2）如果电容值是不同的，则反共振频率点将会出现。进行设计选择电容值时，使反共振不会发生在产生的信号的谐波，即开关或过渡频率点。

4. 电容受温度的影响

由于电容中的介质参数受到温度变化的影响，因此电容器的电容值也随着温度变化而变化。不同介质随温度变化的规律不同，有些电容器的容量当温度升高时会减小 70% 以上，常用的滤波电容为瓷介质电容，瓷介质电容器有超稳定型，比如 COG 或 NPO；稳定型，比如 X7R；通用型，比如 Y5V 或 Z5U。不同介质的电容器的温度特性如图 1-12 所示。

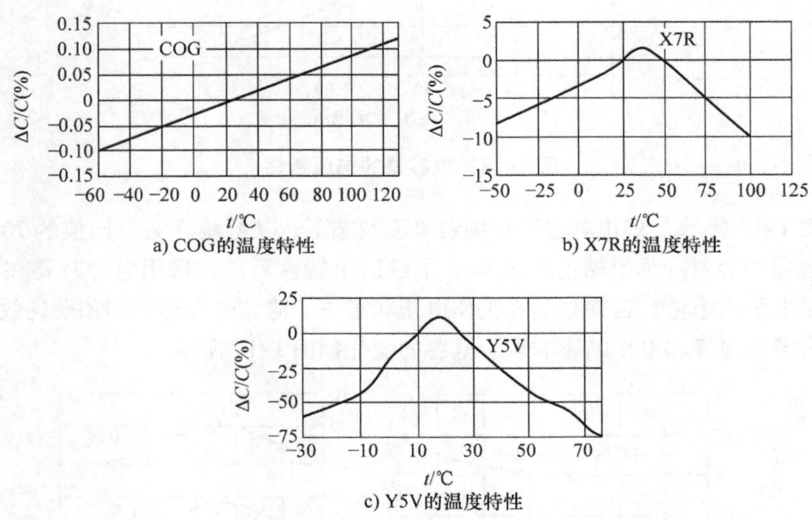

a) COG的温度特性　b) X7R的温度特性

c) Y5V的温度特性

图 1-12　不同介质电容器的温度特性

如图 1-12 所示，COG 电容器的容量随温度几乎没有变化，X7R 电容器的容量在额定工作温度范围内变化在 12% 以下，Y5V 电容器的容量在额定工作温度范围内变化在 70% 以上。这些特性是需要注意的，否则会出现滤波性能在高温或低温时性能变化而导致产品及设备产生电磁兼容问题。

COG 介质虽然稳定，但介质常数较低，一般为 10 ~ 100，因此当体积较小时，容量较小；X7R 的介质常数高很多，为 2000 ~ 4000，因此较小的体积也能产生较大的电容；Y5V 的介质常数最高，为 5000 ~ 25000。

在设计应用中，如果设计工程师在选用电容器时，片面追求电容器的体积小，那么这种电容器的介质虽然具有较高的介质常数，但温度稳定性会很差，从而导致产品及设备温度特性变差。这在选用电容器时要特别注意，特别是在军用设备中。

5. 电容受电压的影响

电容器的电容量不仅随着温度变化而变化，还会随着工作电压变化而变化，这一点在实际的电路设计应用中也要注意。不同介质材料的电容器的电压特性如图 1-13 所示。

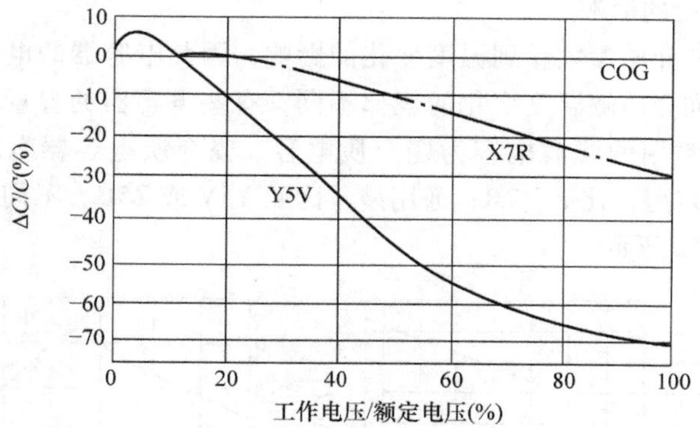

图 1-13　电容器的电压特性

如图 1-13 所示，X7R 电容器在额定电压状态下，其容量降为原始值的 70%，而 Y5V 电容器的容量降为原始值的 30%。了解这个特性后，在选用电容时要在电压或电容容量上留出余量，否则在额定工作电压状态下，滤波器会达不到预期的效果。

综合考虑温度和电压的影响时，电容的变化如图 1-14 所示。

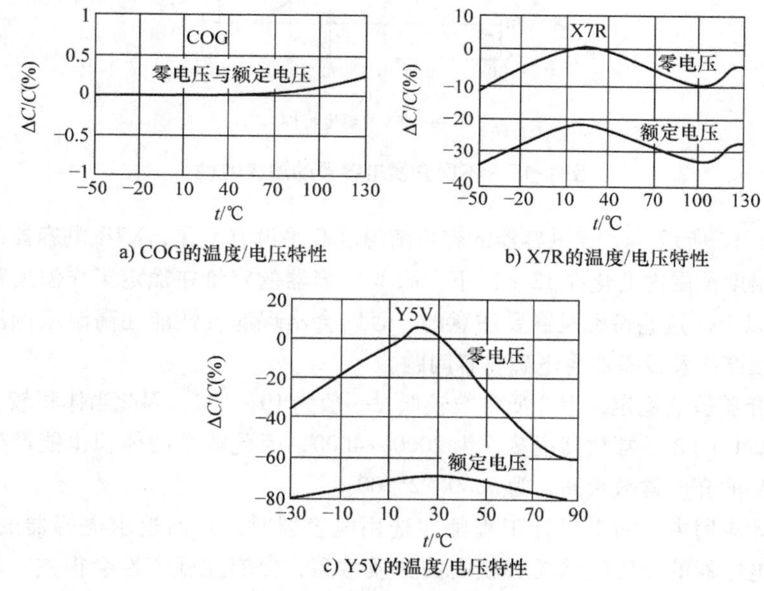

图 1-14　电容器件的温度/电压特性

电容器的本体外表面上通常会标示出电容容量值，称为电容器的标称容量。标称容量与实际容量之间的偏差与标称容量之比的百分数称为电容器的允许误差。常用电容器的允许误差有 ±0.5%、±1%、±5%、±10%、±20%。

电容器在使用时，允许加在其两端的最大电压值称为工作电压，也称为耐压或额定工作电压。使用时，外加电压最大值一定要小于电容器的额定工作电压，通常推荐外加电压应在额定工作电压的 2/3 以下。

电容器的绝缘电阻表征电容器的漏电性能，在数值上等于加在电容器两端的电压除以漏电流，绝缘电阻越大，漏电流越小，电容器质量越好。品质优良的电容器具有较高的绝缘电阻，一般在兆欧级以上。电解电容器的绝缘电阻一般比较低，漏电流较大。

注意：电容器产生的干扰噪声问题。当电容器使用不当时会形成噪声源，比如电解电容器用作电源滤波或脉冲耦合电容。在处理微小信号的电路中，这些电容会因为漏电或其他原因（比如温度变化），而形成新的噪声源。再比如，在开关电源中的高压 MOSFET 器件等输入阻抗电路的旁路电容，若容量发生变化，则也会产生噪声。

6. 去耦电容的设计

当器件高速开关时，高速器件需要从电源分配网络吸收瞬态能量。去耦电容也为器件和元件提供一个局部的直流源，这对减小由于电流在板上传播而产生的尖峰很有作用。

在实际电路设计中，时钟等周期工作电路元器件要进行重点的去耦处理。这是因为这些元器件产生的开关能量相对集中，幅度较高，并会注入电源和地分配系统中。这种能量将以共模和差模的形式传到其他电路或控制系统中。去耦电容的自谐振频率必须要高于抑制时钟谐波的频率。典型的，当电路中信号沿为 2ns 或更短时，选择自谐振频率为 10～30MHz 的电容。常用的去耦电容是 0.1μF 再并联 0.001μF。

注意：对于 200～300MHz 以上频率的供电电源，0.1μF 并联 0.001μF 的电容器由于引线电感及电容的充放电速率影响就不太适用了。通常在多层 PCB 板中电源层与地层之间的分布电容，其自谐振频率为 200～400MHz，如果元器件工作频率很高，则借助 PCB 层结构的自谐振频率，可以作为一个大电容来提供很好的 EMI 抑制效果。通常一个 $10cm^2$ 面积的电源层与地层平面，当距离为 0.0254mm 时，其间电容近似为 225pF。

在 PCB 上进行元器件放置时，要保证有足够的去耦电容，特别是对时钟发生电路来说，还要保证旁路和去耦电容的选取满足预期的应用。自谐振频率要考虑所有要抑制的时钟的谐波，通常情况下，要考虑原始时钟频率的 5 次谐波。

再通过在一个电路设计中计算去耦电容的方法作为参考原理进行分析，但这在实际电路中并不适用。假如，电路中有 10 个数据驱动器同时进行开关输出，其边沿速率为 1V/ns，负载电容为 30pF，电压为 2.5V，允许波动范围为 ±2%，则最简单的一种方法就是计算负载的瞬间消耗电流，计算方法如下：

1）计算负载需要的电流和所需的电容大小。

$$I = C\mathrm{d}u/\mathrm{d}t \tag{1-1}$$

$$C = I\mathrm{d}t/\mathrm{d}u \tag{1-2}$$

式中，I 为瞬态负载电流，单位为 A；$\mathrm{d}u$ 为电压变化率，单位为 V/ns；$\mathrm{d}t$ 为电压上升沿的时间，单位为 ns；C 为负载电容大小，单位为 nF。

将电路中的已知参数代入式（1-1）和式（1-2）。

$$I = C\mathrm{d}u/\mathrm{d}t = 30\mathrm{pF} \times 2.5\mathrm{V}/1\mathrm{ns} = 75\mathrm{mA}$$

则总的电流 $I_{\mathrm{TOTAL}} = 10 \times 75\mathrm{mA} = 750\mathrm{mA}$；其所需要的电容 $C = I\mathrm{d}t/\mathrm{d}u = 0.75\mathrm{A} \times 1\mathrm{ns}/(2.5 \times 2\%) = 15\mathrm{nF}$。

根据上面的理论，考虑温度和电压的影响，可以取 20～40nF 的电容，以保证一定的余量设计。可以采用两个 10nF 的电容并联，以减少 ESR。这种计算方法比较直观简单，但实际的效果并不是很理想，特别是在高频应用时会出现问题。比如，在电路中的电容即使其寄生电感很小，约为 1nH，但根据 $\Delta U = L\mathrm{d}i/\mathrm{d}t$ 计算其产生的瞬态压降 $\Delta U = 1\mathrm{nH} \times 0.75/1\mathrm{ns} = 0.75\mathrm{V}$，这个结果显然也是不理想的。

因此，针对高频电路的设计时，需要采用另外一种更为有效的方法，在高频电路中主要分析回路电感的影响。同样应用上面的电路设计条件进行分析。

2）计算回路最大阻抗 Z_{MAX}，低频旁路电容的工作范围 F_{BYPASS}，高频截止频率 F_{K}。

$$Z_{\mathrm{MAX}} = \Delta U/\Delta I \tag{1-3}$$

$$F_{\mathrm{BYPASS}} = Z_{\mathrm{MAX}}/(2\pi L) \tag{1-4}$$

$$F_{\mathrm{K}} = 0.5/T_{\mathrm{r}} \tag{1-5}$$

式中，ΔI 为瞬态负载电流，单位为 A；ΔU 为电压的允许变化范围，单位为 V；L 为允许的最大电感，单位为 pH；T_{r} 为器件的边沿上升时间，单位为 ns。

将电路中的已知参数代入式（1-3）～式（1-5）。

计算电源回路允许的最大阻抗 $Z_{\mathrm{MAX}} = \Delta U/\Delta I = (2.5 \times 2\%)/0.75 = 66.7\mathrm{m\Omega}$。

考虑低频旁路电容的工作范围 $F_{\mathrm{BYPASS}} = Z_{\mathrm{MAX}}/(2\pi L)$，这里假设其寄生电感为 5nH。同时假定频率低于 F_{BYPASS} 时，由电路板上的大电解电容提供能量，$F_{\mathrm{BYPASS}} = Z_{\mathrm{MAX}}/(2\pi L) = 66.7\mathrm{m\Omega}/(2 \times 3.14 \times 5\mathrm{nH}) = 2.12\mathrm{MHz}$。

考虑最高的有效频率 $F_{\mathrm{K}} = 0.5/T_{\mathrm{r}} = 0.5/1\mathrm{ns} = 500\mathrm{MHz}$。这个截止频率代表了数字电路中能量最集中的频率范围，超过了这个截止频率将对数字信号的能量传输没有影响。因此可以计算出最大的有效截止频率下电容允许的最大电感。

$$L_{\mathrm{TOTAL}} = Z_{\mathrm{MAX}}/(2\pi F_{\mathrm{K}}) = 66.7/(2 \times 3.14 \times 500\mathrm{M}) = 21.2\mathrm{pH}$$

电容在低频下不能超过允许的阻抗范围，可以计算出总的电容 C 值大小。

$$C = 1/(2\pi F_{\mathrm{BYPASS}} Z_{\mathrm{MAX}}) = 1/(2 \times 3.14 \times 2.12\mathrm{MHz} \times 66.7\mathrm{m\Omega}) = 1.2\mu\mathrm{F}$$

通过这个计算结果可以得出使用总电容大小为 1.2μF，其电容总的寄生电感为 21.2pH，而常用的电容器其最小的电感可能都有 1nH 左右。因此，系统就需要很多的电容采用并联的方式以求在整个 PCB 上达到要求。从实际情况上来看，这与实际也是不相符合的。如果实际的高速电路要求很高的话，则只有尽可能选用 ESL 较小的电容来避免大量的电容器并联使用。

注意：实践中，去耦电容的容量选择并不严格，可以按 $C=1/f$ 进行选用，f 为电路频率，即 10MHz 频率以下选用 0.1μF，100MHz 频率以上选用 0.01μF，10～100MHz 频率之间，在 0.01～0.1μF 之间任意选择。

3）通常在产品 IC 数据手册中，对于去耦电容的选择需要满足下面的条件：

芯片与去耦电容两端的电压差 $\Delta U=L\cdot\Delta I/\Delta t$ 需要小于器件的噪声容限。从去耦电容为 IC 芯片提供所需要的电流角度考虑，其容量应满足

$$C\geqslant\Delta I\cdot\Delta t/\Delta U$$

IC 芯片的开关电流 i_C 的放电速度必须小于去耦电容电流的最大放电速度

$$\mathrm{d}i_C/\mathrm{d}t\leqslant\Delta U/L$$

此外，当电源引线比较长时，瞬变电流（如果外部施加 EMS 干扰测试）会引起较大的压降，此时就还需要增加电容以维持元器件要求的电压值。

7. 去耦电容的安装方式与 PCB 设计

安装去耦电容时，一般都知道使电容的引线尽可能短。但是，实践中往往受到安装条件的限制，电容的引线不可能取得很短。况且，电容自身的寄生电感只是影响自谐振频率的因素之一，自谐振频率还与过孔焊盘的寄生电感、相关印制导线的寄生电感等因素有关。实际应用中，如果仅仅追求引线短，那么不仅困难，而且可能达不到目的。当去耦电容在 PCB 上的位置无法实现使用很短的印制导线时，就必须加粗印制导线。

实践证明，一根长宽比小于 3 的印制导线具有非常低的阻抗，能满足去耦电容引线的要求。当然，还应该尽量减少过孔的数量，设计过孔时应尽量减小过孔的寄生电感问题。

8. 电容旁路的设计方法

旁路在 EMC 领域可以理解为把不必要的共模 RF 能量从元器件、电路或电缆中泄放掉。它的实质是产生一个交流支路来把不希望的能量从易受影响的区域泄放掉，另外它还提供滤波器功能，通常会受到元器件的带宽的限制。因此，在某种意义上也可称之为滤波。

旁路通常发生在电源与地之间、信号与地之间或不同的地之间。它与去耦的实质有所不同，但对于电容的使用方法是一样的。在电磁兼容中，旁路还可以说得通俗一点，即它的作用通常是为了改变共模电流的路径或为共模电压提供一个额外的电流路径而存在的。

通常在进行电磁兼容的测试与整改时，在模拟电路的地与产品的地之间接旁路电容，电容值为 10nF。当在进行产品电缆的 EFT/B 测试时，它就会改变注入干扰电流在产品内部流动的主要路径，使大部分的干扰电流从旁路电容流向大地，使流经

敏感电路的共模电流大幅度减小，从而保护了敏感电路，使 EFT/B 的抗干扰度水平有很大提升。

注意：旁路电容的接地阻抗很重要，一定要保证很小的阻抗，如果是用 PCB 布线的话，则长宽比小于 3 的 PCB 敷铜走线具有很小的阻抗，在 100MHz 频率下小于 4mΩ。

还有在进行电磁兼容的测试与整改时典型的辐射案例中，寄生在模拟电路和数字电路之间的共模电压是形成共模辐射的主要原因。在模拟电路的地与数字电路的地之间，或者在开关电源电路中隔离变压器的一二次侧之间的地之间跨接一个远比寄生电容大得多的旁路电容，就好比给共模辐射的共模电压源提供了一个额外的电流分流路径，使流入连接线电缆（连接线电缆是典型的发射天线）的共模电流减小。在电磁兼容设计中，由此可以得出旁路电容的主要作用有两个：

1）引导共模电流流向安全区域。包括引导注入电缆中的共模干扰电流流向参考接地板或大地、产品中的金属外壳、金属板等，可以让共模干扰电流流到安全的区域，使产品中的内部敏感元器件和电路受到保护。还包括将产品内部噪声电路产生的共模电流限制在较安全的区域，使 EMI 共模电流不流向电缆和接口。这个安全区域就是指不会产生 EMC 问题的区域。

2）提供一个高频的通道，既可以在直流或低频的时候实现旁路电容两端的电路隔离，又可以在高频的时候实现互连，即提供高频通路。

9. X 电容和 Y 电容

根据电子设备使用安全电容器系列的标准 IEC 60384-14—2016，电容分为 X 电容和 Y 电容。在电源电路中，交流电源输入一般分为三个端子，即相线（L）、零线（N）、地线（PE）。跨接在 L-N 之间的差模电容就是 X 电容，在电源部分跨接在 L-PE 和 N-PE 之间的共模电容就是 Y 电容。由于 X 电容具有两个输入端，两个输出端，很像 X，因此命名为 X 电容。Y 电容具有一个输入端，一个输出端以及一个公共的大地，很像一个 Y，因此命名为 Y 电容。

X 电容主要用于交流电源线的 L 和 N 之间，使用 X 电容后，当电容失效时，电容处于开路状态，不能产生线间短路。X 电容的测试条件是：在交流电压有效值的 1.5 倍电压下工作 100h，至少再加上 1kV 的脉冲高压测试。

Y 电容主要用于交流电源线的 L、N 与地线之间，或者其他电路的公共地与外壳地之间。跨接于这些位置的电容一旦出现失效短路，就会导致电击危险，尤其是对机壳的连接，这时必须强制使 Y 电容的失效模式为开路。Y 电容的测试条件是在交流电压的有效值的 1.7 倍电压下工作 100h，至少再加上 2kV 的脉冲高压测试。

注意：Y 电容的连接如果是对大地的连接就必须要满足漏电流的限值标准。

X 电容又分为 X1、X2、X3，主要区别在于：

1）X1 电容耐高压大于 2.5kV，小于等于 4kV。

2）X2 电容耐高压小于等于 2.5kV。

3）X3 电容耐高压小于等于 1.2kV。

Y 电容又分为 Y1、Y2、Y3、Y4，主要区别在于：

1）Y1 电容耐高压大于 8kV。

2）Y2 电容耐高压大于 5kV。

3）Y3 电容耐高压没有特别限制。

4）Y4 电容耐高压大于 2.5kV。

1.1.2 电磁兼容设计中的电感器

电容通常用于电源总线的去耦、滤波、旁路和稳压。在自谐振频率以下，电容保持容性；在自谐振频率以上，电容呈现感性。跟电容相配合使用的还有一个电感器。在滤波器电路中，电容与电感一起起到电流衰减的作用。随着频率的增加，电感的感抗线性增加。但是和电容一样，电感的绕线间的寄生电容限制了其应用频率不会无限制地增加。

电路中对滤波限流电感参数的选择要考虑寄生参数及自身的截止频率。

1. 实际的电感特性

一段导线就构成了一个电感。要获得较大的电感量，就需要将导线绕成线圈。线圈的芯材有两种：一种是非磁性的空气；另一种是磁性的芯材。磁性磁心又有闭合磁路的和开放磁路的两种。

电感的非理想性：实际的电感器除了电感参数以外，还有寄生电阻和电容，其中寄生电容的影响更大。理想电感的阻抗随着频率的升高呈正比增加，这正是电感对高频干扰信号衰减较大的根本原因。但是，由于电感器匝间寄生电容的存在，实际的电感器等效电路是一个 LC 的并联网络。当角频率为 $1/\sqrt{LC}$ 时会发生并联谐振，这时电感的阻抗最大，超过谐振点后，电感器的阻抗呈现电容特性，其阻抗随频率的增加而降低。电感的感量越大，寄生电容越大，电感的谐振频率越低，实际电感的等效电路及线圈绕制在铁粉心材料上的频率特性如图 1-15 所示。

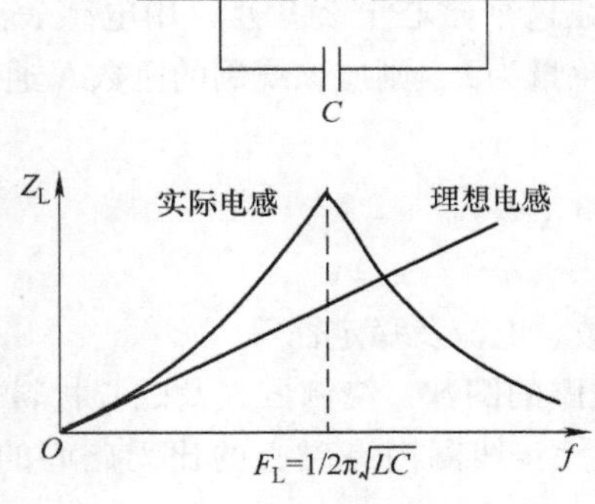

绕在铁粉心上的电感

电感量/μH	谐振频率/MHz
3.4	45
8.8	28
68	5.7
125	2.6
500	1.2

图 1-15　实际电感的频率特性

如图1-15所示，通过典型电感的等效电路特性，其电感等效为寄生电容 C 和电感 L（忽略其直流电阻 R_L）的综合特性。

电感的阻抗可用式（1-6）进行描述。

$$Z_L = 2\pi fL \tag{1-6}$$

式中，Z_L是感抗，单位为Ω；f是频率，单位为Hz；L是电感，单位为H。

举例说明：理想的10mH电感在10kHz时的测试阻抗是628Ω，当在100MHz时，其阻抗增加到6.2MΩ，因此在100MHz时就相当于开路的条件，如果想要通过100MHz的信号，则对信号质量来说有很大的困难。然而10mH及更大的电感有较大的分布电容 C 参数限制了它在1MHz以上高频阻抗的特性。在如图1-15所示的右图中，铁粉心绕制的电感量在500μH时，其谐振频率即阻抗的拐点是1.2MHz。因此对于低频段干扰选择较大的电感，而对于高频的干扰则需要较小的电感以达到高的阻抗。电感也常用来控制EMI的设计。

1）应用说明1：实际电感在谐振频率以下比理想电感的阻抗更高，在谐振点达到最大。利用这个特性，可以通过调整电感的电感量和绕制方法使电感在特定的频率上谐振，从而抑制特定频率的干扰。

2）应用说明2：开放磁心会产生漏磁，因此会在电感周围产生较强的磁场，对周围的电路产生干扰。为了避免这个问题，应尽量使用闭合磁心。

3）应用说明3：与漏磁现象相反的是开放磁心电感对外界的磁场也十分敏感，比如，收音机内的磁性天线就是一个利用这种特性的例子。因此，要注意电感拾取外界噪声而增加电路敏感度的问题。

为了防止上述电感本身的电磁兼容问题，往往要将电感屏蔽起来。频率较高时，可以用铜或铝等导电性良好的材料；频率低时，要选用高磁导率的材料。

在绕制线圈时，如何估算线圈的电感量？如果能够得到磁心的详细参数，则也可以利用公式计算电感量。但是大多数场合，如果有一个现成的磁心，那么就想用这个磁心制作一个电感。这时，可以先在这个磁心上绕9匝，用电感表测量其电感量，假如测试数据为 L_0，如果需要的电感量为 L，则应该绕制的匝数 N 通过式（1-7）计算。

$$N = 3\sqrt{L/L_0} \tag{1-7}$$

2. 电感的主要参数

电感的主要参数有电感量、品质因数、电流及稳定性等。

1）线圈电感量的大小主要取决于线圈的圈数、绕制方式及磁心材料等。线圈圈数越多，绕制的线圈越密集，电感量越大；线圈内有磁心的比无磁心的电感量大；磁心磁导率越大，电感量越大。

2）品质因数是衡量电感线圈质量的重要参数，用字母 Q 表示。Q 值的大小表明了线圈损耗的大小。Q 值越大，线圈的损耗就越小；反之就越大。品质因数 Q 在数

值上等于线圈在某一频率的交流电压下工作时，线圈所呈现的感抗和线圈的直流电阻的比值，即

$$Q = 2\pi fL/R = \omega L/R$$

式中，Q 为电感线圈的品质因数（无量纲）；L 为电感线圈的电感量，单位为 H；R 为电感线圈的直流电阻，单位为 Ω；f 为电感线圈的工作电压的频率，单位为 Hz。

3）任何电感线圈，其匝与匝之间、层与层之间、线圈与参考地之间、线圈与磁屏蔽之间等都存在一定的电容，这些电容称为电感线圈的分布电容。若将这些分布电容综合在一起，则成为一个与电感线圈并联的等效电容 C。

当电感线圈的工作电压频率高于线圈的固有频率时，其分布电容的影响就超过了电感的作用，使电感变成了一个小电容。因此，电感线圈必须工作在小于其固有频率下。电感线圈的分布电容是有害的，在设计中必须尽可能地减小分布电容。减小分布电容的有效措施为：减小骨架的直径；在满足电流密度的前提下，尽可能地选用细一些的漆包铜线；充分利用可用绕线空间对线圈进行间绕法绕制；采用分区槽绕的骨架结构等。

4）标称电流是指电感线圈在正常工作时允许通过的最大电流，也是额定电流，如果工作电流大于额定电流，则线圈就会因发热而改变其原有参数，甚至被烧毁。这在应用时，一定要注意使用的电流余量设计。

5）参数稳定性是指线圈参数随环境条件变化而变化的程度。线圈在使用过程中，如果环境条件，比如温度、湿度等发生了变化，则线圈的电感量及品质因数等参数也随着改变。比如，温度变化时，由于线圈导线受热后膨胀，使线圈产生几何变形，从而引起电感量的变化。为了提高线圈的稳定性，可在线圈制作上采取适当措施，比如采用热绕法，即将绕制线圈的导线通上电流，使导线变热，然后绕制成线圈。这样，导线冷却后收缩，紧紧贴在骨架上，线圈不容易变形，从而提高了稳定性。湿度变化也会引起线圈参数的变化，如湿度增加时，线圈的分布电容和漏电感都会增加。为此要采取防潮措施，减轻湿度对线圈参数的影响，可确保线圈工作的稳定性。

3. 克服电感寄生电容的推荐方法

要提高电感的工作频率范围，最关键的是减小寄生电容。电感的寄生电容与匝数、磁心材料（介电常数）、线圈的绕法等因素有关。用下面的方法可以减小寄生电容。

1）尽量单层绕制：空间允许时，尽量使线圈为单层，并使输入、输出远离。

2）多层绕制的方法：线圈的匝数较多，必须多层绕制时，要向一个方向绕，边绕边重叠，不要绕完一层后，再往回绕。

3）分段绕制：在一个磁心上将线圈分段绕制，这样每段的电容较小，并且总的寄生电容是两段上的寄生电容的串联，总容量比每段的寄生容量小。

4）多个电感串联起来：对于要求较高的滤波器，可以将一个大电感分解成一个较大的电感和若干电感量不同的小电感，并将这些电感串联起来，可以扩展电感的带宽。但这样付出的代价是体积增大和成本升高。另外要注意与电容并联同样的问题，即引入了额外的串联谐振点，谐振点上电感的阻抗很小。

4. 共模电感（共模扼流线圈）

当电感中流过较大电流时，电感会发生饱和，导致电感量下降。共模电感可以避免这种情况发生。为什么共模电感能防止共模 EMI？可以从共模电感的结构开始分析。图 1-16 所示为共模电感的原理图及内部电流示意图。

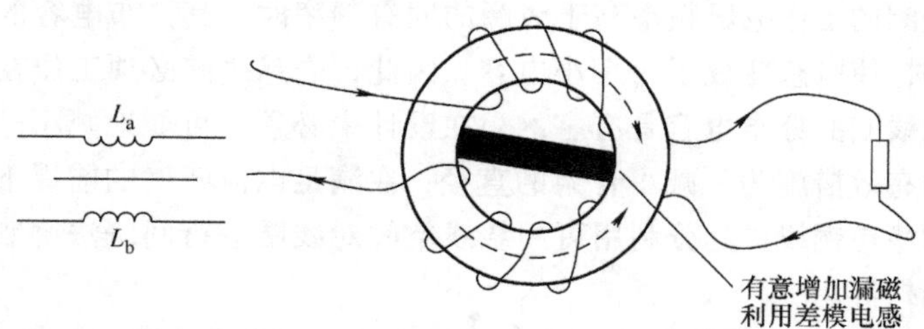

图 1-16　共模电感的原理图及内部电流示意图

如图 1-16 所示，L_a 和 L_b 是共模电感的线圈。这两个线圈绕制在同一磁心上，匝数和相位都相同。这时，两根导线中的电流在磁心中产生的磁力线方向相反，并且强度相同，刚好抵消，所以磁心中总的磁感应强度为 0，因此磁心不会饱和。而对于两根导线上方向相同的共模干扰电流，则没有抵消的效果，会呈现较大的电感。这种电感只对共模干扰有抑制作用，而对差模电流没有影响，如图 1-17 所示。

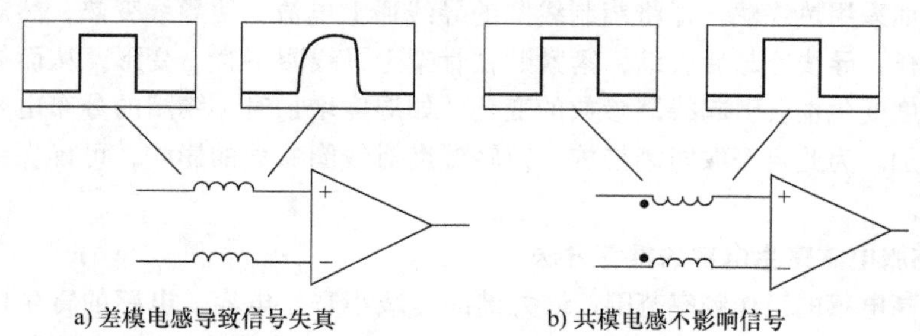

a) 差模电感导致信号失真　　b) 共模电感不影响信号

图 1-17　共模电感的特性比较示意图

如图 1-16 与图 1-17 所示，当电路中的正常电流流经共模电感时，电流在同相位绕制的电感线圈中产生反向的磁场相互抵消。此时，正常信号电流主要受线圈电阻的影响和少量因漏感造成的阻尼的影响。当共模电流流经线圈时，由于共模电流的同向性，会在线圈内产生同向的磁场而增大线圈的感抗，使线圈表现为高阻抗，产生很强的阻尼效果，以此衰减共模电流，达到滤波的目的。

在实际应用中，将这个共模电感一端接干扰源，另一端接被干扰设备，并通常与电容一起使用，构成低通滤波器，可以使电路上的共模 EMI 信号被控制在很低的水平上。该电路就既可以抑制外部的 EMI 信号传入，又可以衰减电路自身工作时产生的 EMI 信号，从而有效地降低 EMI 的强度。

对理想的共模电感模型来说，当线圈绕完后，所有磁通都集中在线圈的中心。但在通常情况下，环形线圈不要绕满一周并且要绕制紧密，否则会引起磁通的泄漏。共模电感有两个绕组，其间有相当大的间隙，这样就会产生磁通泄漏，并形成差模电感。因此，共模电感一般也具有一定的差模干扰衰减能力。

在滤波器的设计中，漏感是可以被利用的。如果在普通的滤波器中仅安装一个共模电感，则利用共模电感的漏感产生的适量差模电感可起到对差模电流的抑制作用。

有时，还要人为增加共模扼流圈的漏电感，用来提高差模的电感量，以达到更好的滤波效果。

1）共模电感的设计方法：电流的去线和回线要满足流过它们的电流在磁心中产生的磁力线抵消的条件。对于没有很高绝缘要求的信号线，可以采用双线并绕的方式构成共模扼流圈。注意对于交流电源线，考虑到两根导线之间必须承受较高的电压，建议采用分开绕制的方法。

2）共模电感寄生差模电感：理想的共模扼流圈上的两根导线产生的磁通完全抵消，磁心永远不会饱和，并且对差模电流没有任何影响。但实际的共模扼流圈两组线圈产生的磁力线不会全集中在磁心中，而是会有一定的漏磁，这部分漏磁不会抵消，因此还是会有一定的差模电感。

3）寄生差模电感的好处：由于寄生差模电感的存在，共模扼流圈可以对差模干扰起到一定的抑制作用。在设计滤波器时，可以将这种因素考虑进来。

4）寄生差模电感的危害：这会导致电感磁心的饱和问题，而且从磁心中泄漏出来的差模磁场会形成新的辐射干扰源。

5）影响寄生差模电感的因素：这与线圈的绕制方法和线圈周围物体的磁导率等有关，比如，将共模扼流圈放进钢制小盒中会增加差模电感。

6）差模电感的简单测量方法：将共模扼流圈一端的两根导线短接，在另一端上测量线圈的电感量。

1.1.3　电磁兼容设计中的铁氧体 EMI 抑制器件

当前面的电感器不能用于高频时，可以使用铁氧体磁珠或磁环。铁氧体材料是铁磁或者铁镍的合金，这种材料有很高的高频磁导率和高频阻抗，同时绕线间的电容较小。铁氧体元件及应用如图 1-18 所示。

铁氧体磁珠通常用于高频场合。低频时，电感小，线损小；高频时，基本上是

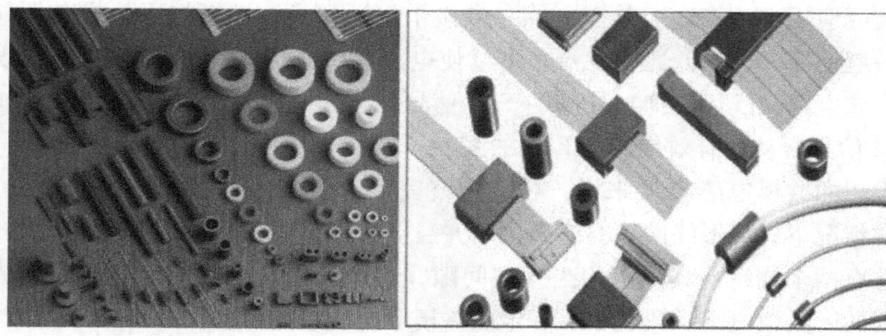

图 1-18 铁氧体磁珠和磁环示意图

电抗性的，且与频率有关。实际上，铁氧体磁珠是 RF 能量的高频衰减器。

这些铁氧体元件是吸收式滤波器，由有耗元件构成。在阻带内，有耗元件将电磁干扰的能量吸收后转化为热损耗，从而起到滤波的作用。铁氧体材料就是一种广泛应用的有耗元件，可用来构成低通滤波器。

铁氧体是一种立方晶格结构的亚铁磁性材料。它的制造工艺和机械性能与陶瓷相似，颜色为黑灰色，故又称黑磁性瓷。铁氧体的分子结构为 $MO \cdot Fe_2O_3$，其中 MO 为金属氧化物，通常为 MnO 或 ZnO。不同的用途要选择不同的铁氧体材料。按照不同的适用频率范围，铁氧体分为中频段 20～150kHz、中高频段 100～500kHz 及超高频段 500～1000kHz。

1. 铁氧体的特性

导线穿过铁氧体磁心构成的电感的阻抗虽然在形式上是随着频率的升高而增加的，但是在不同频率上，其机理是完全不同的。

如图 1-19 所示，铁氧体的阻抗由其电阻 R 和电感 X 组成。在低频段，阻抗由电感的感抗构成。此时，磁心的磁导率较高，因此电感量较大，并且这时磁心的损耗较小，整个器件是一个低损耗、高 Q 值特性的电感，这种电感容易造成谐振。因此

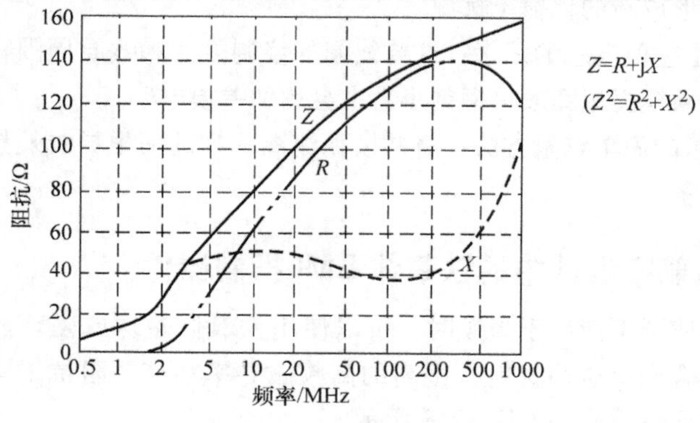

图 1-19 铁氧体的阻抗特性

在低频段，有时会有干扰增强的现象。在高频段，阻抗由电阻成分构成，随着频率升高，磁心的磁导率降低，导致电感的电感量减小，感抗成分减小。但是这时磁心的损耗增加，电阻成分增加，导致总的阻抗增加。

当高频信号通过铁氧体时，电磁能量以热的形式耗散掉。

铁氧体的等效电路在低频和高频时是不同的。低频时是一个电感，高频时是随着频率变化的电阻。电感与电阻有着本质的区别，电感本身不消耗能量，仅储存能量。因此，电感会与电路中的电容构成谐振电路，使某些频率上的干扰增强。电阻要消耗能量，从实质上是降低干扰。

当穿过铁氧体的导线中流过电流时，会在铁氧体磁心中产生磁场，当磁场的强度超过一定量值时，磁心发生饱和，磁导率急剧降低，电感量减小。因此，当滤波器中流过较大的电流时，滤波器的低频插入损耗会发生变化。高频时磁心的磁导率已经较低，并且高频时主要靠磁心的损耗特性工作，因此，电流对滤波器的高频特性影响不大。

事实上，用电感和电阻的并联能更好地解释铁氧体磁珠。低频时，电感将电阻短路；高频时，感抗很高，电流只能流经电阻。根据抑制干扰频率的不同，选择不同磁导率的铁氧体材料。铁氧体材料的磁导率越高，低频阻抗越大，高频阻抗越小。

另外，一般磁导率高的铁氧体材料介电常数较高，当导体穿过时，形成的寄生电容较大，这也降低了高频阻抗。

2. 铁氧体的应用

铁氧体的应用主要有以下三个方面：

1）低电平信号应用；

2）电源变换与滤波；

3）电磁干扰的抑制。

不同的应用对铁氧体材料的特性及铁氧体磁心的形状有不同的要求。在低电平信号应用中，所要求的铁氧体材料的特性由磁导率决定，并且铁氧体磁心的损耗要小，还要具有高的磁稳定性，即随时间和温度改变其变化不大。铁氧体在这方面的应用包括高 Q 值电感器、共模电感器和宽带、匹配脉冲变压器，以及无线电接收天线和有源、无源天线。

在电源应用方面，要求铁氧体材料在工作频率和温度上具有高磁通密度和低损耗的特点。在这方面的应用包括开关电源、磁放大器、DC－DC 变换器、电源线滤波器、触发线圈和用于开关电源的变压器。

在抑制电磁干扰应用方面，对铁氧体性能影响最大的是铁氧体材料的磁导率，它直接与铁氧体磁心的阻抗成正比。

铁氧体一般通过三种方式来抑制无用的传导或辐射信号。首先，不太常用的是将铁氧体作为实际的屏蔽层来将导体、元器件或电路与环境中的散射电磁场隔离开。

其次，是将铁氧体作为电感器来构成低通滤波器，在低频时提供感性及容性通路，而在频率较高时损耗较大。最后，最常用的应用是将铁氧体磁心直接用于元器件的引线或电路板级电路。在这种应用中，铁氧体磁心能抑制任何寄生振荡和衰减感应或传输到元器件引线上或与之相连的电缆线中的高频无用信号。

在后两种的应用中，铁氧体磁心通过消除或极大地衰减电磁干扰源的高频电流来抑制传导干扰。采用铁氧体能提供足够高的高频阻抗来减小高频电流。从理论上讲，理想的铁氧体能在高频段提供高阻抗，而在所有其他频段上提供零阻抗。但实际上，铁氧体磁心的阻抗是依赖于频率的，在频率低于1MHz时，其阻抗最低，对于不同的铁氧体材料，最高的阻抗出现在10～500MHz之间。

3. 铁氧体EMI抑制器件的应用

铁氧体抑制器件广泛应用于PCB、电源线和数据线上。

1）铁氧体EMI抑制器件在PCB上的应用：EMI设计的首要方法是源头抑制法，即在PCB上的EMI源头处对EMI进行抑制。这个设计思想是将噪声限制在小的区域，避免高频噪声耦合到其他电路，而这些电路通过连接线缆可能产生更强的辐射。

PCB上的EMI源头来自数字电路，其高频电流在电源线和地之间产生一个共模电压降，造成共模干扰。电源线或信号线上的去耦电容会将IC开关的高频噪声短路，但是去耦电容常常会引起高频谐振，造成新的干扰。在电路板的IC电源进口处加上铁氧体抑制磁珠可以有效地将高频噪声衰减掉。

2）铁氧体EMI抑制器件在电源线上的应用：电源线会把外界电网的干扰和开关电源的噪声传递到主机板上。在电源的输出口和PCB电源线的入口设置铁氧体抑制器件，既可抑制电源与PCB之间高频干扰的传输，也可抑制PCB之间高频噪声的相互干扰。

注意：在电源线上应用铁氧体器件时，有时有偏流存在。铁氧体的阻抗和插入损耗随着偏流的增加而降低。当偏流增加到一定值时，铁氧体抑制器件会出现饱和现象。在EMC设计时要考虑饱和时插入损耗降低的问题。铁氧体的磁导率越低，插入损耗受偏流的影响越小，越不容易饱和，所以用在电源线上的铁氧体抑制器件要选择磁导率低的材料和横截面积大的元件。

当偏流较大时，可将电源的出线（AC的相线，DC的正线）与回线（AC的中性线，DC的地线）同时穿入一个磁心/磁环。这样可以避免饱和，此时就可以抑制共模噪声。

3）铁氧体抑制器件在信号线上的应用：铁氧体抑制器件最常用的地方就是信号线。比如在某些产品中，EMI信号会通过主机到显示屏的电缆传入主机的驱动电路，然后耦合到CPU，使电路无法正常工作。同时主机板的数据或噪声也可以通过连接电缆线辐射出去。铁氧体磁珠可以用在驱动电路与显示电路之间，抑制高频噪声，而数据信号可以几乎无损耗地通过铁氧体磁珠。

扁平电缆也可用专用的铁氧体抑制器件，将噪声抑制在其辐射之前。

4. 铁氧体 EMI 抑制器件的选择

铁氧体抑制器件有多种材料、形状和尺寸可供选择。为选择合适的抑制器件，使其对噪声的抑制更有效，设计工程师需要知道要抑制的 EMI 信号的频率和强度、要求抑制的效果，即插入损耗以及允许占用的空间，包括磁心的内径、外径和长度尺寸。

铁氧体磁环的尺寸确定：磁环的内外径差越大，轴向越长，阻抗越大，但内径一定要包紧导线。因此，要获得大的衰减，应尽量使用体积较大的磁环。

共模扼流圈的匝数确定：增加穿过磁环的匝数可以增加低频的阻抗，但是由于寄生电容的增加，高频的阻抗会减小，所以盲目增加匝数来增加衰减量是一个常见的错误。当需要抑制的干扰频带较宽时，可在两个磁环上绕不同的匝数。

比如，某设备有两个超标辐射的频率点，一个为 40MHz，另一个为 500MHz。假设检测确定是由于电缆的共模辐射所导致的，在电缆上套一个磁环绕 1 匝，500MHz 的干扰明显减小，不再超标，但是 40MHz 频率仍然超标；再使用一个磁环将电缆在磁环上绕大于 3 匝，40MHz 干扰减小，不再超标。这是由于增加电缆上的铁氧体磁环的个数可以增加低频的阻抗，绕制的圈数变多时，高频的阻抗会减小，而出现这个现象的原因是寄生电容增加。由于铁氧体磁环的效果取决于原来共模环路的阻抗，原来回路的阻抗越低，磁环的效果越明显。因此当原来的电缆两端安装了电容式滤波器时，其阻抗很低，此时磁环的效果会更明显。

注意：铁氧体磁珠属于能耗型器件，它以热的形式消耗高频能量，这只能用电阻而不是电感的特性来解释。

不同的铁氧体抑制材料有不同的最佳抑制频率范围，这与初始磁导率有关。通常材料的初始磁导率越高，适用抑制的频率就越低。表 1-2 是常用的几种铁氧体抑制材料的适用频率范围。

表 1-2　常用的铁氧体抑制材料的适用范围

初始磁导率	最佳抑制频率范围/MHz
125	>200
850	30 ~ 200
2500	10 ~ 30
5000	<10

表 1-2 给出了常用高频铁氧体磁性材料的初始磁导率和最佳抑制频率范围的关系，在有直流或低频交流偏流的情况下，要考虑到抑制性能的下降和饱和，尽量选用磁导率低的材料。而对于使用在电源线上的交流输入端应用的共模电感的磁心，由于需要抑制 10MHz 以下的共模干扰噪声，故此时需要选择初始磁导率更高的磁心参数，推荐使用 7000 ~ 10k 的范围。

铁氧体材料选定之后，需要选定抑制器件的形状和尺寸，抑制器件的形状和尺寸会影响对噪声的抑制效果。

一般来说，铁氧体的体积越大，抑制效果越好。在体积一定时，形状长而细的比形状短而粗的阻抗要大，抑制效果更好。但在有 DC 或 AC 偏流的情况下，要考虑到磁饱和的问题。铁氧体抑制器件的横截面积（A_e 参数值）越大，越不容易饱和，可承受的偏流越大。另外，铁氧体的内径越小，抑制效果越好。

总之，铁氧体抑制器件选择的原则是：在使用空间允许的条件下，选择尽量长、尽量厚和内孔尽量小的铁氧体抑制器件。

5. 铁氧体 EMI 抑制器件的安装

同样的铁氧体抑制器件，由于安装的位置不同，抑制效果会有很大的差异。

在大部分情况下，铁氧体抑制器件应该安装在尽可能接近干扰源的地方。这样可以防止噪声耦合到其他地方，而在那些地方的噪声可能更难抑制。但是在 I/O 电路中，在导线或电缆进入或引出屏蔽壳的地方，铁氧体器件应尽可能安装在靠近屏蔽壳的进出口处，以避免噪声在经过铁氧体抑制器件之前就耦合到其他地方。

注意：铁氧体磁心器件如果穿在电缆上后建议用热缩管封好放置。

1.1.4 电磁兼容设计中的滤波器

滤波器是一种二端口网络，它具有选择频率的特性，即可以让某些频率顺利通过，而对其他频率则可以加以阻拦。在产品及设备的端口通常包括电源端口及信号端口，在 EMC 测试项目中针对端口的试验包括浪涌（SURGE）、静电（ESD）、电快速脉冲群（EFT/B）、传导敏感度（CS）、传导发射（CE）、电压暂降、短时中断和电压变化。

通过在端口附近设计共模滤波器对共模干扰进行衰减和旁路，如图 1-20 所示。

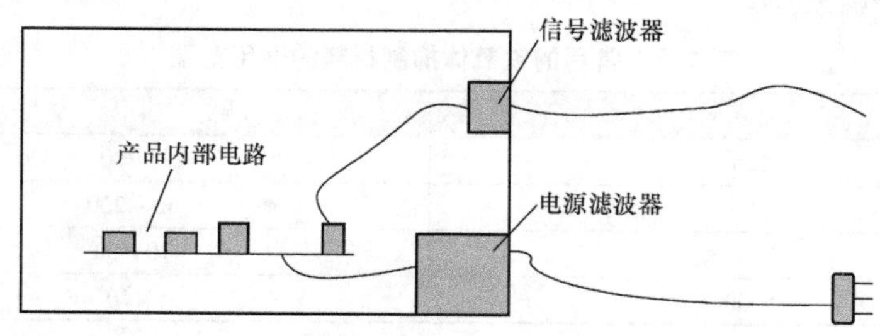

图 1-20　在产品端口的滤波器的设计示意图

如图 1-20 所示，假如产品为屏蔽机壳，在产品中设计有信号滤波器及电源滤波器。此时就可以切断干扰沿信号线或电源线传播的路径，与屏蔽共同构成完善的干扰防护。

EMC 设计中的滤波器通常指由 R、C、L，包括共模电感的一种或几种元件构成的低通滤波器。不同结构滤波器的主要区别之一，是其中的电容与电感的连接方式不同。注意，这里所说的滤波器不仅包括作为单个部件的滤波器，还包含了直接设计在产品 I/O 接口中的滤波电路。滤波器按照原理结构不同可以分为多种，最简单的滤波器就是单个电容或电感，电感和电容不同的组合会形成不同功能的滤波器。图 1-21 所示为各种由电感、电容组成的简单差模滤波器。

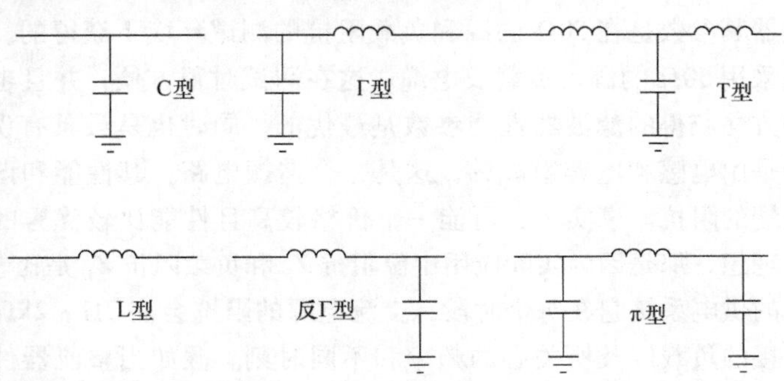

图 1-21　各种由电容、电感组成的简单差模滤波器

图 1-21 所示滤波器的有效性不仅与其结构有关，而且还与其连接的网络的阻抗有关。比如单个电容的滤波器并联在高输入阻抗电路的接口时能取得较好的滤波效果，而并联在低输入阻抗电路的接口时却不能取得较好的滤波效果；单个电感的滤波器串联在低输入阻抗电路的接口时能取得较好的滤波效果，而串联在高输入阻抗电路的接口时却不能取得较好的滤波效果。

滤波器的工作原理是在射频电磁波的传输路径上形成很大的特性阻抗不连续，将射频电磁波中的大部分能量反射回源端。如果滤波器中还存在耗能性器件，比如磁珠及电阻，那么还会产生损耗，将电磁波的能量转化为热能而散发掉。当滤波器的输出阻抗 Z_{OUT} 与它端接的负载阻抗 R_L 不相等时，在这个接口上便会产生反射。反射系数定义为 $p=(Z_{OUT}-R_L)/(Z_{OUT}+R_L)$，$Z_{OUT}$ 与 R_L 相差越大，反射系数 p 就越大，接口产生的反射也就越大。对被控制的干扰信号，当滤波器两端的阻抗都处于失配状态时，干扰信号会在它的输入和输出接口产生很强的反射。这样一来，滤波器对干扰信号的衰减，等于滤波器的固有插入损耗加上反射损耗。在滤波器电路设计时，可以用此技巧来实现对干扰信号更加有效的抑制。这也是为什么选用成品滤波器时，一定要正确分析其接口阻抗的正确搭配，尽可能产生大的反射，以达到对干扰信号有效控制的原因。

在设计滤波器电路时，先要具体分析滤波器的网络结构和接入电路的等效阻抗，推荐按表 1-3 的阻抗搭配方法进行端接。其设计技巧为：电容对应高阻；电感对应低阻。

表 1-3　滤波电路阻抗搭配方法

源阻抗 Z_S	电路结构	负载阻抗 Z_L
高	C 型、π 型、多级 π 型	高
高	Γ 型、多级 Γ 型	低
低	反 Γ 型、多级反 Γ 型	高
低	L 型、多级 L 型	低

通常滤波器其参数是在 50Ω 的源和负载阻抗的测试环境下获得的，因为大多数射频测试设备采用 50Ω 的源、负载及电缆。这在测试时很方便，并且也是符合射频标准的。这种方法获得的滤波器性能参数是最优的，同时也是最具有误导性的。这是由于滤波器是由电感和电容组成的，这是一个谐振电路，其性能和谐振主要取决于源端及负载端的阻抗。事实上，可能一个价格较高且性能比较优秀的滤波器实际测试效果并不理想，那是因为实际应用中源阻抗 Z_S 和负载阻抗 Z_L 是比较复杂的。比如，通常市电的供电系统它在每个时段，交流电源的阻抗会在 2Ω～2kΩ 间变化，这取决于与它连接的负载以及所关心的频率和不同时刻。假如当整流器件在电源波形的尖峰附近导通时，相当于短路，而在其他时间，相当于开路。另外，如果滤波器的一端或两端与电感器相连接，则还有可能会产生谐振，使某些频率点的插入损耗变为插入增益，此时滤波器不但无法将噪声滤除，反而会放大噪声。

对于产品及设备往往都会有开关电源的设计，由于开关电源是一个重要的对外干扰源，因此就需要在输入电源端口设计 EMI 滤波器。通过电源端口的 EMI 滤波器的设计快速优化产品的 EMI 设计问题，如图 1-22 所示。

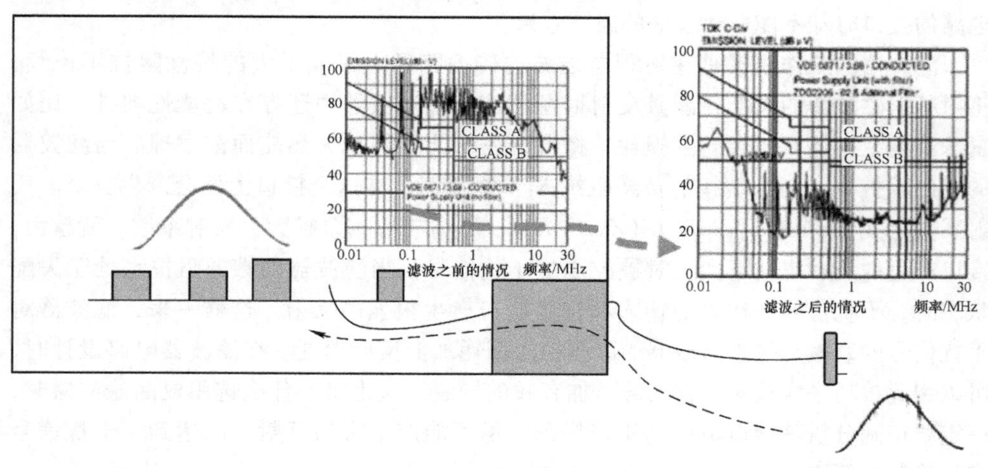

图 1-22　电源线滤波器的作用

另外，从 EMS 角度考虑，由于隔离变压器的输入、输出间存在较大的分布电容，高频共模干扰可以毫无衰减地从输入耦合至输出，因此也需要在开关电源电子线路前端设计滤波器。

源阻抗 Z_S 和负载阻抗 Z_L 的不确定性给滤波器的设计带来了一定的难度。但是，对于电源线 EMI 输入滤波器的设计，作为 EMC 测试，不同的测试项目，相关标准均给出了一个标准的电源输出阻抗，即与被测设备相连的 EMC 测试仪器其阻抗是恒定的。传导干扰测试时，LISN 和接收机提供的共模阻抗为 25Ω，差模阻抗为 100Ω。这样在设计具有开关电源的电源接口的滤波器时，频率在 150kHz ~ 30MHz 之间的电源接口电网侧的阻抗是恒定的，即开关电源的 EMI 噪声源成为电源滤波器的源，LISN 和接收机成为电源滤波器的负载且阻抗恒定，这样就简化了电源线滤波器的设计和选择。

解决电源线 EMC 问题的方法是设计和安装电源线滤波器。滤波器让产品或设备工作需要的电能通过，同时阻止干扰能量通过电源线进出产品或设备。

对一个产品及设备而言，在它的入口处一定要安装滤波器来保证电源线基本的 EMC 要求。滤波器的应用要根据阻抗失配原理，其滤波器的效果与源阻抗和负载阻抗有关。传导干扰测试时，由于 LISN 和接收机 50Ω 的输入阻抗的存在，电源线滤波器负载的共模阻抗为 25Ω，相对于共模噪声源的内阻为低阻抗；电源线滤波器负载的差模阻抗为 100Ω，相对于噪声源的内阻为高阻抗。差模阻抗在 50Ω 以下都可以认为是低阻抗。

根据表 1-3 中设计滤波器的原则，分别在差模和共模的情况下使电容两端存在高阻抗，电感两端存在低阻抗，就可以给出推荐的滤波器电路设计原理。

对于在电源输入端口的 EMI 滤波器的应用情况，根据通用的设计理论，推荐标准的输入滤波器的电路结构及参数参考。

常用的标准电路的结构如图 1-23 ~ 图 1-25 所示。

如图 1-23 所示，相关产品的应用对于Ⅱ类电器或者Ⅱ类结构是没有接地端子的，对于小功率供电的开关电源系统推荐简单的 *LC* 单级滤波电路结构。

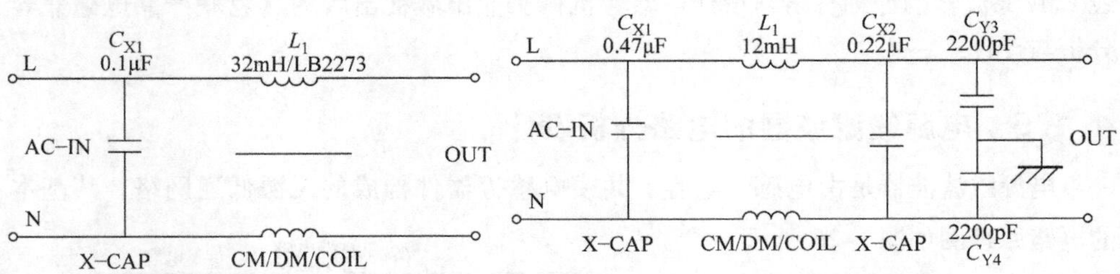

图 1-23　无接地端子单级滤波器结构　　**图 1-24　有接地端子的单级滤波器结构**

如图 1-24 所示，相关产品或设备的应用具有一个接地端子，当使用一阶 *LC* 的滤波电路方式时推荐图示的滤波器原理结构。

如图 1-25 所示，相关产品或设备的应用具有一个接地端子，当使用两阶 *LC* 的

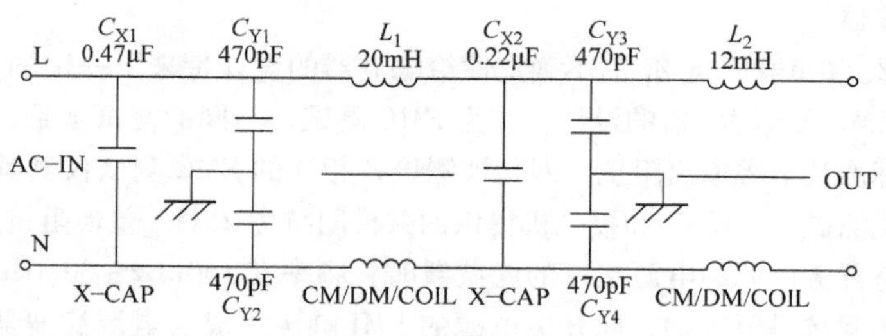

图 1-25　有接地端子的两级滤波器结构

滤波电路方式时推荐图示的滤波器原理结构。

在上述的滤波器结构使用中，通过影响频率范围可以优化滤波器参数的设计以达到实际的滤波效果。根据测试中的现象有对应的解决方法，见表 1-4。

表 1-4　滤波器的器件参数匹配调整方法

频率	干扰现象	解决方法
9kHz ~ 1MHz	以差模为主	X 电容、差模电感
1 ~ 5MHz	差模共模混合	X 电容、差模电感、Y 电容、共模电感
5 ~ 30MHz	共模	Y 电容、共模电感

在表 1-4 中当无 PE 接地端子时，输入 EMI 滤波器就没有 Y 电容的设计。共模扼流圈（也就是共模电感）在绕制中会产生 1% 左右的漏感，可直接利用共模电感的漏感来进行差模滤波，若要加强差模滤波，则需要增加差模电感设计。

注意：上述所示滤波器原理结构在进行 PCB 布板时，应尽量摆放在靠近端口的位置，且 PCB 印制线走线应注意控制环路面积，让滤波器获得最大的插入损耗。从 EMS 角度考虑，滤波器中共模电感对系统的电快速瞬变脉冲群作用明显。快速优化滤波器的方法还可以通过 EMI 传导发射的测试数据进行输入 EMI 滤波器的匹配设计。电源线 EMI 滤波器的详细分析与设计可参考机械工业出版社出版的《物联产品电磁兼容分析与设计》一书。

1.1.5　电源线滤波器的电路分析设计

电源线滤波器是由电感、电容、共模电感等器件构成的无源低通网络，其基本的电路原理图如图 1-26 所示。

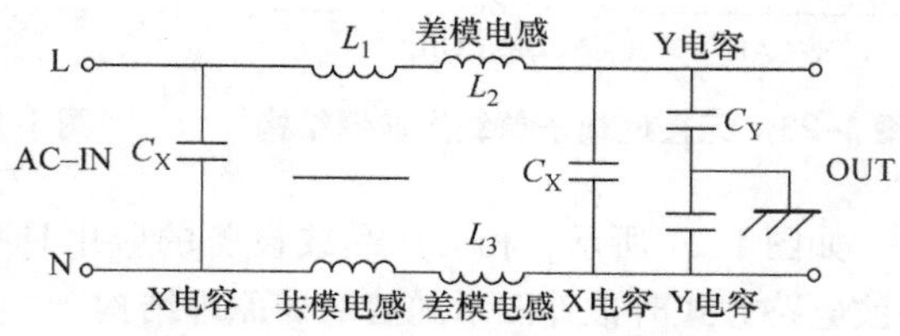

图 1-26　电源线滤波器的基本电路

图中，L_1 是共模电感；C_X 是差模 X 电容；L_2 和 L_3 可以是独立的差模电感，也可以是 L_1 共模电感的绕制漏感；C_Y 是跨接在 L－G 和 N－G 上的安规 Y 电容。其中，

L_1 共模电感的电感量为 1mH 到数十 mH，具体取决于要滤除的干扰频率。频率越低，需要的电感量越大。

如果把滤波器一端接入干扰源，负载端接被干扰设备，那么 L_1 和对称的 C_Y 就分别构成 L－G 和 N－G 两对独立端口间的低通滤波器，用来抑制电源线上存在的共模 EMI 信号，使其受到衰减，并被控制在足够低的电平上。

其中，C_Y 电容值不能过大，否则会超过安全标准中对漏电流（比如通用 3.5mA）的限制要求，一般在 33nF 以下。信息类设备要满足全球标准（温带及热带）的漏电流要求限制值 0.35mA，此时 C_Y 电容值在 2900pF 以下。医疗设备中对漏电流的要求更严，在医疗设备中，这个电容的容量更小，甚至可以不用。

注意：还有一些标准中，当漏电流限值为 0.25mA 时，C_Y 最大不能超过 2.2nF；当漏电流限值为 0.5mA 时，C_Y 最大不能超过 4.7nF。

C_X 差模 X 电容通常取值在 10nF 到几 μF 之间。

L_1 共模电感的一般电感值为 0.1～50mH，通常使用磁导率为 7000～10000 的锰锌铁氧体磁心材料。

在通用的滤波器中，为了节省成本及考虑到元器件的抗饱和性能，L_2 和 L_3 的差模电感通常由 L_1 的漏感组成，一般是其共模电感的电感量的 1% 左右。

在一般的滤波器中，共模电感的作用主要是滤除低频共模干扰。高频时，由于寄生电容的存在，共模电感对干扰的抑制作用减小，主要依靠共模滤波 Y 电容。但对于有些应用场合受到漏电流的限制，有时不使用共模滤波电容，这时就需要提高共模电感的高频特性。

强化共模滤波，在共模滤波电容右边增加一个共模扼流圈，对共模干扰构成 T 型滤波；强化共模和差模滤波，在共模扼流圈右边增加一个共模扼流圈，再加一个差模 X 电容。在一般情况下不使用增加共模滤波电容的方法增强共模滤波效果，以防止接地不良时出现滤波效果更差的问题。

电源线滤波器的高频特性差的主要原因有两个：一个是内部寄生参数造成的空间耦合；另一个是滤波器件不理想。因此改善高频特性的方法也可以从两方面进行设计分析。

1）内部结构：滤波器的布局布线要按照电路结构向一个方向布置，在空间允许的条件下，电感和电容之间要保持一定的距离，以减小空间耦合（近场耦合）。

2）滤波器件：电感要控制寄生电容，必要时可使用多个电感串联的方式。差模滤波电容的引线要尽量短，共模电容的引线也要尽量短。

1. 电源线滤波器的应用优化

在实际应用时，不同产品对漏电流标准要求是不同的，在漏电流要求高的场合，Y 电容的大小需要进行调整，调整 Y 电容后根据 LC 截止频率（f_{cn} 为截止频率），比如 $f_{cn}=30\sim50$kHz 再来设计共模电感，设计应用永远都是灵活的。

电子产品及设备开关电源系统输入滤波器的截止频率f_{cn}要根据电磁兼容性设计要求确定。对于干扰源，要求将干扰电平降低到规定的范围，对于接收器，其接收值体现在对噪声限值的要求上。对于一阶低通滤波器截止频率可推荐按下式确定：

干扰源：$f_{cn}=k_T\times$（系统中最低干扰频率）。

信号接收机：$f_{cn}=k_R\times$（电磁环境中最低干扰频率）。

式中，k_T、k_R 根据电磁兼容性要求确定，一般情况下取 1/3 或 1/5。

举例说明如下：

1）电源噪声扼流圈或电源输出滤波器截止频率取$f_{cn}=30\sim50$kHz，同时要求低于开关电源的最大工作频率（当满足 EN 55022 CLASS A/B 要求$f=150$kHz 为测试起点时）。

2）信号噪声滤波器截止频率取$f_{cn}=10\sim30$MHz（对传输速率 > 100Mbit/s 的信息技术设备）。

对于共模电感的关键特性需要做好匹配设计，共模电感及绕制方式的选择决定其滤波性能。

图 1-27 所示为实际电路中滤波器设计抑制噪声干扰的频谱分析仪测试数据，不同的共模电感对应的插入损耗在不同的频率范围各有差异，在低频段 150 ~ 500kHz

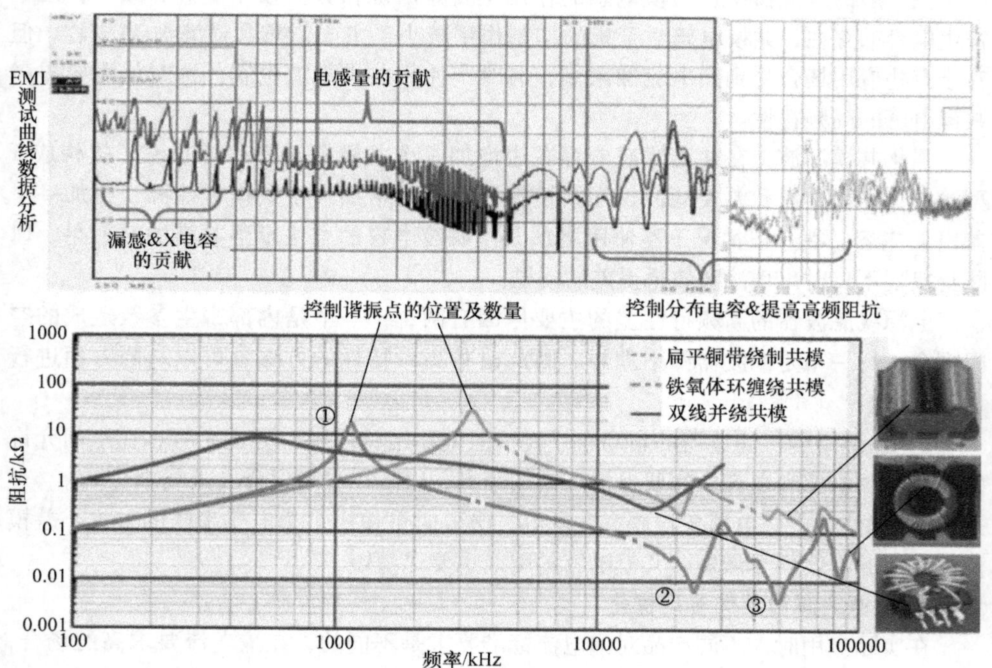

图 1-27 滤波器件参数与实际 EMI 测试曲线的匹配示意图

需要共模电感有较大的漏感和滤波器的差模 X 电容提供差模插损。在 500kHz ~ 10MHz 需要足够的共模电感的电感量提供差模插损和共模插损，主要以共模插损为主。在 10MHz 以上需要双线并绕的共模电感及高频 Y 电容提供高频共模插损的设计。共模电感的选型推荐图示的结构。

对于实际的共模电感或磁心电感，其绕制的线圈与线圈之间存在寄生电容，线圈与磁心材料之间存在寄生电容，绕制的线与线之间也存在寄生电容，这些寄生电容会导致绕制的电感在电路中出现多个谐振点，如图中的①②③所示。其实际结果是元器件参数的 *RLC* 的串并联谐振导致了 EMI 的特性差异。

电感器的实际 EMI 特性如图 1-28 所示，在选择同样磁心材料的情况下，如果能够良好地控制共模电感的各个寄生电容参数大小或者选择不同规格型号的共模电感及绕制方式，那么就可以控制图 1-27 中①位置的并联谐振点，尽量让其右移，就可以达到比较好的高频特性。

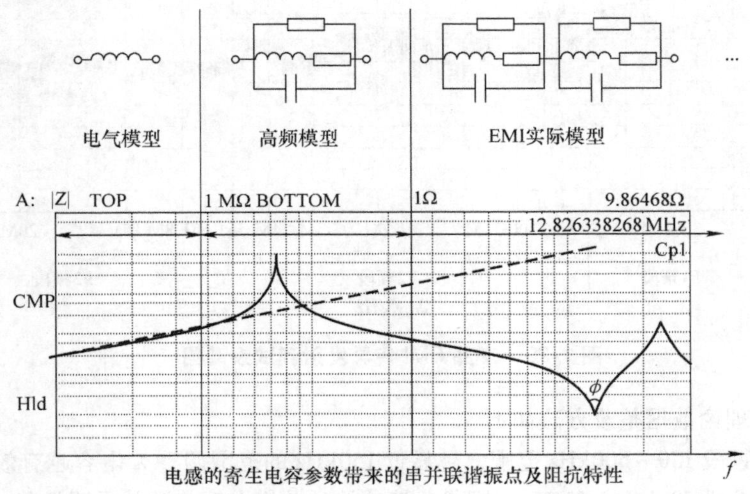

图 1-28　实际电感的 EMI 阻抗特性

如图 1-28 所示，通常采用磁心绕制的电感类元件，其电路都能等效为 *RLC* 的电路结构。*R* 为 *LC* 滤波电路中的等效串联电阻，是一个很小的值。从另一个角度进行分析，*LC* 电路广泛应用于滤波器和滤波电路的设计中，谐振时 *LC* 电路最明显的特点是包括并联谐振和串联谐振。其中在 EMC 的领域，*LC* 并联谐振最为重要。图中电感的高频模型体现了其 *LC* 并联谐振的特性，在高频的情况下，产品中的电感还要考虑其电感两端的寄生电容及电感的等效串联电阻。此时，电感的等效模型是图中的 *RLC* 并联谐振网络。此时，电感能取得较好的 EMC 效果。但是越往高频走，寄生电容的影响就越明显，在 EMI 特性上电容 *C* 几乎会把 *L* 短路。因此，实际的电感特性参考前面电感器的分析。

在实际的产品设计中如果不能通过 EMI 的传导发射测试，还可以通过测试曲线数据来指导进行滤波器的设计优化（测试整改）。

图 1-29 所示为某物联产品中的开关电源采用一阶滤波器实际 EMI 传导发射的测试数据。通过测试数据可以判断其滤波器的参数及结构是合理的，其频率在 500kHz ~ 10MHz 的频段内共模电感的选型设计合理，有较好的插入损耗。

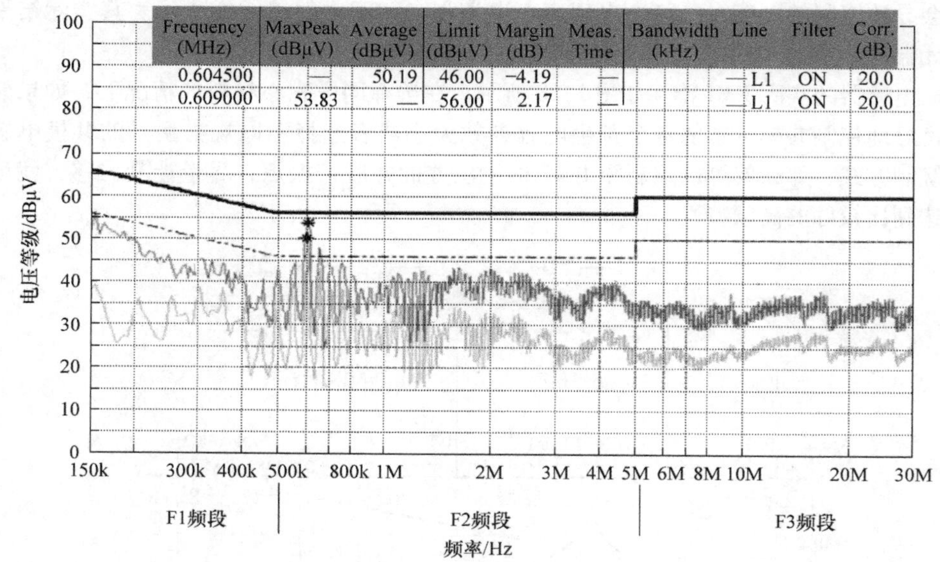

图 1-29　产品 EMI 传导发射测试频谱图

实践与理论数据整改方法如下：

1）F1 频段 150 ~ 500kHz 范围，越靠近 150kHz 的范围调整 X 电容越有效果。

2）F2 频段 500kHz ~ 5MHz 范围优化滤波器的共模电感参数效果明显。

3）F3 频段 5 ~ 30MHz 范围输入滤波器 Y 电容，同时开关电源一二次侧放置的 Y 电容的容量及布局布线设计是关键。

注意：在图中出现某几个点的超标时可以通过电路的时域波形进行分析找到对应的振荡频率点，并分析潜在的近场耦合来源。

图 1-30 所示为某物联产品中的开关电源采用二阶滤波器实际 EMI 传导发射的测试数据。使用二阶滤波有助于减小电容电感的寄生参数，并增加高频滤波效果，取得更大的衰减量。如使用较大的共模电感线圈会存在较大的寄生电容，高频的传导噪声会经过寄生电容进行传递，使单个大感量的共模电感不容易达到好的高频滤波效果。而采用两个共模电感，同样的电感量，可以取得较好的抑制高频噪声效果，一般会有 6dB 以上的差值。

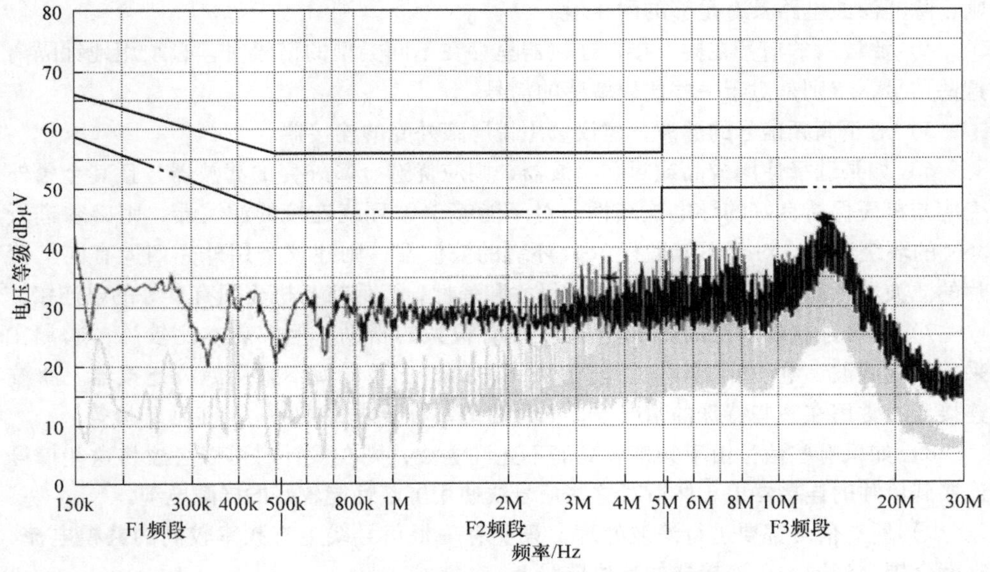

图 1-30　产品 EMI 传导发射测试裕量频谱图

实践与理论数据整改方法：

1）F1 频段 150～500kHz 范围，越靠近 150kHz 的范围调整 X 电容越有效果。或者通过调整共模电感电感量，人为增加漏感提供足够的差模插入损耗。

2）F2 频段 500kHz～5MHz 范围，滤波器的两个共模电感一般会有较好的裕量设计。如果测试曲线整个频段超标或裕量不足，则需要增加共模电感电感量。

3）F3 频段 5～30MHz 范围，输入滤波器端口 Y 电容，同时开关电源一二次侧放置的 Y 电容的容量及布局布线设计是关键，同时后级共模电感电感量过大也会导致 F3 频段上升。

注意：在图中 10MHz 后出现异常频谱，一般是由设计调整不适合的端口 Y 电容值及不合适的接地布局布线导致的。

2. 信号接口的滤波设计

信号接口电路滤波设计的目的是减小系统通过接口及电缆对外产生的传导干扰和辐射干扰，抑制外部进来的辐射和传导噪声通过信号接口进入产品系统内部电路而造成干扰。信号滤波器的工作原理与电源滤波器一样，只是由于信号接口上的工作信号频率、幅度及输入/输出阻抗的无规律、变化大，使得信号滤波器有其相对独特的地方，不同的信号电路有不同的信号滤波器，其设计的基本原则如下：

1）滤波电路不能对接口信号的质量及信号完整性有本质的影响。

2）滤波电路应根据实际接口电路、信号特性进行设计，不能简单复制。

3）需要同时进行滤波电路和浪涌保护电路时，应保证先浪涌保护后滤波的原则，除非滤波电路具有足够的耐压值。

4）滤波后的信号在同一接口连接器里存在不同类型的信号时，必须用地针隔离这些信号，特别是对于一些比较敏感的信号。

5）对于高频信号的滤波，建议选用带屏蔽外壳的连接器。

6）如果选择使用成品或封装滤波器，则应优选金属外壳的滤波器，且其金属外壳应与机壳保持良好的导电连续性。对于能够360°环绕连接的滤波器，则必须进行360°的环绕连接。对于不能进行360°环绕的滤波器，则建议采用外壳四周有向上簧片的滤波器，而且簧片必须有足够的尺寸和弹性，以保持与机壳间有良好的电连接。

7）滤波连接器对产品EMC性能往往有很大的帮助，但其成本比较高，通常在采用板内滤波、电缆屏蔽等方法能解决问题的情况下，就不采用滤波连接器。滤波连接器通常用在一些特殊的情况下，如严格的军标要求，或恶劣的工业环境等。

8）如果有些信号由于频率较高而不允许滤波，则在设计时可以考虑将这些信号连接到单独的连接器上，然后对这些信号线使用屏蔽性能较好的屏蔽电缆。

9）所有信号都要进行滤波处理，只要有一根信号线上有频率较高的共模电流，它就会耦合到同一个连接器的其他导线上。

对于产品信号接口或I/O接口处的滤波器，通常也需要同时考虑共模滤波和差模滤波。共模滤波器或滤波电路靠近信号接口或I/O接口放置，对于接地设备，共模滤波器或滤波电路将共模干扰直接引入大地；对于浮地设备，共模滤波器或滤波电路将抑制或减小共模电流的大小。差模滤波器或差模滤波电路要靠近接口及芯片放置，直接跨接在信号线两端或信号线与工作地之间，对接口芯片的信号接口进行保护。

注意：时钟信号等高速周期信号一般不采用电容滤波，因为电容滤波在降低时钟信号的上升沿的同时，有时还会增加时钟信号线上的电流，从而加剧辐射和串扰。一般的设计方法是通过串联电阻或磁珠进行限流。

具有较大R值的RC滤波器是比较理想的，因为它不会产生明显的谐振。但当信号频率在几kHz以上，或传输率在kbit/s以上的电路时，高的R值是不合适的。RC滤波电路也会对信号的边沿产生影响，因此在使用RC滤波电路时，也需要对滤波电路中的电容C进行计算考虑。

LC、T型和π型滤波器可以有更高的衰减值，通常应用在具有较高EMC要求的非屏蔽电缆接口电路中。

3. 滤波器的安装

选择了合适的滤波器，如果安装不当，那么仍然会削弱滤波器的衰减特性。只有恰当地安装了滤波器才能获得良好的效果。

1）滤波器最好安装在干扰源出入口处，滤波器的壳体与干扰源壳体应进行良好的搭接。

2）滤波器的输入线和输出线必须分开，防止出现输入端与输出端电路耦合现象而削弱滤波器的衰减特性。产品中通常利用隔板或底盘来固定滤波器。若无法实施隔离，则采用的屏蔽引线必须可靠。

3）滤波器中电容器的导线应尽可能短，防止感抗与容抗在某个频率上形成谐振，电容器相对于其他电容器和元器件成直角安装，避免相互产生影响（近场效应）。

4）滤波器接地线上有很大的短路电流，能辐射很强的干扰，因此要对滤波器的抑制元器件进行良好的屏蔽。

5）焊接在同一插座上的每根导线都必须进行滤波，否则会使滤波器的衰减特性完全失去。

接下来分析滤波器安装的重要性。图 1-31 ~ 图 1-33 所示的滤波器的安装方法是有问题的。问题的本质在于滤波器的输入端电缆和它的输出端及内部的 PCB 电路之间存在有明显的电磁耦合路径串扰。这样一来存在于滤波器某一端的 EMI 信号会逃脱滤波器对它的限制，不经过滤波器的衰减而直接耦合到滤波器的另一端。

另外，图中的滤波器都是安装在设备屏蔽壳的内部，设备内部电路及元器件上的 EMI 信号会因电磁耦合，比如串扰在滤波器的电源端连接线上产生 EMI 信号而直接耦合到设备外部去，使设备的屏蔽丧失对内部元器件和电路产生的 EMI 辐射的抑制。同时，如果滤波器输入电缆上存在共模干扰信号，则也会跨过滤波器耦合到设备内部的元器件和电路上，从而破坏滤波器和屏蔽的作用。

在电子设备或系统内安装滤波器或放置滤波电路时要注意的是：在捆扎设备电缆时，不能把滤波器输入端的电缆和滤波器输出端的电缆捆扎在一起；PCB 布线时，不能把滤波器输入端的信号和滤波器输出端的信号布置在一起，如果布置在一起就会加剧滤波器输入/输出端之间的电磁耦合，形成串扰，从而破坏滤波器和设备屏蔽对干扰信号的抑制能力。

还有一个重要的地方，就是要求滤波器的外壳或滤波电路中的共模滤波 Y 电容与系统地之间有良好的低阻抗电气连接，也就是说，要处理好滤波器的接地。最好不要像图 1-33 那样，把滤波器安装在绝缘物体上，要安装在接触良好的金属外壳上，还要避免使用较长的接地线。因为过长的接地线意味着大大增加了接地电感和电阻，这样会严重破坏滤波器的共模抑制能力。较好的方法是用金属螺钉与星形弹簧垫圈把滤波器的屏蔽牢固地固定在设备电源入口处的机壳上。

滤波器的正确安装如图 1-34 所示，这个安装方法的特点是借助设备的屏蔽，把电源滤波器的输入端和输出端有效地隔离开，把滤波器输入端和输出端之间可能存在的电磁耦合，即串扰问题控制在最低的程度。

如图 1-31 所示，滤波器与电源端口之间的连接线过长。这是一个常见的错误，之所以说这是个错误，有以下两个原因：

1）对于抗外界干扰的场合：外面沿电源线传进设备的干扰还没有经过滤波，就已经通过空间耦合的方式干扰到电路板了，造成敏感度的问题。

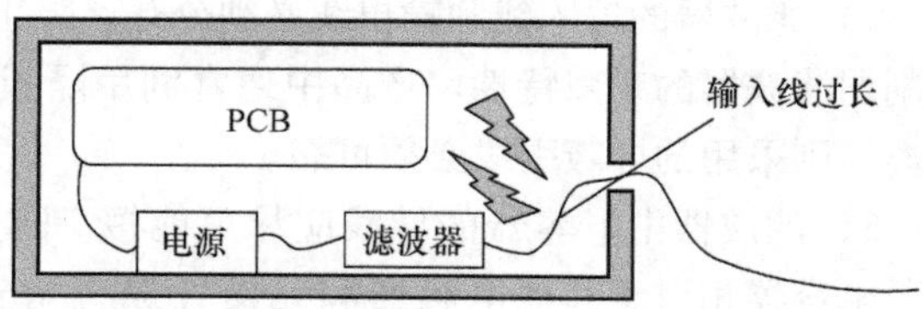

图 1-31　滤波器输入线问题安装示意图

2）对于产品内部干扰发射（包括传导发射和辐射发射）的场合：电路板上产生的干扰会直接耦合到滤波器的外侧，并传导到产品机壳外面，造成超标的电磁发射（包括传导和辐射）。

为何容易发生这个错误，除了设计工程师将滤波器当作一个普通的电路网络来处理以外，还有一个容易产生问题的客观原因是：设备的电源线输入端一般在产品或设备的后面板，而显示灯、开关等在产品及设备的前面板，这样电源线从后面板进入产品或设备后，往往首先连接到前面板的显示灯、开关上，然后再连接到滤波器上。

如图 1-32 所示，滤波器的输入与输出线靠得过近。发生这个错误的原因也是忽视了高频电磁干扰的空间耦合。在布置产品及设备内部连接线时，为了美观，将滤波器的输入、输出线扎在一起，结果输入线和输出线之间有较大的分布电容，形成耦合通路，使电磁干扰能量实际将滤波器旁路掉，特别是在高频段，使得滤波效果变差。

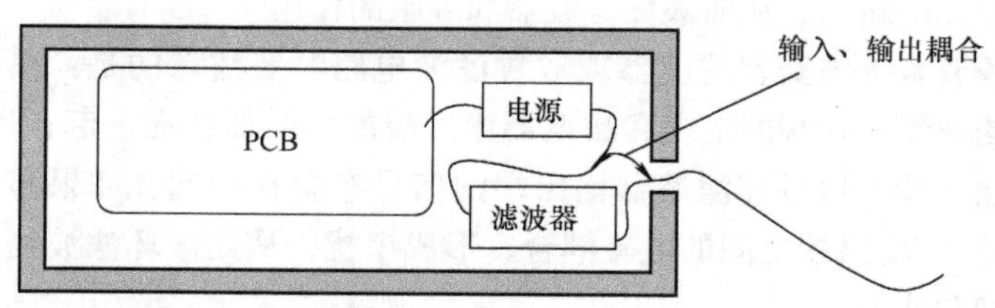

图 1-32　滤波器输入与输出线问题安装示意图

注意：处理电磁兼容问题时，高频电磁干扰是会通过空间传播和耦合的，而且并不一定按照设计好的理想电路模型传播。因此，在设计产品机壳及结构时，同样尽量使电源端口远离信号端口。

如图 1-33 所示，滤波器通过细导线接地，高频效果就会变差。滤波器的外壳上都有一个接地端子，这无形中在提醒使用者：滤波器需要接地。因此，在实际工程中，会看到滤波器的接地端子上都连着一根接地线。

注意：不正确连接这根导线，会给滤波器的性能带来影响。

1）滤波器接地端子的连接方式：在电源线滤波器的基本电路中，共模滤波电容一端接在被滤波导线上（L 线和 N 线），另一端接到地上。对滤波器而言，这个地就是滤波器的外壳，而滤波器上的接地端子也就是滤波器的外壳。从滤波器的原理上看，共模滤波电容的接地端要接到屏蔽机壳或一块大金属板上，这个接地端子就是要将滤波器连接到机箱或大金属板上。

2）接地端子在实际中的应用问题：在Y电容设计中首先要考虑漏电流的问题，在滤波器中，即使很短的引线也会对电容的旁路作用产生极大的影响，因此在设计电磁干扰滤波器时，要想尽一切办法缩短电容引线（甚至使用三端电容或穿心电容）。滤波器通过这个接地端子接地，相当于延长了共模滤波电容的引线长度。

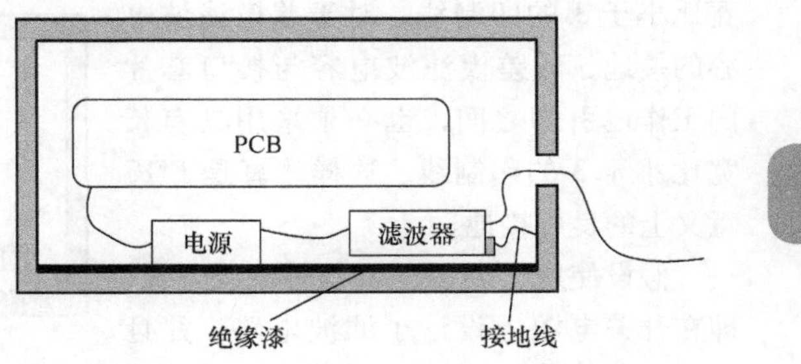

图1-33　滤波器接地问题安装示意图

实际情况表明，这些接地线的长度早已超过了可以容忍的程度。因此，这些接地端子通常是没有用的（除非用很短、很粗的接地线）。相反，可能还有不好的作用，错误的做法是通过它用一根长导线接地。

3）正确的接地方式：滤波器的金属外壳一定要大面积地贴在金属机箱的导电表面上。

将滤波器按照图1-33所示的方法接地（滤波器金属外壳与机箱之间无导电性接触，仅通过一根细导线连接）时，滤波器的共模滤波效果会在某一段频率上特别差，几乎接近没有共模滤波电容时的效果。

滤波器的推荐安装方式如图1-34所示，滤波器直接接地，输入、输出线隔离。

滤波器的输入和输出可分别在机箱金属板的两侧，直接安装在金属板上，使接触阻抗最小，并且利用机箱的金属面板将滤波器的输入端和输出端隔离开，防止高频时的耦合。滤波器与机箱面板之间最好安装电磁密封衬垫（在有些应用中，电磁密封衬垫是必需的，否则接触缝隙会产生泄漏）。使用这种安装方式时，滤波器的滤波效果主要取决于滤波器本身的性能。

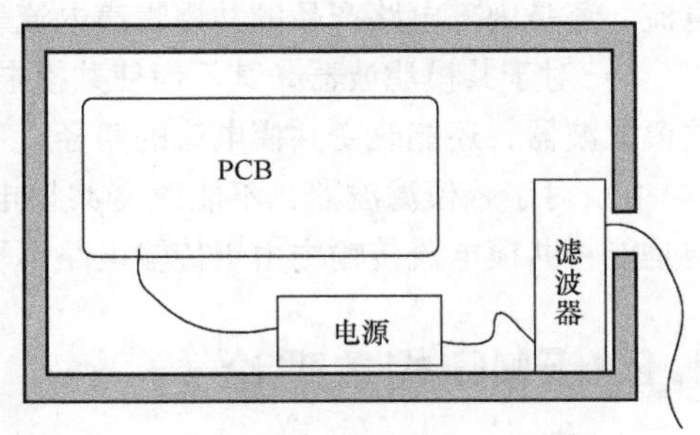

图1-34　滤波器正确安装示意图

如图1-35所示，对于通用产品，为了降低成本，将滤波器直接安装在电路板上。这种方法从直接成本上看是有些好处，但是，实际的费效比并不高。因为高频干扰会直接感应到滤波电路上的任何一个部位，使滤波器失效，所以这种方式往往仅适用于干扰频率很低的场合。

如果是在PCB上设计滤波电路，并且接地由PCB印制线来实现，那么对于共模滤波电容的接地，即共模滤波电容与金属外壳或产品接地点之间，必须采用具有长宽比小于 3 的印制线。对于差模滤波电容的接地，即差模滤波电容与接口芯片的工作地引脚之间，也必须采用具有长宽比小于 3 的印制线，这样才算是 EMC 意义上的良好接地。

假设使用了 PCB 上的这种滤波方式，即在开关电源上设计了滤波电路，并且仍然有 EMC 问题时，一种补救措施是：在电源线入口处再设计一只共模滤波器，这个滤波器可以仅对共模干扰有抑制作用。

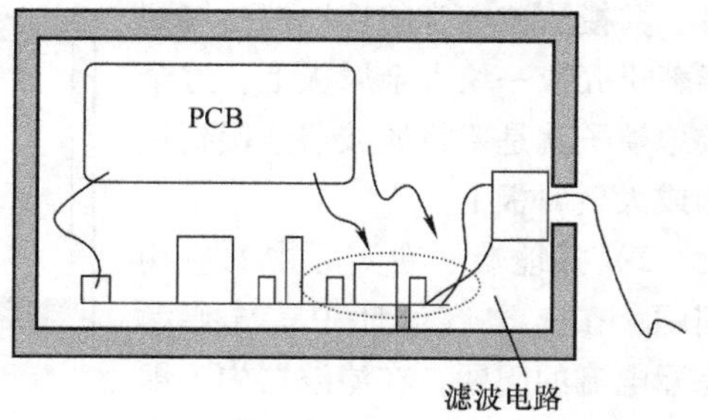

图 1-35　滤波器在 PCB 的示意图

实际上，空间感应到导线上的干扰电压都是共模形式的。电路可以由一个共模扼流圈和两只共模滤波电容构成，以获得好的滤波效果。

但要注意，这里的共模 Y 电容容量与原来的相加，可能导致漏电流超标。

这种将滤波器分成电路板上和端口处两部分的方法具有很高的费效比，在对成本控制不太严，而对干扰抑制要求较高的场合，可以考虑这个方法。

注意：解决电源线 EMC 问题的最有效的方法是在电源入口安装电源线滤波器。衡量滤波器的重要指标是插入损耗，不良的滤波器和不正确的安装方式起不到预期的作用。要获得预期的效果，不仅滤波器要满足要求，而且安装方式也要正确。

对 EMC 的设计来说，滤波器的设计对于共模电流无论是输入接口上的共模干扰电流，还是内部电路产品的共模噪声电流来讲，都是非常重要的。

1）对于共模滤波器，其不但使共模电流减小，而且对于具有共模滤波 Y 电容的共模滤波器，还能改变共模电流的路径。

2）对于差模滤波器，不能改变共模电流的大小，也不能改变共模电流的路径，但是能将共模电流传输中由于传输电路不平衡而转换成差模干扰信号而滤除。

1.2　EMC 相关理论

为了保障电子系统或设备的正常工作，必须研究电磁干扰，分析、预测干扰，限制干扰强度，研究抑制干扰的有效技术手段，提高抗干扰能力，并进行合理的设计等，以使共同环境中的系统和设备能执行各自的正常功能。这种对电磁干扰进行分析、设计和验证测试的学科领域就是电磁兼容（Electromagnetic Compatibility，EMC）理论。

1.2.1　电路中的差模与共模信号

在进行 EMC 分析时，理论上将信号分为共模与差模信号。实际上在电路中的表现形式是差模电流与共模电流，将电路中的信号源电流进行模型简化，如图 1-36 所示，建立简化的差模电流和共模电流模型。

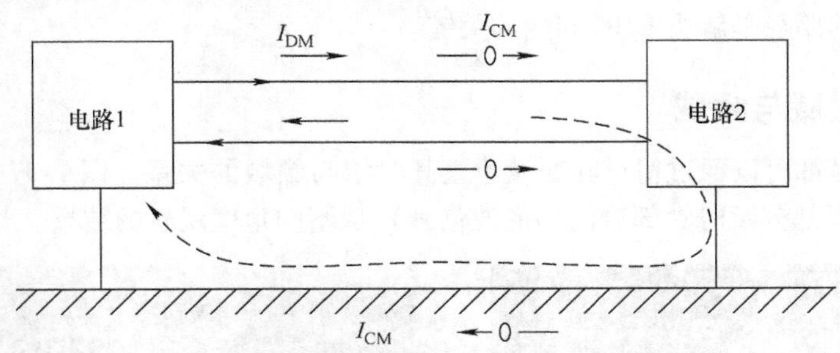

图 1-36　电路中的差模电流与共模电流

在产品电路中，电压、电流的变化通过导体传输时有两种形态，即如图 1-36 所示的差模电流 I_{DM} 和共模电流 I_{CM}。通常设备的电源线、信号线等的通信线与其他设备或外围设备进行数据交换的通信线，至少有两根导线，这两根导线作为往返线路传递信号。但在这两根导线之外通常还有第三种电路导体出现，这个就是地线或接地体，比如，EMC 测试时的参考接地板。

在实际的应用中，干扰电压和电流分为两种：一种是两根导线分别作为往返线路传输；另一种是两根导线同时作为去路，而地作为返回路径；前者是差模路径，后者是共模路径。

注意：差模电流路径往往是电路设计中有用信号的路径，是设计中规划的路径，而共模电流是不期望的路径，因为没有信号源电路是靠共模路径来工作的。不期望的路径上流过电流时，就会产生相关的 EMC 问题。

根据经验，在电子产品设计中，所碰到的大部分 EMC 问题，特别是疑难问题，大多是共模电流路径问题。大部分的 EMC 抗扰度测试，比如电快速瞬变脉冲群、静电放电（ESD）、传导抗扰度的测试，总是以共模的形式注入被测试产品及设备的接口。即使有差模干扰（比如线与线之间的浪涌测试），由于差模电流总是按照预期的回路从信号源端到负载再到源端，所以其定位与处理也是相对比较简单的。通常传送差模电流信号的导线对是紧靠在一起的，假如使用双绞线，会使得在周围空间产生的辐射场大小相等，方向相反，从而相互抵消。而共模干扰不但在导线对两根导线上的共模电流产生的辐射场相互叠加，而且由于电路中的分布参数特性，其传输路径往往具有不确定性，从而使问题定位与处理也变得相对困难。

对于 EMI 问题，差模路径 EMI 是差模电流流过电路中的实际存在的导线环路问题，当引起辐射时，这种差模环路相当于小环形天线，能向空间发射辐射磁场。共模路径 EMI 是由于电路中存在电压降，产生共模电流，比如在开关电源电路中，某些部分具有高的共模电压，当外接电缆与这些部位连接时，就会在共模电压激励下产生共模电流，成为辐射电场的天线，这种现象多是由于接地系统中存在电压降造成的。共模电压同样也会分布在产品及设备电路内部，或者是电路附近的导体之间，共模干扰或噪声会产生比差模干扰或噪声更为严重的影响。因此，往往分析电路中的共模电流的路径是解决 EMC 问题的关键。

1.2.2 时域与频域

任何信号都可以通过傅里叶变换建立其时域与频域的关系。图 1-37 所示为信号源（开关电源部分及时钟部分的梯形波信号）从不同角度观察的结果。

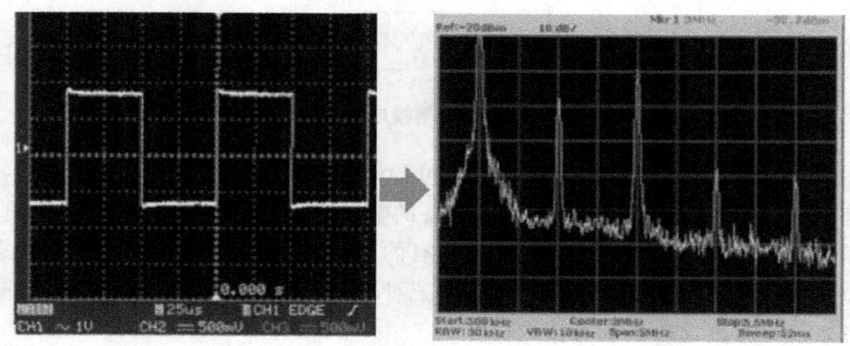

图 1-37 梯形波的时域到频域观察结果

时域分析：分析信号的幅度与时间之间的关系，得到的是信号的波形。

频域分析：分析信号的幅度与频率之间的关系，得到的是信号的频谱。

可以通过傅里叶分析把两者联系起来，如图 1-38 所示。图中，A 为梯形波的振幅；t 为梯形波的上升沿及下降沿；d 为梯形波脉冲的宽度。在脉冲波宽度频率以上的频谱会以 20dB/十倍频程下降，而在上升沿及下降沿的时间频率以上会以 40dB/十

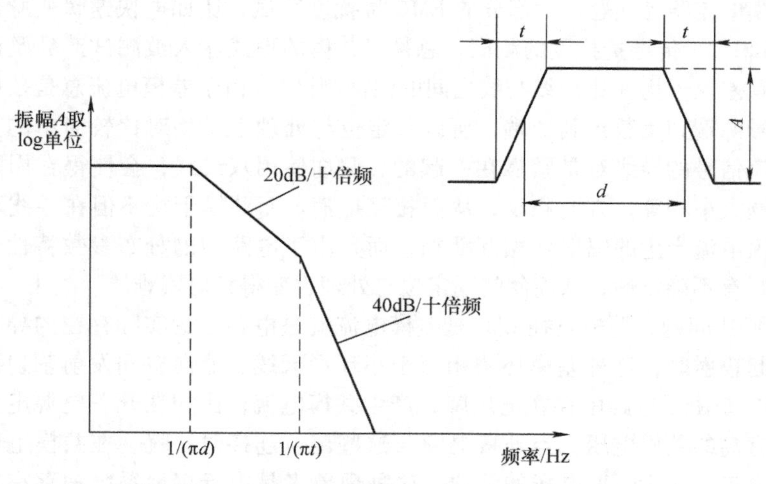

图 1-38 梯形波的频谱包络线

倍频程下降。上升/下降时间越缓慢，第二个转折点就会在越低的频率段发生，因此就会降低高频信号的强度。很明显，脉冲的上升时间及下降时间越长，该信号中所包含的高频谐波成分就越少。

因此在电路设计时，在保证逻辑功能正常的前提下，尽可能增加上升时间和下降时间，这样有助于减小高次谐波的噪声，但是由于第一个转折点的存在，使那些即使上升沿很陡而频率较低的周期信号，也不会具有较高电平的高次谐波噪声。所以，对于周期性的开关电源变换器，在保证开关器件温升允许的条件下，尽量增加 PWM 控制信号的上升时间和下降时间对 EMC 的设计都是很好的方法。

以一个 30V 的振幅的梯形波为例，上升时间是 30ns，则其上升速率为 1V/ns。如果这个脉冲波振幅变为 3V 且边沿的速率不变，则其上升时间变成为 3ns。上升时间变短一般会引起较多的问题，但在此例中其并不会增加高频成分，这是因为其边沿的速率是相同的，减小信号的振幅可以降低整体信号的频谱。

如图 1-39 所示，一般来说，当考虑上升时间与下降时间，以及它们对信号频谱的效应时，会将信号的振幅设为定值。当上升沿及下降沿的速率改变时，几乎不会影响高频谐波的大小，将上升沿时间由 30ns 增大到 300ns 时，长的上升沿及下降沿时间对 EMI 的高频段幅度会造成显著的影响。

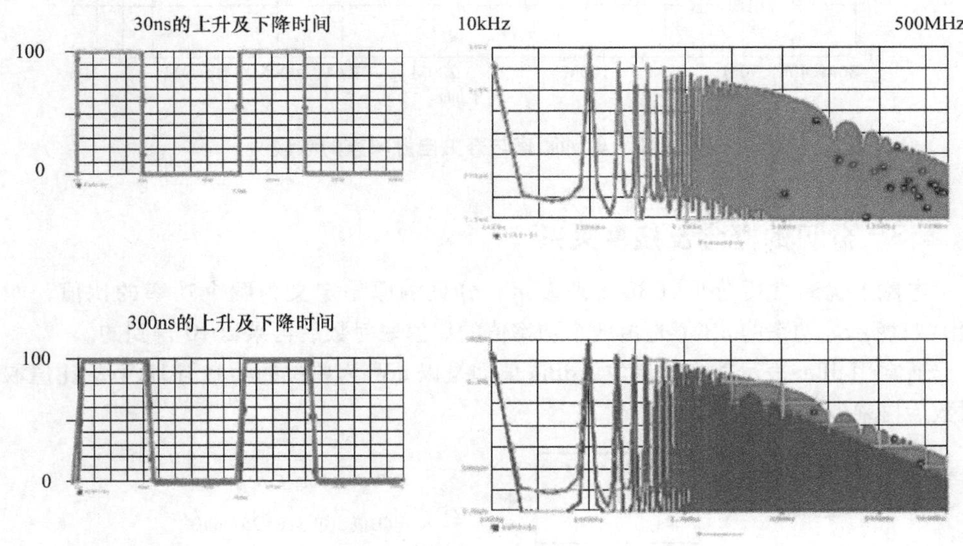

图 1-39　不同上升及下降时间脉冲波形与频谱的关系

在实际状况下，特别是在开关电源系统中，脉冲波很少是纯净的梯形波。如果波形不理想，比如有尖峰或毛刺，就会造成高频谐波振幅很大的变化。一般来说，对重要信号所做的信号完整性分析以电压波形为主，在波形的上面或下面的杂讯裕量情况通常要进行信号完整性分析。

周期信号由于其每个采样段的频谱都是一样的，所以它的频谱呈离散形。被离散分布的频点幅度高，通常会成为窄带噪声，如典型的高频时钟信号的频谱。而非周期信号，由于其每个采样段的频谱不一样，因此其频谱很宽，而且强度较弱，通常称为宽带噪声。比如开关电源中由于其在电路中的负反馈原理及负载的动态特性，其频谱大多为宽带噪声，在频域表现为典型包络性的频谱。时钟噪声与开关电源系统的噪声频谱如图 1-40 所示。

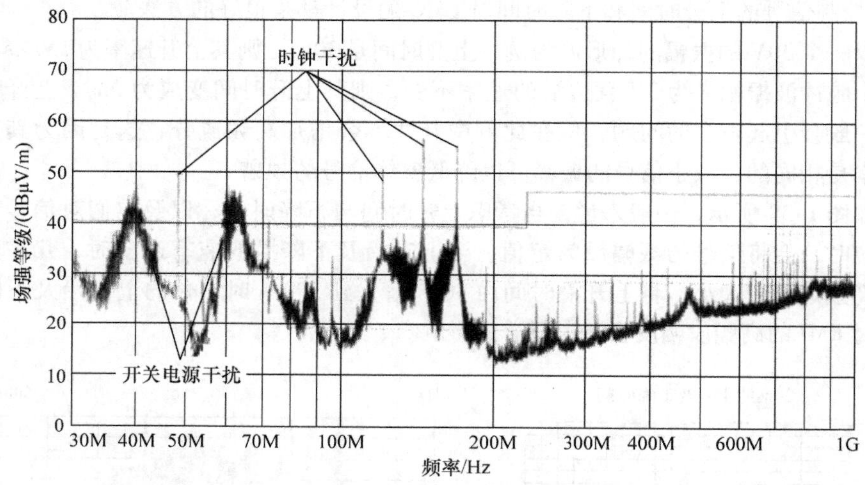

图 1-40　时钟噪声与开关电源噪声的频谱

1.2.3　分贝的概念及换算关系

电磁干扰通常用分贝（dB）来表示，分贝的原始定义为两个功率的比值，如图 1-41所示。功率的 dB 值是由两个功率值的比值取对数后再乘以 10 得到的。

通常用 dBm 表示功率的单位，dBm 值即是以 mW 为单位的功率与 1mW 的比值取对数后再乘以 10 得到的。

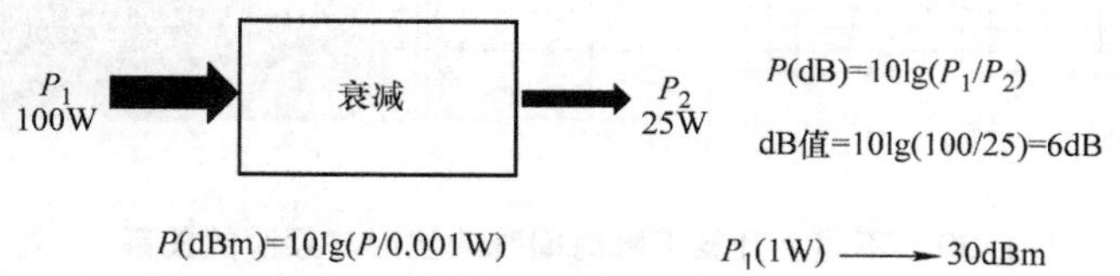

图 1-41　分贝的概念及功率的分贝值

在 EMC 领域，通常用 dBμV 值直接表示电压的大小，dBμV 值即是以 μV 为单位的电压与 1μV 的比值取对数后再乘以 20 得到的。在 EMC 中采用对数单位分贝（dB）

具有压缩数据的特点，更方便表达和观测；同时分贝便于计算，使得复杂的乘除和幂方运算变为简单的加减。

对于辐射干扰通常用电场强度（场强）的大小来衡量，其单位是 V/m。在 EMC 领域用分贝表示，即 dBμV/m。用天线和干扰测量仪器组合在一起测量干扰场强的大小，干扰测量仪器测到的是天线接口的电压，此电压加上所用天线的天线系数就是被测干扰的场强，即

$$E(\mathrm{dB\mu V/m}) = U(\mathrm{dB\mu V}) + \text{天线系数}(\mathrm{dB})$$

EMC 测量参考量及计算见表 1-5。了解表 1-5 中的数据，有助于工程师在实际工作中进行快速换算。

表 1-5　EMC 测量参考量及计算

物理量	参考量	分贝值	分贝量的名称	分贝数计算公式
电压	1μV	0dBμV	微伏分贝	dBμV = 20lg（测量值/1μV）
电流	1μA	0dBμA	微安分贝	dBμA = 20lg（测量值/1μA）
电场强度	1μV/m	0dBμV/m	微伏分贝/米	dBμV/m = 20lg（测量值/1μV/m）
磁场强度	1μA/m	0dBμA/m	微安分贝/米	dBμA/m = 20lg（测量值/1μA/m）
功率	1mW	0dBm	毫瓦分贝	dBm = 10lg（测量值/1mW）

这里对在 EMC 领域对数单位的一些误区进行简单的说明：

1）0dBm 不代表没有功率，其功率是 1mW；如果数值比 1mW 的功率还要小，则为负分贝数。

2）40dBμV + 40dBμV ≠ 80dBμV，其实际的运算结果中 40dBμV 代表电压是 100μV；40dBμV + 40dBμV 代表电压是 200μV；20lg200 = 46dBμV，即实际结果为 46dBμV。

3）进行项目测试整改时，某频点整改前是 80dBμV，整改后是 20dBμV，其实际的改善结果是 60dB。

80dBμV 代表的是 10000μV；20dBμV 代表的是 10μV；20lg（10000/10）= 60dB，其表示为整改后改善 60dB。

1.2.4　电场与磁场

电场（E 场）产生于两个具有不同电位的导体之间，电场强度的单位为 V/m，电场强度正比于导体之间的电压，反比于两个导体之间的距离。磁场（H 场）产生于载流导体的周围，磁场强度的单位为 A/m，磁场强度正比于电流，反比于离开导体的距离。当交变电压通过电路中的导体产生交变电流时，产生电磁波，E 场和 H 场互为正交，同时传播。如果出现了辐射发射，则说明电路中必然存在发射天线。单偶极子或棒天线是电场天线，环形天线或电路中走线环路是磁场天线。电场天线

可以和电容相关联，磁场天线可以和电感或互感相关联。因此，*LC* 振荡电路就会是电路中的辐射源头。电场波与磁场波是垂直的，相位上 E 场和 H 场是同相的，其辐射电场、磁场波如图 1-42 所示。

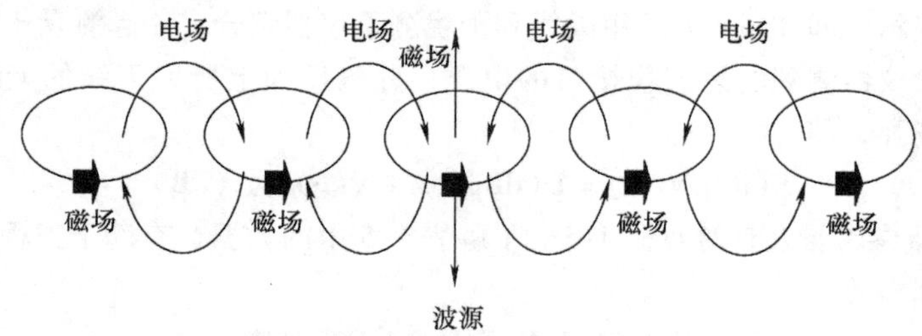

图 1-42　电磁波的传播发射

假如有电路振荡时，电场转化为磁场，磁场转化为电场。如图 1-43 所示，在电路转天线模型中，一根导体（电路中的导体）中间有电流在振荡，它就会向外传递发射电磁场的能量。存在电磁波发射的时候，电磁场相互转换，注意在电磁场发射时，电场和磁场是不需要划分的。对于起电容和电感作用的天线来说，同相分量是传播延时的结果。来自天线的波并不是在空间中的所有点同时瞬时形成，而是以光速来传播的。在远离天线的距离上，这个延时就导致了同相的 E 场和 H 场成分产生。

这样，E 场和 H 场具有不同的分量，包含了场的能量储存（虚部）部分或辐射（实部）部分。虚部部分由天线的电容和电感来决定，并主要存在于近场中。实部部分由辐射电阻来决定，它是由于传输延迟产生的，并存在于距离天线很远的远场中。接收天线可以被放置在距离源很近的位置，这时它们的近场效应的影响就大于远场辐射的影响。在这种情况下，接收和发射天线间就通过电容和互感进行耦合，这样接收天线就成了发射部分的负载。

单偶极子天线和环天线的电磁辐射机理如图 1-43 所示。这是电路中两种辐射天线的辐射发射。单偶极子天线是电路中的共模天线，环天线是电路中的差模环路天线。在实际的产品设计中，以下方面是需要注意的：

1）共模天线的一极是电路板，另一极连接电缆中的地线。减小辐射干扰最有效的方法是对整个电路板进行屏蔽，并且外壳接地。

2）电场辐射干扰的原因是高频信号对导体或引线进行充电，应该尽量减小导体的长度和表面积。

3）磁场干扰的原因是在导体或回路中有高频电流流过，应该尽量减小电路板中电流回路的长度和回路的面积。

4）当载流导体的长度正好等于干扰信号四分之一波长的整数倍时，干扰信号会在电路中产生谐振，这种情况应尽量避免。

5）当载流导体的长度与干扰信号的波长可以比拟时，干扰信号辐射将增强，因此，频率越高，电磁辐射就越严重。

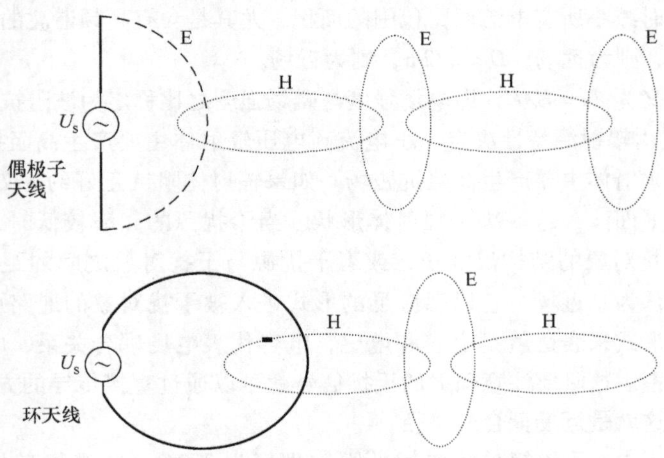

图 1-43　两种天线的电磁场传播发射

干扰通过空间传输实质上是干扰源的电磁能量以场的形式向四周空间传播。场可分为近场和远场，近场又称感应场，远场又称辐射场。判定近场、远场的准则是与场源的距离 D，λ 为信号源波长，如图 1-44 所示。电磁波在自由空间（或空气）中传播时，波速认为与光速 c 相同，其值为 3×10^8m/s。则信号源波长 $\lambda=300/f_{\mathrm{MHz}}$。若一台电子装置的导体尺寸接近 $\lambda/4$，则它就能非常有效地发射（或接收）相应频率的电磁波，这就是无线电天线的原理（注意：对称天线的总物理长度为 $\lambda/2$，但每边放置的对称部分长度为 $\lambda/4$）。那么，天线长度远小于最佳长度 $\lambda/4$ 时又会如何呢？实际上，天线长度小于 $\lambda/10$ 时最有效，这也解释了为什么车载（固定长度的）鞭式天线可以很好地接收几乎所有的调频广播。反之，如果天线长度远大于 $\lambda/4$ 又会如

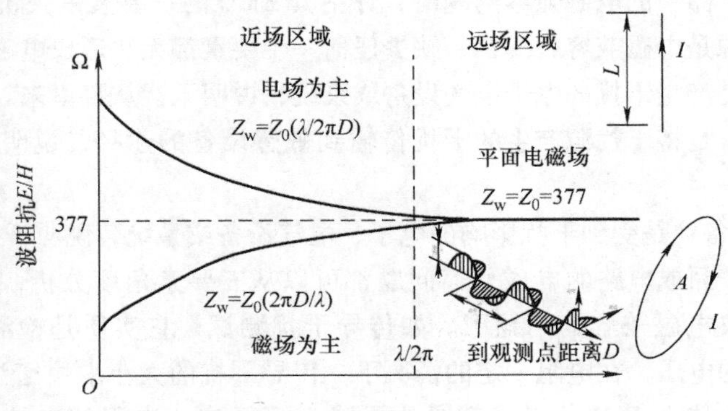

图 1-44　近场、远场及波阻抗

何呢？这种情况下可以直观地认为，只有 $\lambda/4$ 长度的天线有效，其余长度基本上是多余的。因此，特别是在设计开关电源的印制电路板时，必须使电压跳变的敷铜面积最小化，同时减小所有电流回路包围的面积，尤其是含有高频谐波的回路。

$D>\lambda/2\pi$，则为远场；$D<\lambda/2\pi$，则为近场。

波阻抗定义为 $Z_0=E/H$，即电场强度与磁场强度之比称之为波阻抗。在近场 $D<\lambda/2\pi$，波阻抗由辐射源特性决定。小电流高电压辐射体主要产生高阻抗的电场，而大电流低电压辐射体主要产生低阻抗磁场。如果辐射体阻抗正好约 377Ω，那么实际在近场能产生平面波，这取决于辐射体形状。当干扰源的频率较低时，干扰信号的波长 λ 比被干扰对象的结构尺寸长，或者干扰源与干扰对象之间的距离 $D<\lambda/2\pi$，则干扰源可以认为是近场，它以感应场的形式进入被干扰对象的通路中。这时近场耦合用电路的形式来表达就是电容和电感，电容代表电场耦合关系，电感或互感代表磁场耦合关系。这时要注意辐射的干扰信号就可以通过直接传导的方式引入电路、设备或系统，这就是近场耦合的路径。

在实际应用中，可以简单将空间的阻抗理解为 377Ω，在进行产品的电路设计时，将某些信号源的接地回流的阻抗特性与 377Ω 相比较，如果这个信号的回流阻抗在其相应的某个高频段比 377Ω 还要大，那么由分布电容参数导致的空间位移电流就会增大。这时噪声电流导致的辐射发射能量更大，容易导致辐射超标。同时对于大多数的 PCB 的设计问题，近场耦合也是需要注意的。

在开关电源系统的 PCB 上一个小环形电流回路就能产生磁场，而电压跳变的铜条或金属条就能形成电场源（比如散热器）。当然，一旦场随时间变化，磁场就能产生相应的电场，电场也能产生相应的磁场。距离很远时，电场与磁场成正比，并形成电磁波。远场与近场的边界定义为距电磁干扰源约 $\lambda/6$ 的位置。

1.2.5 电磁干扰三要素

分析一个产品中的电磁兼容问题时，评估其 EMC 的三要素是关键。干扰源、耦合路径、敏感源是电磁兼容三要素，缺少任何一个要素都无法形成电磁兼容问题。

干扰源：是产生干扰的电子电气设备或系统，说明干扰从哪里来。

耦合路径：是将干扰源产生的干扰传输到敏感设备的途径，说明干扰是如何传输的。

敏感源/设备：是受到干扰影响的电子、电气设备或系统，说明干扰到哪里去。

因此任何产品或电路的电磁兼容问题都可以从三要素角度分析，搞定其中一个要素就可以解决电磁兼容的问题了。如传导干扰测试，它实质是检测设备 LISN 中 50Ω 电阻两端的电压，在电阻一定的情况下，传导干扰的大小取决于流经 LISN 中这个电阻的电流，这个 EMI 的设计就是为了降低流经这个电阻的电流。又如典型的 EMS 抗扰度测试、EFT/B 测试、BCI 测试、ESD 测试，它们是典型的共模抗扰度的测试，干扰源是一种共模干扰，是相对于参考接地板的干扰，也就是说这些干扰源的参考点是进行这些测试时的参考接地板。根据信号返回其源，这就意味着这种干扰所产生的电流最终要回到参考接地板。设想一下，在进行上述 EMI 传导干扰测试时，不让干扰电流流过 LISN 中的 50Ω 电阻，那么对于 EMS 抗扰度测试，如果这种干扰造成的电流没有流经产品中的关键器件及敏感电路，则这就是产品 EMC 设计时需要考虑的有效手段。图 1-45 所示为电磁兼容三要素分析。

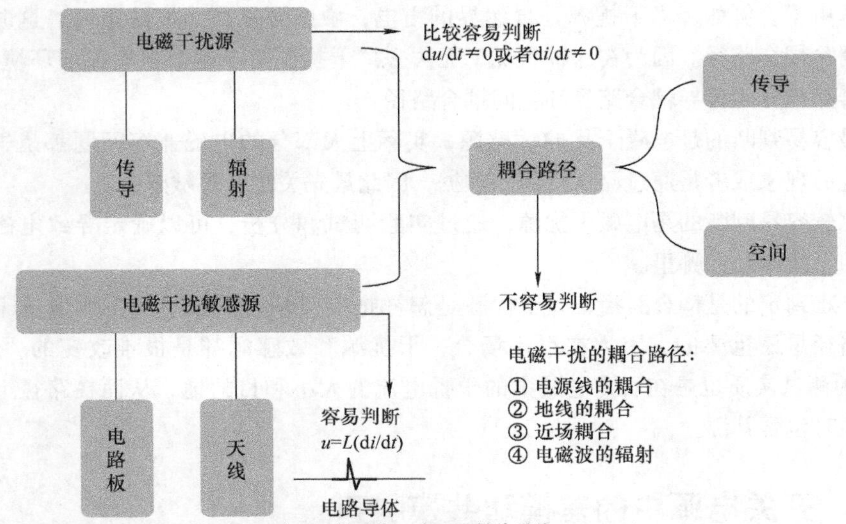

图 1-45　电磁兼容三要素分析

图 1-45 所示是分析一个电磁兼容问题的简单思路与方法。对于产品的 EMI 问题或者是 EMS 问题需要从哪里入手？

1. 干扰源

对于 EMI 问题，干扰源是传导的问题，还是辐射的问题；对于 EMS 问题，干扰源是传导过来的干扰，还是辐射过来的干扰。分析思路根据信号返回其源，即信号总是要返回其源头，分析其等效路径建立等效模型。

2. 敏感源

对于 EMI 问题，传导干扰是检测设备 LISN 中 50Ω 电阻两端的电压，辐射干扰是接收天线对应的等效天线模型。典型的电路发射天线为：环天线、单偶极子天线或者棒天线。对于 EMS 问题，抗扰度测试重点关注的是电路板中的关键器件、核心电路及敏感电路。同时，不能让噪声电流流过这些核心元器件及电路。

3. 耦合路径

信号返回其源，回路中可能有很多不同的路径，不希望某些电流在该路径上流动就在该路径上采取措施包含其源。

通过 EMC 的测试实质，传导干扰的大小取决于流经 LISN 中这个 50Ω 电阻的电流，不要让干扰电流流过 LISN 中的 50Ω 固定的阻抗，就可以解决传导的问题。

同样，不要让干扰电流流过等效天线模型，就可以解决辐射的问题。如果没有干扰电流流过电路中的关键元器件及敏感电路，那么也不会有 EMS 抗扰度的问题。

确定这三个因素关系后，再决定去掉哪一个。只要去掉一个，电磁兼容的问题就好解决了。例如，当干扰源是自然界的雷电，敏感源是产品电路板时，这时能做的是消除耦合路径。因为在这种状况下无法去掉干扰源雷电这个自然界的环境干扰，其耦合路径分为传导耦合路径和空间耦合路径。

最容易判断的是电磁干扰的敏感源，实际上大部分的电磁兼容问题都是先从发现干扰的现象或者是通过测试得到的数据，因此最先关注的是敏感源。

比较容易判断的是电磁干扰源，通过实验测试和分析，可以确定导致电磁兼容问题的干扰源是在哪里。

最难判定的是耦合路径，即干扰源是怎样把能量耦合到敏感源的？电磁干扰的耦合路径是最重要的，因为在很多场合，干扰源和敏感源都是很难改变的。所以，EMC 的测试实质也是在研究电路中的干扰电流的大小和目的地，从而在路径上采取措施同时包含其源。

1.3 开关电源中的差模和共模噪声

在开关电源中，传导发射可基本分为两类：

1）差模（DM），也称为对称模式或普通模式；

2）共模（CM），也称为非对称模式或接地泄漏模式。

如图 1-46 所示，L 为相线，N 为零线（或中性线），PE 为安全地或简称为地线，EUT 为受试装置，差模噪声源接在 L 与 N 之间。电流 I_{dm} 流过这两条导线，一进一出的方向。该噪声源没有电流流过接地部分。把流经地的净共模电流称为 I_{cm}（每条导线流过 $I_{cm}/2$）。如果将流过相线和中线的共模电流定义为 I_{cm}，则流经地的共模电流为 $2I_{cm}$。

注意：图中对差模噪声电流的方向并无特殊规定。它也可以反向流动，即从 N（或 L）导线流入，从另一条导线流出。在离线式开关电源中，电流方向每交流半周期改变一次。后面章节中所有的图示噪声电流方向示意都无特殊规定。

由图 1-46 和图 1-47 所示的差模和共模噪声进行组合后，可以得到以下的计算式：

$$I_L = I_{cm}/2 + I_{dm}$$

$$I_N = I_{cm}/2 - I_{dm}$$

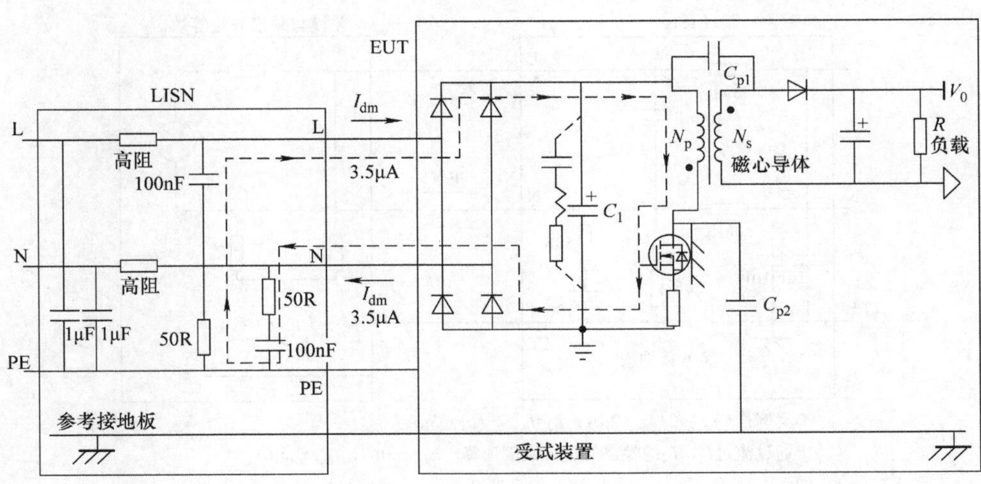

图 1-46　开关电源中的差模噪声

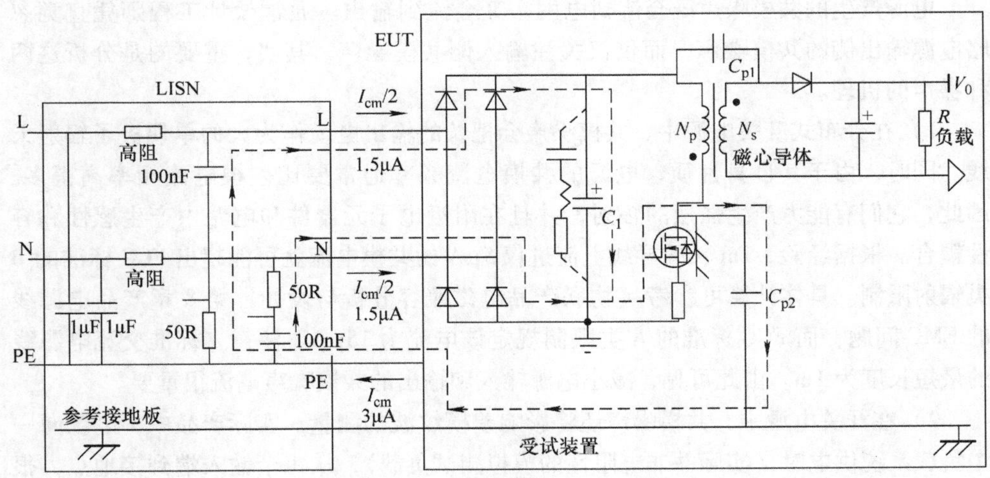

图 1-47　开关电源中的共模噪声

图 1-47 中，共模噪声源一端接地，在另一端，假设噪声源对 L 和 N 导线的阻抗相等，则两条导线上引入的噪声电流等值同向。如果阻抗不平衡，则 L 和 N 导线中就会得到混合模式的噪声电流分布，这在实际电源中是一种常见现象。

注意：该模式相当于真实的共模噪声与一些差模噪声相混合，在如图 1-48 所示的计算案例中，假如 L 线和 N 线的噪声电流分别为 2μA 和 5μA，可根据图中的计算公式得出共模电流和差模电流的数值大小。其实际的结果如图 1-46 和图 1-47 所示。理解开关电源电路的这个特点对后面的 EMC 设计是有帮助的。

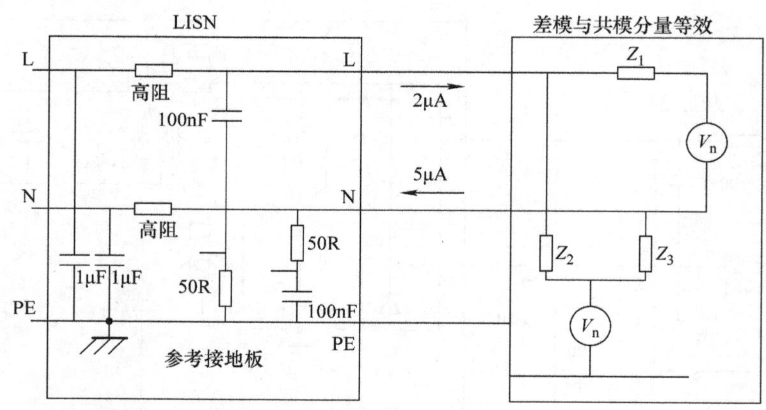

图 1-48　差模和共模噪声算例

电源产生的共模噪声既会流到电网，又会流到输出。通常设计工程师凭直觉忽略电源输出侧的共模噪声，而仅仅关注输入侧共模噪声。其实，重要的是分析这两种噪声的机理。

1）在分布式开关电源中，共模噪声会把长的输出电缆作为大的单偶极子辐射天线。同时，由于其自身性质，电源的共模电流频率通常要比差模电流频率高得多。因此，它们有能力产生强烈的辐射，并且在附近电子元器件和电路中产生感性和容性耦合。根据经验，1m 长的导线上流过仅 5μA 的共模电流就可能超出 FCC 标准的 B 类辐射限制。具体计算可参考《物联产品电磁兼容分析与设计》第 8 章产品电源线的 EMC 问题，而 FCC 标准的 A 类限制规定该电流为 15μA。注意，标准交流电源线的最短长度为 1m。由此可见，减小电源输入和输出的共模噪声电流很重要。

2）在开关电源中，共模噪声还将影响差模纹波的测量。实际产品中，电源向一个负载系统供电时（实际并非电阻性的模拟测试负载），从每个输入端到接地点，很难得到等值平衡阻抗。因此，电源输出的所有共模噪声实际上都会变成高频差模输入电压纹波，这就是混合式电流。可以看出，即使开关电源后端输出负载系统共模抑制比再大，作用也有限，因为原来的纯共模噪声已经有部分变成了差模噪声，所以可能导致后端输出系统产生误动作。

3）如果电路阻抗不相等，共模噪声就会转化为差模噪声。因此，在电源的输入端需要使用平衡滤波器。一般来说要优先从源头减少共模噪声。同时由该电源供电的负载系统输入端也需要放置滤波器。

注意：图中对共模噪声电流的方向并无特殊规定，电流也可以反向流动，这取决于电流在交流半周期的位置。

共模噪声源本身可近似为电流源，这就使共模噪声要难处理得多。与其他电流源一样，共模噪声源需要流通路径。因其路径包括机壳，所以产品的机壳将变成一个大的高频天线。

1.3.1 差模噪声的主要来源

在开关电源电路上，要了解噪声究竟是在哪里产生的，首先要考虑如果电源的输入大容量电容为理想电容，即等效串联电阻为零（忽略所有电容寄生参数），那么电源中所有可能的差模噪声源都会被该电容完全旁路或解耦。显然，这个现象是不可能的，原因是大容量的电容的等效串联电阻一定是不为零的。因此，输入电容的等效串联电阻是从差模噪声源看进去的阻抗 Z_1 的主要部分（见图 1-48）。

输入电容除了承受从电源线流入的工作电流以外，还要提供开关管所需要高频脉冲电流。但无论何时，电流流经电阻必然产生压降，如电容的等效串联电阻。因此，如图 1-49 所示，输入电容两端会出现高频电压纹波。图中的高频电压纹波实际上就是来自差模噪声发生器。它基本上是一个电压源 V_{ESR}。理论上，整流桥导通时，该高频纹波噪声应该仅出现在整流桥输入侧。事实上，整流桥关断时，噪声会通过整流二极管的寄生电容泄漏。

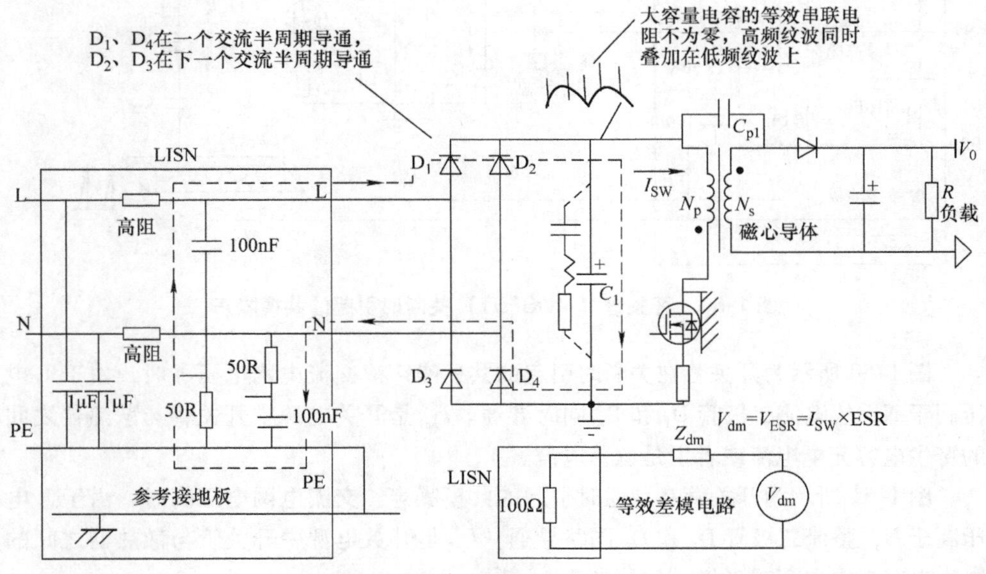

图 1-49　差模噪声产生的机理

1.3.2 共模噪声的主要来源

高频电流流入产品机壳或参考接地板有很多偶然的路径，图 1-50 ~ 图 1-53 给出了其主要部分。当开关管的漏极高低跳变时，电流流经开关管与散热器之间的寄生电容。在图中散热器接至外壳，或散热器就是外壳。在交流电网电流保持整流桥导通时，整流二极管 D_1、D_4 首先在交流半周期导通，然后 D_2、D_3 在下一个交流半周期导通，以此类推。注入机壳的噪声如遇到几乎相等的阻抗，则等量流入 L 和 N 导线，因此这是纯共模噪声。但在整流桥关断时，噪声仅迫使整流桥的一个二极管导通，因为噪声电流来源于电感电流，这样就形成了不等的阻抗，所以噪声电流经 L 或 N 导线之一返回，而不是等分到两条导线。其结果如图 1-52 和图 1-53 所示，该混合噪声实际上是纯共模噪声分量与非常大的高频差模噪声分量的叠加。使共模噪声等分到两条导线，从而削弱由它产生的差模噪声的方法是在整流桥前放置一个 X 电容。

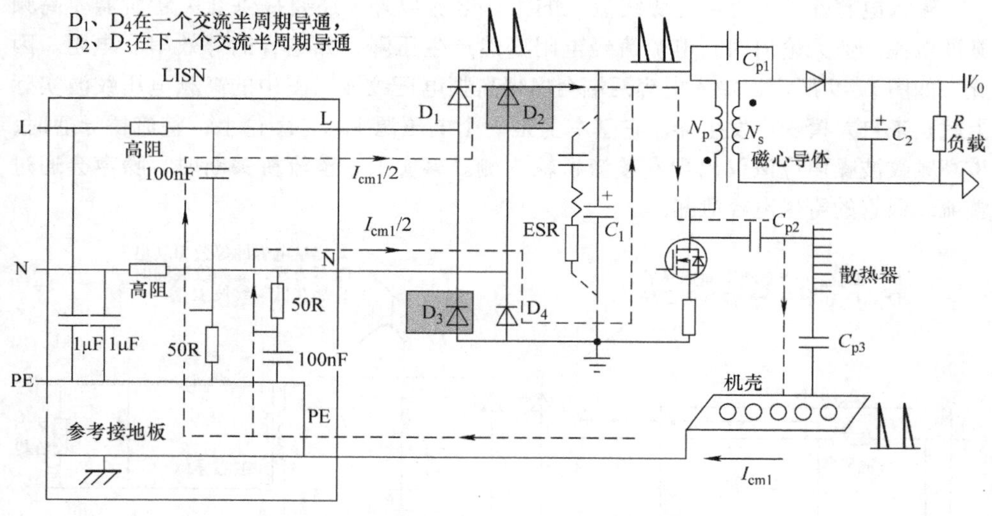

图 1-50　开关管（MOSFET）关断时引起的共模噪声

图 1-50 所示为开关管在关断时引起的共模噪声。交流电网电压高时，由于 L 电压高于 N，故整流二极管 D_1 和 D_4 同时导通。I_{cm1} 是开关电源中开关管与散热器之间的寄生电容充电电流或者说是位移电流。

图 1-51 所示为开关管在导通时引起的共模噪声。交流电网电压高时，由于 L 电压高于 N，整流二极管 D_1 和 D_4 同时导通。I_{cm2} 是开关电源中开关管与散热器之间的寄生电容放电电流或者说是位移电流。

图 1-52 所示为开关管在关断时引起的共模噪声。交流电网电压低时，整流二极管 D_1 和 D_4 在共模噪声电流源作用下受迫交替导通。I_{cm1} 是开关电源中开关管与散热器之间的寄生电容充电电流或者说是位移电流。在图中，如果没有 C_{X1} 的 X 电容在电路中，则会引起较大的差模噪声。

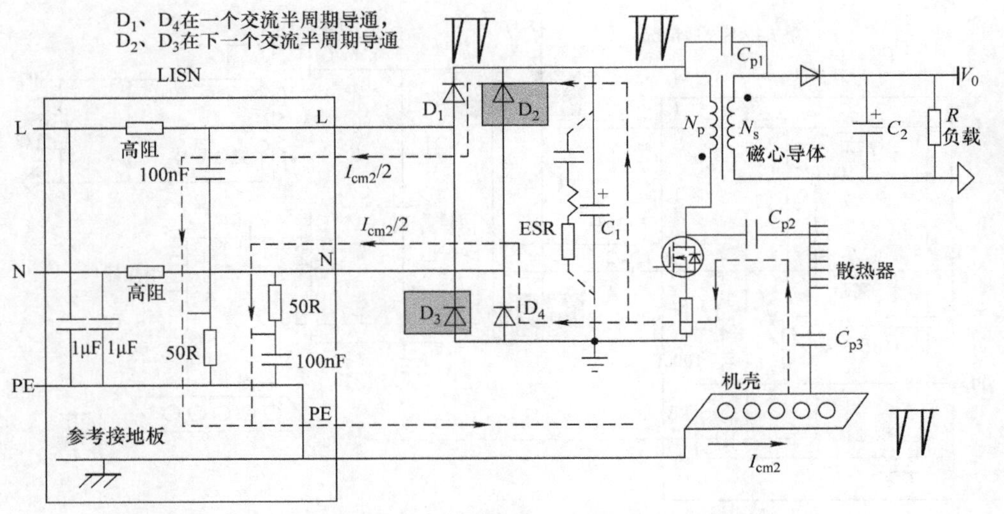

图 1-51　开关管（MOSFET）导通时引起的共模噪声

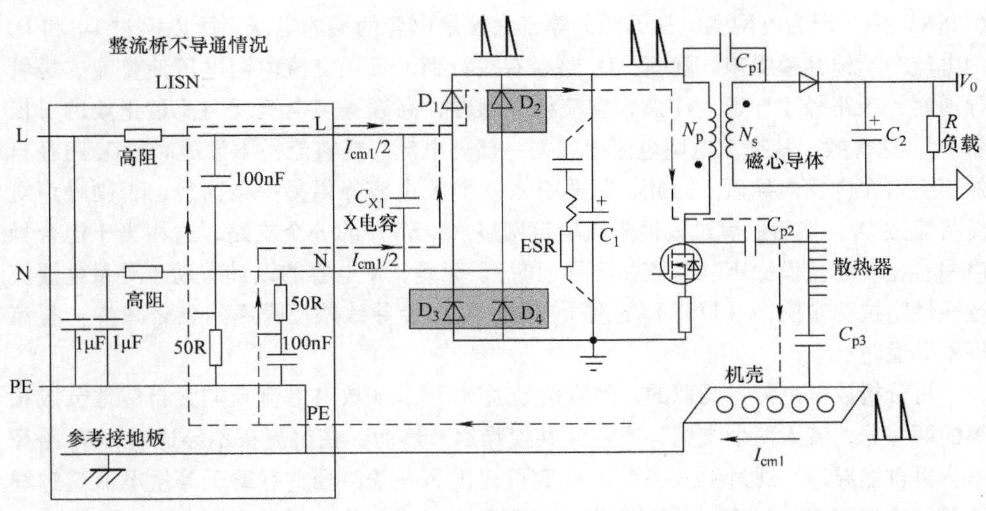

图 1-52　开关管（MOSFET）关断时有 X 电容的共模噪声路径

图 1-53 所示为开关管在导通时引起的共模噪声。交流电网电压低时，整流二极管 D_1 和 D_4 在共模噪声电流源作用下受迫交替导通。I_{cm2} 是开关电源中开关管与散热器之间的寄生电容放电电流或者说是位移电流。在图中，如果没有 C_{X1} 的 X 电容在线路中，则会引起较大的差模噪声。

电路中的 C_{X1} 会对差模噪声有很好的作用，下面先分析以上的充电电流。整流桥导通时，I_{cm1}（充电电流）很自然地分成相等的两部分，流入线性阻抗稳定网络

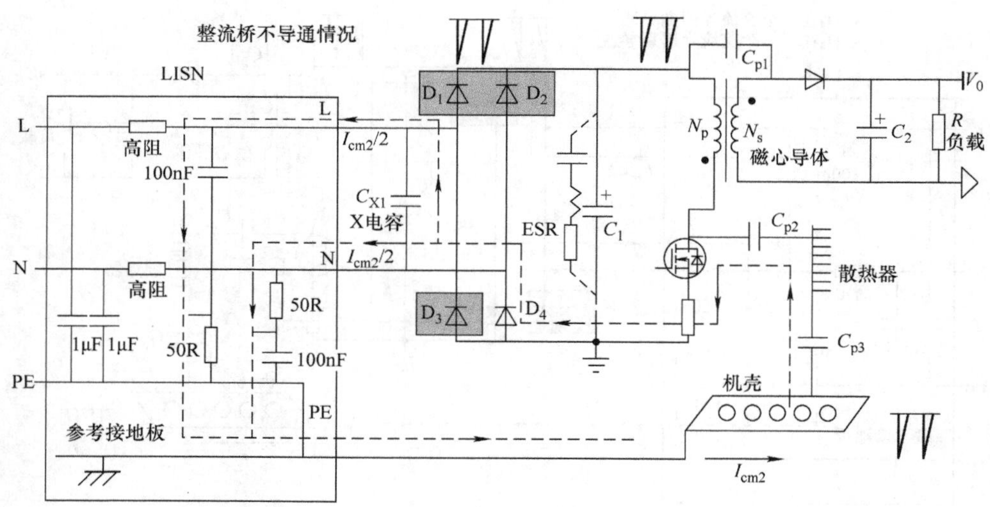

图 1-53 开关管（MOSFET）导通时有 X 电容的共模噪声路径

（LISN）中，因为电网侧电压的微分等于大容量电容两端的电压。所以流过 D_1 和 D_4 的电流产生纯共模噪声。然而，D_4 路径有些特别，仅在交流电网电压使整流二极管导通时，该路径才导通。注意，整流桥导通时，高频噪声电流反向流过正偏的二极管 D_4，这等效于从交流电网电流中减去一部分电流。在整流桥不导通时，D_4 路径自然不会再允许反向导通。因此，除非引入一个 X 电容提供另一条路径，否则噪声电流将流过 D_1，然后仅流过线性阻抗稳定网络（LISN）的一个支路，这相当于混合噪声中有显著的差模噪声（整流桥不导通时）。于是，X 电容的设计有助于等量电流流过线性阻抗稳定网络（LISN）的两个支路，从而会导致差模噪声的显著减少（整流桥不导通时）。

再分析放电电流，类似的，整流桥导通时，I_{cm2}（放电电流）非常自然地分成相等的两部分，流入两个支路，产生纯共模噪声。然而，在整流桥不导通时，D_1 路径不会再自然导通。通过引入一个 X 电容可提供另一条路径，有助于等量电流流过线性阻抗稳定网络（LISN）的两个支路。于是防止了在整流桥关断时，由于阻抗不平衡，将共模噪声转换成差模噪声。

因此，在实际应用时，开关电源通过优化输入的大电解电容的容量来减小纹波噪声的方法只是解决差模噪声的一个方面。在进行开关电源设计时，开关电源的输入端都需要增加 X 电容的设计。因此可得出一个好用的结论，即在开关电源的输入滤波器的设计时，滤波器中的 X 电容不可缺少。

注意：在开关电源中的散热器上使用绝缘材料的典型寄生电容值，见表 1-6。又将传统绝缘材料云母与现代绝缘材料硅橡胶做了比较，其中 K 为介电常数。可供设计工程师进行参考。

表 1-6　典型器件及材料的寄生电容值

封装	面积/cm²	材料	K	厚度/mm	电容值/pF
TO－3	5	硅橡胶	5	0.2	111
		云母	3.5	0.1	155
TO－220	1.644	硅橡胶	5	0.2	36
		云母	3.5	0.1	51
TO－3P	3.25	硅橡胶	5	0.2	72
		云母	3.5	0.1	101
TO－247F	2.8	硅橡胶	5	0.2	62
		云母	3.5	0.1	87

1.3.3　半导体器件与共模噪声源

设计开关电源时，常常会在机壳及散热器上安装功功率半导体器件。输出二极管常以这种方式安装，因为其在输出低压侧，高压的功率半导体器件很少。可以采用如图 1-54 所示的 Y 电容的设计，使开关管注入的噪声就近返回，从而减小共模噪声源。

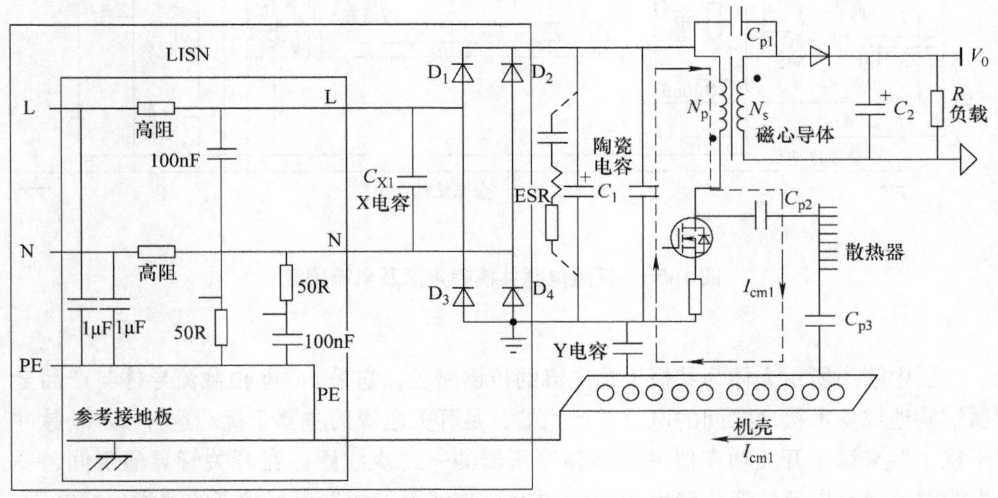

图 1-54　半导体器件及共模噪声优化

如图 1-54 所示，如果在大容量两端并联了高频陶瓷电容，同时在产品机壳的合适位置放置 Y 电容，那么就能使功率开关管器件注入的噪声就近返回。注意固定机壳和印刷电路板的连接安装位置非常接近（图中未显示 PCB 电路板）。即把 Y 电容与 PCB 连接放置在离变压器很近的位置上可减小电流回路所包围的面积。小电流回路可使辐射磁场最小化，因此，电磁干扰就会减弱。

实际应用中，在开关 MOSFET 漏极引脚的位置放置镍锌铁氧体磁珠，也有助于消耗散热器注入的循环噪声能量，进一步减少噪声能量。

1.3.4 传导干扰与共模电流分析

对开关电源来说，开关电路产生的电磁干扰是开关电源的主要干扰源之一。开关电路是开关电源的核心，其主要由开关管、高频变压器、输出整流管、储能电容等元器件组成。它产生的 du/dt 具有较大的幅度，频带较宽且谐波丰富。反激开关电源传导干扰总的传递示意图如图 1-55 所示。

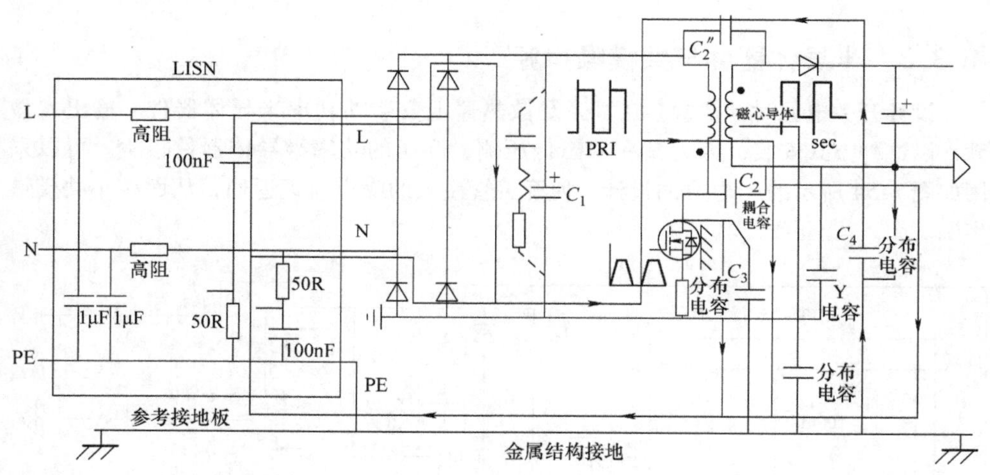

图 1-55 反激电源共模噪声源及电流路径

图中箭头所示大体为共模干扰电流的传输路径，它是 du/dt 由载流导体与产品金属结构地或参考接地之间的电位差产生的，是开关电源的主要干扰。这种 du/dt 脉冲干扰主要来源于开关功率器件及高频变压器的一二次线圈。在开关管导通瞬间，一次线圈就会有电流的变化产生 di/dt，并在一次线圈的两端出现较高的浪涌尖峰电压。在开关管关断瞬间，由于一次线圈之间的寄生电容，导致一部分噪声能量通过一次线圈传输到二次线圈再到负载端最后返回到源端。同时，这种干扰信号也会通过开关管的漏极、开关管上的散热器、二次线圈的电路等与参考地之间的寄生电容传递到线性阻抗稳定网络（LISN）。

1.3.5　辐射发射与共模电流分析

在辐射发射测试中，经常会发现一种现象：当产品及设备加上加上 I/O 线缆、控制线、系统连接线等电缆以后，产品的辐射发射值就会变大，即使电缆的终端没有连接负载也是如此。产生这种现象的原因是电缆变成了天线，它就会对外辐射电磁能量。

共模电流产生辐射根据驱动模式大致上可总结为三种，即电流驱动模式、电压驱动模式、磁耦合驱动模式。

1. 电流驱动模式

差模电流通常是电路中的正常工作信号电流，信号电流在传递信号回流产生的电压降转化为共模电压，这个共模电压产生的共模电流是电流驱动模式共模电流辐射的最为常见的驱动模式。图 1-56 所示为电流驱动模式辐射原理示意图。图中，U_s 为差模信号电压源，通常产品电路中有许多这样的电压源；Z_1 为回路的负载；I_1 为回路的工作电流；该回路进行信号回流时的路径为 G_1、G_2，G_1 与 G_2 之间的阻抗为 Z。在第 2 章中有对 PCB 走线及线缆阻抗的分析，在电磁兼容领域研究的是导体的高频特性。其走线意味着电感特性，则 G_1 与 G_2 之间的电位差就不为零，存在一个极小值。因此，在 G_1 与 G_2 之间的阻抗 Z 上产生压降 $U_1 = I_1 Z$。

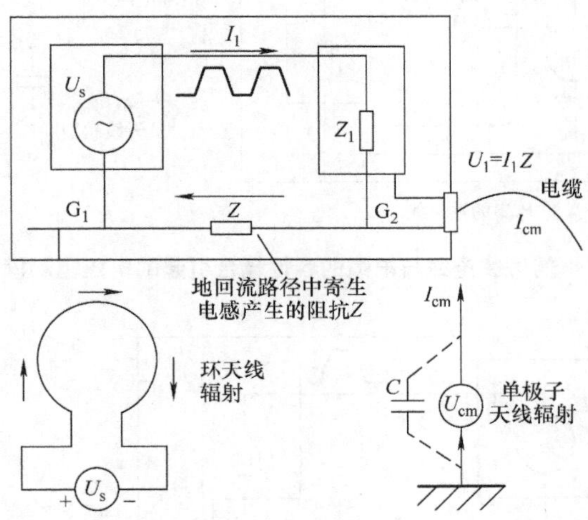

图 1-56　电流驱动模式辐射原理示意图

如图 1-56 所示，电流驱动模式最典型的是一个环路辐射天线。其驱动源是 U_s 信号本身，但它是差模辐射。由于信号回流一定会存在一个环路，因此减小这个环路的面积是减小差模辐射的最基本方法。图中 U_{cm}是产生共模辐射的驱动源。要产生辐射，除了源以外还必须有天线。这里的天线是由图1-56中G_2位置向右看的地线部分和外接的电缆，这实际上是一个不对称的振子天线，即单极子天线。由于共模电流I_{cm}是由差模电流I_1产生的，所以这种模式称为电流驱动模式。

在开关电源的设计应用中，一个有效减小辐射发射的方法是：尽量减小开关管源极到大电解电容负极的地走线的长度（优化走线电感），用尽量粗且短的方式进行布线连接这两点的走线，否则容易导致电源线的辐射发射超标。

2. 电压驱动模式

工作电压源即有用电压信号源，直接通过寄生电容耦合到邻近的PCB走线或电缆直接驱动产生的共模电流是电压驱动模式共模电流辐射的基本驱动模式。如图1-57所示的产品中，工作电压源U_s和电缆产生寄生电容回路，回路中的共模电流通过电缆产生共模辐射，共模电流$I_{cm} \approx C\omega U_s$。电容$C$为其耦合电容；$\omega$为角频率；$U_s$为信号源，其共模发射也是一个单极子天线。如图1-58所示的产品中，U_s信号源和产品金属外壳的下部分产生寄生回路，回路中的共模电流通过电缆产生共模辐射，共模辐射电流$I_{cm} \approx C\omega U_s$。电容$C$为PCB中信号走线与金属外壳或电缆之间的寄生电容。

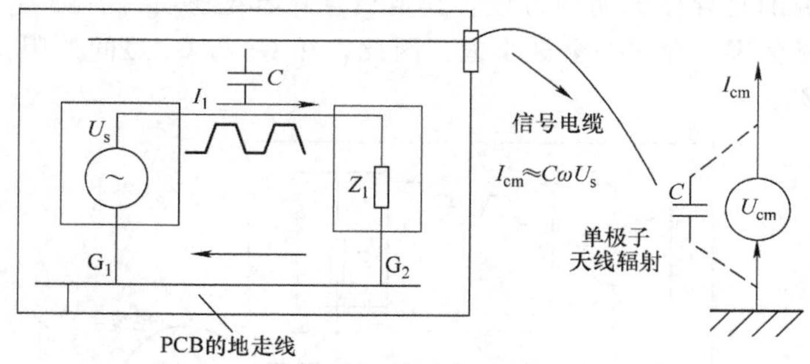

图1-57 信号线走线与电缆的容性耦合引起的电压驱动模式辐射

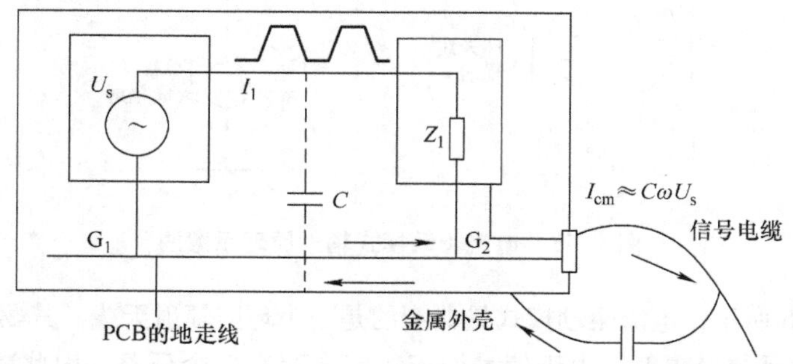

图1-58 信号线及走线与金属机壳容性耦合引起的电压驱动模式辐射

在开关电源的设计应用中，如果开关器件，比如功率 MOSFET 的漏极走线靠近输入滤波电路或者输入电源线端子时，图中的现象将会发生，从而导致开关电源的辐射发射超标。

3. 磁耦合驱动模式

工作电压源即有用电压信号源的回路产生磁场与电缆及金属外壳或 PCB 地等组成的寄生回路产生磁耦合时，产生的共模电流是磁耦合驱动共模电流辐射的基本驱动模式。图 1-59 所示为典型磁耦合驱动模式产生的共模电流辐射原理图。图中，差模工作信号在小回路 S_1 的环路面积中流动时，电缆、金属外壳、PCB 的地及寄生电容组成的 S_2 大回路中耦合到了小回路中的信号，使电缆中带有共模电流信号，从而产生共模辐射。

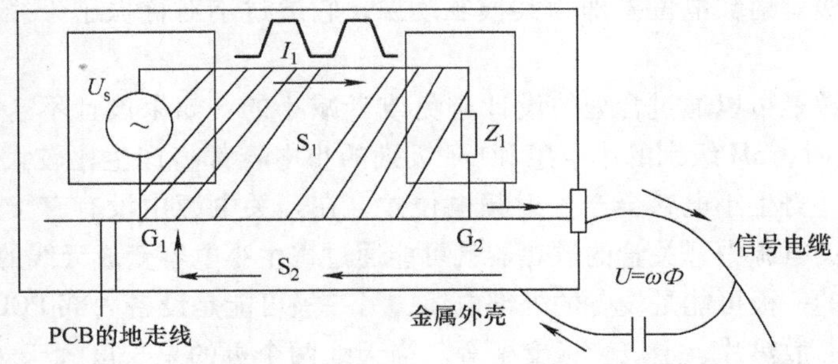

图 1-59　磁耦合驱动模式产生的共模电流辐射原理示意图

在实际的运用中，这就是电路中的近磁场耦合原理。这在开关电源电路中是很常见的。因此一定要减小开关电源主开关管的大电流回路工作的环路面积，避免产生较大的近场耦合。

图 1-60 所示为开关电源中 MOSFET 开关时的一次侧回路与电源线的输入输出回

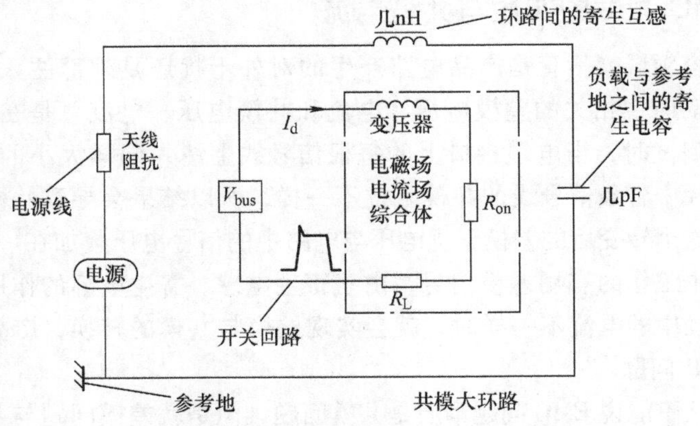

图 1-60　开关回路与电源线大环路之间的耦合原理图

路发生磁耦合的等效参数原理图。在实际应用中，开关电源的变压器本身就是电场、磁场、电流场的综合体，它会通过互感的方式在产品中的电源线上感应出共模电流，形成共模辐射。

后面的章节也会基于这些理论进行详细的分析和设计。

1.3.6 产生共模辐射的条件

通过前面内容的描述，产生共模辐射的条件主要有两个，即共模驱动源和等效的发射天线。

大部分情况下，天线是产品中的电缆或 PCB 中尺寸较大的导体，而驱动源是任何两个金属导体之间存在的射频（RF）电位差，两个金属体分别是它的不对称振子天线的两个电极。射频电位差即为共模驱动源，它通过不对称振子天线向空间辐射电磁能量。

共模驱动源是可以通过合理的设计避免或者减小的。如果设计不合理，则当频率达到 MHz 级时，nH 级别的小电感和 pF 级别的小电容都将产生比较大的影响。两个导体连接处的寄生小电感会产生射频电位差，在开关电源中没有直接连接点的金属体，比如开关电源中开关管的散热器就可能通过寄生小电容变成天线的一部分。

等效天线的一极可能是设备的外部电缆，另一极可能是设备内部 PCB 的地走线、电源线、机壳、散热片、金属背板支架等。当天线两个极的总长度大于 $\lambda/20$ 时，天线的辐射才有可能产生。

当天线的长度与驱动源谐波的波长符合 $L = n(\lambda/4), n = 1,2,3,\cdots$ 时，天线发生谐振，辐射效率最大。

在确定天线总长度时，驱动源在天线上的位置是天线辐射效率的决定因素。天线在驱动源的同一侧时产生的共模辐射要比天线在两侧时小得多。

1.3.7 EMC 测试的实质与共模电流

在电磁兼容领域，不管是产品电路产生的对外干扰还是外部注入产品的干扰，其在产品中流动时，相关的差模电压、电流和共模电压、电流总是在相互转换的。在进行抗扰度测试时，当电缆接口上的每根信号线上注入同样大小的共模电压时，由于在传输路径中各条信号线的共模阻抗不一样，所以结果会导致共模电压向差模电压的转变，这个转变后的差模干扰电压与电路中的信号电压叠加在一起产生干扰。同样对于电路中工作的有用差模信号，由于寄生电感、寄生电容的作用，使信号线电流与回流路径中的电流不一样时，就会实现差模与共模的转换，产品最后表现为严重的共模 EMI 问题。

因此，虽然不能说 EMC 问题本质是共模问题，但是就差模问题与共模问题比较来说，共模问题是更值得重视的。共模电流和共模电压的传输路径相对于差模电压和差模电流的传输路径会更难确定，这给 EMC 问题的分析带来了一定的难度。如果能分析好产品中的共模电流问题，那么产品中的 EMC 问题也会变得简单了。

比如，从标准 IEC 61000 和标准 ISO 提供的相关实验原理图中可以知道，从干扰发生器来的信号一端通常通过可供选择的耦合装置同时注入电源线或信号线的各个导体中，另一端与参考接地板相连，同时发生器机壳也连接到参考接地板。这就表明这种干扰实际上是加在电源线、信号线与参考接地板之间的。这种干扰是共模干扰。

因此，共模电流主要是指以下两种：

第一种是抗扰度 EMS 测试。比如 EFT/B 抗扰度测试时，注入产品各种接口并在产品内部电路或结构传输或流动的共模干扰电流，它总是从抗扰度测试发生器发出，经过被测产品，再回到参考接地板。

第二种是 EMI 共模干扰电流，它是在产品内部由差模方式传递的正常工作信号，是在传递过程中，由于寄生参数的存在而额外形成的。流向产品的各种接口是这类电流的基本特点。

因此，在分析抗扰度意义上的共模电流和分析 EMI 意义上的共模电流并不矛盾。对产品设计来说，如果产品设计造成外部注入共模干扰电流，那么也会造成 EMI 共模干扰电流。分析共模电流问题是解决 EMC 的关键。

1.3.8　典型的共模干扰在电路内部传输的机理

在产品的测试标准 CISPR 14 - 2/GB 4343.2 中，以电快速瞬变脉冲群测试为例，在标准中对于电源接口的电快速瞬变脉冲群测试，电快速瞬变脉冲群干扰信号是通过耦合/去耦网络中 33nF 的电容耦合到主电源线上的。对于信号接口或 I/O 接口的电快速瞬变脉冲群测试，电快速瞬变脉冲群干扰信号是通过容性耦合夹中 100 ~ 1000pF 的电容耦合到信号线或 I/O 线上的。标准规定的电快速瞬变脉冲群的干扰波形为 5ns/50ns（50ns 为脉冲半峰值时间），重复频率为 5kHz，脉冲持续时间为 15ms，脉冲群重复周期为 300ms。因此，单个电快速瞬变脉冲干扰波形的频谱主瓣在 100MHz 以内，即它的频率是 5kHz ~ 100MHz 的离散谱线，每根谱线的距离是脉冲的重复频率。

从测试标准的结构配置可知，施加干扰的耦合电容是一个高通滤波器，因为电容的阻抗随着频率的升高而下降，所以干扰中的低频成分不会耦合到被测设备上，而只有频率较高的干扰信号才会进入被测设备。通过大量的试验数据可以知道，电快速瞬变脉冲群的干扰一般不会损坏产品电路，产品内部电路都有相应的电平和噪声承受能力，进入产品内部的外来共模噪声在产品内部会转换为差模干扰电平，一旦这个差模干扰电平超过了电路、器件的噪声容限，就可能导致电路无法正常工作，使受扰设备的工作出现故障，比如程序混乱、死机、复位、数据丢失等，从而导致产品的性能下降或功能丧失。

电快速瞬变脉冲群干扰信号的频率范围高达64MHz，以高频干扰为主，其能量虽小，但它能通过传导和辐射的方式对电路产生干扰。从传导的路径进行分析，在进行电快速瞬变脉冲群测试时，需要把相应的瞬态干扰施加到被测设备的电源线、信号线、或者产品需要测试的位置。

通过经验或进行电路等效发现，产生电快速瞬态脉冲群干扰问题的最主要原因是：电快速瞬变脉冲群干扰电流以共模的形式从电源系统或I/O接口线缆流入产品的内部，然后进入PCB，再到接地线或电缆、PCB对地的寄生电容、器件对地的分布电容，形成共模干扰电流回路。当共模干扰电流流经集成电路或者信号线时，如果敏感的信号线或者器件（比如，复位信号、片选信号、晶振等）正好放置在干扰电流路径的范围内，则可能引起系统复位、死机、停止工作等，更为严重的是器件损坏。

因此，为了分析被测设备能否通过电快速瞬态脉冲群测试，应该先找出电快速瞬变脉冲群干扰电流在系统内部的所有电流路径，再找出该路径周围存在哪些敏感的信号线和敏感器件，然后采取改变产品架构或改善接地方式及接地点位置来改变干扰电流的路径，还可以采用移动敏感信号线或器件的位置等方法。一般情况下，一个PCB设计上只会存在少量的敏感点，而且每个敏感点也会被限制在很小的区域内。在把这些敏感点找出来并采取适当的措施后，就能提高产品的抗干扰性能。对于辐射方式进入产品的PCB内部，一个比较重要的方法是要缩小信号线回流的回路面积。

在实际应用中，对于一根载有60MHz以上频率的电源线来说，即使长度只有1m，由于导线长度已经可以和信号传输频率的波长相比拟，因此也不能再以普通传输线来考虑。电快速瞬变脉冲群干扰信号在线上的传输过程中，一部分依然可以通过传输线进入受试设备（传导路径），另一部分要从线上逸出，成为辐射信号，进入受试设备（辐射方式）。因此，受试设备受到的干扰实质上是传导与辐射的结合。很明显，传导和辐射的比例与电源线的长度有关，电路越短，传导成分越多，从而辐射比例越小。反之，辐射比例就大。

再来看电快速瞬变脉冲群对于开关电源的设计。开关电源电路本身对电快速瞬变脉冲群干扰的抑制作用很小，究其原因主要在于电快速瞬变脉冲群干扰的本质是高频共模干扰。

开关电源电路中的滤波电容都是针对抑制低频差模干扰而设置的，其中的电解电容对于开关电源本身的纹波抑制作用尚且不足，更无法针对谐波成分达到60MHz以上的电快速瞬变脉冲群干扰有抑制作用。在用示波器观察开关电源输入端和输出端的电快速瞬变脉冲群波形时，看不出有明显的干扰衰减作用。这样看来，就抑制电源所受到的电快速瞬变脉冲群干扰来说，采用电源的输入滤波器（共模电感及共模滤波组件）是一个重要措施。

开关电源电路中高频变压器设计的好坏，对电快速瞬变脉冲群干扰有一定的抑制作用。开关电源一次侧回路与二次侧回路之间的跨接电容，能为从一次侧回路进入二次侧回路的共模干扰返回一次侧回路提供通路，因此对电快速瞬变脉冲群干扰也有一定的抑制作用。

在开关电源输出端的共模滤波电路的设置，也能对电快速瞬变脉冲群干扰有一定抑制作用。开关电源电路本身对电快速瞬变脉冲群干扰没有什么抑制作用，但是如果开关电源的电路布局不佳，则更会加剧电快速瞬变脉冲群干扰对开关电源的入侵。特别是电快速瞬变脉冲群干扰的本质是传导与辐射干扰的复合。即使由于采用输入滤波器抑制了其中传导干扰的成分，但在传输电路周围的辐射干扰依然存在，依然可以通过开关电源的不良布局（开关电源的一次侧或二次侧回路布局太大，形成了大环天线）感应电快速瞬变脉冲群干扰中的辐射成分，进而影响整个设备的抗干扰性能。

针对电快速瞬变脉冲群干扰，最通用的抑制办法是采用共模滤波器（电源线和信号线的滤波）及用铁氧体磁心吸收，其中采用铁氧体磁心吸收的方案既便宜又有效。

1.3.9　共模干扰电流影响电路工作的机理

用一个带有开关电源设计的产品进行举例说明：对带有开关电源电路的产品框架结构部分功能原理进行电快速瞬变脉冲群干扰的测试等效，图 1-61 所示为简化电路路径图。产品设计单元主要由输入滤波器电路、开关电源电路、系统 MCU/CPU 控制电路、传感器电路、显示及触控电路等单元组成。在设计原理上，输入滤波器电路是干扰源的第一级防护设计，干扰通过第一级防护措施，再通过开关电源变压器的耦合通道传导到系统 MCU/CPU 控制单元电路。

如图 1-61 中箭头所示的路径为施加信号的干扰信号回路或干扰源的信号回流路径。由于测试是共模干扰，所以就一定要与参考接地板关联在一起，离开了参考接地板，共模干扰将无法加到受试设备上去。由于电路与参考地之间的分布电容，电路离接地板越近，分布电容越大（容抗小），干扰不易以辐射方式逸出；反之亦反。由于元器件及电路和大地之间存在分布电容，分布电容提供的容抗为电快速瞬变脉冲群干扰提供了通路。

如图 1-61 所示，当外部干扰以共模的方式施加在电源线上时，由于系统中的关键元器件、关键走线、连接线缆等与参考接地板之间都存在分布电容，因此共模干扰电流可以从电源线经过 PCB，再通过连接线缆到负载端，最后都会通过与参考接地板之间的分布电容流到参考接地板返回测试端。

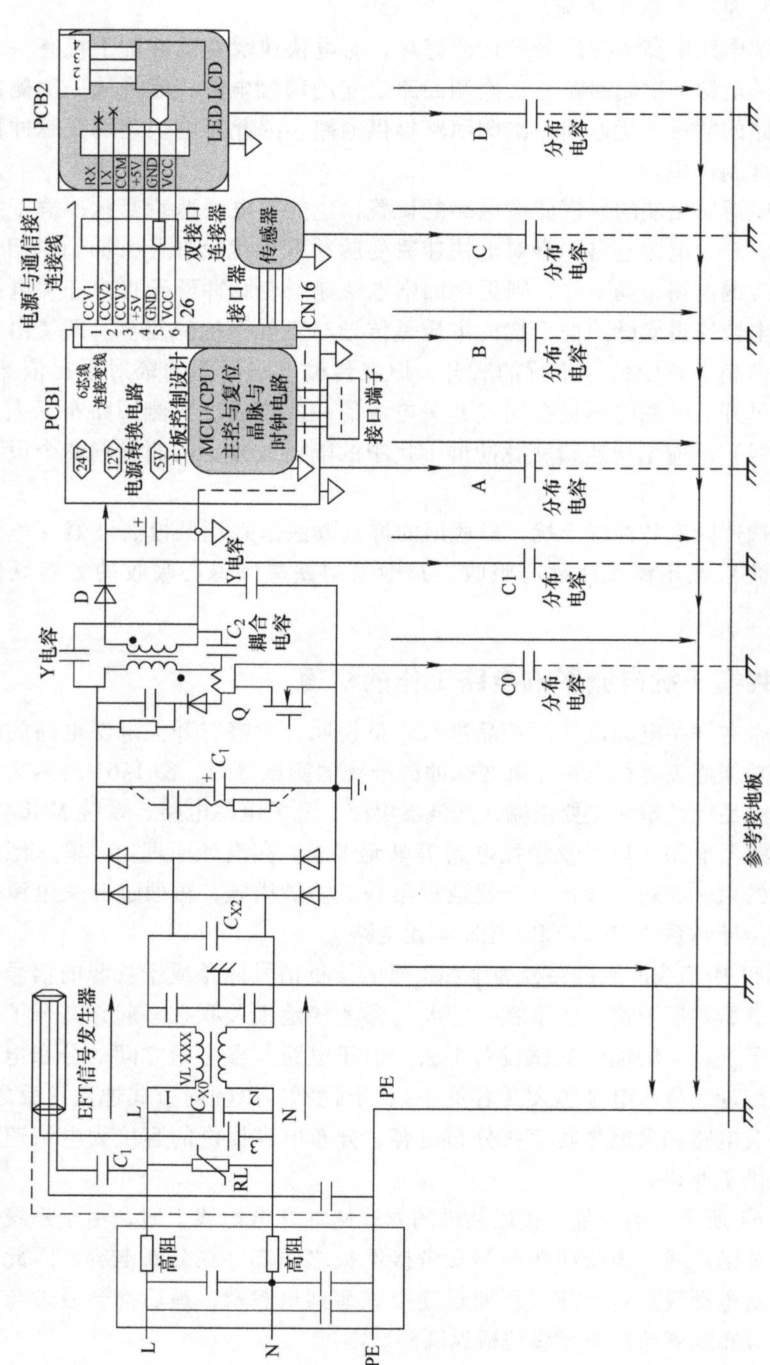

图1-61　共模干扰流过电路板核心器件及PCB电路

这时，共模干扰电流的路径已经明确，并且可以知道共模干扰电流流过了 PCB，那么共模电流是如何干扰 PCB 中的电路的呢？原因是当共模干扰电流流过产品内部电路时，由于地系统中的阻抗相对较低，导致大部分的共模干扰电流会沿着 PCB 中的地层或地线流动。图 1-62 所示为共模干扰电流流过 PCB 时形成对电路的干扰的原理图。

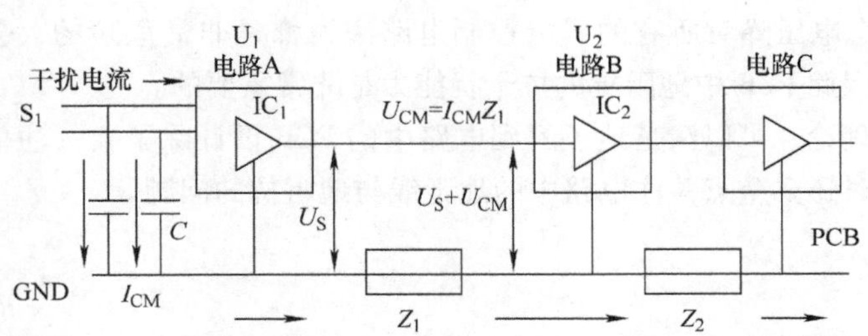

图 1-62　共模干扰电流流过 PCB 电路时形成的干扰原理示意图

当有共模干扰电流流到信号线和 GND 地线上的共模干扰信号进入电路时，在 IC_1（电路 A 单元）的信号端口处，由于 S_1 与 GND 所对应的阻抗不一样，S_1 阻抗较高，GND 阻抗较低，所以共模干扰信号会转化成差模信号，差模信号在 S_1 与 GND 之间。这样，干扰首先会对 IC_1 的输入端口产生干扰。由于滤波电容 C 的存在，会使 IC_1 的第一级输入受到保护，即在 IC_1 的输入信号端口和地之间的差模干扰被 C 滤除或旁路。如果没有 C 的存在，则干扰可能会直接影响 IC_1 的输入信号，因此基本所有的电路设计都会有电容滤波及旁路电路将干扰信号导入地回路中，这样大部分噪声信号会沿着 PCB 中的低阻抗地走线或地层从一端流向地的另一端，后一级的干扰将会在干扰电流流过地阻抗时产生。为了简化分析，先忽略电路中的串扰的问题。图 1-62 中，Z_1、Z_2 表示 PCB 图中两个集成电路之间的地阻抗，U_S表示集成电路 IC_1 向集成电路 IC_2 传递的信号电压。

当共模干扰电流流过地阻抗 Z_1 时，在 Z_1 的两端就会产生电压降 U_{CM}，$U_{CM}=I_{CM}Z_1$。该电压对集成电路 IC_2 来说相当于在 IC_1 传递给它的电压信号 U_S上又叠加了一个干扰信号 U_{CM}，此时 IC_2 实际上接收到的信号电压为 U_S+U_{CM}，这就会带来干扰的问题。其干扰电压的大小与共模干扰的电流大小有关，还与地阻抗 Z_1 的大小有关。当干扰电流一定的情况下，干扰电压 U_{CM}的大小由 Z_1 决定。也就是说，PCB 设计中的地走线阻抗或地平面阻抗与电路施加的瞬态抗干扰能力有直接关系。

在实际应用中，假如一个完整的地平面无过孔、无地分割的情况下，地的阻抗很小，大约为 4mΩ，考虑在高频 100MHz 时，即使有 100A 的瞬态电流流过这个 4mΩ 的阻抗，也只会产生大约 0.4V 的压降，这对大部分的数字逻辑电平来说是可以接受的。通常在 0.8V 以下是低电平的逻辑，大部分的 IC 控制芯片大于 0.8 才会发生逻辑转换，有的会更高一些，这已经是具备相当高的抗干扰能力了。但是往往在设计时，由于各种原因没有完整的地平面，存在独立的细长走线或者说地平面存在1cm的裂缝时，细长的走线或裂缝在1mm时存在接近1nH的电感，在进行±2kV（5/50ns）的电快速瞬变脉冲测试时其匹配电阻为50Ω，其5ns的电流达到40A，当裂缝及走线电感达到10nH时，计算其产生的压降

$$V = L\mathrm{d}i/\mathrm{d}t = 10\mathrm{nH} \times 40\mathrm{A}/5\mathrm{ns} = 80\mathrm{V}$$

80V的瞬态电压降对所有的弱电控制电路来说都是非常危险的，会造成系统的可靠性问题，因此PCB中地阻抗的抗干扰能力是非常重要的。

通过这个理论，可以清楚地了解到电路中的PCB设计除了要关注信号回路的环路面积外，同时还要重点关注电路中的地走线与地阻抗的问题。

第 2 章

电磁干扰传输和耦合理论

任何电磁干扰的发生都必然存在干扰能量的传输以及传输途径或传输通道。通常认为电磁干扰传输有两种方式：一种是传导传输方式，另一种是辐射传输方式。因此从被干扰的敏感器角度来看，干扰的耦合可分为传导耦合和辐射耦合两类。

对于耦合方式的具体划分有多种方式，一种比较简单的方法为：把电容性耦合、电感性耦合以及综合两种共同作用的导体间的感应耦合均归属传导范畴，而辐射耦合则是场对路的电磁场感应。即传导耦合包括通过线路的电路性耦合，以及导体间电容和互感形成的耦合，从而可以建立电路等效模型进行分析。

2.1 电磁干扰的传输途径

传导传输必须在干扰源和敏感器之间有完整的电路连接，干扰信号沿着这个连接电路传递到敏感器，产生干扰问题。这个传输电路可包括导线、设备的导电元器件、供电电源、公共阻抗、接地平面、电阻、电容和互感元件等。

辐射传输则是通过介质以电磁波的形式传播，干扰能量按电磁场的规律向周围空间发射。常见的辐射耦合有以下三种方式：

1）电磁波被天线接收，称为天线耦合。

2）空间电磁场对电路中的导线产生电磁感应，称为场对线的耦合。

3）空间电磁场对电路中的信号回路的耦合，可称为闭合环路耦合。

在实际的应用中，两个设备之间发生干扰通常包含许多途径的耦合。图 2-1 所示为设备 1 对设备 2 产生干扰的耦合途径。设备 1 是干扰源，它一方面产生射频噪声，通过电缆向空间发射，以辐射传输的方式再通过设备 2 输入电缆耦合引起干扰。同时射频噪声还在两台设备之间相互感应，通过机箱到机箱的辐射耦合。另一方面，设备 1 还在电源中产生高频谐波和尖脉冲波，通过连接公共地导线以传导耦合的方式使设备 2 受到干扰。这样可以看到设备 2 会受到至少三种途径的干扰。正因为实际中发生的电磁干扰是多途径的，反复交叉耦合，所以才使电磁干扰变得难以准确分析和控制。

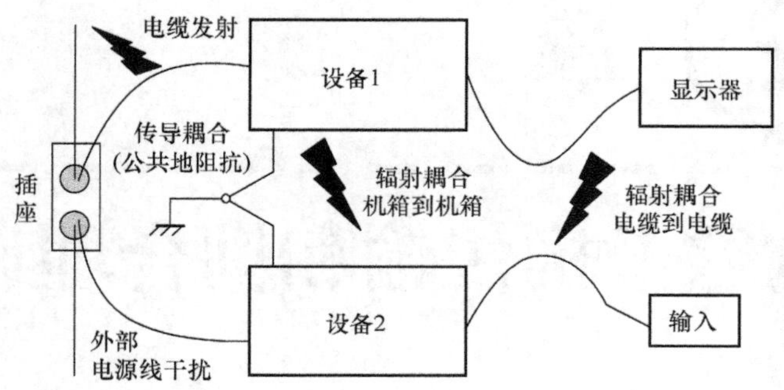

图 2-1　设备之间的干扰示意图

2.2　传导耦合原理

传导耦合按其原理可以分为三种基本的耦合形式，即电阻性耦合、电感性耦合和电容性耦合，分别称为阻性耦合、感性耦合和容性耦合。在实际应用中，它们往往是同时存在，并且相互联系的。

2.2.1　电阻性耦合

1. 耦合机理

电阻性耦合是电路中最常见且最简单的传导耦合方式。其耦合途径为载流导体，如两个电路的连接导线、设备和设备之间的信号线连接、电源和负载之间的电源线等。它们除了正常传递控制信号和供电电流之外，还可以通过导线传送干扰噪声信号。比如开关电源中的开关器件的高频干扰通过导线及连接线传递到负载，使负载可能发生工作异常；PCB 受潮后引起绝缘强度降低而易发生漏电干扰等。

如图 2-2 所示，U_s 为干扰源电压；R_s 为干扰源内阻；R_t 为传输线电阻；R_o 为接收器负载电阻；U_o 为接收器端电压。在电阻性传导耦合的典型电路图中，干扰源通过传输电路，直接耦合到干扰接收器上，则接收器上的电压可以用式（2-1）计算。

$$U_o = R_o \times U_s / (R_s + 2R_t + R_o) \quad (2\text{-}1)$$

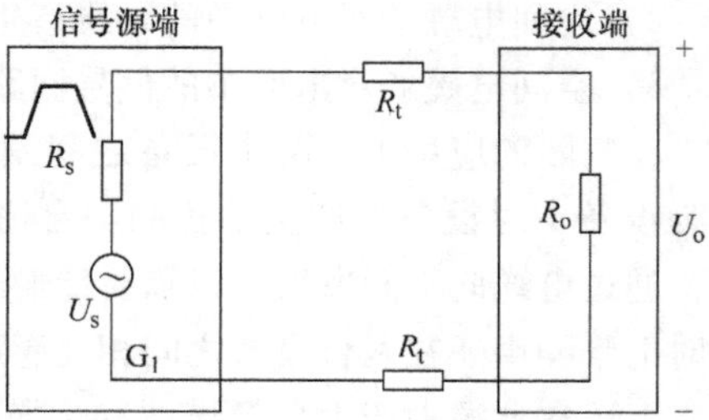

图 2-2　电阻性传导耦合电路

注意：干扰源电压 U_s 通常是在两个电路共用的连接导线 R_t 上产生压降。当其中一个电路工作时，由于导线具有一定的阻抗，因此两端就会有电压降，这个电压降将对另一个电路（接收器）产生干扰。

2. 导线的阻抗

（1）导线的电阻　在直流条件下，导线的电阻 R_{dc} 可以用式（2-2）进行计算。

$$R_{dc} = \rho L/S \tag{2-2}$$

式中，L 为导线的长度，单位为 m；S 为导线截面积，单位为 mm^2；ρ 为导线的电阻率，单位为 $\Omega \cdot mm^2/m$。

在交流情况下，由于导体内部电磁场能量的消耗，电流集中于导线表面，这是由于受到导线趋肤效应的影响。电流聚集在导体表面的深度，可以用透入深度 δ 表示，δ 可以用式（2-3）进行计算

$$\delta = 1/\sqrt{\pi f u \sigma} = 66/\sqrt{f u_r \sigma_{Cu}} \tag{2-3}$$

式中，u、σ 分别为导体的磁导率和电导率；u_r、σ_{Cu} 分别为导体的相对磁导率和相对于铜的电导率；f 为工作频率。

通过式（2-3）可知，频率越高，导体的电导率或磁导率越高，趋肤效应越明显，透入深度越小。比如，在 50Hz 时，铜导体的透入深度为 9.33mm；而在 500kHz 时，透入深度仅为 0.0933mm。在参考数据中，铁的电导率比铜的低，但磁导率很高，约为铜的 1000 倍，因此铁导体中的趋肤效应比铜导体中的明显得多。计算在 50Hz 和 500kHz 时，铁导体中的透入深度分别为 0.712mm 和 0.00712mm。受趋肤效应的影响，在交流条件下导线的实际电阻比直流时大，且频率越高，电阻越大。这样在实际应用中，PCB 走线及变压器的绕线都会使用铜导体进行设计。

在高频条件下，趋肤效应使电流集中于表面，等效于导线的截面积减小。当频率很高时，对于直径为 d 的导线，δ 远小于 d，其导电截面积 S 可以用简化的式（2-4）进行计算。

$$S = \pi d \delta \tag{2-4}$$

在实际应用中，在高频条件下，在导电截面中电流不是均匀分布的，越靠近导线外层的导体电流密度越大，因此，导线的交流电阻比计算式中的值还要大。PCB 中的走线实际上均为扁平矩形截面，在考虑趋肤效应时，交流电阻的大小可以用简化的式（2-5）进行计算。

$$R_{AC} = \rho L/(W\delta) \tag{2-5}$$

式中，L 为导线的长度，单位为 m；W 为走线的宽度，单位为 mm；ρ 为导线的电阻率，单位为 $\Omega \cdot mm^2/m$；δ 为趋肤深度，单位为 mm。

（2）导线的电感　在高频时，除了考虑交流电阻外，导线的电感将起主要作用。对于长度为 L，直径为 d 的圆直导线，其电感 L_x 可以用式（2-6）进行简化计算。

$$L_x = u_0 \cdot L/2\pi[\ln(4L/d) - 0.75] \tag{2-6}$$

式中，L 为导线的长度；W 为走线的宽度；d 为 PCB 走线的厚度；u_0 为导体的磁导率。

（3）导线的阻抗　导线的阻抗为电阻与感抗这两部分的总和。在高频时，其感抗要远大于其电阻值。阻抗 Z_g 可以用式（2-7）进行计算，R_{AC} 由式（2-5）计算，L_x 由式（2-6）计算。

$$Z_g = R_{AC} + 2\pi f L_x \tag{2-7}$$

式中，f为导线的工作电流频率。

为了使用方便，就可以用上面的计算方法得出表 2-1 和表 2-2 的参考数据。

在电磁兼容设计中，通常研究的是电路中的导体，它可以是电源线，也可以是地线，还可以是信号线等。在电路板中 PCB 的走线都是典型的电路中的导体。

当导体的长度大于信号频率对应波长的 1/20 时，在电子电路中的导体就不能用集总参数值进行等效，必须用分布参数进行等效。这时要区分电路中导线的电阻与阻抗是两个不同的概念。电阻指的是在直流状态下导线对电流呈现的阻抗，一般是集总参数的等效。而阻抗是交流状态下导线对电流的阻抗，这个阻抗主要是由导线的电感引起的。任何导线都有电感，当频率较高时，导线的阻抗远大于直流电阻，见表 2-1 和表 2-2 给出的数据。在实际电路中，干扰信号往往是脉冲信号，脉冲信号都包含丰富的高频成分，因此对于这类信号导体都需要分析其分布参数带来的影响。

地走线是典型的电路中的导体，对于数字电路来说其干扰频率是很高的，因此地线阻抗对数字电路的影响是非常大的。

表 2-1　导线的阻抗　（单位：Ω）

频率/Hz	D=0.04cm		D=0.065cm		D=0.27cm		D=0.65cm	
	L=10cm	L=1m	L=10cm	L=1m	L=10cm	L=1m	L=10cm	L=1m
50	13m	130m	5.3m	53m	330μ	3.3m	52μ	520μ
1k	14m	144m	5.4m	54m	632μ	8.9m	429μ	7.14m
100k	90.3m	1.07	71.6m	1.01	54m	828m	42.6m	712m
1M	783m	10.6	714m	10	540m	8.28	426m	7.12
5M	3.86	53	3.57	50	2.7	41.3	2.13	35.5
10M	7.7	106	7.14	100	5.4	82.8	4.26	71.2
50M	38.5	530	35.7	500	27	414	21.3	356
100M	77		71.4		54		42.6	
150M	115		107		81		63.9	

注：D为导线直径；L为导线长度。

通过表 2-1 给出的数据，在低频 50Hz 时导线的阻抗近似为直流电阻，当频率达到 10MHz 时，对于 1m 长的导线，它的阻抗是直流电阻的 1000 倍以上。因此，在高频下使用连接线电缆的设计，特别是连接线电缆中的地线，当电流流过地线时，电压降是很大的。从表 2-1 还可以看出，增加导线的直径对于减小直流电阻是很有效的，但对于减小交流阻抗的作用很有限。在 EMC 中，最需要关注的是交流阻抗。从这里也能说明在高频下，连接线电缆是 EMC 设计中重点需要考虑的地方。在实际的设计应用中通常用 15nH/cm 的近似值来估算圆形导线的寄生电感。

在电子电路板中，为了减小交流阻抗，常采用平面的方式，就像PCB中设计完整的地平面或电源平面那样，而且需要尽量减少过孔、缝隙等，同时还可以使用金属结构件金属背板来进行不完整地平面的补充，以达到降低地平面阻抗的目的。

表2-2　PCB印制线的阻抗　（单位：Ω）

频率/Hz	W=1mm/35μm敷铜厚度				W=3mm/35μm敷铜厚度			PCB板地平面阻抗/(Ω/mm²)
	L=1cm	L=3cm	L=10cm	L=30cm	L=3cm	L=10cm	L=30cm	
50	5.7m	17m	57m	170m	5.7m	19m	57m	813μ
100	5.7m	17m	57m	170m	5.7m	19m	57m	813μ
1k	5.7m	17m	57m	170m	5.7m	19m	57m	817μ
10k	5.76m	17.3m	58m	175m	5.9m	20m	61m	830μ
100k	7.2m	24m	92m	310m	14m	62m	225m	871μ
300k	14.3m	54m	225m	800m	40m	177m	660m	917μ
1M	44m	173m	730m	2.6	0.13	0.59	2.2	1.01m
3M	131m	0.52	2.17	7.8	0.39	1.75	7.5	1.71m
10M	437m	1.72	7.3	26	1.3	5.9	22	1.53m
30M	1.31	7.2	21.7	78	3.95	17.6	65	2.20m
100M	4.4	17.2	73	260	13	59	218	3.72m
300M	13.1	52	217	395	39	176		7.39m
1G	44	172			130			

注：*W*为PCB印制线走线宽度；*L*为PCB印制线走线长度。

通过表2-2给出的数据，PCB印制线作为一个金属导体，其阻抗由两部分组成，即自身的电阻和寄生电感。

在实际应用中常用10nH/cm的近似值来估算PCB印制线的寄生电感。分析印制导线的阻抗，能够让设计工程师认识印制线在实际电路板中的意义，并了解如何在PCB设计中设计印制导线的放置方式、长度、宽度及布局布线方式，特别是接地印制线设计方式、去耦电容引线设计方式等。

一般设计在完整的、无过孔的地平面上任何两点间在100MHz的频率时，其阻抗$<4m\Omega$。

以上这些数据在EMC设计时可提供参考依据。

3. 电阻性耦合的应用举例

在实际的应用中，通常有两种典型的电阻性耦合的模式，即公共地阻抗耦合及公共电源耦合。

（1）公共地阻抗耦合　公共地阻抗耦合是指设备与设备之间的公共接地线的阻

抗，或者电路和电路的公用信号回流信号的微小阻抗所产生的干扰传递。公共地线包括机壳接地线、产品架构的搭接线、金属接地板、接地网络和接地参考线等。

在电路设计中，强调公共地之间的等电位概念。根据上面的分析，地线电阻并不是绝对为零，而是有 mΩ 级的阻值。假如，PCB 上有一个 10cm 长，厚度为 0.03mm，宽为 1mm 的铜箔地走线，它的直流电阻为 57.33mΩ 左右。如果电路工作在高频下，则需要考虑它的电感的影响。在 1MHz 的频率下，该地线的阻抗接近 1Ω。因此公共的地阻抗的耦合是不可忽略的传导路径。

图 2-3 所示为一个公共地阻抗耦合的简化等效电路，图中的电流 I_2 可经过 G_1、G_2 段的地线阻抗 Z_g 耦合到回路 1 中，从而对 I_1 回路造成影响。

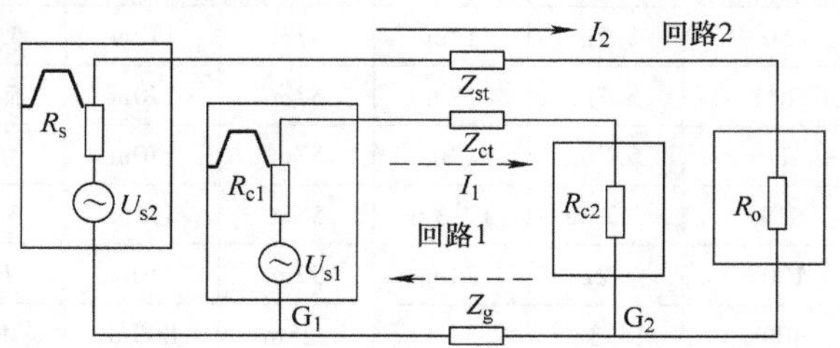

图 2-3　公共地阻抗耦合电路

图中，U_{s2} 为干扰源电压；R_s 为干扰源内阻；R_o为干扰源回路的负载；Z_{st}为干扰源回路的连接线阻抗；R_{c1}和 R_{c2}分别是被干扰回路的内阻和负载；Z_{ct}为被干扰回路的连线阻抗；Z_g 为 G_1 到 G_2 段的共地阻抗。

需要说明的是，在上述典型的电路中，通常接收回路 1 也是存在信号源的。如图 2-3 所示的 U_{s1}为回路 1 中的信号源，为了分析共地阻抗耦合的干扰电压，先可以假设它不作用，得到作用在 R_{c2}上的净干扰量电压的大小。

在实际应用中，这是一个比较典型的地环路干扰问题。地电位差产生共模的地环路干扰。

1）干扰电磁场在线 - 线间产生差模电流，在负载上引起干扰，这是差模干扰。

2）干扰电磁场在线 - 地间产生共模电流，共模电流在负载上产生差模电压，引起干扰，这是共模的地环路干扰。比如，抗扰度试验中的射频场、传导、EFT、浪涌等产生的干扰。

（2）公共电源耦合　在实际应用中，一个公用电源供电给多个负载是比较常见的。图 2-4 所示为一个共电源供电电路，这种共电源的供电方式会造成传导耦合干扰。共电耦合是由电源内阻抗引起的传导耦合。当电路 1 由于阻抗 R_1 的变化发生突变，或者是感应了干扰电压时，就会在

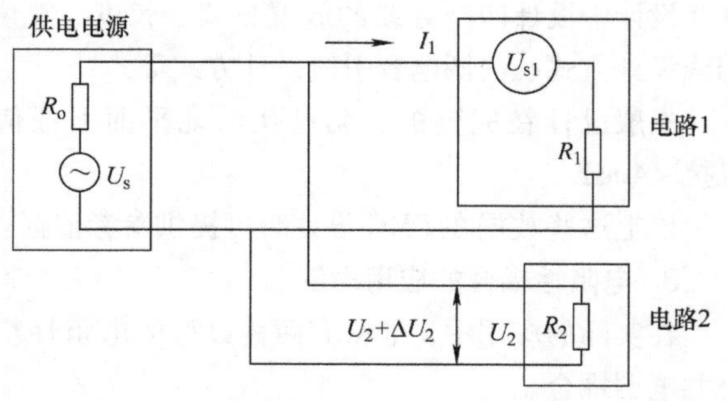

图 2-4　共电源供电电路的干扰传递

电阻 R_o（含电源内阻和线路阻抗）上产生一个干扰电压增量，导致电源输出电压变化，从而传递到电路 2 中。电路 1 中的电压突变量可以视为一个暂态电压源，如图中的 U_{s1}。

由图 2-4 可以得到该突变电压在电路 2 上造成的电压变化量 ΔU_2，由式（2-8）进行简化计算为

$$\Delta U_2 = U_{s1}R_2R_o/(R_1R_2 + R_1R_o + R_2R_o) \tag{2-8}$$

可见只要任一负载电路中产生干扰信号，都会通过电源内阻耦合传导到其他负载电路中。由上面的计算公式可以知道，如 $R_o = 0$，则 $\Delta U_2 = 0$，即电源无内阻，干扰就不会传导。而实际上电源内阻不可能为零。

共电源阻抗干扰的简化原理示意图如图 2-5所示。器件 1 和器件 2 共用一个电源供电，通过 Z_s 供电电路的阻抗（主要是分布电感的感抗）互相干扰。干扰源是差模源 U_s，图中的 A、B 两点电压就会出现明显的变化。

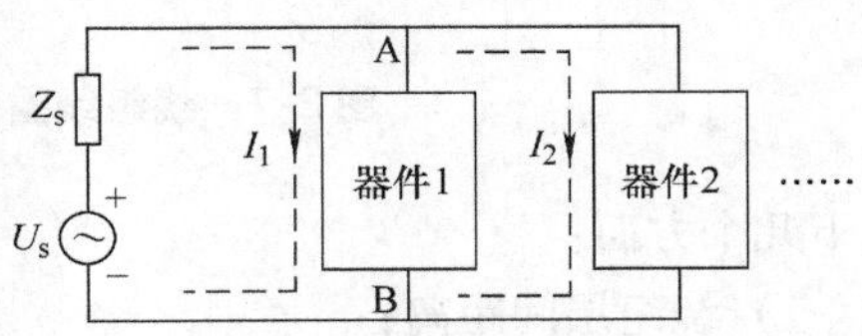

图 2-5　共电源阻抗干扰

2.2.2　电容性耦合

1. 耦合机理

电场中的任何一个导体都要受到其他带电导体的影响。当物体带电荷时，电荷周围存在电场。电场中的导体在外部场的作用下，其内部的电荷将重新分布，导体周围的电场发生变化，这是一种电场耦合。

两个导体间电场耦合的程度取决于导体的形状、尺寸、相互位置和周围介质的性质，即取决于两个导体的分布电容 C。由电场分析可求得两个导体的电位以及导体的电量 Q，从而可以计算得到各种结构导体间的分布电容。还可以通过电场能量的大小来估算分布电容，如图 2-6 所示。

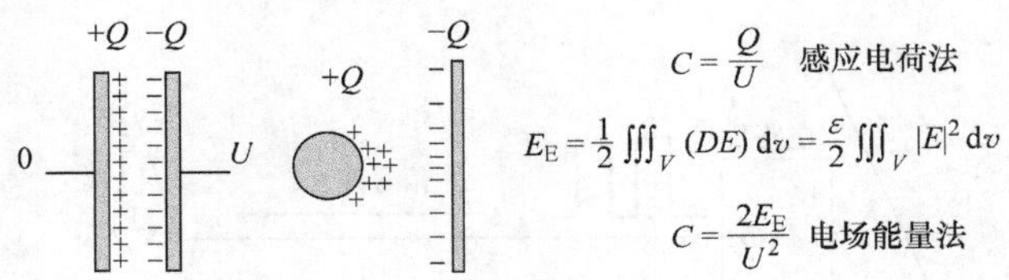

图 2-6　分布电容的计算基本方法

分布电容计算的基本方法是感应电荷法和电场能量法。在开关电源的设计应用中，变压器、电感类元件的分布电容参数对电磁兼容的设计也是非常关键的。其线圈分布电容的近似理论计算如图 2-7 所示。

如图 2-7 所示，通过理论的计算公式得出绕组线圈的分布电容影响因素主要是

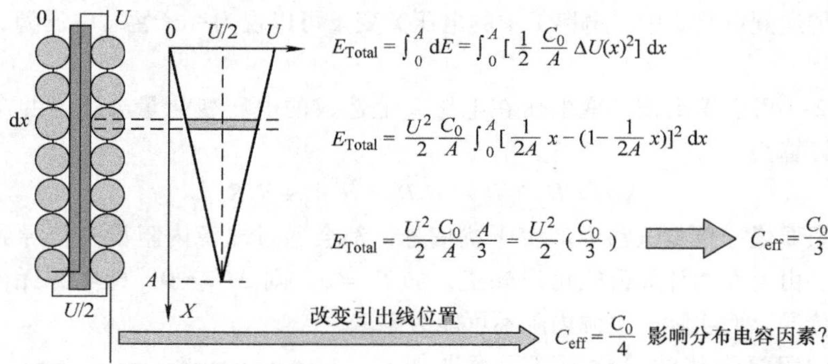

图 2-7　绕组线圈间的分布电容的影响因素

以下几个方面：

1）绕组层间距离；

2）层间绝缘介电常数；

3）绕线布置方式。

这些数据的经验理论能帮助工程师在一些细节上面优化器件级的电磁兼容设计。

图 2-8 所示为电路 1 和电路 2 通过两根导线间的电容 C_{12} 引起电容性耦合的情况。电路 1 中的信号线有信号源 U_s，干扰源电压为 U_c。信号线 2 所在的电路 2 为干扰接收电路。由于两根电路导体之间存在分布电容 C_{12}，导致信号线 1 上的噪声信号能耦合到信号线 2 上。在噪声接收器信号线 2 上，电流就会在 Z_1 和 Z_2 两个方向上传播，这样就会在信号线 2 上产生噪声电流 I_v 和噪声电压 U_v。在电路上产生的电压尖峰大小由 Z_1 和 Z_2 决定。当电流脉冲到达 Z_1 和 Z_2 时，其电压与阻抗成正比。还需要注意：如果在源或负载上的阻抗不匹配，则会发生反射。对于没有端接的负载来说，Z_1 上的电压峰值会比较大，而端接负载能有效地减小下一个器件的输入电压噪声，但会带来损耗。

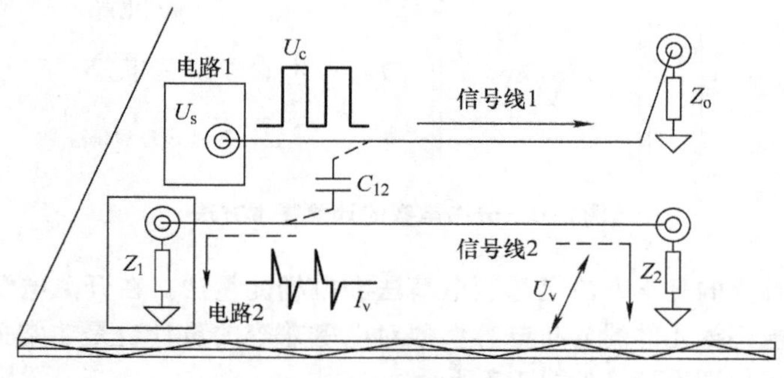

图 2-8　电容耦合模型

在实际的应用中，一般导体间的耦合电容 C_{12} 都很小，可以认为信号线 2 上的噪声电压正比于信号线 1 的工作频率 f、C_{12}、Z_1、Z_2。因此干扰源频率 f 越高，电容耦合就越强；同时接收电路中的阻抗 Z_1、Z_2 越高，感应的电容耦合干扰就越大；干扰源与接收器之间的分布电容 C_{12} 越小，干扰耦合就越小。这对电路的设计是比较关键的实践理论。

2. 电容性干扰举例

（1）导线对导线的电容性耦合　如图 2-8 所示，信号线 1 上信号的峰值电压为 U_c，信号上升沿时间为 Δt，角频率为 ω，噪声源信号线 1 与信号线 2 之间的寄生电容为 C_{12}，Z_1 和 Z_2，分别是信号线 2 两侧的负载。如果带有变化信号的信号线 1 中的信号从源端流向负载端，则信号线 1 中的信号将会容性耦合进相邻的印制线信号线 2，而且两根相互平行的走线越接近，走线间的电容就越大，耦合越紧密。噪声接收器信号线 2 上的耦合电压引起从耦合点到其 PCB 走线的两端。返回源端的电流是向后串扰的，而传输到负载端的电流是向前串扰的。因为电容在高频下能有效地传导 RF 能量（电流），因此，信号线 1 的跳变沿越快，串扰越大；工作频率越高，串扰越大。

通过寄生电容 C_{12} 的电流 I_v 可用简化计算公式（2-9）表示。

$$I_v = C_{12}\Delta U_c/\Delta t = C_{12}\omega U_c \tag{2-9}$$

式中，C_{12} 为信号线 1 与信号线之间的寄生电容；ω 为角频率；U_c 为信号线 1 的峰值电压。

注意：本例中电流 I_v 被 Z_1 和 Z_2 分流，则 I_v 的总负载阻抗 Z 可用式（2-10）表示。

$$Z = \frac{Z_1 Z_2}{Z_1 + Z_2} \tag{2-10}$$

实际应用案例：假如信号线 1 中的电压 $U_c = 5\text{V}$，负载 $Z_o = 100\Omega$（一般信号电路的负载阻抗通常为 $50 \sim 100\Omega$），信号线 2 中的源阻抗 Z_1 和负载阻抗 Z_2 都为 100Ω，则有 $Z = Z_1Z_2/(Z_1 + Z_2) = 50\Omega$。

串扰引起的信号线 2 上的电压则为

$$U_v = ZI_v = 50C_{12}\omega U_c = 100\pi f C_{12} U_c \tag{2-11}$$

式中，f 为信号线 1 的工作频率。

从以上分析可以看出，电压和频率是引起容性耦合的主要因素，容性耦合的噪声源是电压源。对应到实际工作电路中，如果电路负载阻抗较高，那么信号线上的电压很高，但是电流很小，这时线间的串扰主要是容性串扰。

（2）屏蔽体的作用　在上面的案例中，对信号线 2 采取屏蔽的措施，如图 2-9 所示，在信号线 2 加一层同轴屏蔽体 S。屏蔽体 S 对地的寄生电容为 C_{SG}，则屏蔽体对地电压为

$$U_2 = \frac{C_{12} U_c}{(C_{12} + C_{SG})}$$

假如，$C_{12}=C_{SG}$，得到屏蔽体上受干扰的电压为 $U_2=0.5U_c=2.5V$。

显然，如果屏蔽不接地，则屏蔽体接收的干扰电压 2.5V 是较大的。一般将屏蔽体良好接地，若信号线 2 完全在屏蔽体内，则因屏蔽体上无电流流动，故屏蔽导体上的干扰电压为 $U_2=0$。

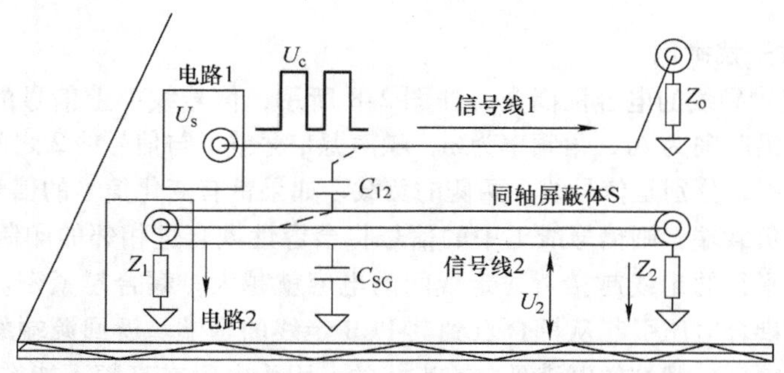

图 2-9　信号线 2 有屏蔽体的电容干扰情形

信号线 2 稍有暴露于屏蔽体外的情况如图 2-10 所示。信号线 2 对地有较小的分布电容 C_{2G}，信号线 1 与信号线 2 之间有较小的分布电容 C_{12}。此时信号线导体 2 上的感应电压为

$$U_2=\frac{U_c C_{12}}{(C_{12}+C_{2S}+C_{2G})}$$

从上式可以看出，信号线 2 受干扰的程度取决于其暴露于屏蔽体外的部分与信号线 1 之间的分布电容，暴露部分越长，C_{12}越大，干扰电压越大。

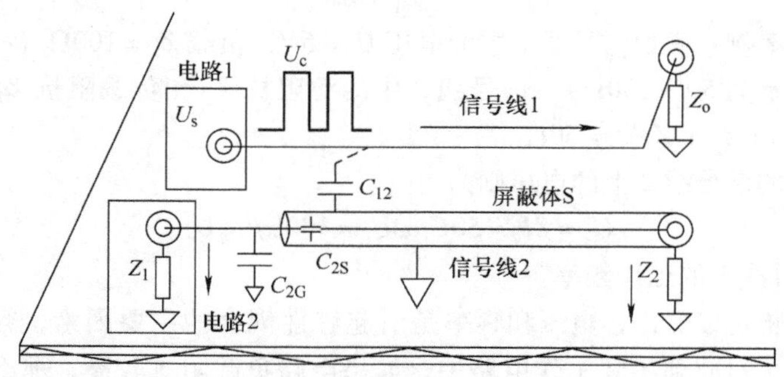

图 2-10　信号线 2 超出接地屏蔽物外的电容性耦合

2.2.3　电感性耦合

1. 耦合机理

当回路中流过变化的电流时，在它周围的空间就会产生变化的磁场，这个变化

磁场又会在相邻回路中感应出电压，即把一个干扰电压耦合到了接收电路中，因此电感耦合也称为磁场耦合。

图2-11所示为产生电感性耦合的两个电路。两条回路或PCB走线之间存在互感M，根据电磁感应原理得到接收电路中的感应电压U_v由式（2-12）计算。

$$U_v = M\mathrm{d}I_c/\mathrm{d}t \tag{2-12}$$

式中，M为信号线1和信号线2之间的互感；I_c为信号线1上的峰值电流。

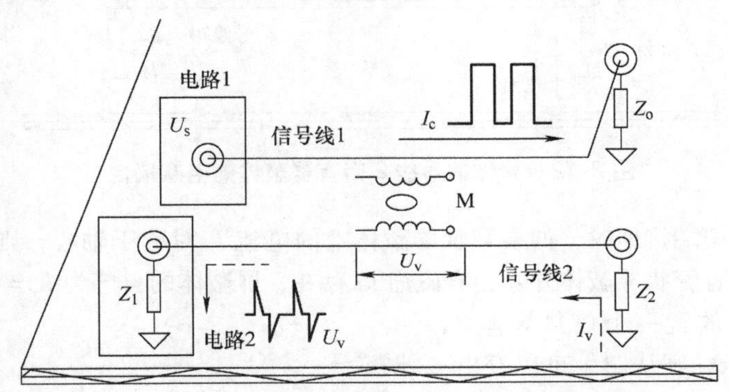

图2-11　电感性耦合电路

图2-11所示两根走线间除了寄生电容外还存在互感，引起感性耦合。当一定频率的I_c电流流过信号线1时，在信号线2上会感应出电压U_v，假如信号上升沿时间为Δt，角频率为ω，其大小可用式（2-12）的计算方法进行评估。

$$U_v = M\mathrm{d}I_c/\mathrm{d}t = M\Delta I_c/\Delta t = M\omega I_c$$

可见，感性串扰也与两根走线之间的距离和长度有关，增加线间距离，减小走线的长度也同样有利于减小感性耦合。电流是引起感性耦合的主要因素，感性耦合的噪声源是电流源。在实际的工作电路中，如果电路负载阻抗较低，那么在信号线上的电流就比较大。但是电压很低时，引起线间串扰的主要因素是感性串扰。

在图2-11中，干扰源的电流I_c越大，产生的磁场也越强，于是电感性耦合干扰也越大。回路之间距离越近，互感越大，电感性耦合也越强。

2. 带屏蔽体时的电感性耦合

（1）管状屏蔽体对被干扰物的屏蔽　如图2-12所示的信号线2外有一管状屏蔽体S，信号线1与屏蔽体和信号线2之间分别有互感M_{1s}和M_{12}。信号线1上的电流I_c在屏蔽体上感应的干扰电动势为

$$U_v = M_{1s}\omega I_c$$

当屏蔽体不接地或单端接地时，在屏蔽体S上不产生电流，屏蔽体S也就不会在信号线2中感应磁通，因此并不会影响被干扰电路（信号线2）所感应的电感性干扰。电路2仅受电路1中电流的影响，所受干扰与没有屏蔽体时相同。

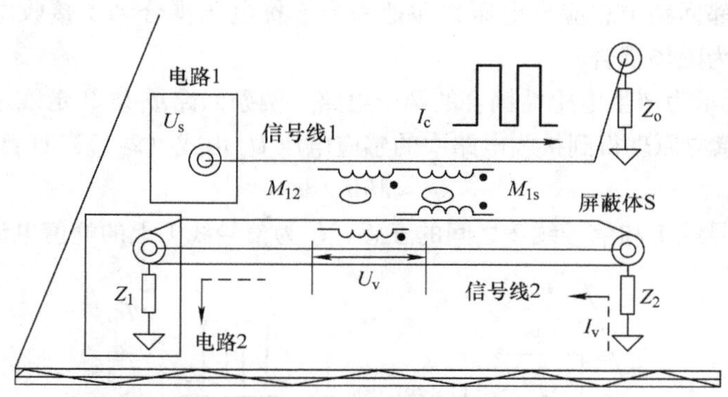

图 2-12 导体信号线 2 带有屏蔽体的电感耦合

当屏蔽体两端接地时，如果管状屏蔽体上的电流 I_s 对称于轴心，则管内不会有磁场存在，只有管状屏蔽体外才会有磁通 Φ 存在，屏蔽体的自感为 $L_s = \Phi/I_s$。

若在管内放置一个信号导体 2，如图 2-13 所示，则从图中可以看出，管状屏蔽体上的电流 I_s 所产生的磁力线会围住中心导体。因为屏蔽体上电流感应的磁通 Φ 完全被中心导体交链，故屏蔽体与中心导体之间的互感 M_{2s} 为 $M_{2s} = \Phi/I_s$。

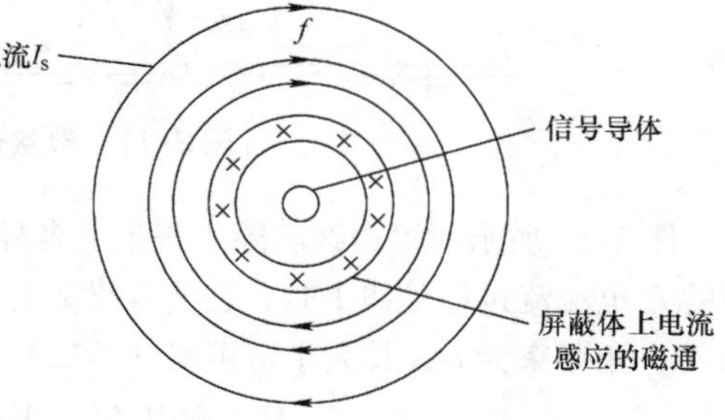

图 2-13 含屏蔽层电流的同轴电缆

得出关系式 $L_s = M_{2s}$。

当屏蔽体两端接地时，设信号线电路 1 在屏蔽体到地回路中穿过的磁通为 Φ，管状屏蔽体被外界磁场感应的电流为 I_s，则有 I_s 在中心导体上感应的电动势为

$$E_{2s} = \mathrm{j}\omega M_{2s} I_s \text{，因为 } L_s = M_{2s} \text{，所以 } E_{2s} = \left[\frac{\omega U_v}{\left(\omega + \dfrac{R_s}{L_s}\right)}\right]$$

如果 $\omega_c = R_s/L_s$，则称为屏蔽层的截止频率。当 $\omega = \omega_c = R_s/L_s$，即屏蔽体上有电阻 R_s 时，中心导体由屏蔽体感应的电动势小于屏蔽体被外导体信号线 1 感应的电动势。

当 $\omega > 5\omega_c$ 时，R_s 对电流的影响可以忽略，则有中心导体被屏蔽体电流感应的电动势等于屏蔽体被外电路 1 感应的电动势。

当 $\omega >> \omega_c$ 时，屏蔽层感应电流 I_s 与外电路 1 电流 I_c 在屏蔽层地回路中产生的磁通大小相等、方向相反，回路内部存在磁通，因此中心导体中总的感应干扰电动势为零，即中心导体被完全屏蔽。

（2）管状屏蔽体对干扰源的屏蔽　导体信号线 1（干扰源）带有一管状屏蔽体时，其对外干扰与屏蔽体的接地方式有关。若屏蔽体两端同时接地，则实际电路如图 2-14 所示，其等效电路如图 2-15 所示，屏蔽体与地回路满足

$$\omega M_{1s} I_1 = (\omega L_s + R_s) I_s \tag{2-13}$$

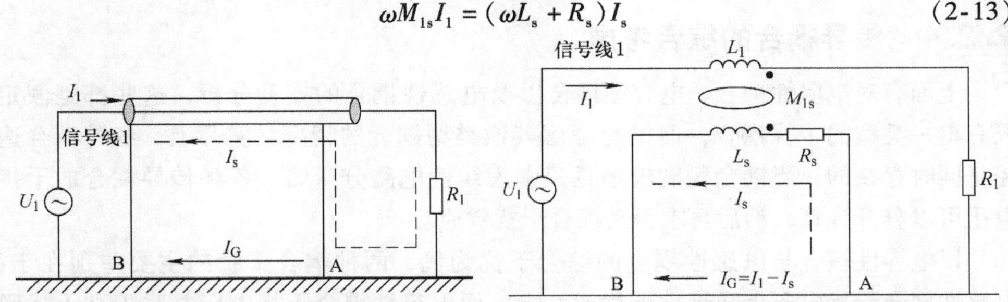

图 2-14　干扰信号线屏蔽电路示意图　　**图 2-15　屏蔽体与接地面间的分流**

由 $L_s = M_{1s}$，再根据式（2-13）可得到屏蔽层感应电流 I_s 的表达式为

$$I_s = \omega \frac{I_1}{(\omega + \omega_c)}$$

当 $\omega >> \omega_c$（如 $\omega > 5\omega_c$）时，屏蔽体上的 I_s 电流大小与中心导体上的电流 I_1 相同，而方向相反，回路电流不经过地而全部流经屏蔽体。此时 I_s 产生的磁场与中心导体上 I_1 产生的磁场完全抵消。屏蔽体外不再有磁场存在，从而抑制了感性耦合，但此时要求频率较高（$\omega > 5\omega_c$），否则 $I_s < I_1$。

（3）屏蔽体接地方式的影响　从上面的分析可以看出，无论是要减小回路感应的电感性干扰，还是减小回路对外界磁场的影响，关键都在于减小磁场耦合的磁通。若将屏蔽体置于导体外，使其成为新的环路，从而减小回路包围的面积，则可以达到减小磁场干扰的目的。当屏蔽体两端接地时，若屏蔽体直流电阻远小于屏蔽体的感抗（高频条件下），对于被干扰回路，则干扰磁通被屏蔽体电流产生的磁通抵消，可以防止被屏蔽回路对外界的干扰；对于干扰源电路，回路电流全部流经屏蔽体，被屏蔽回路和屏蔽层回流产生的磁场也互相抵消，对外界没有干扰。

而在低频条件下，屏蔽体直流电阻不远小于屏蔽体的感抗，此时被屏蔽回路仍能接受干扰或成为干扰源。

为解决这个问题，可将屏蔽体的一端不接地而与负载连接。此时电流方向相反，返回电流产生的磁场抵消了中心导体产生的磁场，从而抑制了对外回路的电感性耦合，如图 2-16 所示。此时即使频率较低的信号也经屏蔽体流回，屏蔽效果比两端接地时好。

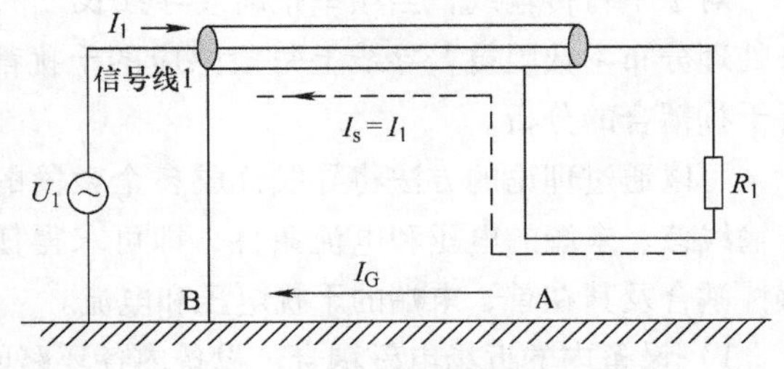

图 2-16　屏蔽体单端接地

在实践应用中，大部分的数字电路通常以容性耦合为主，但是当 PCB 平面结构不完善时，如果出现开槽或存在噪声的参考层，则感性耦合的成分将变大，这时感性耦合将大于容性耦合。

2.2.4 传导耦合的综合考虑

上面有对电阻性耦合、电容性耦合以及电感性耦合的模型分析，这些都是假定只有单一类型的干扰耦合，而没有考虑其他类型耦合的情况。实际上，各种耦合途径是同时存在的。当耦合程度较小且只考虑线性电路分量时，各种传导耦合的干扰电压可以分开计算，然后再求得其综合干扰效应。

以电容性耦合与电感性耦合的综合干扰为例，两种耦合干扰的主要差别在于：电感性耦合干扰电压串联于被干扰回路上，而电容性耦合干扰电压并联于被干扰回路上。因此在靠近干扰源的近端和远端，电容性耦合干扰在被干扰电路中的电流方向相同，而电感性耦合的电流方向相反。图 2-17 所示为电容性耦合和电感性耦合同时存在的情况。

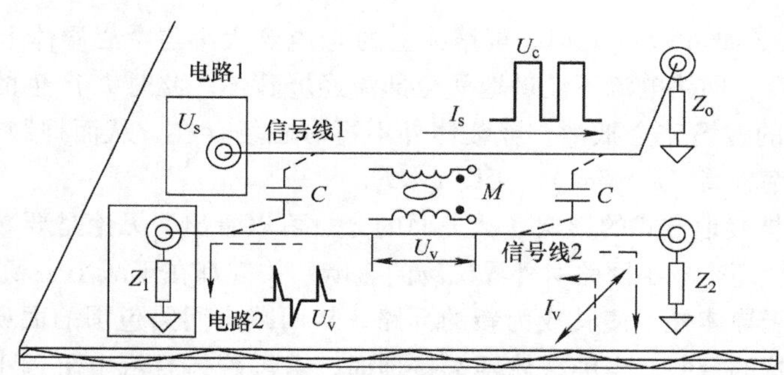

图 2-17　电容性耦合与电感性耦合的综合影响

如图 2-17 所示，对于靠近干扰源端，总的干扰电压等于电容性耦合电压减去电感性耦合电压。而对于靠近负载端，或者远离干扰源端，总的干扰电压等于电容性耦合电压加上电感性耦合电压。

对于平行传输线，当频率很高或导线长度大于波长时，不能用集中阻抗的方法来处理分布参数阻抗，导线上每段感应的干扰都不同，需要用分布参数电路理论进行干扰耦合的分析。

可以通过理论的方法将导线分成多个微段的等效电路，同时建立方程组，结合传输线首、末端的电压和电流条件，即可求得任一导线对另一条导线的电容性和电感性耦合及其在首、末端的干扰电压和电流。

1）设备内的近场电磁耦合：设备内各环路间距离较小，一般为近场，近场的场型很复杂，不易计算，因此相互间的电磁干扰常用分布电容耦合代替电场干扰，分布电感耦合代替磁场干扰，从而把场的问题转化为路的问题，简化了计算。

2）电磁耦合的典型问题：线－线间的串扰。

3）高电压小电流的电路可看成电场天线，主要通过电场耦合，可用两线间的分布电容估算。

4）低电压大电流的电路可看成磁场天线，主要通过磁场耦合，可用两环路间的互感估算。

5）分布参数和集总参数。集总参数是集中在一起的电阻、电容和电感参数，例如理想的电阻器、电容器和电感器；分布参数指电阻、电容、电感是分布式存在的，不集中在某一处，例如传输线的分布参数是沿着整条传输线分布的。

电子电气设备中各种元器件、传输线、机箱之间都存在分布参数，分布参数量级较小，仅 nH/m，pF/m 数量级。

分布参数在高频时有效，低频时不起作用。分布参数的概念很重要，例如线－线耦合、线－机箱耦合、元器件的高频特性、地线、供电线的选择 、元器件的布置、PCB 板的设计、电磁兼容测试等，都必须考虑分布参数的影响。

分布参数是造成 EMC 问题的主要原因。

2.3　辐射耦合原理

电磁辐射干扰是指干扰源通过空间传播耦合到被干扰设备，如输电线路电晕放电产生的无线电干扰，在交流电路中的交流电流和交流电压在周围空间会产生交变的电场和磁场。在近场区，干扰表现为电容性耦合干扰和电感性耦合干扰，而在远场区则通过辐射电磁波造成干扰。干扰源以电磁辐射的形式向空间发射电磁波，把干扰能量隐藏在电磁场中。任一带有交变电流的导体都会在周围产生电磁场并向外辐射一定强度的电磁波，相当于一段发射天线。处于交变电磁场中的任一导体相当于一段接收天线，会产生一定的感应电动势。导体的这种天线效应是导致电子设备相互产生电磁辐射干扰的根本原因。

2.3.1　辐射场强

1. 辐射场强的分析

导体对外的辐射场强取决于多种因素，如辐射场的类型、空间介质的性质、电磁场在空间的折反射等。概括来说，辐射干扰源主要有两类，即电场辐射和磁场辐射。

电偶极子是足够短的细载流导线，其长度 ΔL 远小于电磁波的波长 λ。如图 2-18 所示，通有均匀分布的电流为 I 的电偶极子，在空间中电偶极子中点距离为 r 处产生发射的电磁场的理论计算式如右图所示。式中，ε_0 为空间介电常数，$\beta = 2\pi/\lambda$ 为相位系数，E、H 分别表示电场强度和磁场强度。

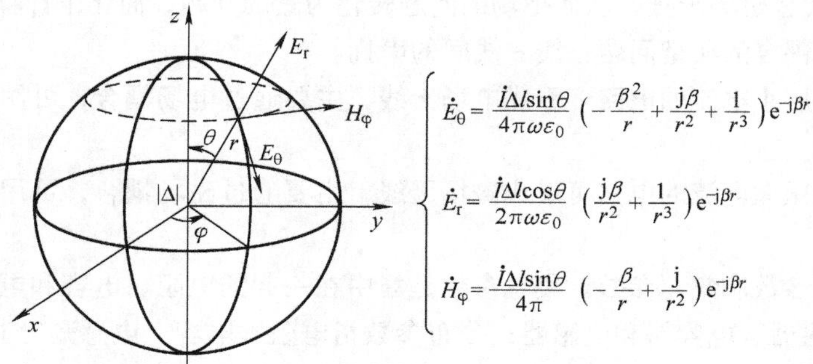

图 2-18　电偶极子的辐射场

磁偶极子是一个直径足够小的载流圆环，其直径 d 远小于电磁波的波长 λ，如图 2-19所示，通有均匀分布电流 I 的磁偶极子，在空间中离偶极子圆心距离为 r 处产生的电磁场的理论计算式如右图所示。式中，ΔS 为圆环面积。

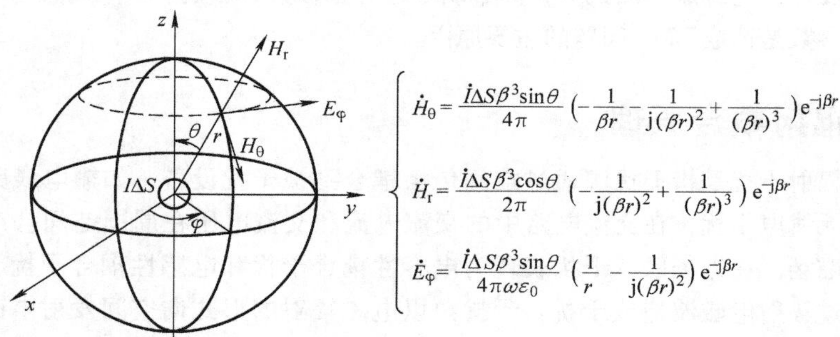

图 2-19　磁偶极子的辐射场

注意在实际的应用中，对于实际的导线或电路，回路上各处电流不一定相同，可以采用叠加的方法来进行求解。对于实际导线，可以将导线细分为多个小段，将这些小段在空间某点产生的电磁场计算后进行叠加，其结果即为该导线在空间某点产生的总的电磁场。对于实际载流电路，可以把一个大的圆环细分为许多较小的小圆环。如图 2-20 所示，其中第 N 个圆环的面积为 S_N，则 P 点处的总场强即为所有小圆环辐射的场强之和。

在实际的产品中，有许许多多这样的环路。因此，减小每个信号环路、电源环路、功率环路等对 EMC 的设计是非常有利的。

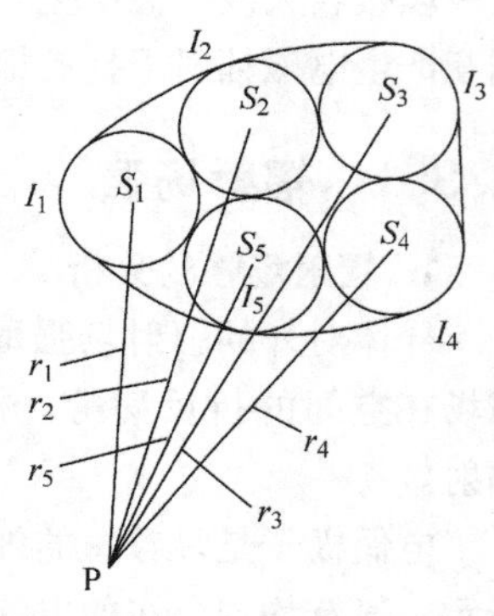

图 2-20　环形载流回路的各单元分布

2. 共模电流与差模电流

如图2-21所示，设有一对长度为L、间距为d的平行载流导线（如印制电路板中的导线、设备中的电缆等），导线中分别流过电流I_1和I_2。导线对中的电流可以分解成大小相等、方向相同的共模电流I_{CM}和大小相等、方向相反的差模电流I_{DM}，对平行导线对中共模电流的辐射场强可以按电偶极子辐射场进行分析，对差模电流的辐射场强可以按磁偶极子辐射场进行分析。

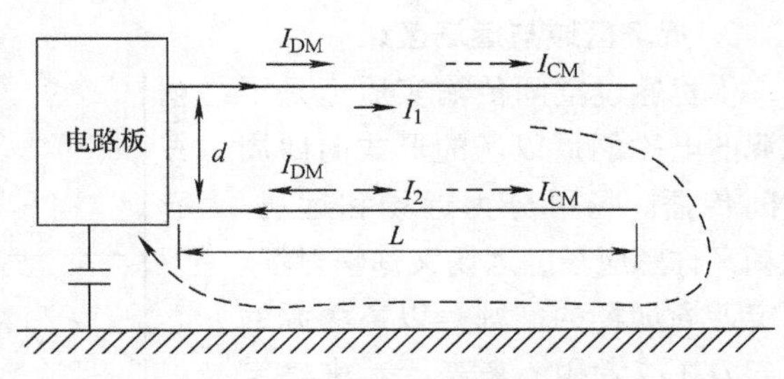

图2-21　电路中的平行导线的共模和差模电流

假如计算场点到导线对中心的距离r远大于导线的长度L，且沿导线上各点的电流均相同，可以得到共模电流产生的最大场强为

$$E_{CMAX}=1.257I_{CM}fL\times10^{-6}/r$$

差模电流产生的最大场强为

$$E_{DMAX}=1.316I_{DM}f^2Ld\times10^{-14}/r$$

在试验测试环境中，考虑地面反射波的影响，将上面的计算与实际工程设计应用对应起来。

计算共模辐射的场强时运用式（2-14）进行近似计算。

$$E=1.26fI_{CM}\times L/r \tag{2-14}$$

式中，E为电场强度，单位为μV/m；I_{CM}为电缆中的由于共模电压驱动而产生的共模电流强度，单位为μA；L为电缆的长度，单位为m；f为信号的频率，单位为MHz；r为观测点到辐射源的距离，单位为m。

根据电磁场理论，当电缆或耦合线的长度大于共模信号频率所在波长的1/4或1/2时，其电缆在自由空间中所形成的共模辐射E_{CM}可根据式（2-15）进行计算。

$$E_{CM}=120I_{CM}/r \tag{2-15}$$

式中，E_{CM}为距离r处电缆产生的辐射电场强度，单位为μV/m；I_{CM}为电缆中共模电流大小，单位为μA；r为距离电缆的距离，单位为m。

计算差模辐射的场强时运用式（2-16）进行近似计算。

$$E=2.6f^2I_{DM}A/r \tag{2-16}$$

式中，E为电场强度，单位为μV/m；I_{DM}为工作回路电流强度，单位为A；A为环路面积，单位为cm^2；f为信号的频率，单位为MHz；r为观测点到辐射源的距离，单位为m。

一般而言，用于信号传输的平行导线的共模电流远小于差模电流，但从电场结果可以看出，共模电流的辐射场强却大于差模电流的辐射场强。为减小平行导线对辐射的干扰，应当减小导线的长度，减小回路的面积。

3. 近场区域与远场区域

干扰通过空间传输实质上是干扰源的电磁能量以场的形式向四周空间传播。场可分为近场和远场。近场又称感应场，远场又称辐射场。判定近场远场的准则是以离场源的距离 D（或者用 r 来表示）来确定的，λ 为信号源波长，$D=\lambda/(2\pi)$，如图 2-22 所示。

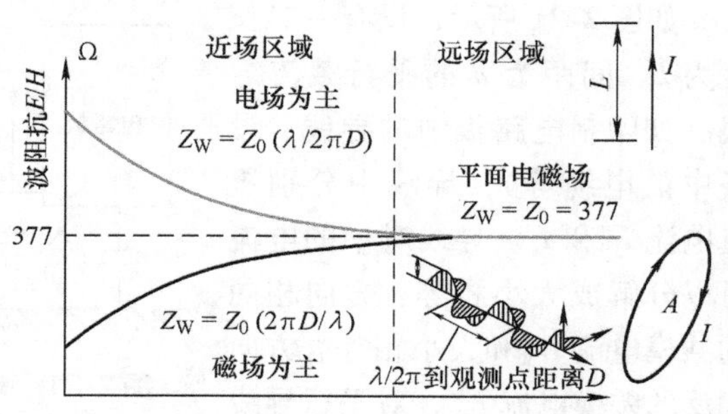

图 2-22 近场、远场及波阻抗

$D>\lambda/2\pi$，则为远场；$D<\lambda/2\pi$，则为近场。

空间中某点的电场强度与磁场强度的比值称为波阻抗，即 $Z=E/H$。在远场区中，电偶极子和磁偶极子产生的电场和磁场的相位相同，方向相互垂直，电磁波为平面电磁波，电场强度与磁场强度幅值之比是常数，即 $Z_{W远}=E/H=Z_0=377\Omega$。

因此，远场的波阻抗与场源性质、场源频率及空间场点的位置无关。如果空间介质为海水、金属导体等，则其波阻抗将发生变化。

在近场区，波阻抗与场源的性质有关，电偶极子产生的近场区的波阻抗大于磁偶极子产生的近场区的波阻抗。这是因为前者以电场为主，称为容性耦合高阻抗场；而后者以磁场为主，称为感性耦合低阻抗场。在近场区和远场区，波阻抗随场点到场源的距离变化而变化。

在实际工程中，理想的电偶极子和磁偶极子是不存在的。通常把杆状天线和电路中高电压小电流的辐射源看作是电偶极子，其近场区以电场为主。将环状天线和电路中具有低电压大电流的辐射源视为磁偶极子，其近场区以磁场为主。

电磁波的辐射发射在远场。磁场天线的两端就好比被固定在一个接收电路上，可以由环天线引入的电流来探测磁场。磁场一般垂直于场的传播方向，因此环面应该与电磁波传播方向平行以检测场的大小。

1）近场和远场与电流回路的辐射。电子产品中任何信号的传递都存在环路，如果信号是交变的，那么信号所在的环路都会产生辐射，当产品中信号的电流大小，频率确定后，信号环路产生的辐射强度与环路面积有关，因此控制信号的环路面积是控制 EMC 问题的一个重要课题。

2）近场和远场与导线的辐射。电场强度与磁场强度之比称之为波阻抗。在近场 $D<\lambda/2\pi$，波阻抗由辐射源特性决定。小电流高电压辐射体主要产生高阻抗的电场，而大电流低电压辐射体主要产生低阻抗磁场。如果辐射体阻抗正好约 377Ω，那么实际在近场会产生平面波，这取决于辐射体形状。当干扰源的频率较低时，干扰信号的波长 λ 比被干扰对象的结构尺寸长，或者干扰源与干扰对象之间的距离 $D<\lambda/2\pi$，

则干扰源可以认为是近场，它以感应场的形式进入被干扰对象的通路中。这时近场耦合用电路的形式来表达就是电容和电感，电容代表电场耦合关系，电感或互感代表磁场耦合关系。这时要注意辐射的干扰信号就可以通过直接传导的方式引入电路、设备或系统，这就是近场耦合的路径。

在 $D=\lambda/2\pi$ 附近或 1/6 波长区域是近场和远场之间的传输区域。对于 30MHz，平面波的转折点在 1.5m 左右；对于 300MHz，平面波的转折点在 150mm 左右；对于 900MHz，平面波的转折点在 50mm 左右；进行辐射测试时，是远场辐射的问题。在设计应用时，这些数据可供参考。

对于大多数的 PCB 的设计问题，近场耦合是值得注意的。

2.3.2　辐射耦合方式

实际的辐射干扰有一部分是通过接收机的天线感应进入接收电路的；但大多数是通过电缆导线感应，然后沿导线进入接收电路的；也有一部分是通过电路的闭合连接回路感应形成的。因此辐射干扰通常存在三种主要耦合途径，即天线耦合、导线感应耦合和闭合回路耦合。

（1）天线耦合　天线耦合就是通过天线接收电磁波，有意接收无线电信号的接收机都是通过天线耦合方式获得所需的电信号。

然而在电子设备和系统中还存在着无意的天线耦合，比如将放大器晶体管的基极引脚虚焊，悬空的基极引脚成为一根天线，它可以接收电磁信号。因此在电磁兼容工程中对于无意的天线耦合必须给予足够的重视，因为这种耦合天线往往很难被发现，然而它却给高灵敏度电子设备和通信设备带来许多电磁干扰的问题。电磁兼容中常见的典型天线结构有偶极子天线、单极子天线、环路天线、缝隙天线等，如图 2-23 所示。

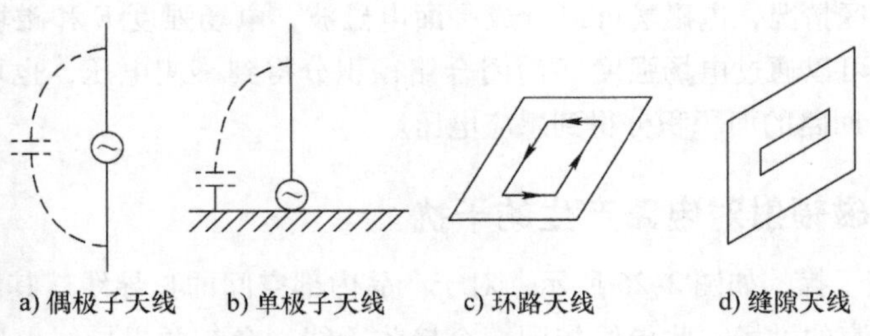

图 2-23　典型的天线结构

（2）导线感应耦合　一般设备的电缆线是由信号回路的连接线以及电源回路的供电线、地线捆绑在一起构成的，其中每一根导线都与输入端阻抗和输出端阻抗以及返回线构成一个回路，因此设备电缆线是设备内部电路暴露在机箱外面的部分，它们最容易受到干扰源辐射场的耦合而感应出干扰电压（或电流），沿导线进入设备形成辐射干扰，图2-24所示。此时导线仍可视为天线，可以用前面的关系式计算感应的干扰电压。

在导线比较短、电磁波频率较低的情况下，可以把图2-24中导线和阻抗构成的回路看作理想的闭合环路，电磁场通过闭合环路引起的干扰属于闭合回路耦合。

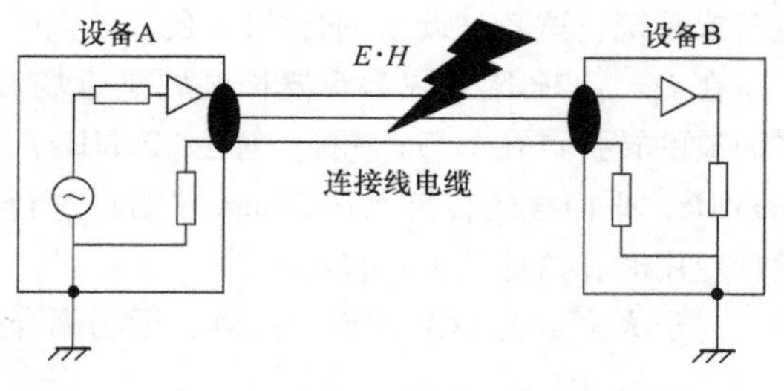

图2-24　电磁辐射对导线的感应耦合

对于两个设备离得较远、电缆线很长且辐射电磁场频率较高的情况（比如 $L>\lambda/4$），导线上的感应电压不能再看成是均匀的，分析时需要把它等效成许多分布的电压源。

(3) 闭合回路耦合　图2-25所示为按正弦变化的电磁场在闭合回路中的感应耦合。对于近场情况，由于 E 和 H 的大小与场源性质有关，故当场源为电偶极子时，近场区以电场为主，闭合回路的耦合为电场感应，可以通过对电场强度沿闭合回路路径积分得到感应电压。若场源为磁偶极子，则近场区以磁场为主导，闭合回路的耦合为磁场感应，可以通过对从回路中穿过的磁通的变化率积分得到感应电压。

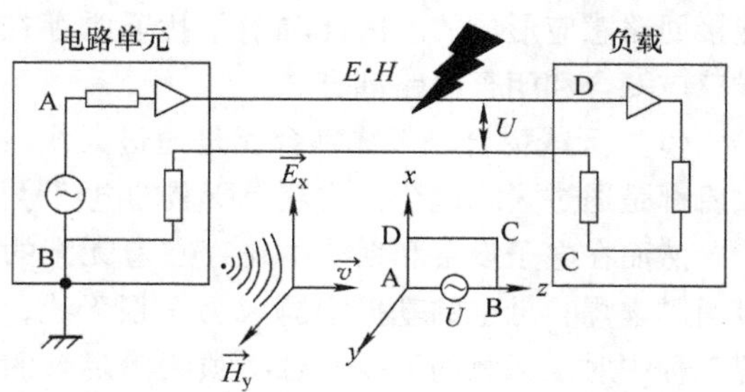

图2-25　电磁场对闭合回路的耦合示意图

对于远场区情况，电磁场可以看成平面电磁波，电场强度 E 和磁场强度 H 的比值处处相等，可以通过电场强度 E 沿闭合路径积分得到感应电压，也可以通过磁场强度 H 对闭合回路的面积积分得到感应电压。

2.3.3　电磁辐射对电路产生的干扰

(1) 共模干扰　如图2-26所示，对于产品内部空间的长导线，其周围有一个水平的电场或垂直的磁场，此导线如同一个接收天线，会在两根导线上感应开路电压 U。此共模干扰电压将在导线上产生一个电流，其回流的电流就是存在于导线间分布电容的位移电流。当电容分布在导线上时，有一个对应的回路面积存在，其形状类似于橄榄球，此面积称为天线的等效面积。因低频时的容抗较高，故电流值较小。

当导线的两端各接有电气设备或电路时，回路面积与导线电容都会增加，导致共模电压及电流增加。如图2-27所示，当导线两端的设备直接接到接地面时，会在回路中产生较大的共模干扰电流。

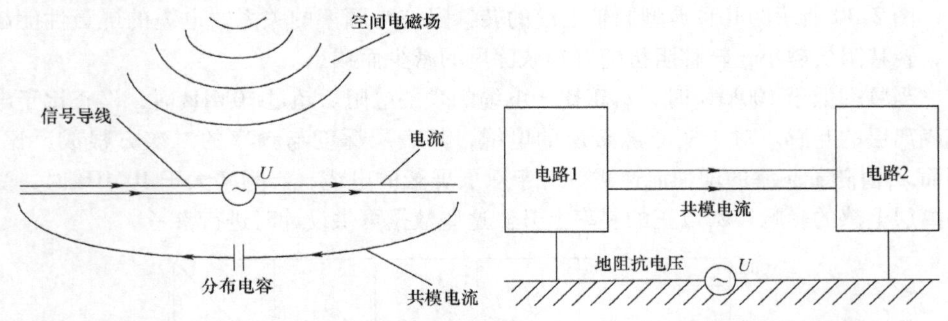

图 2-26　电磁场直接引入的导线的感应电压示意图

图 2-27　共模噪声电流及信号回路示意图

（2）差模干扰　如图 2-28 所示，电场或磁场会直接透入长导线之间（图中两距离为 d 的导线之间长度为 L 所围成的面积），从而产生差模干扰，直接将干扰信号加在被干扰回路的输入/输出端（图中的设备 1 和设备 2），这个结论在前面也有描述。

对于非平衡导线，比如同轴电缆，也会产生差模干扰，但同轴电缆较难给出类似图 2-28 所示的面积。其实际干扰包含两部分：

1）场对导线的干扰，使电缆屏蔽层存在干扰电流。

2）电缆的转移阻抗将电缆屏蔽层电流转换成差模干扰，侵入受害放大器或电路的输入端。

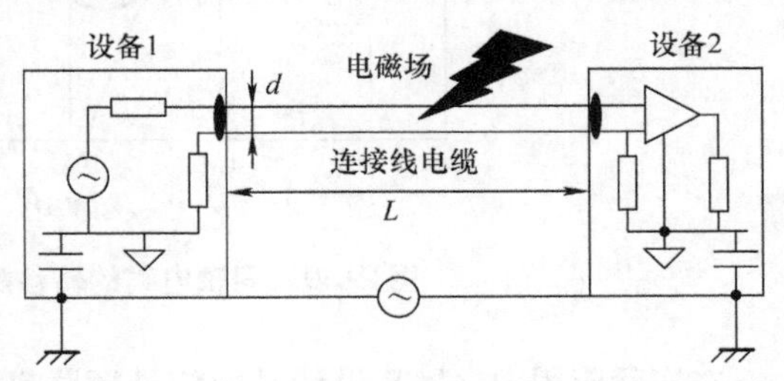

图 2-28　电磁场对连接导线的差模干扰

图 2-29 说明了电缆的转移阻抗将电缆屏蔽层电流 I_s 转换为电缆芯线与屏蔽层之间的差模干扰电压的情况。电流 I_s 会在屏蔽层中产生阻性压降 ΔU_R；同时，I_s 产生的磁场有部分渗入屏蔽层与芯线之间，使得屏蔽层 - 芯线之间的互感小于屏蔽层的自感，芯线感应的纵向电压小于屏蔽层自感感应的电压，两者的差为 ΔU_L。两个电压差同时作用使得电缆同一截面上的屏蔽层与芯线（图中的 A 和 B 点）之间存在差模电压 U_{AB}。根据上述分析，这个电压与电缆长度成正比。为了方便地表示电缆屏蔽层引起的电缆中的差模干扰，这里引入转移阻抗的概念。电缆屏蔽体的转移阻抗 Z_T 定义为单位长度屏蔽体感应的差模电压 U 与屏蔽体表面上通过的电流 I_s

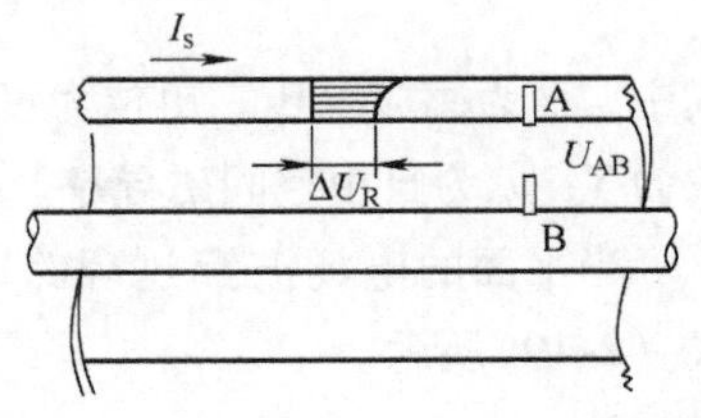

图 2-29　同轴电缆转移阻抗含义示意图

之比，即 $Z_T = U/I_s$。

图 2-30 所示为几种典型同轴电缆的转移阻抗与频率的关系。电缆的屏蔽性能越好，转移阻抗越小，转移阻抗随着趋肤深度的减少而减小。

当频率低于 100kHz 时，Z_T正比于电缆的表层电阻。超过 10MHz 时，Z_T正比于电缆隔离层的互感。对于实心屏蔽层的电缆，其表层深度与频率的二次方根成反比，因而 Z_T值随着频率的增加而递减。对于双层屏蔽的电缆，当频率大于 10MHz 时，受隔离层电感的影响，Z_T以正的斜率上升。这些数据可供设计时进行参考。

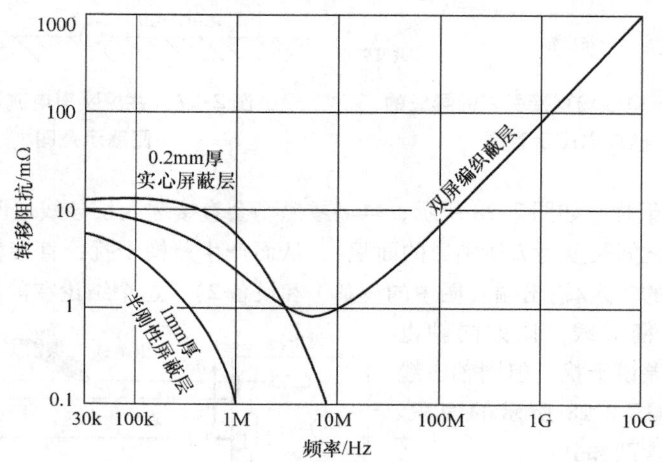

图 2-30　同轴电缆的转移阻抗与频率的关系

在实际应用中，PCB 设计时的信号环路也会受到外部电磁场的影响。当外界的电磁场穿过环路时，就会在这个环路中产生感应电压 U。

为了直观地了解，这里提供简化的公式进行计算，单个回路对通过其磁场的感应电压可以用简化的式（2-17）和式（2-18）计算。

$$U = S \cdot \Delta B/\Delta t \tag{2-17}$$

$$\Delta B = \mu_0 \cdot \Delta H \tag{2-18}$$

式中，U 为感应电压，单位为 V；H 为磁场强度，单位为 A/m；B 为磁感应强度，单位为 T；μ_0为自由空间磁导率，$\mu_0 = 4\pi \times 10^{-7}$H/m；$S$ 为回路面积，单位为 m^2。

当平面的电场波穿过环路时，其单个环路中产生的感应电压，其计算公式如式（2-19）所示。

$$U = SEf/48 \tag{2-19}$$

式中，U 为感应电压，单位为 V；S 为回路面积，单位为 m^2；E 为电场强度，单位为 V/m；f 为电场的频率，单位为 MHz。

举例说明：对 PCB 的环路在电场中的影响进行分析，假如在一个 PCB 中设计有

一面积为 $10cm^2$（长宽为 $100mm \times 10mm$）的 PCB 布局布线回路，当该电路在电场强度为 10V/m 的电磁场中存在时，在 100MHz 与 300MHz 频率点上，该环路面积产生的感应电压 U_1 与 U_2 可以通过式（2-19）计算如下：

$f_1 = 100MHz$ 时，$U_1 = SEf_1/48 = 0.0010 \times 10 \times 100/48 \approx 21mV$

$f_2 = 300MHz$ 时，$U_2 = SEf_2/48 = 0.0010 \times 10 \times 300/48 \approx 63mV$

注意：由于开关电源系统自身就是很强的干扰源，能产生很强的电磁场，因此了解电磁辐射对电路产生的干扰对开关电源的电磁兼容设计很关键。

2.3.4　减小辐射干扰的措施

根据电磁辐射干扰的形成的原因，可以得到减小辐射干扰的措施主要有：

1）辐射屏蔽：在干扰源和干扰对象之间插入一个金属屏蔽物，以阻挡干扰场的传播。

2）距离隔离：拉开干扰源与被干扰对象之间的距离，电磁场能量强度随距离增大而迅速衰减。

3）方向性隔离：利用天线方向性的特点，让干扰源方向性最小点对准被干扰对象，以达到减小干扰的目的。

4）结构缩小：减小连接线的长度和高度，减小接地回路的面积。

第 3 章

非隔离电源与反激电路的EMI分析与设计

电源开发设计人员都会经历让电源成功量产的磨炼，其问题点要么是热设计问题，要么是安规问题，当然最麻烦的还是电磁兼容问题。其中，电磁兼容问题是最难预测的。设计工程师经常遇到在开关电源电磁兼容问题上，将发射频谱的某一频率位置降下来，却又在另一频率点上超标。在设法符合了传导发射限制后，可能会发现辐射限制值又超标了。

电磁干扰是开关电源设计中公认的最具有挑战性的领域，这在一定程度上是因为有许多寄生参数在产生影响，这些寄生参数最需要关注，所以再次调整将不可避免。如果对电源本身有深刻的理解，则电源的主体就不需要进行重新设计了，只需要在电磁兼容的领域进行分析和优化。对于本开关电源的电磁兼容分析和设计，不会对开关电源的设计原理进行详述，重点在于电磁兼容领域的分析和设计。

对于开关电源电磁兼容问题的分析和设计，先给出思路和方法如下：

1）任何的信号源总是要返回其源头，即电流的路径总是从源端到负载再返回到源端。这时就可以分析出所有的等效路径，建立简单的等效模型。

2）在电磁兼容领域，任何的开关电源设计都会存在 du/dt，di/dt。电路中也没有绝对的零阻抗，电路中的导体一旦有电流流过一定的阻抗，就会产生一定的电压降。利用欧姆定律，在电路板上就没有零电压和电流值，其可能在 μA，μV 级别的范围内，即存在一个较小的极限值。因此 du/dt，di/dt 就会带来电磁兼容问题。

3）任何信号源的回路可能有很多不同的路径，不希望某些电流在该路径上流动时，就在该路径上采取措施包含其源，这是电磁兼容的设计与解决方法。

后面的章节都基于这个思路和方法进行详细的分析和设计。

3.1 非隔离变换器的 EMI 分析与设计

非隔离变换器系统的输入与输出非隔离，即采用共地的设计。通常的 DC－DC 就是此类变换器，它与离线式变换器在磁性元件上有很大差异。电感是唯一需要考虑的磁性器件。造成 EMI 问题的辐射源有两类，即交变电场（高阻），交变磁场（低阻）。非隔离的 DC－DC 变换器具有阻抗很低的节点和环路，磁场辐射也称为差模辐射，是由小型电流环路中的高频电流形成的；而电场辐射也称为共模辐射，是由长导线或与之连接的电缆的高频位移电流形成的。

在 EMI 测试数据上的准峰值、平均值和峰值的测量原理如图 3-1 所示。准峰值曾用于模仿人类对噪声的反应。模仿这种反应需要在准峰值检测中内建充放比。从概念上讲，其工作方式如同一个峰值检测器跟随一个有损积分器。用于开关电源时需要注意，准峰值检测中，信号水平是按照信号频谱分量的重复频率有效加权。所以准峰值测量结果始终与重复频率有关，重复频率（比如开关电源的开关频率）越高，测试得到的准峰值水平越高，如图 3-1 右图所示。

因为准峰值检测中的充分电时间常数有限，所以频谱分析仪在准峰值设置下必须缓慢扫频。于是，整个电磁干扰测量过程变得非常缓慢。为了避免拖延，可执行峰值检测，这样会快很多。然而，这样得到的测试读数总是最大，接下来是准峰值在中间，平均值最小。

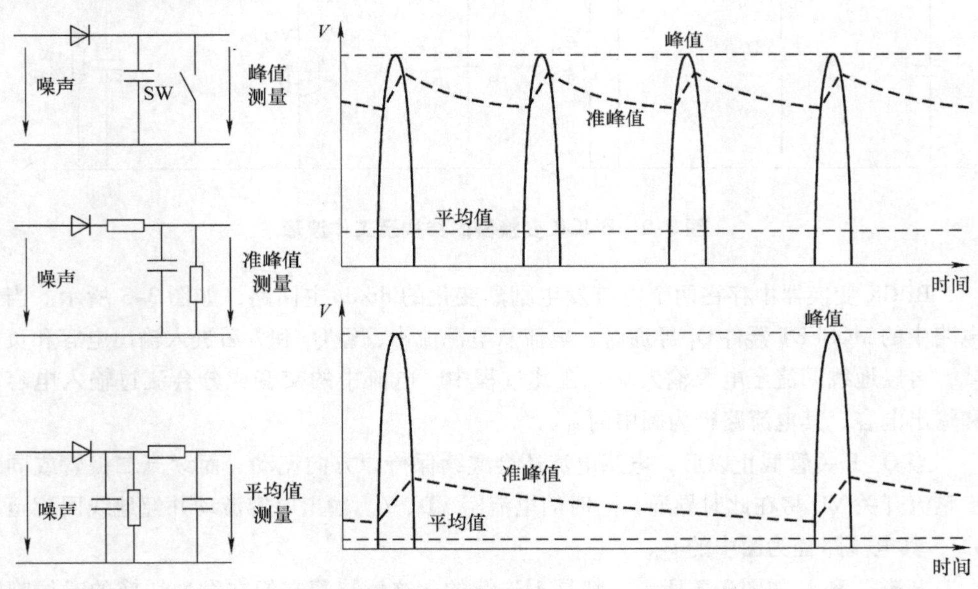

图 3-1　EMI 接收器的测试方式及读数

3.1.1　BUCK 变换器

BUCK（降压）变换器适用于许多需要降低电压的场合，比如电控产品的离线电源、电池供电的电路、局部调节器等。当效率增加时，可构建同步 BUCK 变换器，如果单级电路的输出电流太大，则需要使用多相 BUCK 变换器。在这里主要分析最基本的电路结构，其他的电路结构运用的分析方法是类似的。

1. BUCK 变换器的原理波形及电磁场

变换器的简化原理图如图 3-2 所示。有两种方式的结构，其电路中的续流二极管也可以采用同步整流方式。

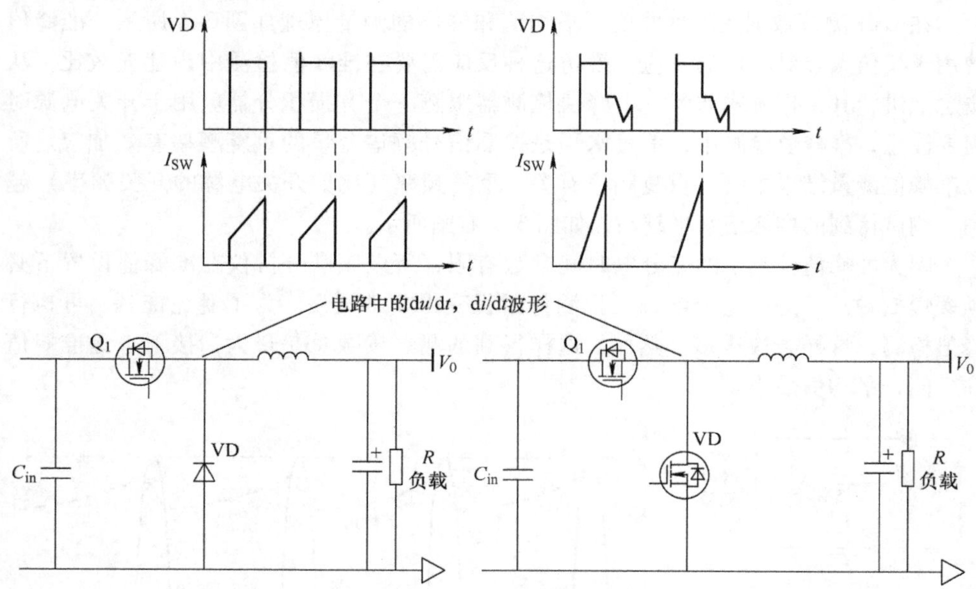

图 3-2　BUCK 变换器的结构及工作波形

BUCK 变换器中存在两个电流发生剧烈变化的 di/dt 主回路，如图 3-3 所示。当电路中的 MOSFET 器件 Q_1 导通时，电流从电源流出，经 Q_1 和 L 后进入输出电容和负载，再经地线回流至电源输入端。在此过程中，电流中的交变成分会流过输入电容和输出电容，其电流路径为图中的 i_1。

当 Q_1 开关管截止以后，电感电流还会继续保持原方向流动，而续流二极管或同步整流开关 VD 将在此时导通，这时的电流经 VD、L、输出电容流动并经地线回流至 VD，其电流路径为图中的 i_2。

电流 i_1 和 i_2 如图 3-3 所示，都是不连续的，这意味着它们在发生切换的时候都存在陡峭的上升沿和下降沿，这些陡峭的上升沿和下降沿具有极短的上升和下降时

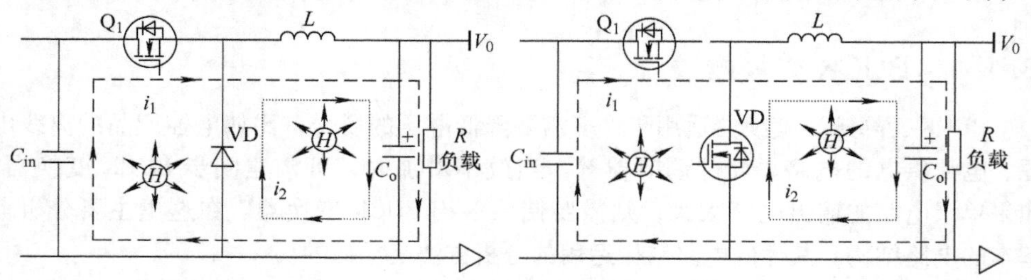

图 3-3　BUCK 变换器的电流回路及磁场模型

间，因而存在很高的电流变化速度 di/dt，其中就必然存在很多高频成分，在电路中 di/dt 对应的是磁场的变化。所以，在回路中 i_1 和 i_2 是差模电流，差模电流的发射对应为环形天线。磁场模型与差模辐射相对应。

差模电流流过电路中的导线环路时将引起差模辐射，这种环路相当于小环天线能向空间发射辐射磁场或接收磁场，因此必须限制环路的大小和面积。

在这个 BUCK 变换器中，电流环 i_1 和 i_2 共用了开关节点 P、电感 L、输出电容、地走线到 VD 的这一段路径。如图 3-4 所示，图中的 P 点存在电压的变化，动点 P 在回路中有 du/dt。因此，P 点连接线就是电路中的电场模型。电压变化点是产生共模发射的源头，也是电源中共模电流的路径。共模电流产生共模发射，共模发射可等效为单偶极子天线。电场模型与共模辐射相对应。

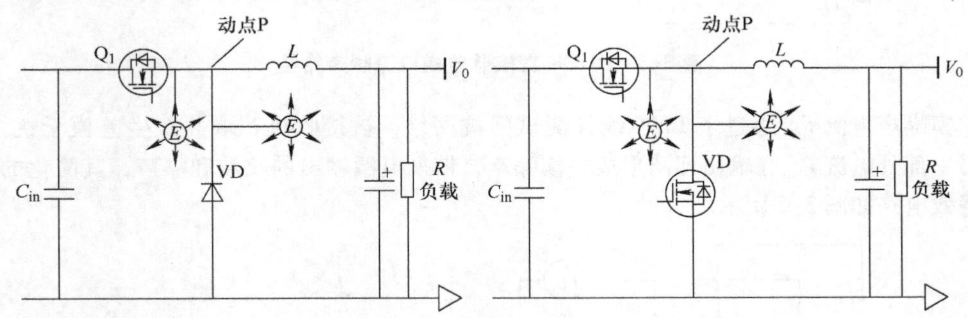

图 3-4　BUCK 变换器的动点及电场模型

注意：共模电流是由于电路中存在电压降，某些部位具有高电压的共模电压。当外接电缆及长的走线与这些部位连接时，就会在共模电压激励下产生共模电流，成为辐射电场的天线。这多数是由于接地系统中存在电压降所造成的。共模辐射通常决定了产品的总辐射性能。因此必须减小动点走线的长度，还需要减小电路中地走线的地阻抗。

因此，结合 di/dt、du/dt、源阻抗、环天线、杆天线（单极子和偶极子天线）在开关电源中的情况，就能解决好电磁兼容问题。

2. BUCK 变换器 EMI 传导的分析与设计

分析了 BUCK 变换器的噪声源及电磁场特性后，对于噪声源，信号总是要返回其源，建立信号源的等效回流路径。如图 3-5 所示，通用的非同步整流降压型电路 EMI 分析和设计与同步整流分析与设计方案基本相同，以通用非同步整流方式为例，将 LISN 测试单元电路等效到 BUCK 变换器电路结构，建立差模电流的信号传递路径。

如图 3-5 所示，建立差模的噪声信号回流路径。I_{SW} 为开关器件噪声电流，P 点为电路中电压跳变点。电路中的差模噪声电流主要有 I_{dm1} 和 I_{dm2} 两部分。输入部分的

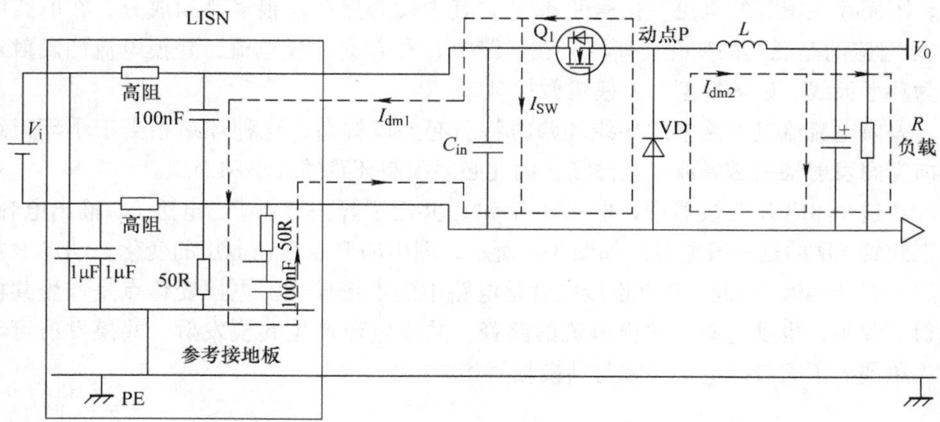

图 3-5 BUCK 变换器差模电流噪声路径

差模噪声电流 I_{dm1} 通过了 LISN 线性测试阻抗网络，被接收机获取并产生差模干扰。另一部分电流 I_{dm2} 在输出回路形成差模噪声，带来电源输出的纹波和噪声，其简化的等效电路如图 3-6 所示。

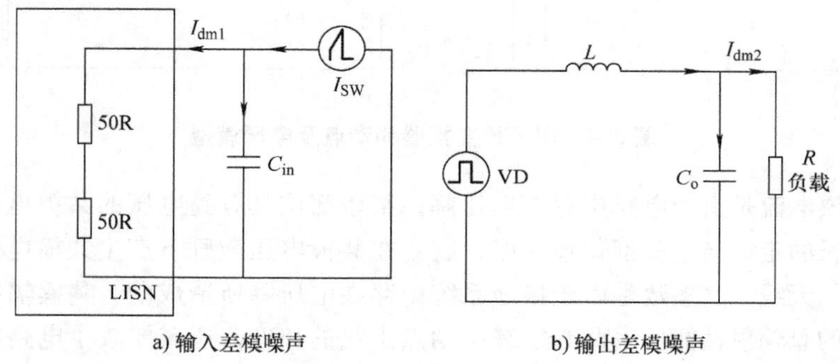

图 3-6 差模噪声的简化等效示意图

很明显，对于差模传导的干扰噪声，在变换器输入电容 C_{in} 的大电容上再并联一个高频 104 电容是有必要的。设计一个高频的旁路电容就能减小流过测试 LISN 的噪声电流，减小差模传导干扰。注意，小的高频电容要靠近主开关管或者专用的 DC - DC 控制器芯片设计。而对于输出的纹波和噪声的电压，可以通过增加 BUCK 变换器电感 L 的电感量和输出电容容量来达到目的。对于输出的高频噪声，同样在输出电容上并联一个高频 104 电容能达到较好的效果。

在电路中，除了存在差模噪声外还有共模噪声的问题。而对于 EMI 来说，共模电流噪声则是引起 EMI 测试数据超标的主要原因。同样的，利用噪声信号返回其源的思路建立共模电流信号的传递路径如图 3-7 所示。

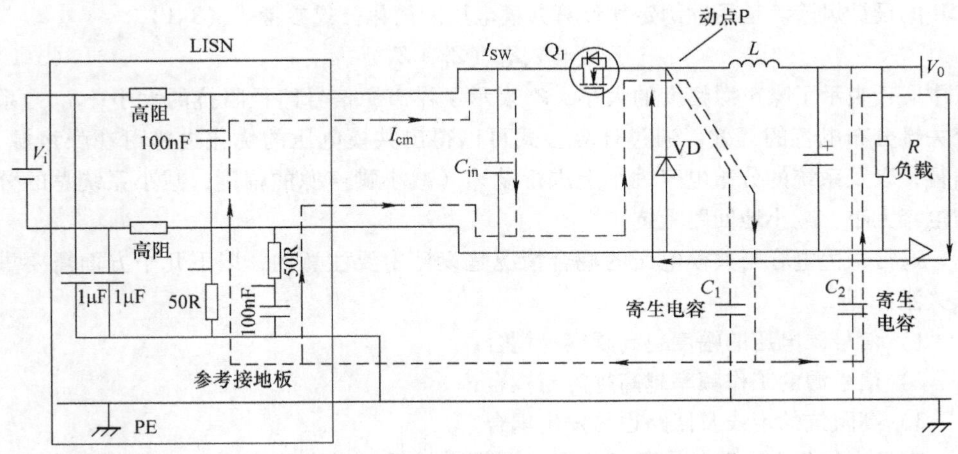

图 3-7　BUCK 变换器共模电流噪声路径

如图 3-7 所示，建立噪声信号共模回流路径，P 点为电路中的电压跳变点。电路中的共模电流路径很显然要考虑电路中的寄生参数（寄生电容）效应。在第 2 章中，分析了在电路导体中存在大量寄生电容，比如，导线之间、线缆之间、导线与参考地之间等都存在寄生电容，而寄生电容也就是分布参数是造成 EMC 问题的主要原因。在图中电路的动点 P 与参考接地板就存在等效的寄生电容，为共模电流提供一个路径通道。

在开关电源的实际应用中，这个寄生参数会影响电路中的共模电压和共模电流的大小。寄生电容影响的共模电压及共模电流分析如图 3-8 所示。

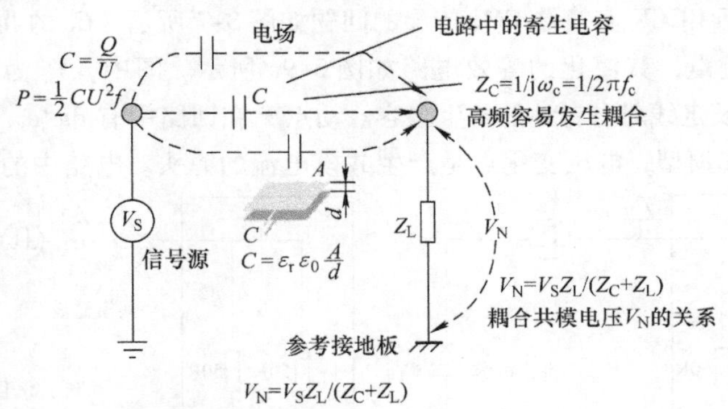

图 3-8　寄生电容影响的共模电压及共模电流

图中，V_S是噪声源（信号源）；V_N是系统耦合共模电压；Z_L是回路走线阻抗或地回流阻抗；C 是系统各个关键元器件及电路中导体总的分布电容等效；Z_C 是总的分布电容等效阻抗。在 EMC 领域中，通常研究系统的共模电压或者共模电流来分析

EMI 的设计风险。运用欧姆定律计算共模电压的简化公式参考式（3-1）。

$$V_N = V_S Z_L / (Z_C + Z_L) \tag{3-1}$$

式中，V_S表示了噪声源幅度的大小；Z_L表示了噪声源信号路径阻抗的大小；Z_C为系统关键分布电容的等效。通过计算公式可以得出共模电压的优化措施可在噪声源、路径，以及系统的分布电容大小上进行设计（减小噪声源的幅度，减小系统总的分布电容大小，减小地回路阻抗）。

通常寄生电容与共模电压的耦合情况是设计中要注意的，以下几个方面需要重点关注：

1）信号源电压的幅度越高越容易耦合；

2）信号源的工作频率越高越容易耦合；

3）高阻抗的走线及回路也易发生耦合。

产品中的各类电路系统通过分布电容耦合关系，系统的分布寄生电容越大，其噪声共模电压越高，这对 EMI 的设计是不利的，减小电路及系统的分布电容的大小是 EMI 设计的重要内容之一。

如图 3-7 所示的 BUCK 变换器共模电流等效电路中，共模电流的路径主要有两部分。一部分是开关动点 P 通过寄生电容 C_1 到参考接地板，流向 LISN 再返回源端。还有一部分由参考接地板通过输出端与参考接地板的寄生电容 C_2 连通，由于电源输出通常为低阻抗，因此其路径会再通过负载到输出地，最后通过 VD 二极管返回其源端。

很显然，流向负载的共模电流没有流过 LISN，因此它不会产生传导 EMI 的问题。但是，它是电源输出纹波和噪声的来源。

因此，对于 BUCK 变换器 EMI 传导的问题如图 3-7 所示，C_1 的共模电流路径是 EMI 设计的关键点，其简化的等效电路如图 3-9a 所示。图中，V_p 为电路动点的电压，C_1 为动点及走线对参考地的寄生电容。动点 P 在回路中有 du/dt，P 点连接线就是电路中的电场模型，电压变化点是产生共模电流的源头。电路中的共模电流既会

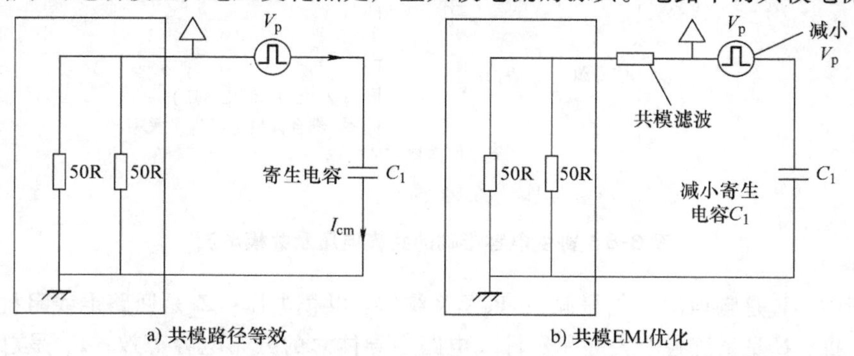

图 3-9　BUCK 变换器共模路径等效及 EMI 传导优化方法

产生EMI传导发射的问题，还会有EMI辐射发射的问题。

很显然，共模EMI传导的问题与开关节点电压 V_p 大小，以及参考地的寄生电容大小有关。对于BUCK变换器，其节点的电压跟前级输入电压有关，一旦确定后就不易改变。因此，从设计出发，如果系统干扰比较强，或者要求测试认证等级比较高的情况下，则可以采用如图3-9b所示，在输入端增加共模电感或共模滤波器的方法进行设计。

如果考虑系统的成本，当不能增加共模滤波器时，就需要减小动点走线长度及面积来减小寄生电容。因此，采用合适的元器件位置，比如电感的放置、续流二极管的放置、开关管的位置及正确的PCB走线就能实现良好的设计。这里给出BUCK变换器中常见的PCB设计图，如图3-10～图3-13所示，进行分析参考。

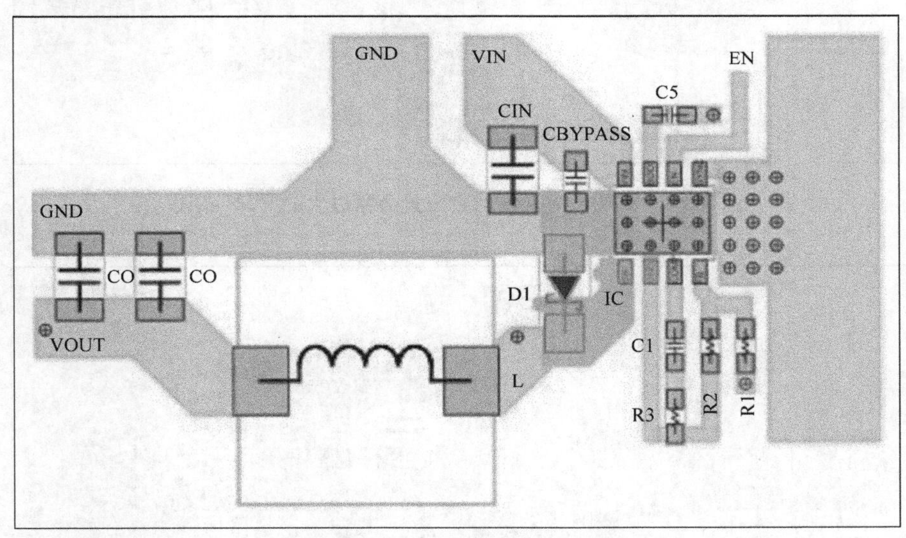

图3-10　BUCK变换器较好的PCB布局布线

如图3-10所示，这个PCB从EMI的角度出发考虑了电感、二极管、开关器件源极走线最短，通过电感的放置使来自开关节点的传导辐射噪声最小。因此是很合理的设计。这里推荐设计工程师利用类似方法进行优化设计。

如图3-11所示，这个PCB的电感、二极管、开关器件源极敷铜走线面积较大，增大了动点位置的面积，从而增加了对参考地的寄生电容大小。增加的PCB动点敷铜面积是不好的设计。

如图3-12所示，这个PCB的电感正下方布置地走线或接地层。因接地层产生的涡流效应，有磁力线的消除效果，导致电感值降低（Q 值降低）、损耗增加。非接地的信号线也因为有涡流效应，使开关噪声有传递到信号线的可能。因此，应避免在电感的正下方布线或铺地铜。当必须走信号线时，应使用磁力线（磁场）泄漏较少的闭合磁路电感。

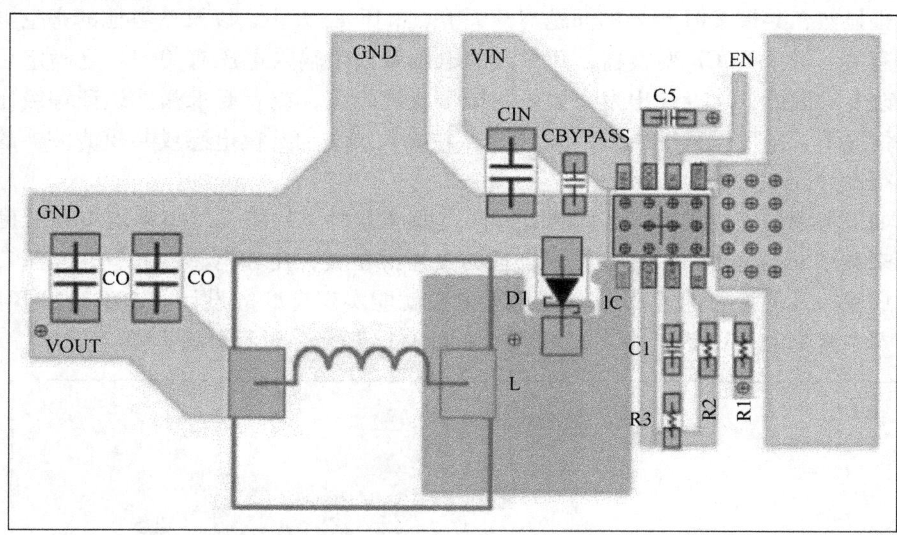

图 3-11　BUCK 变换器动点位置面积过大的 PCB 布线

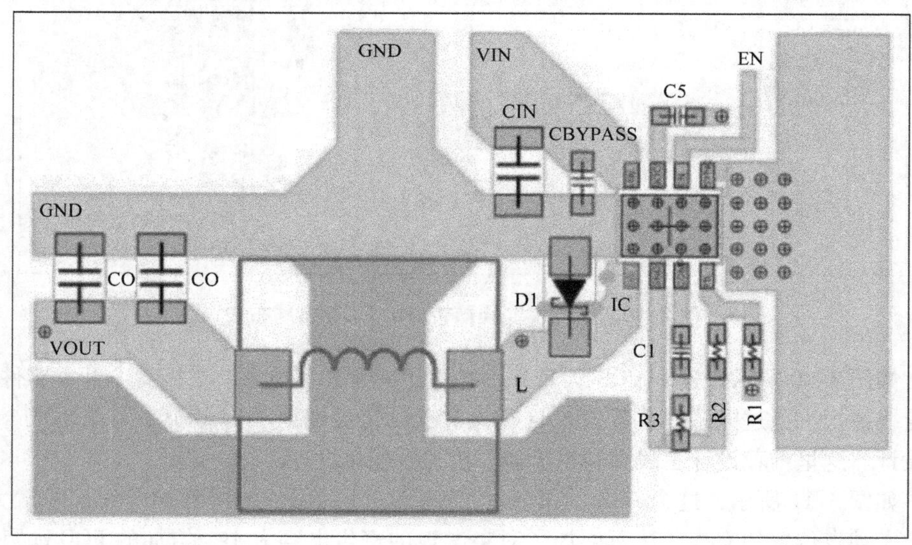

图 3-12　BUCK 变换器电感器件下方不合理的 PCB 布线

如图 3-13 所示，这个 PCB 的电感的引脚都有多余的敷铜布线，同时其引脚间的距离拉近，增加了耦合电容。这个多余的敷铜布线在电路中的动点走线上，还增加了动点对参考地的寄生电容，增加了共模电流。这是不好的设计。

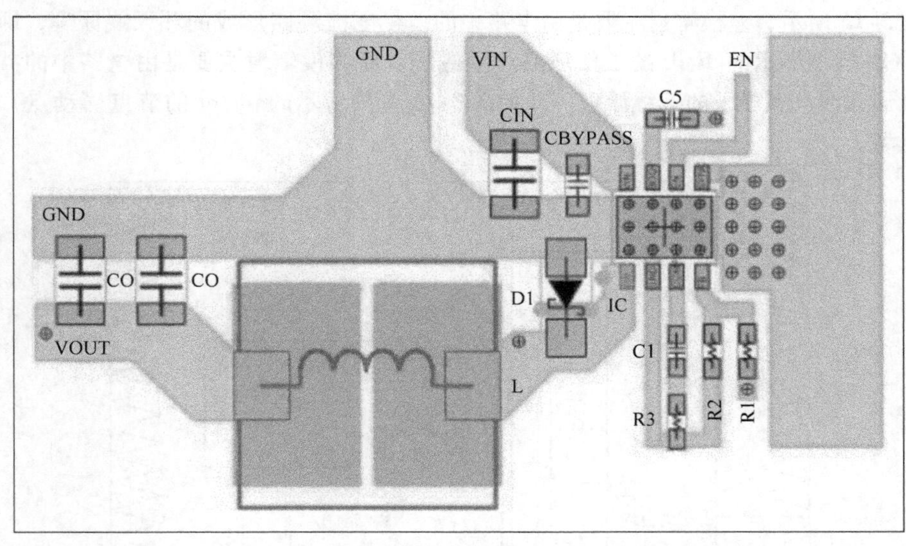

图 3-13　BUCK 变换器电感器件引脚不合理的 PCB 布线

3. BUCK 变换器 EMI 辐射的分析与设计

产品或设备中形成辐射有两个必要的条件，即驱动源和等效天线。

大部分情况下，天线是产品中的电缆或 PCB 中尺寸较大的导体。而驱动源是任何两个金属导体之间存在的射频（RF）电位差，两个金属体分别是它的不对称振子天线的两个电极。射频电位差即为共模驱动源，它通过不对称振子天线向空间辐射电磁能量。

共模驱动源是可以通过合理的设计避免或者减小的。如果设计不合理，则当频率达到 MHz 级时，nH 级别的小电感和 pF 级别的小电容都将产生比较大的影响。两个导体连接处的寄生小电感会产生射频电位差，在开关电源中没有直接连接点的金属体，比如开关电源中开关管的散热器就可能通过寄生小电容变成天线的一部分。

等效天线的一极可能是设备的外部电缆，另一极可能是设备内部 PCB 的地走线、电源线、机壳、散热片、金属背板支架等。当天线两个极的总长度大于 $\lambda/20$ 后，天线的辐射才有可能产生。

当天线的长度与驱动源谐波的波长符合 $L = n(\lambda/4), n = 1,2,3,\cdots$时，天线发生谐振，辐射效率最大。

在开关电源的电磁兼容中，主要从偶极子天线、单极子天线、环路天线来进行分析设计。

（1）辐射 EMI 的发射与接收机理　如图 3-14 所示，干扰信号以电磁波形式通过空间耦合从一个设备传递到另一个设备（接收天线）。通常测试设备都会有连接线缆和内部的电路控制设计。设备 EMI 典型辐射发射可以简化为差模发射和共模发射。

如图 3-15 所示，差模辐射主要是由电路中的差模电流环路形成的环天线原理，即如图 3-16 右图所示的 di/dt 的工作环路产生磁场。而共模辐射主要是由电路中的共模电流形成的单偶极子的天线原理，即如图 3-16 左图所示的 du/dt 的节点（动点）产生电场。

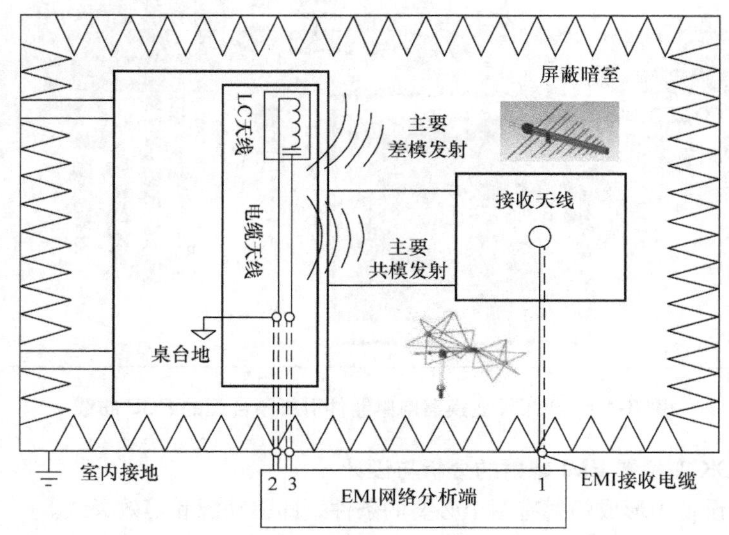

图 3-14　暗室 EMI 辐射发射测试机理

变化的电场（位移电流）可以产生涡旋磁场，变化的磁场可以产生涡旋电场。产品辐射发射超标的问题是产品中的噪声源传递到产品中的等效发射天线模型再传递发射出去的。其产品中的等效天线模型对应到产品内部的 PCB，主要表现为很多的小型单偶极子天线和众多的环路天线模型。单偶极子天线是受共模电流的影响，环路天线是受差模电流的影响。因此辐射发射的设计方法是减小噪声电流（共模电流）流向等效的发射天线模型和差模电流环路天线模型。

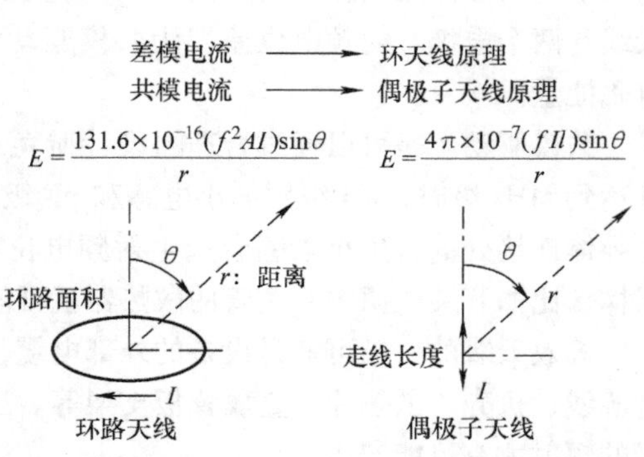

图 3-15　电路中的两种典型发射天线

（2）开关电源的 EMI 辐射特点　开关电源产生的辐射 EMI 通常在 30～200MHz 以内，对应的波长为 1.5～10m。其噪声主要通过四种途径辐射，如图 3-17 所示。对于小尺寸适配器，单体测试时，通常 AC 输入线和 DC 输出线是主要的辐射途径。

注意：垂直方向与水平方向的测试差异，与下面两方面是有关系的。

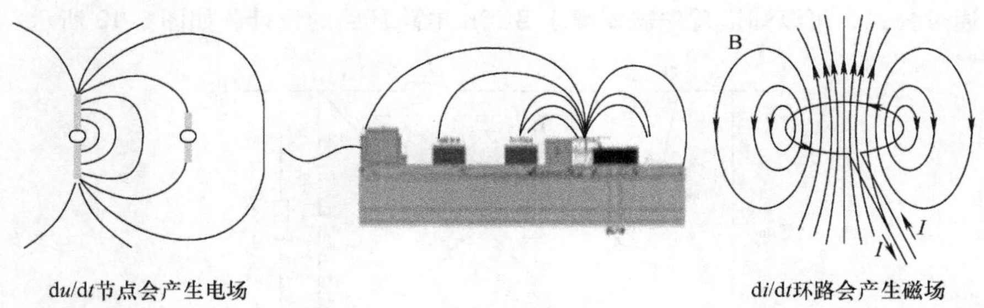

图 3-16　开关电源电路中的 du/dt 与 di/dt

1）垂直摆放的部分在天线垂直极化方向极化损失最小，水平摆放的部分在天线水平极化方向极化损失最小。

2）天线水平状态下振子平行于大地，相对垂直状态下振子垂直于大地的分布电容更大，天线阻抗相对较小。

如图 3-17 所示，开关电源系统主要有四种辐射发射方式：

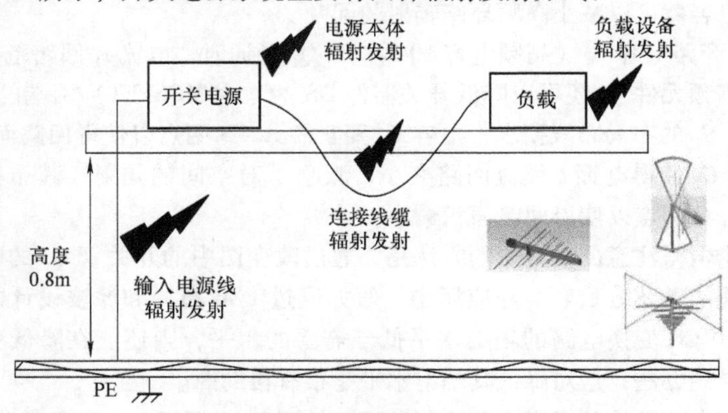

图 3-17　开关电源的辐射发射与天线接收

1）通过输入连接线缆辐射发射。

2）开关电源内部众多的小型辐射发射天线（单偶极子天线和环路天线）到本体的辐射发射。

3）通过电源输出连接线缆辐射发射。

4）通过负载或用电设备的辐射发射。

（3）BUCK 变换器环路天线辐射发射设计　对于环路天线的辐射，在第 2 章中给出了评估公式，其对应的是差模电流环路辐射。差模辐射电场强度 $E=2.6f^2I_{\mathrm{dm}}A/r$。式中，$E$ 为电场强度，单位为 μV/m；I_{dm} 为工作回路电流强度，单位为 A；A 为环路面积，单位为 cm^2；f 为信号的频率，单位为 MHz；r 为观测点到辐射源的距离，单位为 m。

通过公式，可以知道首先需要减小 BUCK 电路环路的设计，如图 3-18 所示。

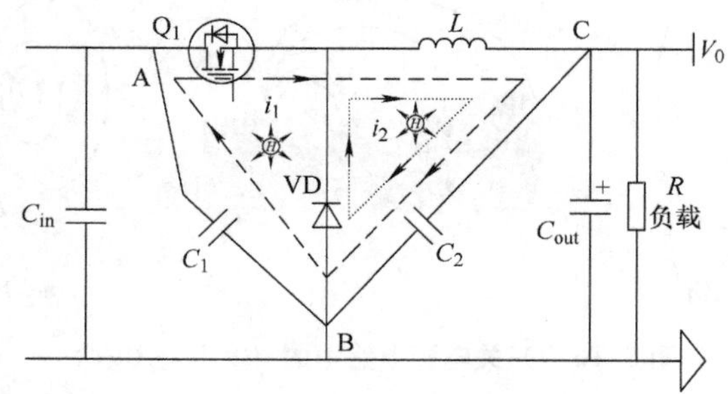

图 3-18　BUCK 电路工作环路的辐射设计

如图 3-18 所示，在原理图中通常输入电容 C_{in} 和输出电容 C_{out} 由于电路结构或者体积的原因没有办法达到图中 AB、BC 的连接方式，噪声容易出现在高频部分。因此，在回路本身没有办法达到最小时，可以采用电气节点并联的方法就近并联一个高频的 104 电容就可以减小高频环路辐射的问题。

1）增加旁路电容 C_1（高频电容 104）：当 Q_1 导通时，电流 i_1 回路范围大幅度缩小。增加的高频元件 C_1 还可以降低开关器件 DS（Q_1 为 MOSFET）两端的电压尖峰。

2）电容 C_1 的布局布线要求：电容 C_1 要紧靠 A、B 两点以使得回路面积最小。

3）电容 C_2 使得电感 L 续流回路变小，减小了对空间的辐射，其布板要求：使 C_2 要紧靠 B、C 两点以使得回路面积最小。

还有一个值得注意的最常用的方法是，通过改变图中的开关管 Q_1 的驱动速率从而减小其电流的谐波分量。实际应用中，假如通过 PCB 布局和滤波设计的优化仍然不能让一个 BUCK 变换电路的辐射水平低于需要的水平，则还能在降低变换器的开关切换速度上想办法，这对降低其辐射水平是很有帮助的。

对不连续电流脉冲的高频成分进行分析，如图 3-19 所示，左侧是简化的梯形波，是时域电压/电流波形，其周期为 T_{PERIOD}，脉冲宽度为 T_W，脉冲上升/下降时间为 T_{RISE}/T_{FALL}。从频域来看此信号，其中含有基频成分和很多高次谐波成分，通过傅里叶分析可以知道这些高频成分的幅度和脉冲宽度、上升/下降时间之间的关系如图 3-19的右图所示。

如图 3-19 所示，假如图中的工作频率值是基于一个具有 800kHz 频率的开关信号而得出的，该信号的脉冲宽度为 320ns，具有 10ns 的上升/下降时间。它的 40dB/十倍频的转折点是 31. 8MHz，这就已经到了很高的范围了。假如信号的脉冲宽度不变，上升/下降时间为 100ns，则它的 40dB/十倍频的转折点是 3. 18MHz，如果同时降低其开关工作频率为假如为 100kHz，则其低频的转折点也在减小。其不同的上升/下降时间，比如，200ns、300ns 得出的参考数据如图 3-20 所示。

开关电源类的 EMI 辐射发射问题常常发生在 30 ~ 200MHz 频段内。通过增加开关

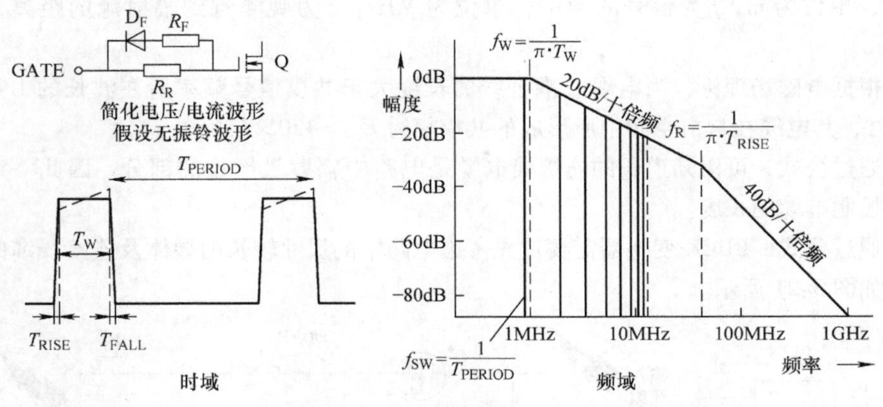

图 3-19　梯形波时域与频域的关系

脉冲波	梯形波频谱分析			
开关信号	f_{SW}	800	kHz	
信号周期	T_{PERIOD}	1250	ns	
	T_W	320	ns	
	D	0.256		
上升时间	T_{RISE}	10	ns	
下降时间	T_{FALL}	10	ns	
$f_W=\frac{1}{\pi \cdot T_W}$	f_W	0.995	MHz	-20dB/十倍频
$f_R=\frac{1}{\pi \cdot T_{RISE}}$	f_R	31.831	MHz	-40dB/十倍频
	f_F	31.831	MHz	

脉冲波	梯形波频谱分析			
开关信号	f_{SW}	100	kHz	
信号周期	T_{PERIOD}	10000	ns	
	T_W	3200	ns	
	D	0.32		
上升时间	T_{RISE}	200	ns	
下降时间	T_{FALL}	200	ns	
$f_W=\frac{1}{\pi \cdot T_W}$	f_W	0.099	MHz	-20dB/十倍频
$f_R=\frac{1}{\pi \cdot T_{RISE}}$	f_R	1.592	MHz	-40dB/十倍频
	f_F	1.592	MHz	

脉冲波	梯形波频谱分析			
开关信号	f_{SW}	100	kHz	
信号周期	T_{PERIOD}	10000	ns	
	T_W	3200	ns	
	D	0.32		
上升时间	T_{RISE}	100	ns	
下降时间	T_{FALL}	100	ns	
$f_W=\frac{1}{\pi \cdot T_W}$	f_W	0.099	MHz	-20dB/十倍频
$f_R=\frac{1}{\pi \cdot T_{RISE}}$	f_R	3.183	MHz	-40dB/十倍频
	f_F	3.183	MHz	

脉冲波	梯形波频谱分析			
开关信号	f_{SW}	100	kHz	
信号周期	T_{PERIOD}	10000	ns	
	T_W	3200	ns	
	D	0.32		
上升时间	T_{RISE}	300	ns	
下降时间	T_{FALL}	300	ns	
$f_W=\frac{1}{\pi \cdot T_W}$	f_W	0.099	MHz	-20dB/十倍频
$f_R=\frac{1}{\pi \cdot T_{RISE}}$	f_R	1.061	MHz	-40dB/十倍频
	f_F	1.061	MHz	

图 3-20　不同的开关频率及上升/下降时间对应的频谱范围

管的驱动上升和下降时间，可将如图 3-19 所示的 f_R（第二个转折点）位置向低频方向移动，而更高频率信号的强度将以 40dB/十倍频的速度快速降低，从而改善其辐射状况。

在低频段，较低的上升和下降开关速度所起到的改善也是很有限的。

（4）BUCK 变换器单偶极子天线辐射发射设计　对于单偶极子天线的辐射，在第 2 章中给出了评估公式，其对应的是电路中尺寸较长的导体或线缆的共模辐射发射。共模辐射的场强 $E=1.26fI_{cm}L/r$。式中，E 为电场强度，单位为μV/m；I_{cm} 为电缆中的由于共模电压驱动而产生的共模电流强度，单位为 μA；L 为电缆的长度，单位为 m；f 为信号的频率，单位为 MHz；r 为观测点到辐射源的距离，单位为m。

根据电磁场理论，当电缆或耦合线的长度大于共模信号频率所在波长的 1/4 或 1/2 时，其电缆在自由空间中所形成的共模辐射 $E_{cm}=120\times I_{cm}/r$。

通过公式，可以知道长的连接线电缆是电路中辐射最严重的部分，因此一定要严格控制电缆的长度。

通过公式，BUCK 变换器需要优先考虑电路中的尺寸较长的导体及连接线缆的设计，如图 3-21 所示。

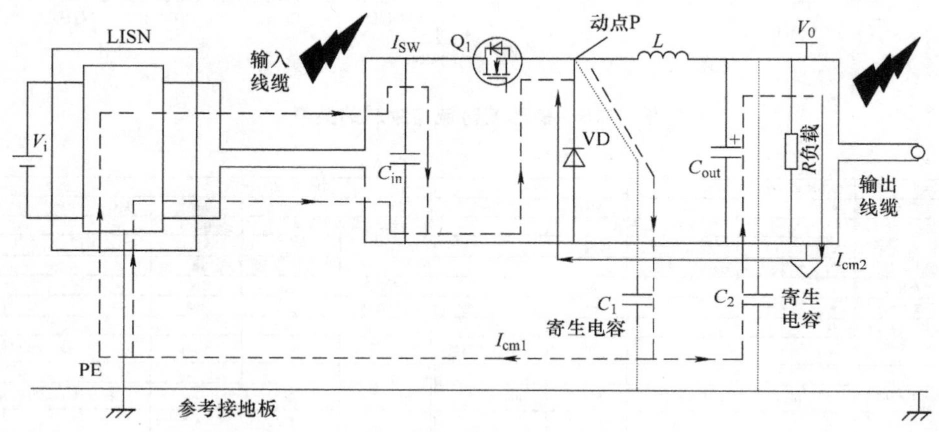

图 3-21　共模发射的原理示意图

如图 3-21 所示，由动点 P 的电压源形成的共模电流，流经回路的地阻抗时产生共模电压。这是由于输入和输出的地回路中地走线在高频的电磁兼容领域其阻抗不为零，就产生了共模电压，激励 BUCK 变换器两边的长走线导体对外辐射发射。特别是连接较长连接线时，这个天线发射效率更高。其电路中的地阻抗等效模型如图 3-22所示，Z_1 为续流二极管的阳极到输入电容的负端的地走线阻抗；Z_2 为输出电容 C_{out}的负极到续流二极管的阳极的地走线阻抗。很明显，当输入端有共模电流 I_{cm1} 流过 Z_1 时，就形成共模电压 ΔU_1；同理，当输出端有共模电流 I_{cm2} 流过 Z_2 时，就形成共模电压 ΔU_2。这样，两端的连接导线都有共模的激励源。产品或设备中形成辐射有两个必要的条件，即驱动源和等效天线。因此，驱动源是共模电压 ΔU_1 和共模电压 ΔU_2，连接导线后就会形成辐射发射天线。

如图 3-22 所示，在等效电路中，动点 P 处的开关管就可以等效为电压源 V_{sw}，而二极管 VD 这时是短路的，就可以等效为一个恒流源。假如在开关管上有并联的高频电容 C，如图 3-23 所示，I_{cm1} 的共模电流就会一部分通过电容 C 返回到源端，这时就可以减小共模辐射。注意，开关管并联的电容 C 在开关管 Q_1 导通时，会对 Q_1 放电，

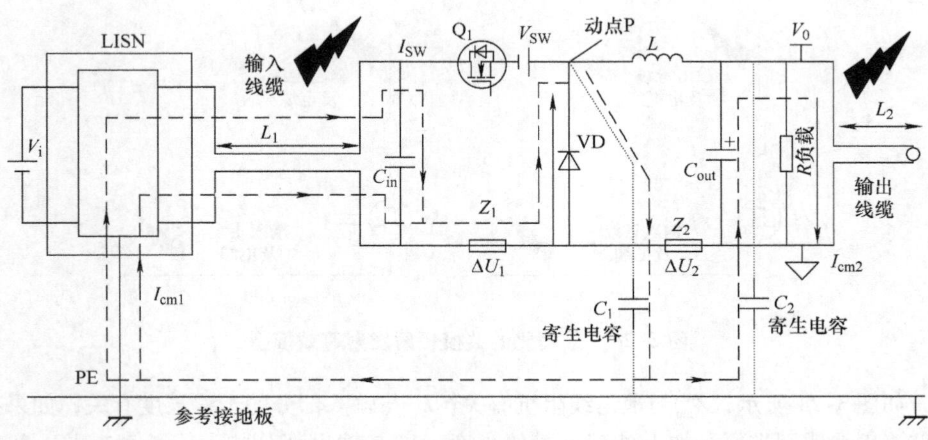

图 3-22　共模辐射的激励源和导线天线

从而增加了 Q_1 的导通损耗，降低了 BUCK 变换器的效率，但是可以解决 EMI 辐射发射的问题。这个在实际应用中，也比较常见，但需要注意器件 Q_1 的温升。需要达到 EMI 辐射发射水平和温升的平衡设计。

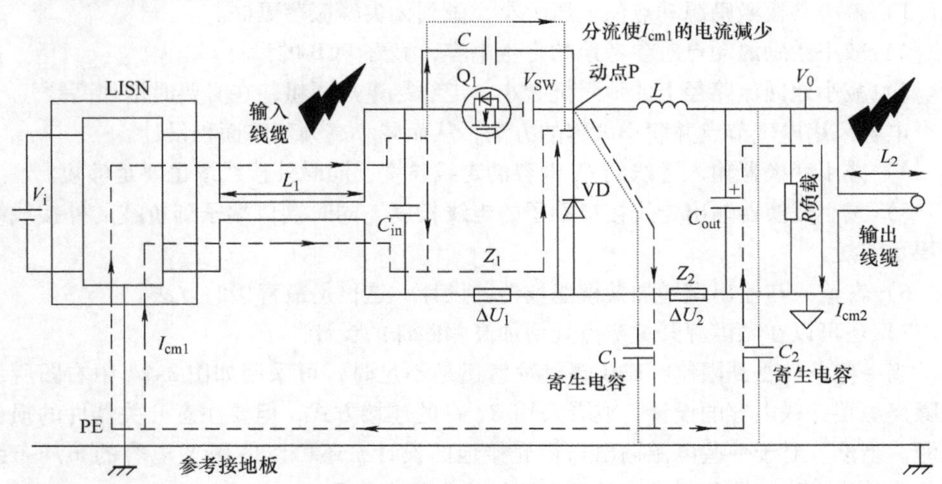

图 3-23　在开关器件上并联电容 C 优化辐射发射

如图 3-23 所示，在开关器件上并联 C，实际上还有一个作用是降低开关器件的 $\mathrm{d}u/\mathrm{d}t$，即会减缓 Q_1 开关器件关断电压的上升斜率。这个原理和图 3-19 所示的作用是相同的。

在这里，为了更直观地了解共模电流辐射发射的情景，可将电路等效为如图 3-24所示的等效发射天线示意图，再给出一些设计方法。

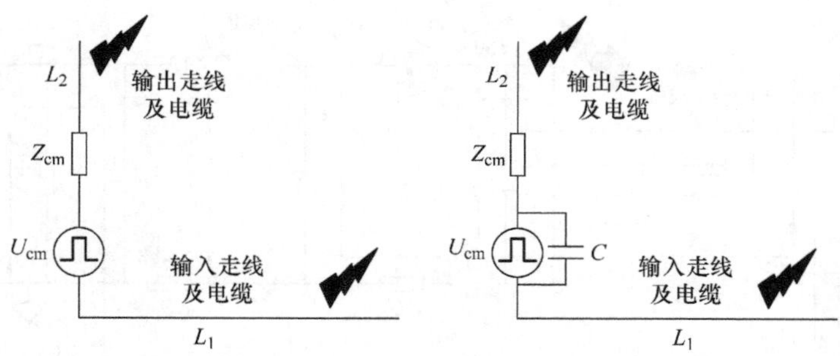

图 3-24　最简化的共模辐射发射等效模型

如图 3-24 所示，Z_{cm}与地走线阻抗有关；L_1 与输入部分的走线长度有关，如果有外部连接线缆则需要再加上外部电缆的长度；L_2 与输出部分的走线长度有关，如果有接到负载的连接线缆则需要再加上外部电缆的长度。其共模激励源 U_{cm}的大小还与其动点节点电压有关，这就是变换器形成的不对称的偶极子天线的辐射发射机理。注意：用电池供电的连接线系统就是图示的模型。

因此，可以直接得出变换器 EMI 共模辐射的解决方法：

1）减小共模激励源动点的电压大小，做到无尖峰振荡更好。

2）减小激励源动点对参考地的寄生电容，做好 PCB 的设计。

3）减小地回流路径上的地阻抗大小，走线尽量短而粗，在必要时增加高频电容采用电气节点并联小电容的方法，从而减小高频环路面积设计。

4）减小变换器输入进线到 C_{in}电容的走线长度，同时外接线缆也要足够短。

5）减小变换器输出走线接口端子的走线长度，同时接口端子到负载的外接线缆也要足够短。

6）在输入与输出端增加共模滤波器的设计，这也是最直接的方法。

7）还可以在噪声源开关节点处增加高频磁珠的设计。

当一些条件受到限制，EMI 辐射发射还是不足时，可采用如图 3-24 中右图所示在噪声源端并联电容的设计，或者采用 R、C 的连接方式，但要注意开关器件的损耗问题。当然，对于一些电源输出与机壳接地的设计，还可以使用 Y 电容的布局布线来优化共模电流的路径，这在后面电源结构中再进行介绍。

在后面的开关电源拓扑结构中，其他拓扑架构的 EMI 分析和设计机理与 BUCK 变换器基本相同。在进行描述时会进行简化，如果有跳跃过程，则可参考 BUCK 变换器的分析过程。

BUCK 变换器在当前主要以 DC－DC 集成式 IC 为主。结合理论，在实际应用时关键在于做好 PCB 布局布线规范。比如：

1）DC－DC 芯片供电电源高频滤波电容应靠近芯片供电引脚设计，高频滤波电容的接地端与 DC－DC 芯片接地引脚之间的环路面积最小化，阻抗最小化。

2）DC－DC 芯片输出端 *LC* 滤波电感应靠近输出引脚放置，减少输出布线寄生电感。输出端高低频滤波电容接地端与 DC－DC 芯片接地引脚之间的环路面积最小化，阻抗最小化。

3）DC－DC 输入与输出端滤波前后布线之间增加地线隔离屏蔽，防止滤波前后布线之间的串扰，使滤波电容失去作用。

4）DC－DC 输出端使用非屏蔽滤波电感时，电感与 AC 电源线、AC 输入端共模电感元件保持一定的安全距离，防止元器件的近场辐射到电源端，出现电源端的传导问题。

在具体的应用中，所有的变换器进行理论分析后，还需要与第 2 章电磁干扰传输和耦合理论相结合，往往出现 EMI 的问题跟产品的结构布局布线方式都有关系。对图 3-25 和图 3-26 所示的 PCB 案例进行分析和设计。

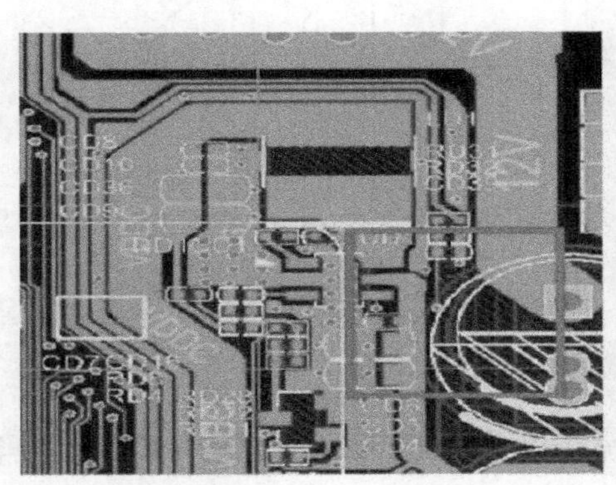

图 3-25　DC－DC 布局布线时输入滤波电容放置过远

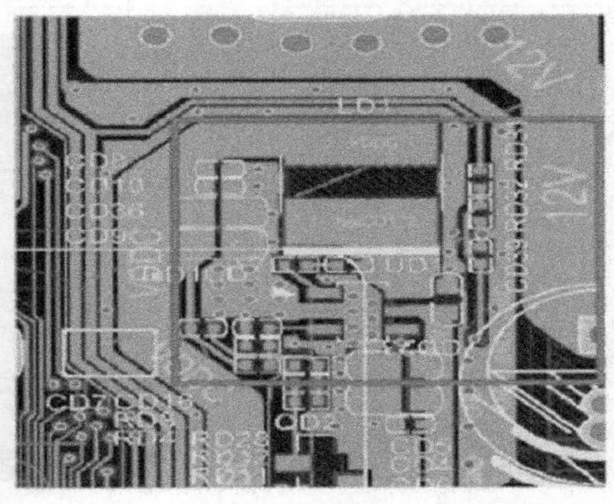

图 3-26　DC－DC 调整输入滤波电容的布局布线设计

如图 3-25 所示，DC－DC 输入端的滤波电容未靠近供电电源引脚放置，同时与 12V 整流部分电路可能还存在容性耦合的效应。这时 DC－DC 输入部分的大环路将产生磁场发射，空间耦合到开关电源模块通过 AC 电源线形成共模辐射，造成高频辐射超标。进行优化后的 PCB 如图 3-26 所示。

如图 3-26 所示，通过调整元器件位置及 PCB 的设计，将 DC－DC 供电的滤波电容紧靠芯片引脚放置，且在 DC－DC 的 12V 供电电源端与开关电源 12V 整流后布线之间增加地走线进行隔离，再进行测试时顺利通过辐射发射测试。

3.1.2　BOOST 变换器

与 BUCK 变换器不同，BOOST（升压）变换器用于输出电压比输入电压高的系统。比如，电池供电系统或需要为电路提供局部的适当的高电压，这与第 4 章开关电源 PFC 电路的 EMI 分析和设计的内容基本相同。因此有关 BOOST 变换器的 EMI 分析和设计的内容可参考第 4 章。

3.1.3 BUCK – BOOST 变换器

BUCK – BOOST 变换器组合了两种功能，既可以增加输入电压也可以减小输入电压。传输的电压相对于地为负极性，这被认为是该变换器拓扑结构的缺点。因此这种结构目前应用相对较少。

1. BUCK – BOOST 变换器的原理波形及电磁场

变换器的简化原理图如图 3-27 所示。

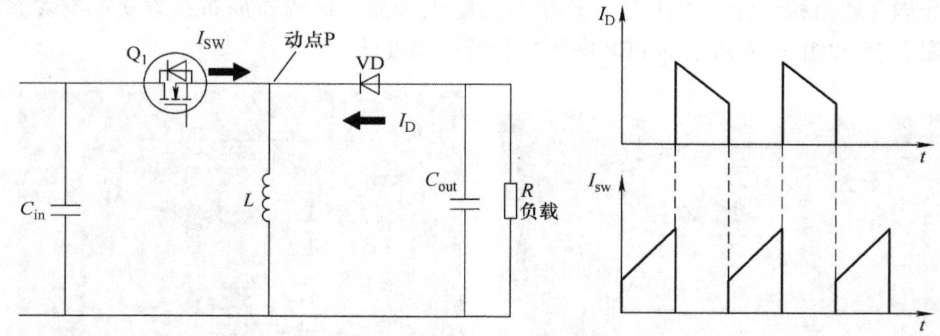

图 3-27　BUCK 变换器的结构及工作波形

BUCK – BOOST 变换器中也存在两个电流变化的 di/dt 回路，如图 3-28 所示。当电路中的 MOSFET 器件 Q_1 导通的时候，电流从电源 C_{in} 流出，经 Q_1 和电感 L 后回流至电源输入端。在此过程中，电流中的交变成分会流过回路中的电感 L 和输入电容，其电流路径为图中的 i_1 所示。

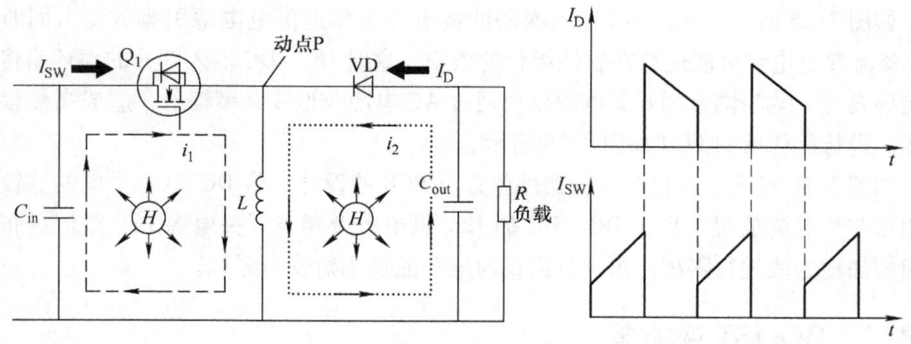

图 3-28　BUCK – BOOST 变换器的电流回路及磁场模型

当 Q_1 开关管关断以后，电感电流还会继续流动，输出二极管VD将在此时导通，这时的电流经VD、电感 L、输出电容流动并回流至VD，其电流路径为图中的 i_2 所示。电流 i_1 和 i_2 如图3-28所示，都是不连续的，这意味着它们在发生切换的时候有变化电流 $\mathrm{d}i/\mathrm{d}t$，其中就必然存在很多高频成分。在电路中 $\mathrm{d}i/\mathrm{d}t$ 对应的是磁场的变化。因此，在回路中 i_1 和 i_2 是差模电流，差模电流的发射对应为环形天线。磁场模型与差模辐射相对应。

差模电流流过电路中的导线环路时将引起差模辐射。这种环路相当于小环天线能向空间发射辐射磁场或接收磁场，因此必须限制环路的大小和面积。

在变换器中，电流环 i_1 和 i_2 共用了开关节点P、电感 L 的这一段路径。如图3-29所示，图中的P点存在电压的变化，动点P点在回路中有 $\mathrm{d}u/\mathrm{d}t$，因此P点连接线就是电路中的电场模型。电压变化点是产生共模发射的源头，也是电源中共模电流的路径。共模电流产生共模发射，共模发射可等效为单偶极子天线。电场模型与共模辐射相对应。

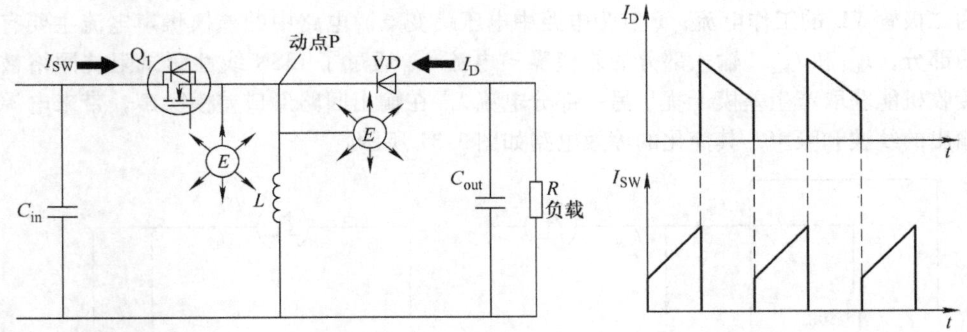

图3-29　BUCK-BOOST变换器的动点及电场模型

注意： 共模电流是由于电路中存在电压降，某些部位具有高的共模电压。当外接电缆及长的走线与这些部位连接时，就会在共模电压激励下产生共模电流，成为辐射电场的天线，这多数是由接地系统中存在电压降造成的。共模辐射通常决定了产品的总辐射性能，因此必须减小动点走线的长度，还需要减小电路中地走线的地阻抗。

因此，结合 $\mathrm{d}i/\mathrm{d}t$、$\mathrm{d}u/\mathrm{d}t$、源阻抗、环天线、杆天线（单极子和偶极子天线）在开关电源中的情况，就能解决好电磁兼容问题。

2. BUCK-BOOST变换器EMI传导的分析与设计

分析了变换器的噪声源及电磁场特性后，对于噪声源，信号总是要返回其源，建立信号源的等效回流路径。如图3-30所示，将LISN测试单元电路等效到变换器电路结构，建立差模电流的信号传递路径。

图3-30所示为建立的噪声信号差模回流路径。I_{SW} 为开关器件 Q_1 工作电流；I_D

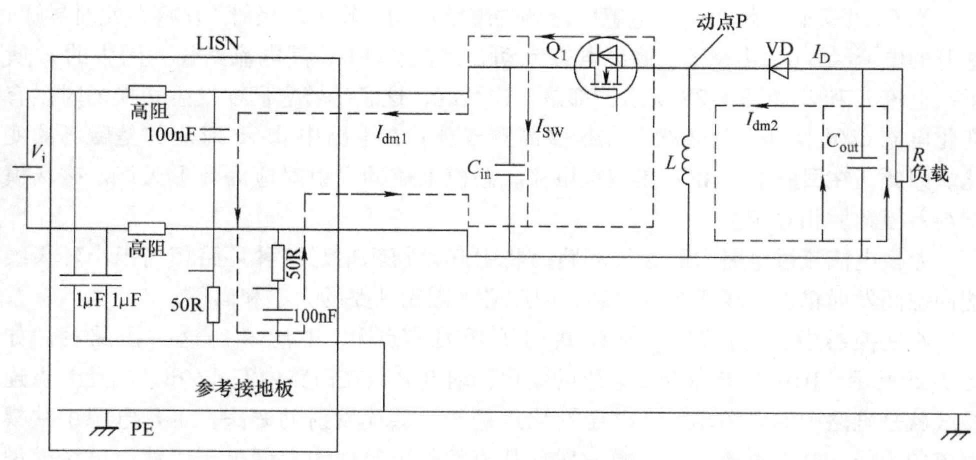

图 3-30　变换器差模电流噪声路径

为二极管 VD 的工作电流；P 点为电路中电压跳变点。电路中的差模噪声电流主要有两部分，I_{dm1} 和 I_{dm2}。输入部分的差模噪声电流 I_{dm1} 通过了 LISN 线性测试阻抗网络被接收机能获取产生差模干扰。另一部分电流 I_{dm2} 在输出回路形成差模噪声，带来电源输出的纹波和噪声，其简化的等效电路如图 3-31 所示。

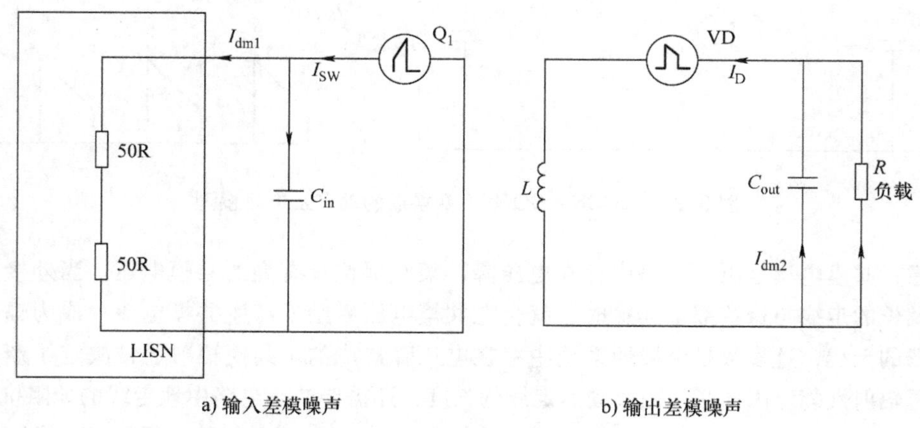

a) 输入差模噪声　　b) 输出差模噪声

图 3-31　差模噪声的简化等效示意图

很明显，对于差模传导的干扰噪声，在变换器的输入电容 C_{in} 的大电容上再并联一个或多个高频电容（比如 104）是有必要的。设计一个高频的旁路电容就能减小流过测试 LISN 的噪声电流，减小差模传导干扰。注意，小的高频电容要靠近主开关管或者专用的转换控制器芯片设计。而对于输出的纹波和噪声的电压，可以通过增加变换器的电感 L 的感量和输出电容量达到目的。而对于输出的高频噪声，同样在输出电容上并联一个高频 104 电容能达到较好的效果。

在电路中，除了存在差模噪声外还有共模噪声的问题。而对于 EMI 来说，共模电流噪声则是引起 EMI 测试数据超标的主要原因。同样的，利用噪声信号返回其源的思路建立共模电流信号的传递路径如图 3-32 所示。

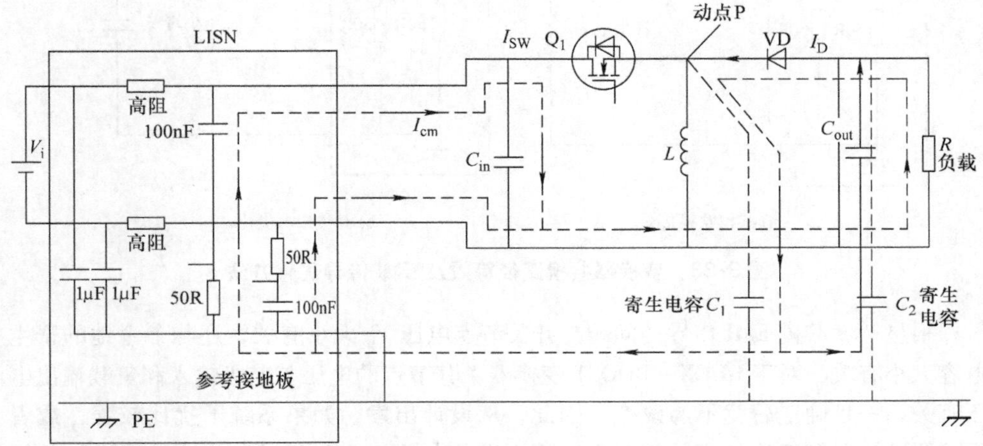

图 3-32　变换器共模电流噪声路径

图 3-32 所示为建立的噪声信号共模回流路径，P 点为电路中电压跳变点。电路中的共模电流路径很显然要考虑电路中的寄生参数（寄生电容）效应。在第 2 章中，分析了在电路导体中存在大量寄生电容，比如，导线之间、线缆之间、导线与参考地之间等都存在寄生电容，而寄生电容也就是分布参数是造成 EMC 问题的主要原因。图中电路的动点 P 与参考接地板就存在等效的寄生电容，为共模电流提供一个路径通道。

如图 3-32 所示，变换器共模电流等效电路中，共模电流的路径主要有两部分。一部分是开关动点 P 通过寄生电容 C_1 到参考接地板，流向 LISN、地走线、负载端后再返回源端；还有一部分由参考接地板通过输出端与参考接地板的寄生电容 C_2 流通，通过端接的 VD 二极管返回到源端。

很显然，流向寄生电容 C_2 的共模电流没有流过 LISN，因此它不会产生 EMI 传导的问题。但是，它是电源输出纹波和噪声的来源。

因此，BUCK－BOOST 变换器 EMI 传导的问题如图 3-33 所示。寄生电容 C_1 的共模电流路径是 EMI 设计的关键点，其简化的等效电路如图 3-33a 所示。图中，V_p 为电路动点的电压，C_1 为动点及走线对参考地的寄生电容。动点 P 点在回路中有 du/dt，P 点连接线就是电路中的电场模型，电压变化点是产生共模电流的源头。电路中的共模电流既会产生 EMI 传导发射的问题，还会有 EMI 辐射发射的问题。

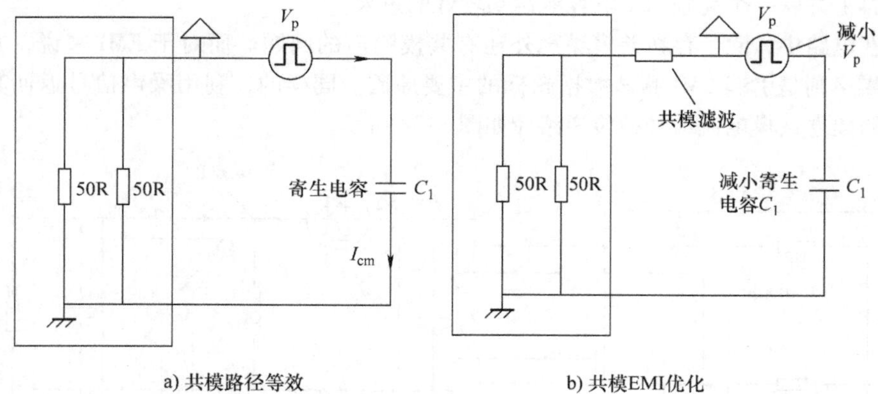

a) 共模路径等效　　b) 共模EMI优化

图 3-33　变换器共模路径等效及 EMI 传导优化方法

很显然，共模 EMI 传导的问题与开关节点电压 V_p 大小有关，还与参考地的寄生电容大小有关。对于 BUCK－BOOST 变换器，其节点的电压与前级输入和负载输出电压有关，一旦确定后就不易改变。因此，从设计出发，如果系统干扰比较强，或者要求测试认证等级比较高的情况下，可以采用如图 3-33b 所示，在输入端增加共模电感或共模滤波器的方法进行设计。因此，同样的电源拓扑结构（非隔离拓扑架构）BUCK－BOOST 的 EMI 传导发射与 BUCK 的传导发射的设计方法是相同的。

3. BUCK－BOOST 变换器 EMI 辐射的分析与设计

产品或设备中形成辐射有两个必要的条件，即驱动源和等效天线。

大部分情况下，天线是产品中的电缆或 PCB 中尺寸较大的导体。而驱动源是任何两个金属导体之间存在的射频（RF）电位差，两个金属体分别是它的不对称振子天线的两个电极。射频电位差即为共模驱动源，它通过不对称振子天线向空间辐射电磁能量。

共模驱动源是可以通过合理的设计避免或者是减小的。如果设计不合理，则当频率达到 MHz 级时，nH 级别的小电感和 pF 级别的小电容都将产生比较大的影响。两个导体连接处的寄生小电感会产生射频电位差，在开关电源中没有直接连接点的金属体，比如开关电源中开关管的散热器就可能通过寄生小电容变成天线的一部分。

等效天线的一极可能是设备的外部电缆，另一极可能是设备内部 PCB 的地走线、电源线、机壳、散热片、金属背板支架等。当天线两个极的总长度大于 $\lambda/20$ 后，天线的辐射才有可能产生。

当天线的长度与驱动源谐波的波长符合 $L=n(\lambda/4), n=1,2,3\cdots$ 时，天线发生谐振，辐射效率最大。

在开关电源的电磁兼容中，主要从偶极子天线、单极子天线、环路天线来进行分析设计。

(1) BUCK－BOOST 变换器环路天线辐射发射设计　对于环路天线的辐射，在第 2 章中给出了评估公式，其对应的是差模电流环路辐射。差模辐射电场强度 $E=2.6f^2 I_{dm}A/r$。式中，E 为电场强度，单位为 μV/m；I_{dm} 为工作回路电流强度，单位为 A；A 为环路面积，单位为 cm²；f 为信号的频率，单位为 MHz；r 为观测点到辐射源的距离，单位为 m。

通过公式，可以知道首先需要减小变换器电路环路面积的设计，如图 3-34 所示。

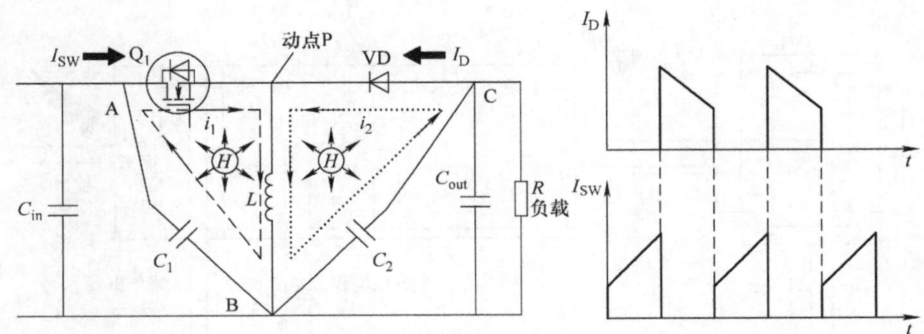

图 3-34　变换器电路工作环路的辐射设计

如图 3-34 所示，在原理图中，通常输入电容 C_{in} 和输出电容 C_{out} 由于电路结构或者体积的原因没有办法达到图中 AB、BC 的连接方式，噪声容易出现在高频部分。因此，在回路本身没有办法达到最小时，可以采用电气节点并联的方法就近并联一个高频的滤波电容元件就可以减小高频环路辐射的问题。

1）增加旁路电容 C_1（比如高频电容 104）：当 Q_1 导通工作时，电流 i_1 回路范围大幅度缩小。增加的高频元件 C_1 还可以降低开关器件 DS（Q_1 为 MOSFET）两端的电压尖峰。

2）电容 C_1 的布局布线要求：电容 C_1 要紧靠 A、B 两点，使得 i_1 回路面积最小。

3）电容 C_2 使得二极管 VD、电感 L 的工作环路变小，减小了对空间的辐射。其布板要求：使 C_2 要紧靠 B、C 两点，使得 i_2 回路面积最小。

除了优化变换器的有效工作环路面积的设计，还可以调整开关管的驱动速率来减小其谐波电流的分量。其设计方法可以参考 3.1.1 节。

(2) BUCK－BOOST 变换器单偶极子天线辐射发射设计　对于单偶极子天线的辐射，在第 2 章中给出了评估公式，其对应的是电路中尺寸较长的导体或线缆的共模辐射发射。共模辐射的场强 $E=1.26fI_{cm}L/r$。式中，E 为电场强度，单位为 μV/m；I_{cm} 为电缆中的由于共模电压驱动而产生的共模电流强度，单位为 μA；L 为电缆的长度，单位为 m；f 为信号的频率，单位为 MHz；r 为观测点到辐射源的距离，单位为 m。

根据电磁场理论，当电缆或耦合线的长度大于共模信号频率所在波长的 1/4 或 1/2 时，其电缆在自由空间中所形成的共模辐射 $E_{cm} = 120 \times I_{cm}/r$。

通过公式，可以知道长的连接线电缆是电路中辐射最严重的部分，因此一定要严格控制电缆的长度。

通过公式，还可以知道变换器需要优先考虑电路中尺寸较长的导体及连接线缆的设计，如图 3-35 所示。

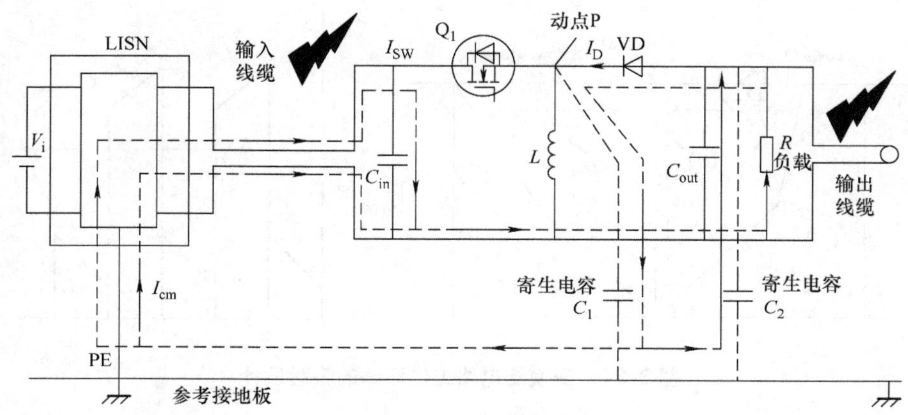

图 3-35　共模发射的原理示意图

如图 3-35 所示，由动点 P 的电压源形成的共模电流，流经回路的地阻抗时产生共模电压。这是由于输入和输出的地回路中地走线在高频的电磁兼容领域其阻抗不为零，就产生了共模电压，激励 BUCK – BOOST 变换器两边的长走线导体对外辐射发射。特别是连接较长连接线时，这个天线发射效率更高。其电路中的地阻抗等效模型如图 3-36 所示，Z_1 为电感 L 的负端到输入电容 C_{in} 的负端的地走线阻抗；Z_2 为电感 L 的负端到负载的地走线阻抗。很明显，当输入端有共模电流 I_{cm} 流过 Z_1、Z_2 时，就形成共模电压 ΔU_1、ΔU_2。这样，两端的连接导线都有共模的激励源。产品或设备中形成辐射有两个必要的条件，即驱动源和等效天线。因此，驱动源是共模电压 ΔU_1 和共模电压 ΔU_2，输入端与输出端连接导线后就会形成辐射发射天线。

如图 3-36 所示，在等效电路中，动点 P 处的开关管就可以等效为电压源 V_{sw}，而二极管 VD 这时是短路的，也可以等效为一个恒流源。假如在开关管上有并联的高频电容 C，如图 3-37 所示，I_{cm} 的共模电流就会一部分通过电容 C 返回到源端，这时就可以减小共模辐射。注意，开关管并联的电容 C 在开关管 Q_1 导通时，会对 Q_1 放电，从而增加了 Q_1 的导通损耗，降低了变换器的效率，但是可以解决 EMI 辐射发射的问题。这个在实际应用中，也比较常见，但需要注意器件 Q_1 的温升。需要达到 EMI 辐射发射水平和温度的平衡设计。

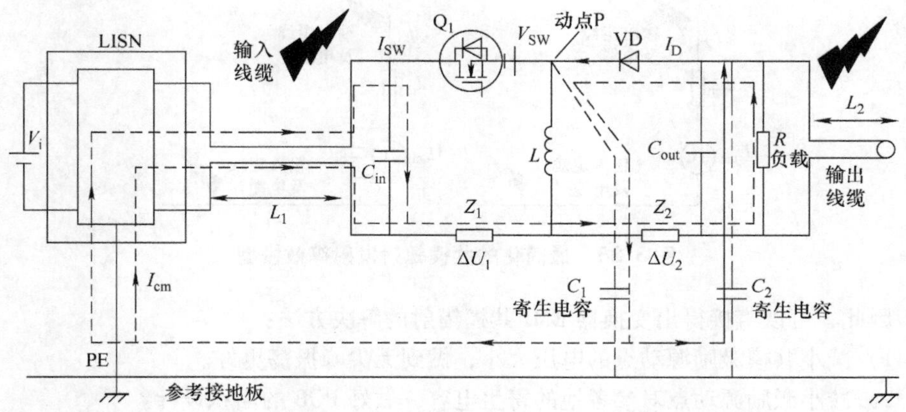

图 3-36　共模辐射的激励源和导线天线

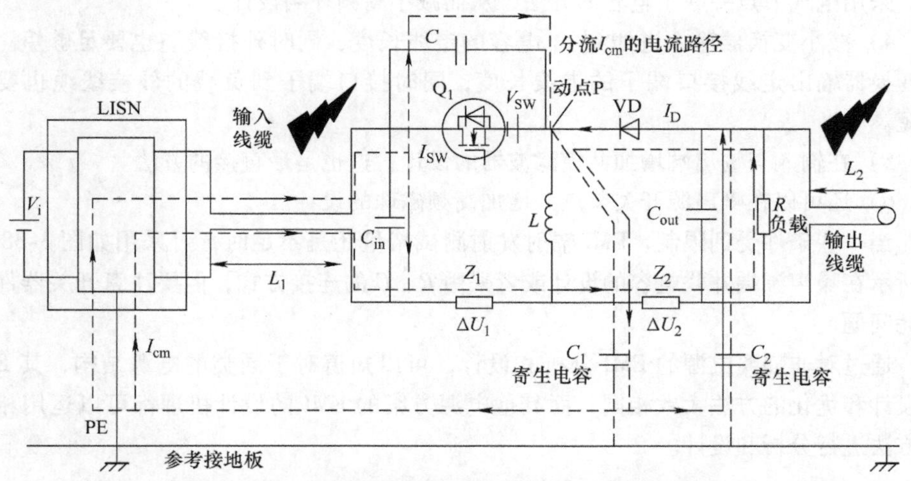

图 3-37　在开关器件上并联电容 C 优化辐射发射

如图 3-37 所示，在开关器件上并联 C，实际上还有一个作用是降低开关器件的 du/dt，即减缓 Q_1 开关器件关断电压的上升斜率。这个原理和图 3-19 所示的作用是相同的。

在这里，为了更直观地了解共模电流辐射发射的情景，可将电路等效为如图 3-38所示的等效发射天线示意图。再给出一些设计方法。

如图 3-38 所示，Z_{cm}与地走线阻抗有关；L_1 与输入部分的走线长度有关，如果有外部连接线缆则需要再加上外部电缆的长度；L_2 与输出部分的走线长度有关，如果有接到负载的连接线缆则需要再加上外部电缆的长度。其共模激励源 U_{cm} 的大小还与其动点节点电压有关，这就是变换器形成的不对称的偶极子天线的辐射发射机理。注意：用电池供电的连接线系统就是图示的模型。

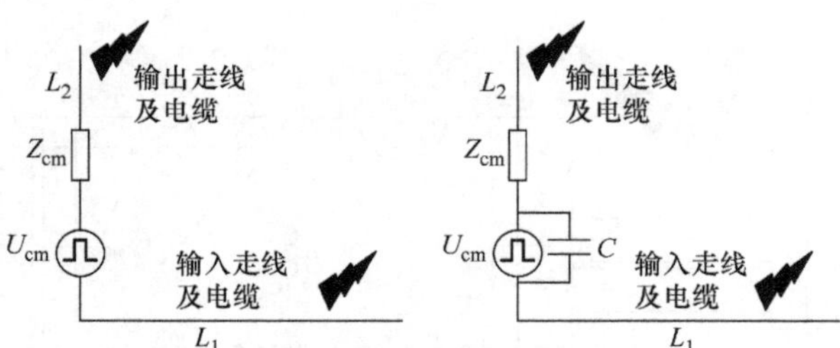

图 3-38　最简化的共模辐射发射等效模型

因此，可以直接得出变换器 EMI 共模辐射的解决方法：

1）减小共模激励源动点的电压大小，做到无尖峰振荡更好。

2）减小激励源动点对参考地的寄生电容，做好 PCB 的面积设计。

3）减小地回流路径上的地阻抗大小，走线尽量短而粗，在必要时增加高频电容，采用电气节点并联小电容的方法，从而减小高频环路设计。

4）减小变换器输入进线到 C_{in} 电容的走线长度，同时外接线缆也要足够短。减小变换器输出走线接口端子的走线长度，同时接口端子到负载的外接线缆也要足够短。

5）在输入与输出端增加共模滤波器的设计，这也是最直接的方法。

6）还可以在噪声源开关节点处增加高频磁珠的设计。

当一些条件受到限制，EMI 辐射发射测试裕量还是不足时，可采用如图 3-38 右图所示在噪声源端并联电容的设计或者采用 R、C 的连接方式，但要注意开关器件的损耗问题。

通过对非隔离电源的 EMI 分析和设计，可以知道对于同类的电源结构，其 EMI 的设计和优化的方法大致相同，而其他电源方案的 EMI 的设计机理都可以运用相同的方法进行分析和设计。

3.2　反激电路的干扰源及传播路径

反激（FLY）电路由于其结构简单，成本相对较低，具有功耗小、效率高、体积小、重量轻、稳压范围宽等许多优点，已被广泛应用于计算机及其外围设备、通信、自动控制、家用电器等领域，是目前开关电源用量最大，用途最广泛的一种电源拓扑结构。它与前面分析的非隔离变换器主要的差别是反激电源电路是离线式变换器，需要通过 AC - DC 的电路转换。因此该变换器中变压器在磁性元件上是最大的差异，EMI 的设计还需要考虑变压器的电场、磁场、电流场等。

所以，反激电源电路会产生较强的电磁干扰（EMI）。EMI 信号既具有很宽的频率范围，又有一定的幅度，经传导和辐射后会影响电磁环境，对通信设备和电子产品造成干扰。图 3-39 所示为一个考虑 EMI 设计完整的反激电路设计原理图。

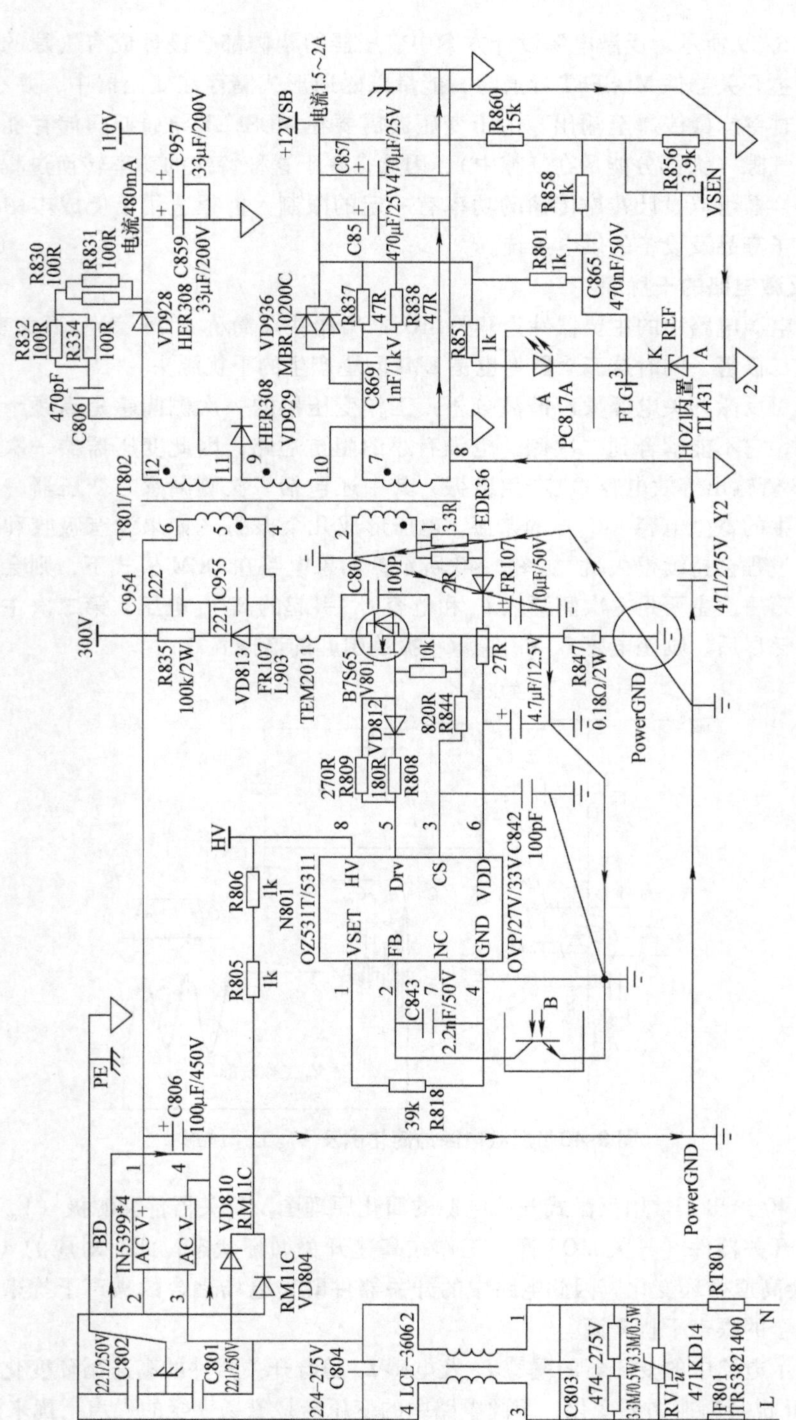

图 3-39　反激电源电路图

如图3-39所示，反激电源设计方案中变压器的架构都会设计成有气隙的磁心变压器，当主开关器件MOSFET导通时，能量以磁通形式储存在变压器中，并在MOSFET关断时将能量传递至输出。由于变压器需要在MOSFET导通期间储存能量，磁心都要有气隙（大部分能量在气隙中），因此，基于这种特殊的功率转换过程，反激式原理变换器可以设计转换传输的功率有一定的限制，但很适用于低成本中低功率应用的电子产品及设备的供电系统。

1. 反激电路的干扰源

反激电源电路中的主要器件为开关MOSFET器件（简称MOS管）、开关变压器、输出整流二极管，同时这三个器件也是EMI问题产生的干扰源头。

通过对反激开关电源噪声谐波分析：工作变压器的一次侧漏感是高频干扰最主要的起因，它不能耦合到二次侧，也没有小的阻抗通路，因此变压器器一次侧漏感就和MOS管输出等效电容 C_{oss} 产生谐振，其中还包括一次侧漏感与变压器一次线圈绕制时产生的寄生电容（C_p）的谐振，电压形成几个振荡（如果没有吸收和钳位电路则这个过程会持续很久）。如图3-40所示，如果电路在DCM模式下，则会发生两次振荡，第一次主要是一次侧漏感 L_{kp} 和电容 C_{oss} 引起的高 V_{ds} 电压，第二次主要是在电路能量耗尽后，励磁电感 L_p 和电容 C_{oss} 振荡引起的谐振。

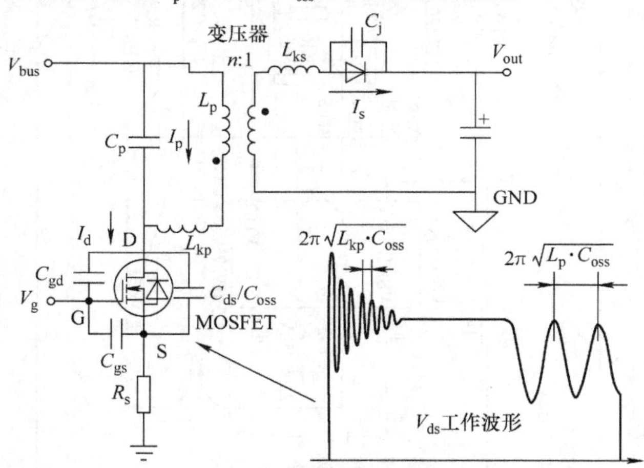

图3-40　反激电源的简化图及 V_{ds} 工作波形

图3-40给出了常用反激式开关电源的简化原理图及开关器件漏源极（V_{ds}）的开关波形。开关器件（开关MOS管）工作在高速开关循环状态，此时对应的 du/dt 和 di/dt 也会高速循环变化，因此电路中的开关器件既是电场耦合的噪声干扰来源，还是磁场耦合的噪声干扰来源。

在图示电路中的变压器的漏感 L_{kp} 及电感 L_p 随着开关器件的高速循环变化，其对应的 di/dt 也会高速循环变化，因此电路中的变压器是磁场耦合的噪声干扰来源。

输出整流二极管通常有两种工作模式，即工作电流断续（DCM）模式与工作电流连续（CCM）模式。当工作在电流断续模式时，输出整流二极管可以实现零电流开关，di/dt 的影响就会相对较小。但是，输出整流二极管的寄生参数与电路中走线寄生电感、变压器的二次侧漏感 L_{ks}、器件引线电感等参数产生高的 du/dt 振荡，因此电路中的输出整流二极管至少是电场耦合的噪声干扰来源。

开关 MOS 管的工作电压电流波形对应的 di/dt 与 du/dt 是电路中最大的噪声源，如图 3-41 所示。V_{ds} 为开关管漏极与源极之间的电压，I_d 为开关管漏极的电流。

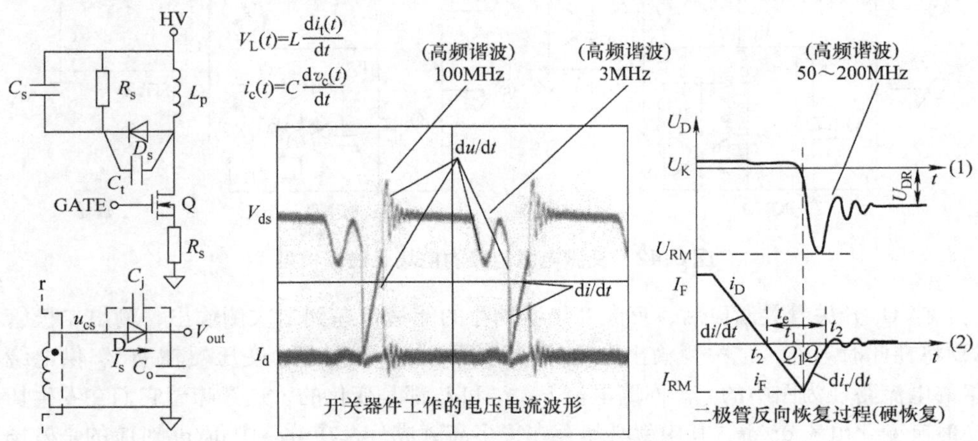

图 3-41　反激电源高频振荡及谐波范围

开关电源在时域的波形为振铃梯形波，对时域的波形进行傅里叶变换（非周期），在频域得到连续的噪声频谱。

磁场和电场的杂讯与变化的电压和电流及耦合通道（如寄生的电感和电容）直接相关。直观地理解，减小电压变化率 du/dt 和电流变化率 di/dt 及减小相应的杂散电感和电容值可以减小由于上述磁场和电场产生的杂讯，从而减小 EMI 干扰。

1）RCD 吸收电路（D_s、C_s、R_s、C_t）将改变 MOSFET 关断时的突波振幅与振荡频率，进而改变了杂讯频谱。

2）电压 V_{ds} 波形改变了共模杂讯，电流 I_d 波形改变了差模杂讯。

图中，第一次振荡的频率在几 MHz 到几十 MHz 的范围。但是，其噪声特性的谐波能量能影响高达 100MHz 的辐射发射频段。第二个振荡频率在几十 kHz 到几百 kHz 的范围。它的噪声特性的谐波能量能影响达到 3MHz 左右，其电磁场能量的近场耦合会对电路的传导发射带来影响。开关电源中的输出整流二极管，其工作时的受反向恢复特性影响，在其反向恢复过程中，器件寄生参数与电路中的走线电感、器件的引线电感容易形成高频振荡，在电路板中可等效为小型的环形天线与偶极子天线的发射模型。它的噪声特性，其谐波能量能影响到 50～200MHz 的辐射发射频段。

2. 反激电源电路中的电磁场

反激电源电路中通常存在三个电流变化的 di/dt 回路，i_1、i_2、i_3，如图 3-42 所示。当主电路中的 MOSFET 器件 Q_1 导通时，电流从主输入电容 V_{BUS} 流出，经开关变压器的一次侧电感和开关器件 Q_1 后流回电源输入端，其电流路径为图中的 i_1。

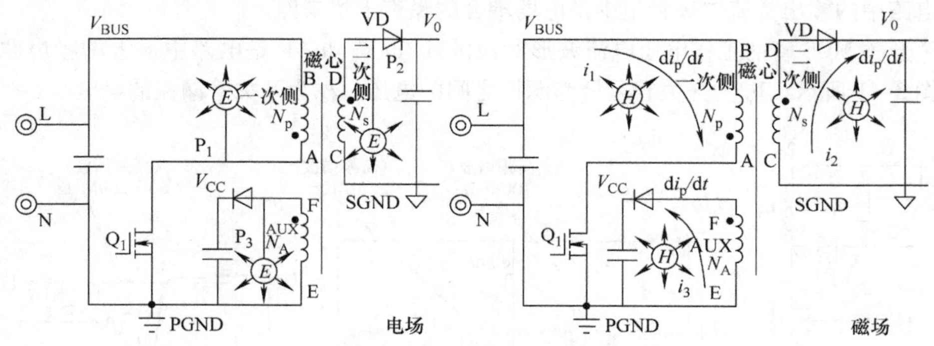

图 3-42　反激电源电路的电场及磁场模型

当 Q_1 开关管关断以后，反激变压器储存的能量传递到二次侧输出，输出二极管 VD 将在此时导通，二次侧输出电流路径为图中的 i_2。同理，变压器辅助 V_{CC} 供电绕组的电流路径为图中的 i_3。回路电流 i_1、i_2 和 i_3 都是变化的，这意味着它们在发生切换时有变化电流 di/dt，其中就必然存在很多高频成分，在电路中 di/dt 对应的是磁场的变化。因此，在回路中 i_1、i_2 和 i_3 是差模电流，差模电流的发射对应为环形天线。磁场模型与差模辐射相对应。

注意：在实际应用中，有些 IC 控制器方案是不需要辅助绕组的供电回路，这个电路将会更简单，这时就不需要考虑 i_3 回路带来的影响。

差模电流流过电路中的导线环路时将引起差模辐射，这种环路相当于小环天线，能向空间发射辐射磁场或接收磁场，因此必须限制环路的大小和面积。

在反激电源电路中，还存在三个电压变化的动点（开关管及整流器件与变压器绕组节点），P_1、P_2 和 P_3。如图 3-42 左图所示，图中的 P_1、P_2 和 P_3 位置点存在电压的变化，这些动点在回路中有 du/dt。因此，P_1、P_2 和 P_3 节点以及与之相连的 PCB 走线就是电路中的电场模型。电压变化点是产生共模发射的源头，也是电源中共模电流的路径。共模电流产生共模发射，共模发射可等效为单偶极子天线。电场模型与共模辐射相对应。

注意：共模电流是由于电路中存在电压降，某些部位具有高的共模电压。当外接电缆及长的走线与这些部位连接时，就会在共模电压激励下产生共模电流，成为辐射电场的天线，这多数是由于接地系统中存在电压降所造成的。共模辐射通常决定了产品的总辐射性能，因此必须减小动点走线的长度，还需要减小电路中地走线的地阻抗。

因此，结合 di/dt、du/dt、源阻抗、环天线、杆天线（单极子和偶极子天线）在开关电源中的情况，就能解决好电磁兼容问题。

3. 反激电源电路的 EMI 传播路径

前面对非隔离电源进行了详细的 EMI 分析和设计，通常非隔离系统并没有单独在电源的拓扑结构前增加 EMI 滤波器电路，大部分的 DC – DC 应用都是基于 AC – DC 的变换后再进行 DC – DC 的变换器设计，除非系统本身是由直流电源供电的。比如采用电池作为供电源或者直流源来自其他的地方，否则也需要在输入端增加 EMI 滤波器的设计。

对于反激式电源电路，这里主要分析 AC – DC 的变换电路。因此，变换器中的输入 EMI 滤波器的电路是必需的。在第 1 章中已经对电源线滤波器进行了详细的介绍。在进行反激电源电路 EMI 路径分析时，这里直接将通用的滤波器电路和反激电源电路一起构成基本的电路结构，如图 3-43 所示。为了分析方便，同时将 EMI 传导的 LISN 线性网络也等效在电路中。

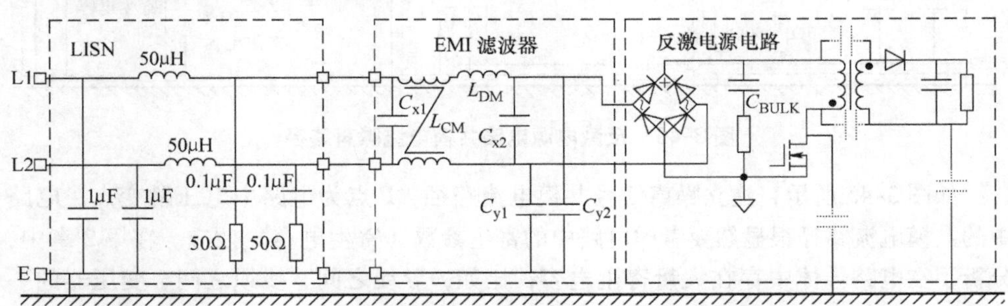

图 3-43　反激电源电路的等效电路原理简图

(1) 反激电路的 EMI 差模等效路径　分析了反激电源电路的噪声源及电磁场特性后，对于噪声源，信号总是要返回其源，建立信号源的等效回流路径。如图 3-44 所示，将 LISN 测试单元电路等效到变换器电路结构，建立差模电流的信号传递路径。

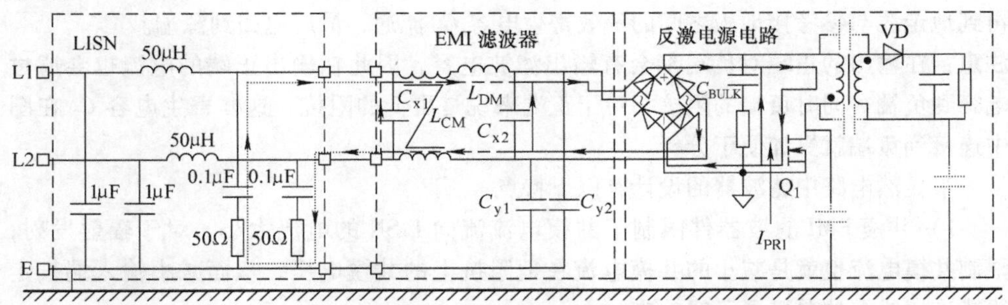

图 3-44　反激电源电路差模电流噪声路径

如图 3-44 所示，建立噪声信号回流路径。I_{PRI}为开关器件 Q_1 的工作电流，其在电路中的差模噪声电流被电路中的 EMI 滤波器所限制。

1）X 电容（C_{x1}、C_{x2}）旁路了部分流向 LISN 的电流，而直接返回到源端。

2）EMI 滤波器中的差模成分产生高的阻抗，减小了流向 LISN 的电流。

（2）反激电路的 EMI 共模等效路径　在电路中，除了存在差模噪声外还有共模噪声的问题。而对于 EMI 来说，共模电流噪声则是引起 EMI 测试数据超标的主要原因。同样的，利用噪声信号返回其源的思路建立共模电流信号的传递路径如图 3-45 所示。

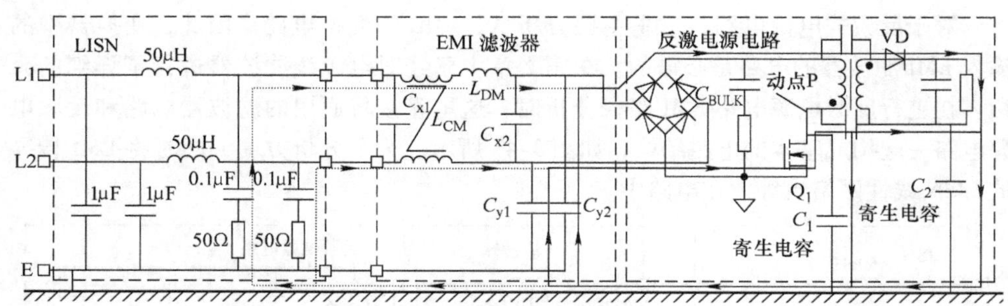

图 3-45　反激电源电路共模电流噪声路径

如图 3-45 所示，建立噪声信号共模电流路径，P 点为电路中电压跳变点。电路中的共模电流路径很显然要考虑电路中的寄生参数（寄生电容）效应。在第 2 章中，分析了在电路导体中存在大量寄生电容，比如，导线之间、线缆之间、变压器的一二次侧之间、变压器绕组之间、导线与参考地之间等都存在寄生电容，而寄生电容，也就是分布参数是造成 EMC 问题的主要原因。在图中电路的动点 P 与参考地就存在等效的寄生电容，为共模电流提供一个路径通道。

在图示变换器共模电流等效电路中，共模电流的路径主要有两部分。一部分是开关动点 P 通过寄生电容 C_1 到参考接地板，流向 LISN、地走线后再返回源端。还有一部分由变压器的一二次侧之间的寄生电容流向二次侧输出，到输出端的地走线，再到地走线与参考接地板之间的等效寄生电容 C_2 流通，最后返回到源端。

注意：在输出的正端对负端都会有输出滤波电容，因此在输出正端的电流也会通过电容到负端。同时负端的阻抗相对于正端来说是更低的阻抗，这样寄生电容 C_2 在图中连接到负端就更加便于分析。

很显然电路中滤波器的设计有以下特点：

1）共模 EMI 滤波器件限制了共模电流流向 LISN 的电流大小。对于辐射发射，限制共模电流也就是减小的共模电流在地阻抗上的共模电压，从而减小输入端长走线或连接线缆的单极子天线效应。

2）Y 电容的设计（C_{y1}、C_{y2}）旁路了部分流向 LISN 的电流，而直接返回到源端。从辐射的角度来看，就相当于减小了这个大回流环路的面积，从而减少辐射发射。

3）滤波器中的共模电感其高阻抗特性减小了流向 LISN 的共模电流大小。对辐射来说，共模滤波器的高频特性越好，其对高频辐射的优化帮助就越大。

因此，对于变换器电路，共模电流路径是 EMI 设计的关键点。电路中的动点 P 在回路中有高的 du/dt，P 点连接线就是电路中的电场模型，电压变化点是产生共模电流的源头。电路中的共模电流既会产生 EMI 传导发射的问题，还会有 EMI 辐射发射的问题。

对于辐射发射，其发射原理如图 3-46 和图 3-47 所示，不要让共模电流流向辐射等效发射天线。比如，减小流过电源线的共模电流大小，减小回路振荡电压的幅度及频率大小，减小电源回路面积设计等。

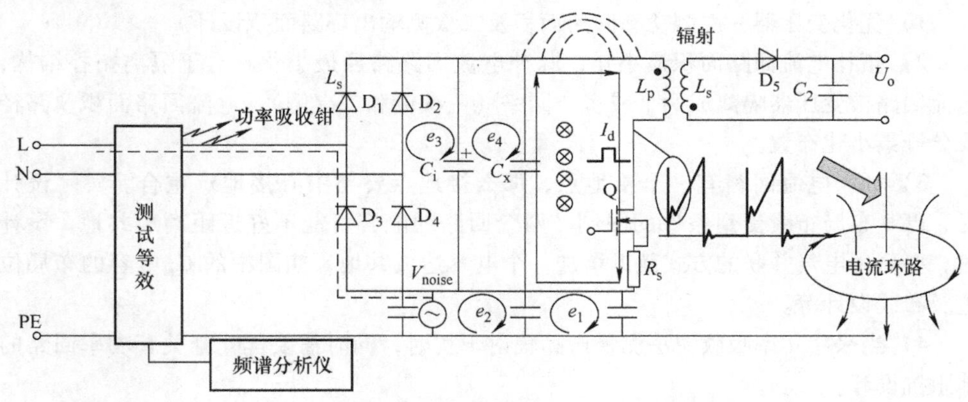

图 3-46　反激电源电路差模辐射示意图

注意在实际应用中，产品除了使用天线接收（EN55022 CLASS A/B 标准要求的测试频率范围 30MHz ~ 1GHz）对产品进行水平极化和垂直极化辐射发射测量外，还有一些类别产品用吸收钳法测量辐射功率发射（频率范围 30 ~ 300MHz）。该方法主要用于对家用电器和电动工具的辐射发射的测量。相对于工科医学设备和信息技术设备来说，基于家用电器和电动工具这类设备本身的特性，电磁兼容测试标准中认为设备通过其表面的向外辐射能量不及沿着靠近设备的那部分电源线的向外辐射的多。基于这一假定，标准设计了一套利用吸收钳来测量产品沿电源线向外辐射的方法。

用吸收钳法测量产品辐射干扰方法的主要优点是：测试方法简单方便，与天线法比较，配置仪器的价格相对较低，测试获得的数据有很好的重复性和可比性，特别适合企业在进行产品性能摸底时使用。

图 3-46 所示为采用吸收钳法测量电源线的辐射发射。当电路工作时，主开关回

路电流进行快速循环变换，快速变化的电流 I_d 产生对外的磁场（频率低于 30MHz 时产生的近场磁场较弱，频率高于 30MHz 时产生的近场磁场较强），通过近场的耦合，在回路中分别产生感应电动势 e_1、e_2、e_3、e_4。其中 e_3、e_4 为差模回路干扰，e_1、e_2 为地线上的近场感应噪声电压，即共模电压来源之一，形成共模回路干扰（主要变成共模电流，流向功率吸收钳或通过电源线辐射发射）。

注意：V_{noise} 主要是电路中的共模电流通过路径上的地阻抗产生的电压降，因此减小该 PCB 上连接电路的地走线阻抗是关键。

而吸收钳法测量的电源线的干扰功率对差模辐射来说，电磁波在回路中产生感应电动势，形成共模电流，流过功率吸收钳。还可能是差模环路的磁场发射近场耦合到输入电源线，产生干扰功率。

推荐的优化差模辐射发射的设计方法如下：

1）优化变压器一次侧功率回路面积及二次侧输出环路面积设计。

2）拓扑电流回路面积最小化，脉冲电流回路路径最小化。对于隔离拓扑结构，电流回路被变压器隔离成两个或多个回路（一次侧和二次侧），电流回路面积及路径要分开最小化布置。

3）如果电流回路有一个接地点，那么接地点要与中心接地点重合。实际设计时，PCB 布局布线受到条件的限制，两个回路的电容可能不好近距离地共地。设计时，要采用电气并联的方式就近增加一个电容达成共地，如图中的 C_x 电容的布局位置及布线设计等。

4）当采用功率吸收钳法测量产品辐射干扰时，同时需要优化开关管功率回路的地阻抗设计。

如图 3-47 所示，采用吸收钳法测量电源线的辐射发射或者采用天线接收方式。在开关管器件节点与参考接地板之间存在等效分布电容 C_s，开关管器件在高频动作时，开关管两端的电位迅速变化，产生 du/dt 的共模噪声源。同时，在开关管导通或关断时，产生充放电电流，由于开关器件的源极到电容 C_i 回路存在地走线，且地走线阻抗不为零，因此会形成 V_{noise} 的噪声源与 L 线、N 线电缆构成共模电流驱动的单偶极子天线模型，对外产生辐射发射。

注意：图中的 e_1、e_2 还可能是差模环路的磁场产生的感应电压，形成共模电压源，与 L 线、N 线电缆构成共模电流驱动的单偶极子天线模型，对外产生辐射发射。

同时，开关器件共模噪声源通过分布电容产生共模位移电流，流入输入电源线，构成大环天线模型，对外产生辐射发射。流过电源线及功率吸收钳的共模电流，形成电源线辐射发射及干扰功率。

优化共模辐射发射的设计，即控制共模电流流向等效发射天线模型，推荐的设计优化方法如下：

1）可以降低共模电压减小共模电流，减小分布电容的大小从而减小位移电流。

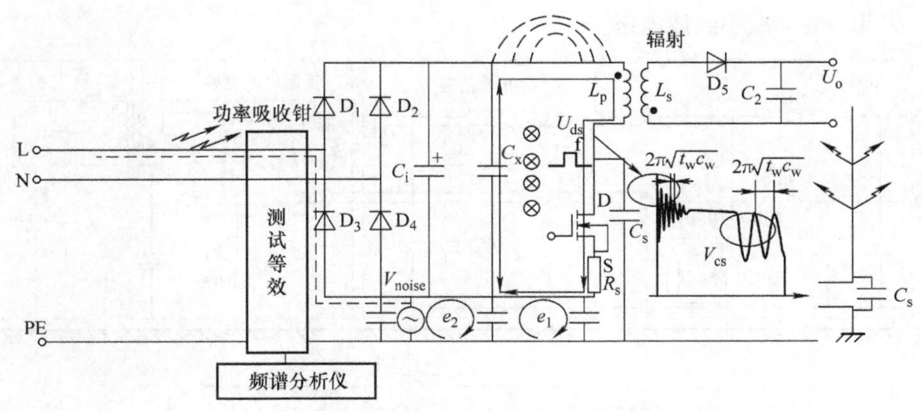

图 3-47　反激电源电路的共模辐射发射示意图

2）通过 Y 电容的设计，在开关电源变换器一二次侧地之间增加合适的 Y 电容，即减少流向输入电源线的共模电流。

3）优化 PCB 的设计减小开关器件的源极到电容负极的地走线阻抗。

3.3　问题分析

产品或设备中形成辐射有两个必要的条件，即驱动源和等效天线。

大部分情况下，天线是产品中的电缆或 PCB 中尺寸较大的导体。而驱动源是任何两个金属导体之间存在的射频（RF）电位差，两个金属体分别是它的不对称振子天线的两个电极。射频电位差即为共模驱动源，它通过不对称振子天线向空间辐射电磁能量。

共模驱动源是可以通过合理的设计避免或者是减小的。如果设计不合理，则当频率达到 MHz 级时，nH 级别的小电感和 pF 级别的小电容都将产生比较大的影响。两个导体连接处的寄生小电感能产生射频电位差，在开关电源中没有直接连接点的金属体，比如开关电源中开关管的散热器就可能通过寄生小电容变成天线的一部分。

等效天线的一极可能是设备的外部电缆，另一极可能是设备内部 PCB 的地走线、电源线、机壳、散热片、金属背板支架等。当天线两个极的总长度大于 $\lambda/20$ 时，天线的辐射才有可能产生。

当天线的长度与驱动源谐波的波长符合 $L=n(\lambda/4)$，$n=1, 2, 3\cdots$时，天线发生谐振，辐射效率最大。

在开关电源的电磁兼容中，主要从偶极子天线、单极子天线、环路天线来进行分析设计。

（1）差模噪声传递到电源线网络　如图 3-48 所示，开关纹波电流产生纹波电压主要是由于输入电容的 ESR 和 ESL 的寄生参数的影响。纹波电压是电路中的差模噪声，因此，需要减小纹波电压。

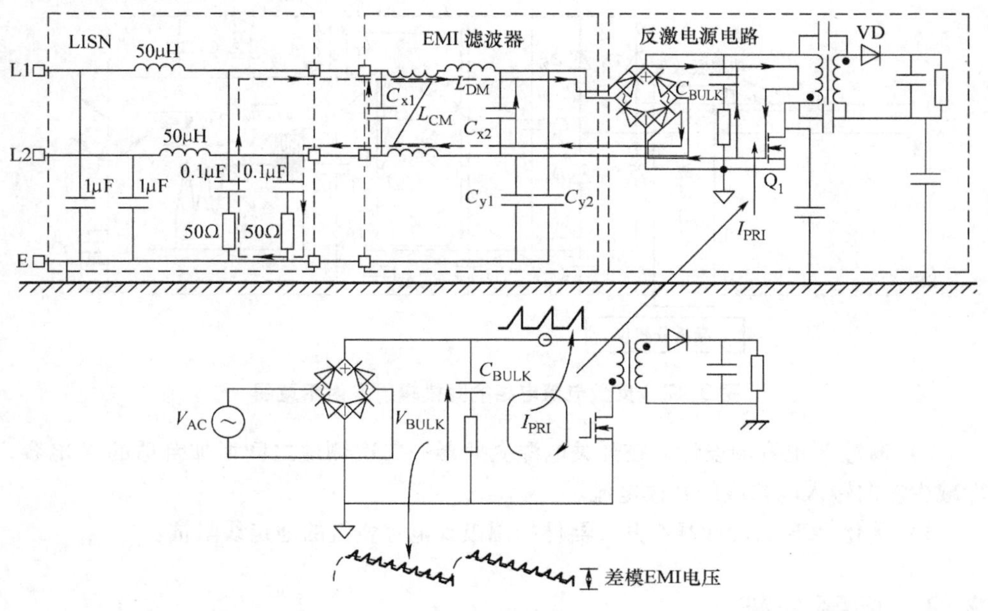

图 3-48 差模 EMI 噪声的产生

如图 3-48 所示，在设计阶段控制 EMI 的思路和方法如下：

1）首先对器件进行设计选择，以尽量减少差模 EMI 的信号幅度。

2）选择合适的工作频率、变压器电感量等，最小化设计峰值纹波电流。

3）选择低 ESR 的电容元件，尽量减少峰值纹波电压。

4）良好的 PCB 布局布线对减小 EMI 很重要，比如，信号的环路面积、地走线等。

5）优化 EMI 滤波器，设计足够的 *LC* 差模滤波可减小进入交流电路的噪声。

注意：电感元件的寄生电容非常重要，它能降低效率，尤其影响在高频下的特性。

（2）共模噪声传递到电源线网络　如图 3-49 所示，长的 AC 输入线就成为一个良好的单偶极子天线。同样，开关电源的输出长走线及负载连接电缆都是良好的单极天线。共模噪声将从电缆中辐射出来并干扰无线电通信。

变化的电场（位移电流）可以产生涡旋磁场，变化的磁场可以产生涡旋电场。产品辐射发射超标的问题是产品中的噪声源传递到产品中的等效发射天线模型再传递发射出去造成的。其产品中的等效天线模型对应到产品内部的 PCB，主要表现为很多的小型单偶极子天线和众多的环路天线模型。单偶极子天线受共模电流的影响，环路天线受差模电流影响。因此辐射发射的设计方法是减小噪声电流（差模电流与共模电流）流向等效的发射天线模型。

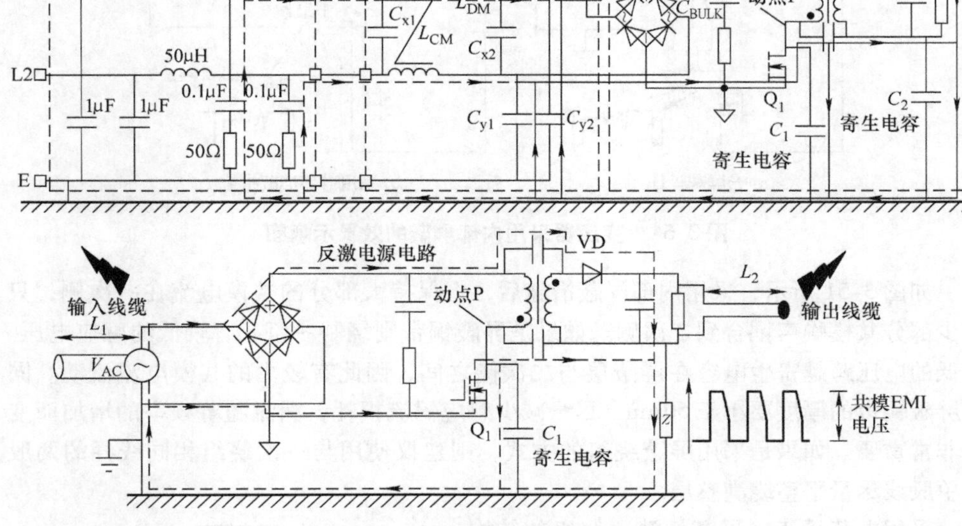

图3-49　共模EMI电压及辐射发射

如图3-49所示，开关动点P的寄生电容会导致共模电流流向参考地，其产生的共模噪声也会辐射到其他电路节点。在实际的应用中，经常会发现开关节点P的波形会耦合到输入端或输出端，这通常与该电路的PCB布局布线设计有关。

（3）一次侧噪声通过变压器耦合到二次侧网络　由于变压器的输入和输出的相位相反，可以利用变压器端口的电荷平衡法，进行优化设计来减小总的共模电流噪声，如图3-50所示。比如，使用屏蔽设计降低高频电流对参考地的共模电流，设计抵消绕组平衡共模电流噪声等。

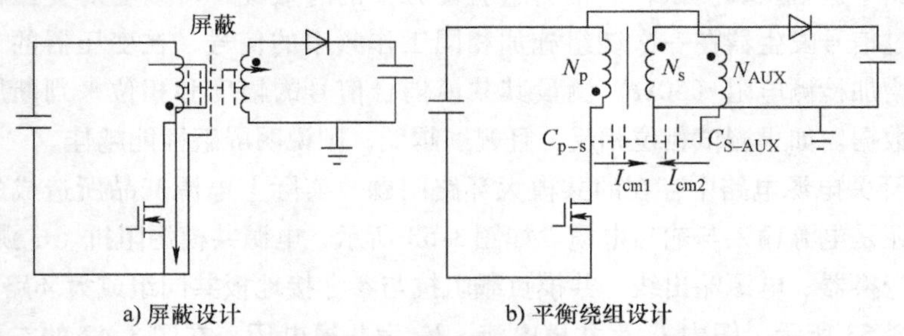

a) 屏蔽设计　　b) 平衡绕组设计

图3-50　变压器一次侧级间耦合设计示意图

通过屏蔽的方式来减小共模电流（共模噪声），而变压器内部的屏蔽则是通过在变压器的一二次侧之间增加屏蔽设计（可采用屏蔽绕组或者屏蔽铜带）来减小一二次侧之间的耦合电容，如图3-51所示。

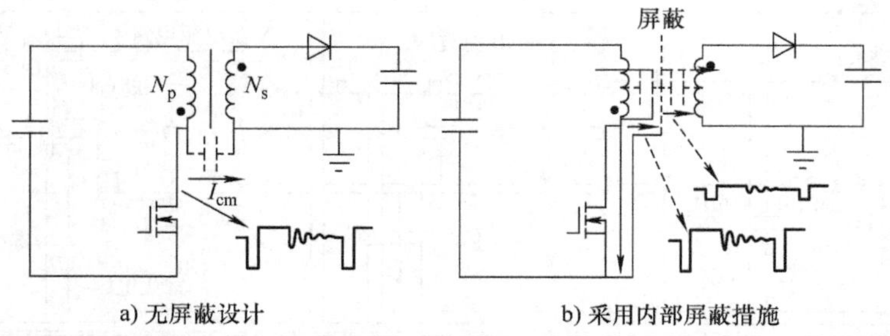

a) 无屏蔽设计　　b) 采用内部屏蔽措施

图 3-51　变压器采用内部屏蔽的效果示意图

如图 3-51 所示，采用内部屏蔽措施后，将保持大部分的共模电流在一次侧，只有少部分共模噪声耦合到二次侧。如果是屏蔽铜带则绕制一匝，有较低的感应电压。较低的电压跨越寄生电容在屏蔽层与二次侧之间，因此有较少的共模电流流动。同时屏蔽铜带的厚度要小于 50μm，尽量减少感应涡流损耗，涡流随着频率的增加而变得非常重要。如果是采用屏蔽绕组的方式，则建议使用与一次绕组相同线径的两股或单股线尽量平整绕满整层。

采用电荷平衡（屏蔽抵消）绕组的结构，如图 3-52 所示。对于单端的结构可以增加额外的 N_{AUX} 辅助变压器抵消绕组，辅助绕组的电压与共模电压波形成比例关系，辅助绕组 N_{AUX} 为相反相位极性，I_{cm2} 的电流来平衡 I_{cm1} 的电流。

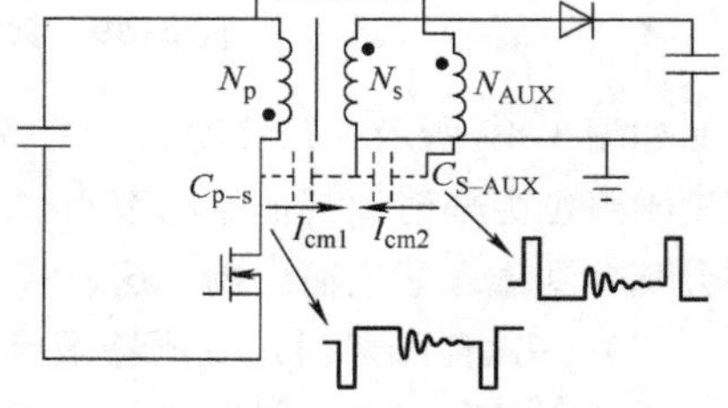

图 3-52　变压器采用电荷平衡绕组示意图

在进行变压器一二次侧电荷平衡的设计中，还有其他的方法可以达到目的，这需要在实际的电路中进行认真测试，通常为了验证方案的有效性，可以在对变压器采取措施后，通过信号发生器在一次绕组施加相同工作频率的信号，在变压器的二次侧地端或通过增加检测电阻（50Ω）测量其共模耦合信号的幅度和相位来判断屏蔽设计后的对比数据。如果测试相位相反，且幅度越低，则说明屏蔽性能越佳。

（4）开关电源电路中存在的共模大环路问题　实际上电源产品所造成的辐射的最终原因还是电源输入与输出电缆。如图 3-53 所示，电源共模源阻抗、电源输入线、反激电源变换器、电源输出线、共模负载阻抗与参考接地板共同组成大环路。

如图 3-53 所示，图中 I_{cm} 为共模电流，V_n 为共模电压。在图 3-42 的右图中，反激电源电路在 PCB 上的环路磁场是包含在这个大环内的，说明这两者之间存在较大的感性耦合或互感。PCB 设计中的开关回路本身所能产生的辐射通常有限，但是在近场范围内，它能把它们的近场磁场通过电磁耦合的方式耦合到图示的共模大环路中。在产品中的输入功率连接部分和输出功率连接部分通常有走线或连接线缆是产

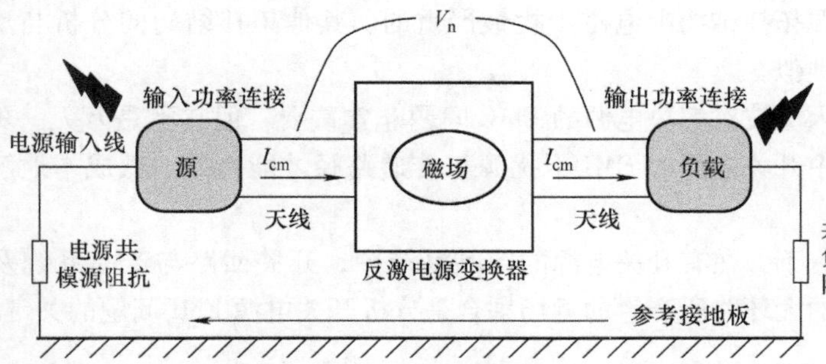

图 3-53　开关电源系统中存在的共模大环路

品中的天线，同时具备等效共模发射天线的较长电源输入线作为共模大环的一部分，在辐射发射测试的频率下，只要其中的共模电流大于几微安，就会造成产品整体辐射发射超标。

根据电磁场理论，通过近场耦合，在没有任何额外措施的情况下，这种磁耦合现象就会很容易引起带开关电源系统的关联产品辐射发射超标。

图 3-54 所示为开关回路与大环路之间的近场耦合原理图。对于 EMI 的辐射发射问题，需要关注的是电源线上的共模电流，这个电流会直接影响辐射发射大小。电路图中的寄生参数可以根据实际情况进行估算，从图中也能得出，当差模环路面积减小时，环路耦合减小；当开关回路的高频谐波电流减小时，环路耦合也会减小。因此对于减小差模环路的面积和在开关漏极串联高频磁珠减小高频电流的设计都是优化辐射发射的设计方法。

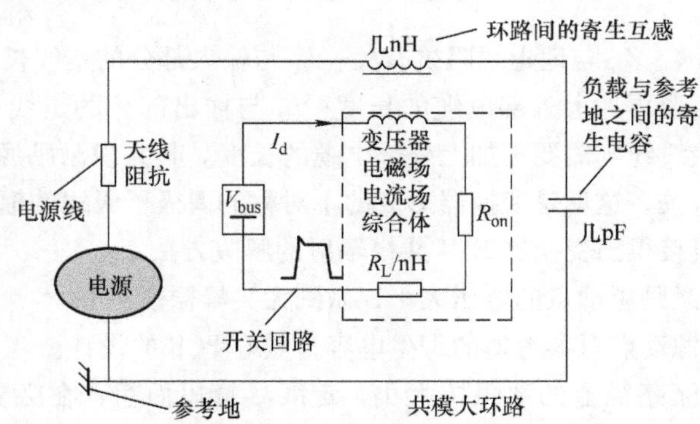

图 3-54　开关回路与大环路之间的耦合原理图

对于目前的产品，PCB 的尺寸大小都相对比较紧凑，整个 PCB 板基本上都在近场耦合的范围。因此，在大多数情况下，小型开关电源的辐射发射并不是电源内部电路的直接辐射，而是输入与输出电源线的辐射。

对大多数产品来说，由反激电源提供系统的功率来源是最普通的，反激电源也是所有开关电源拓扑结构中电磁干扰最严重的。其他拓扑结构的分析与反激电源的分析设计方法类似。

电源线输入滤波对解决电源的EMC问题非常重要，但它不是万无一失的。只有全面分析产品中开关电源的EMI干扰源与传递路径才能高效、低成本地解决开关电源的EMI问题。

再次提醒一下，在有开关电源的产品系统中，开关回路与产品系统及参考接地板之间所构成的大环路所产生的近场耦合是分析开关电源EMI问题的关键环节。

3.4 设计技巧

在实际应用中，为了更直观地了解共模电流辐射发射的情景，可将图3-49所示的共模EMI电压及辐射发射电路等效为如图3-55所示的等效发射天线示意图，再给出一些设计方法。

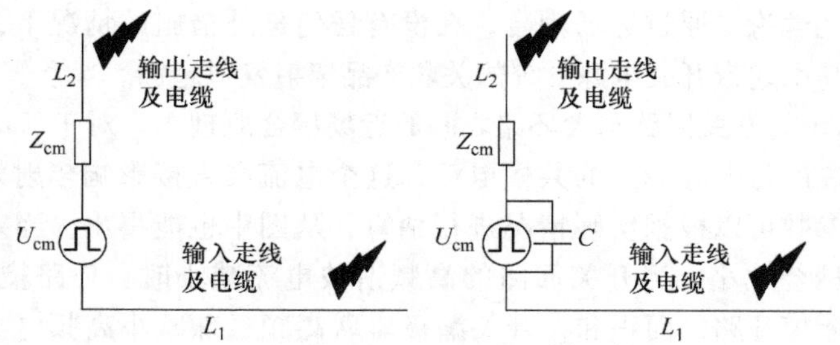

图3-55 简化的共模辐射发射等效模型

如图3-55所示，Z_{cm}与地走线阻抗有关；L_1与输入部分的走线长度有关，如果有外部连接线缆则需要再加上外部电缆的长度；L_2与输出部分的走线长度有关，如果有接到负载的连接线缆则需要再加上外部电缆的长度。其共模激励源U_{cm}的大小还与其动点节点电压有关，这就是变换器形成的不对称的偶极子天线的辐射发射机理。

因此，可以直接得出变换器EMI共模辐射的解决方法：

1）减小共模激励源动点的电压大小，做到无尖峰振荡更好。

2）减小激励源动点对参考地的寄生电容，做好PCB的设计。

3）减小地回流路径上的地阻抗大小，走线尽量短而粗，在必要时增加高频电容，采用电气节点并联小电容的方法，从而减小高频环路设计。

4）减小变换器输入进线走线长度，同时外接线缆也要足够短。缩短变换器输出走线接口端子的走线长度，同时接口端子到负载的外接线缆也要足够短。

5）在输入端与输出端优化共模滤波器的设计，这也是最直接的方法。

6）还可以在噪声源开关节点处增加高频磁珠的设计。

对反激电源电路的设计技巧总结如下：

1）开关器件的驱动设计：

① 降低驱动速度；

② 合理设计驱动的上升沿与下降沿。

2）开关管的电压控制：

① 减小开关管的 V_{ds} 尖峰电压；

② 合理使用 R、C、D 吸收电路减小尖峰电压。

3）PCB 布局：

① 减小所有的高频回路面积；

② 减小动点的走线长度及宽度（满足电流要求）。

关键器件关键走线，比如高 du/dt 的信号布局布线的下面存在地平面效果最优。同时高 du/dt 的信号不能布局布线在电路板的边缘，如果在设计中由于其他原因一定要布置在 PCB 板的边缘，那么就需要在 PCB 板边上再布置工作地线，但还需要考虑安全安规距离的问题。如果是双面板设计，那么就通过过孔将工作地线与地平面相连接减小其寄生电容的大小。

3.5 案例分析

1. 反激电源产品的传导发射案例

一款通用 20W 的反激电源适配器产品，在进行 EN55022 CLASS B 等级 EMI 传导测试时发现测试不合格。测试数据在低频段 150kHz ~ 1MHz 准峰值数据超标，如图 3-56所示。原理图基本结构及参数如图 3-57 所示。

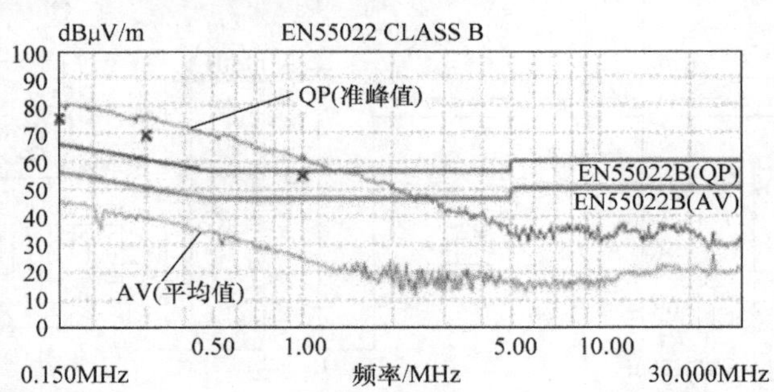

图 3-56　20W 适配器的传导发射测试数据

如图 3-56 所示，150kHz 频点位置的测试读数为 75.2dBμV/m，则超过标准限值 9.2dB；300kHz 频点位置的测试读数为 69.1dBμV/m，则超过标准限值 7.4dB；1MHz 频点位置的测试读数为 56dBμV/m，比限值低 1.5dB，即读数有 1.5dB 的余量。超过 1MHz 后都有较大的余量设计。通过第 1 章中表 1-4 的结论，在 1MHz 之前主要是以差模干扰为主，而实际如图 3-57 所示的原理设计中采用 π 型滤波结构，其差模电感量达到 1mH。

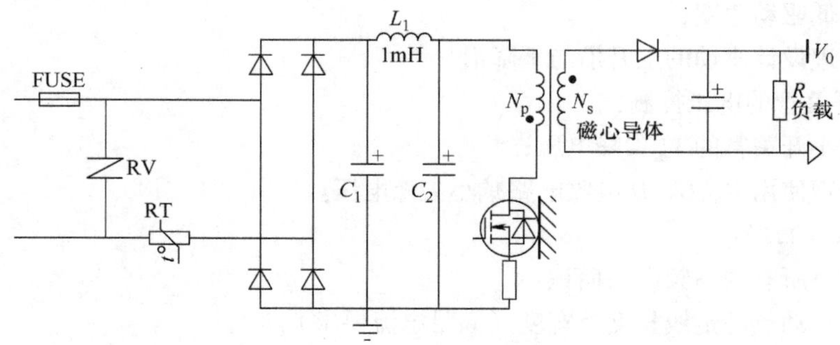

图 3-57　某 20W 适配器的电路设计原理图

如图 3-57 所示，电路设计中差模滤波有较大的电感，同时还出现差模干扰超标，这是工程师经常困惑的。因此通过这个案例，设计工程师就会了解电路中的共模电流噪声也可以转化为差模电流噪声，从而出现差模的问题。其基本理论在 1.3 节进行了详细的描述。如果阻抗不平衡，则在 L 和 N 导线中就会得到混合模式的噪声电流分布，实际上，这在实际电源中是一种常见现象。开关电源的整流管通常是交替导通的，同时也会存在都关闭的情况。对于本案例，先分析差模电流路径情况，如图 3-58 所示。

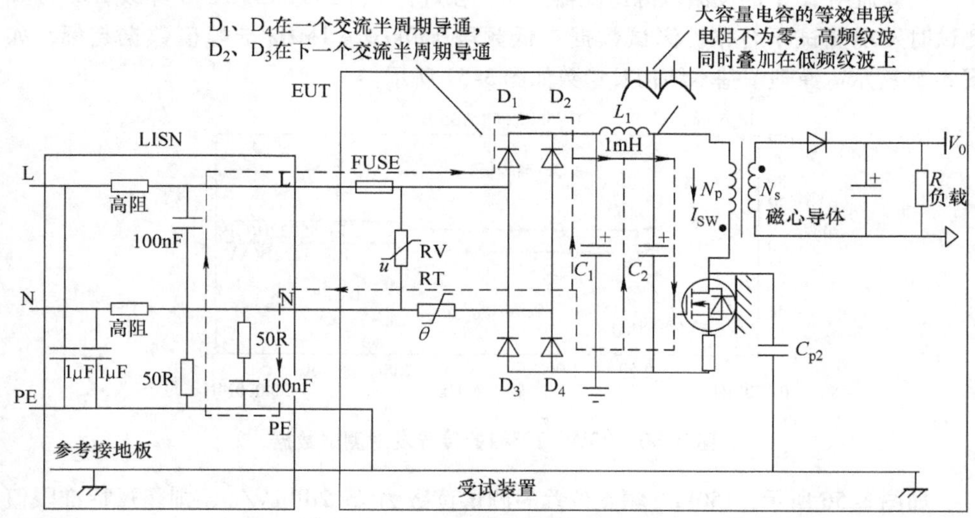

图 3-58　适配器电源差模电流噪声路径

如图 3-58 所示，原理图设计中采用 π 型滤波结构对实际差模噪声源的衰减都是很大的。这里可以得出结论，测试数据中显示的低频段 150kHz～1MHz 不是由于差模噪声源直接引起的，因此，再来分析共模电流的路径。同时假设整流二极管不导通的情况，分析共模电流路径的情形如图 3-59 所示。

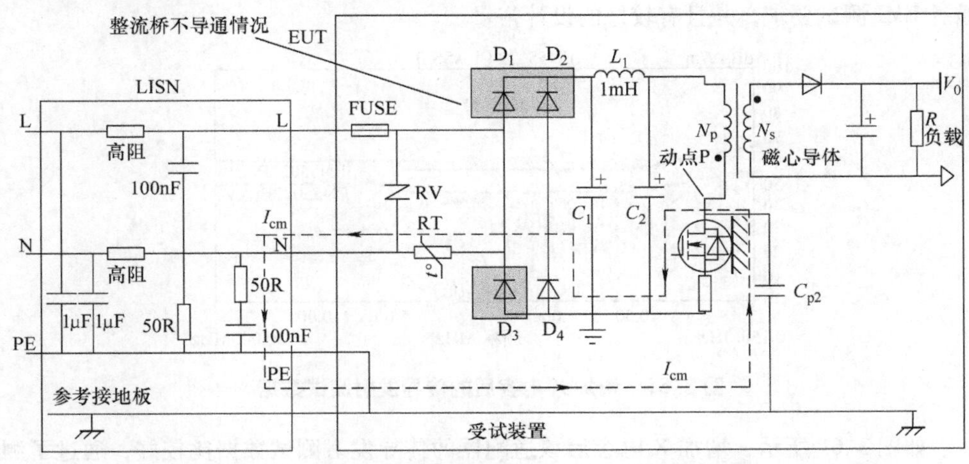

图 3-59　整流桥不导通情况下电源共模电流噪声路径

如图 3-59 所示，由开关管的动点和寄生电容 C_{p2} 形成的共模电流路径，在整流桥都不导通的情况下，整流管 D_4 与噪声电流方向一致，被强迫导通。因此共模电流 I_{cm} 全部通过 LISN 网络的某一相流动，产生高的差模干扰噪声。

通过对路径的分析，在图示的情况下，共模电流在 LISN 上电流的单路流动导致该路径上的传导发射超标。如果让共模电流还是走共模的路径，则根据这个思路，在 L、N 的两相线上增加一个 104 的 X 电容，其共模电流的路径如图 3-60 所示。

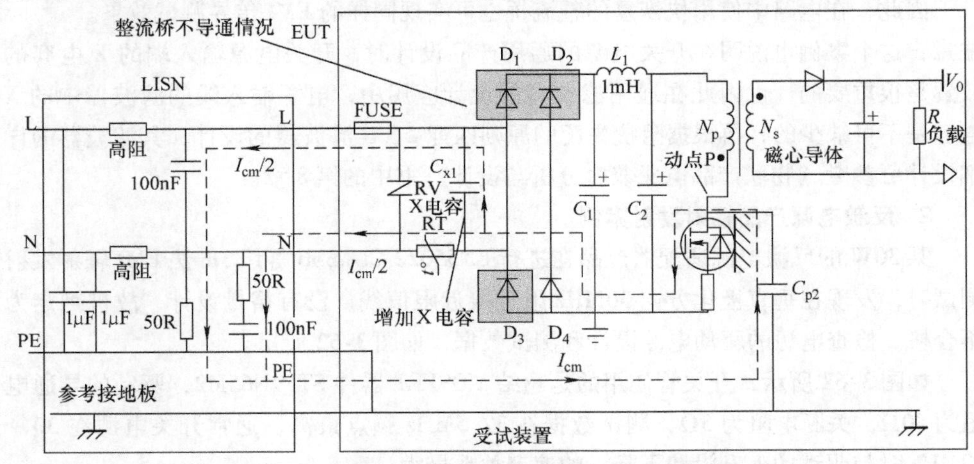

图 3-60　在输入 AC 端增加 X 电容的共模电流路径

如图 3-60 所示，在 AC 线输入端增加 104 的 X 电容后，原先的共模电流 I_{cm} 各通过 $I_{cm}/2$ 的电流路径流过 LISN 并返回源端。

因此，在增加 X 电容后再进行 EMI 传导发射测试，其测试数据如图 3-61 所示。通过 EMI 测试要求，并且有较好的设计裕量。

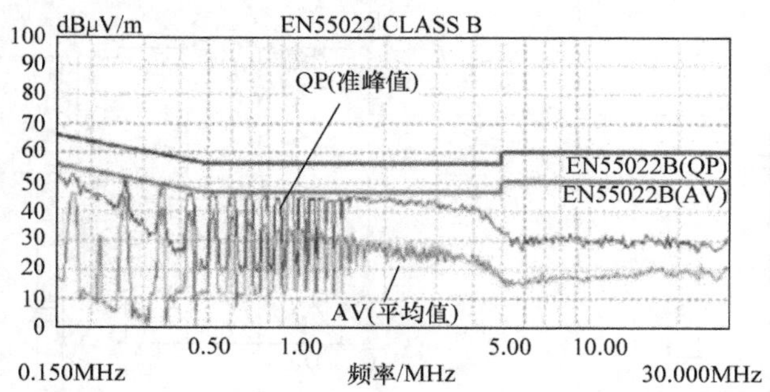

图 3-61　增加 X 电容后的传导发射测试数据

如图 3-61 所示，增加 X 电容后该适配器的传导发射测试数据比较好，通过了测试要求。这种方法在实际应用中是最常见的设计。超标的测试数据是在普通的整流桥式电路工作时存在都不导通的情况下发生的，主要是整流二极管的速度较慢，恢复时间长，从而导致存在电路中都不导通的情况。

目前有很多公司开发出来快恢复的整流桥，比如快恢复整流桥的反向恢复时间是 ns 级（大约 250ns）。假如在图 3-57 所示的电路中，将普通的整流二极管更换为快恢复整流桥，这在极大程度上减小了单个二极管导通状态所占工频周期的比例，等效降低了差模电流。

因此，在电路中使用快恢复的整流桥也可实现同样的 EMI 传导测试效果。

注意：这个案例也说明在开关电源的通用产品设计时，开关电源输入端的 X 电容的放置是很重要的，也因此在通用滤波器的设计应用中，电源输入线的滤波器中的 X 电容是不可缺少的，再根据阻抗失配的原则匹配 L、C 滤波器的设计，其滤波器的详细设计可参考《物联产品电磁兼容分析与设计》书中的第 8 章。

2. 反激电源产品辐射发射案例

某 30W 的反激电源适配器产品在进行 EN55022 CLASSB 等级 3m 法 EMI 辐射发射测试时，发现在垂直极化方向 30MHz 附近接近限值线，没有裕量设计，故被判定为不合格。检查电源的驱动电路设计和测试数据，如图 3-62 所示。

如图 3-62 所示，开关管使用的是超结 MOSFET 器件 STF9N65M2，驱动的导通电阻为 30Ω，关断电阻为 5Ω，测试数据在 32.5MHz 频点最高，通常开关电源在 30～50MHz 时与驱动的上升沿和下降沿的速率关系最大。

在图 3-19 所示梯形波时域与频域的关系中已经给出参考：开关电源类的 EMI 辐射发射问题常常发生在 30～200MHz 频段内。通过增加开关管的驱动上升和下降时间可将如图 3-19 所示的 f_R（第二个转折点）位置向低频方向移动，而更高频率信号的

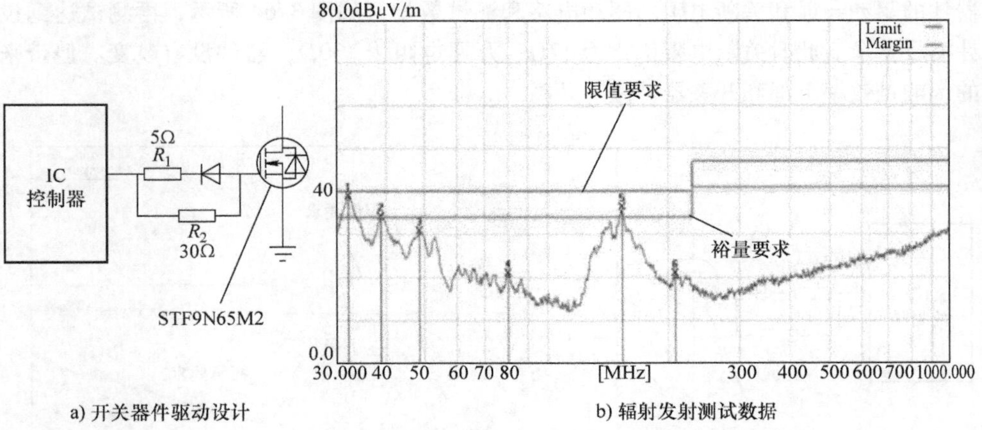

图 3-62　开关器件驱动及辐射发射测试数据

强度将以 40dB/十倍频的速度快速降低，从而改善其辐射状况。

实际上对于超结 MOSFET 器件来说，其驱动的导通电阻（30Ω）和关断电阻（5Ω）对于器件的上升沿和下降沿的控制还是比较陡峭的。而过快的上升沿及下降沿会产生更高次的谐波能量，如图 3-63 所示，这个特性可以通过傅里叶变换得到。

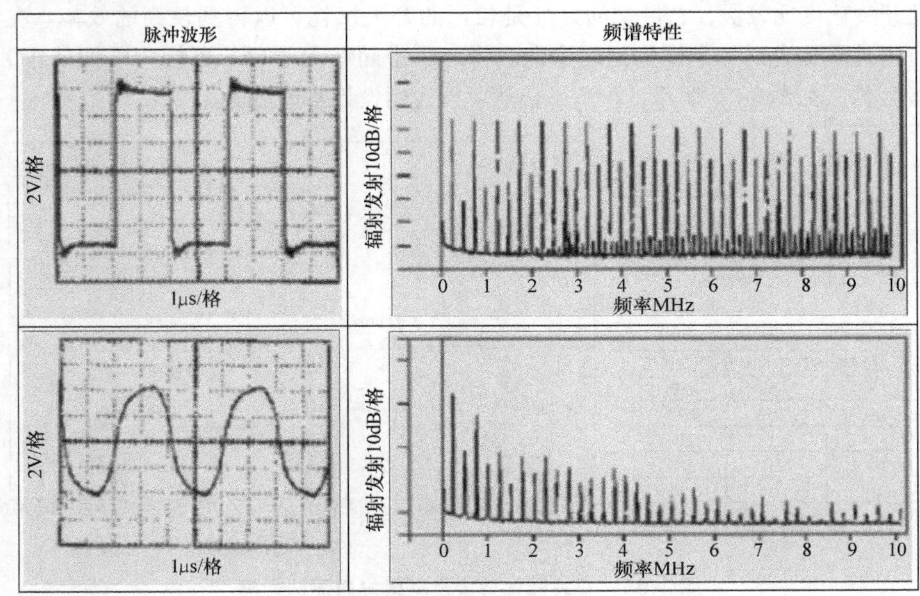

图 3-63　脉冲波形与频谱的关系

如图 3-63 所示，脉冲波越陡峭，其辐射频谱幅值越高；而当脉冲波形越来越接近正弦波时，其辐射发射的频谱高频幅值都比较低。因此，本案例中直接增加开关器件的驱动导通和关断电阻的驱动电路和测试数据，如图 3-64 所示，再测试达到设计裕量要求。此时关断电阻优化为 47Ω，开通电阻为 130Ω，器件没有改变。但带来的影响是效率下降和开关器件温升升高。

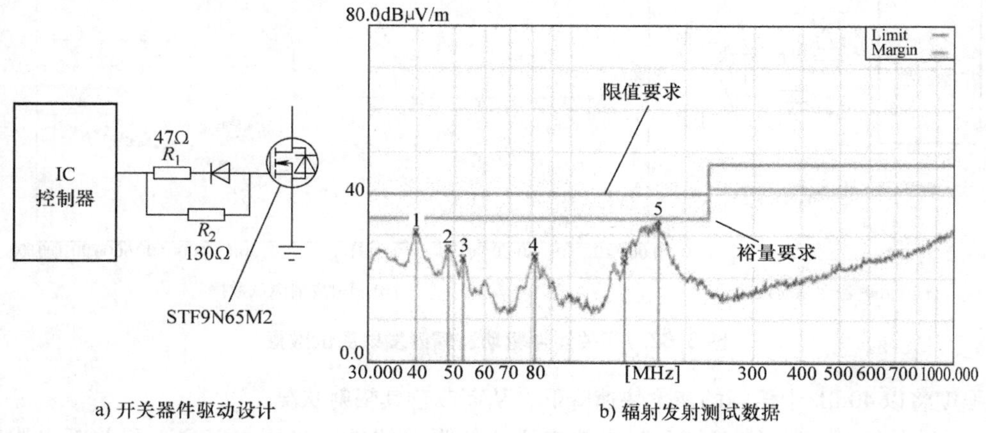

a) 开关器件驱动设计　　b) 辐射发射测试数据

图 3-64　开关器件驱动电阻优化及辐射发射测试数据

在实际应用中，优化驱动电阻需要找到 EMI 设计与热设计的平衡。超结器件本身的开关速度比较快，它带来的好处是较低的开关损耗可以得到较高的效率。在设计应用时需要达到一个性价比的平衡。将产品中超结 MOSFET 更换为平面的 VD-MOS 器件，如图 3-65 所示，再测试仍然可以达到设计裕量要求。

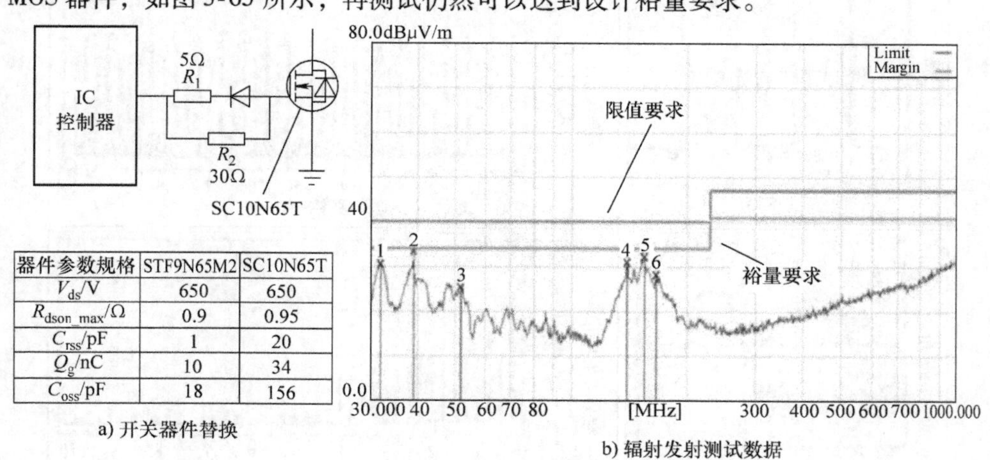

器件参数规格	STF9N65M2	SC10N65T
V_{ds}/V	650	650
R_{dson_max}/Ω	0.9	0.95
C_{rss}/pF	1	20
Q_g/nC	10	34
C_{oss}/pF	18	156

a) 开关器件替换　　b) 辐射发射测试数据

图 3-65　开关器件替换及辐射发射测试数据

如图 3-65 所示，直接将开关器件由超结 MOSFET-STF9N65M2 更换为 SC10N65T 后，可以满足测试限值裕量要求。通过对比更换前后的两个器件参数，其中器件参数中 C_{rss}（米勒电容）SC10N65T 要远大于 STF9N65M2，则在相同驱动参数下，开关

器件的漏源极电压 V_{ds} 的上升沿/下降沿 du/dt 就会减小。同样开关器件 SC10N65T 的 C_{oss}（输出电容）也比 STF9N65M2 要大，类似于在 STF9N65M2 上增加有并联的电容，大的 C_{oss} 电容同样会减小 du/dt。

在对开关电源的 EMI 问题进行测试整改时，有时还需要具体分析到开关器件的 du/dt、di/dt 哪个影响会更大。在对开关电源驱动进行分析时，其开关器件的导通过程及开关管导通时的 du/dt、di/dt 如图 3-66 所示；开关器件的关断过程及开关管关断时的 du/dt、di/dt 如图 3-67 所示。

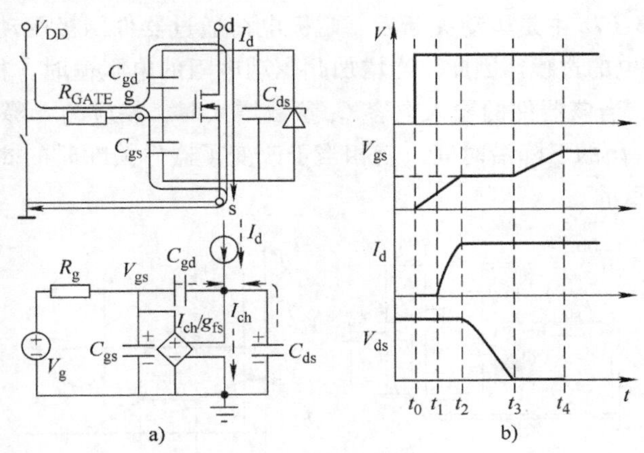

图 3-66　开关管的导通过程及 di/dt、du/dt

很显然，如图 3-66b 所示，导通过程中电流 I_d 的工作波形是其 di/dt 的噪声源。信号的上升沿由 t_1 到 t_2 的时间决定，在驱动电压一定的情况下，分析图中的驱动工作波形，其上升时间（di/dt）是开关管器件的电压 V_{gs} 从阈值电压 V_{th} 到米勒平台的时间。此时，对应在图 3-66a 中，是驱动电压通过器件门极驱动电阻 R_{GATE} 给器件的结电容 C_{gs} 充电的过程。因此，当增加此驱动电阻的电阻值大小时，相应的这个上升沿的时间会延长；当该器件的输入电容 C_{gs} 参数增大时，相应的上升时间也会延长；同样的，当人为降低这个驱动电压时（驱动电压最低要满足规格要求），这个上升沿的时间也会延长。若设计中增加 t_1 到 t_2 的上升沿时间，就相当于改变了器件导通时的 di/dt，从而达到降低 EMI 设计的目的。

导通过程中电压 V_{ds} 的工作波形是其 du/dt 的噪声源。信号的下降沿由 t_2 ~ t_3 的时间决定，在驱动电压一定的情况下，通过图中的驱动工作波形看出，其下降时间（du/dt）是开关管器件电压 V_{gs} 的整个米勒平台的时间。此时，对应在图 3-66a 中为驱动电压通过器件门极驱动电阻 R_{GATE} 给器件的米勒电容 C_{gd} 充电的过程。因此，当增加此驱动电阻的电阻值时，相应的这个 V_{ds} 下降沿的时间会延长；当该器件的米勒电容 C_{gd} 参数增大时，相应的下降时间也会延长。若设计中增加 t_2 ~ t_3 的下降沿时间，就相当于改变了器件开通时的 du/dt，从而达到降低 EMI 设计的目的。

通过分析可以知道，当增加驱动电路中门极电阻的阻值时，既能改变开关器件的 di/dt，还能改变开关器件的 du/dt。当仅改变器件参数，比如开关器件的米勒电容参数大小时，就能有效地调整开关器件的 du/dt。

同理，如图 3-67 所示，开关器件的关断过程是导通过程的逆向过程。如图 3-67b所示，器件关断过程中电流 I_d 的工作波形是其 di/dt 的噪声源。信号的下降沿由 $t_3 \sim t_4$ 的时间决定，当驱动电压关断后，通过图中的驱动工作波形看出，其下降时间（di/dt）是开关管器件的电压 V_{gs} 从米勒平台下降到阈值电压 V_{th} 以下的时间。此时，对应在图 3-67a 中是驱动关断后，门极电荷通过器件门极驱动电阻 R_{GATE} 给器件的结电容 C_{gs} 放电的过程。因此，当增加此驱动电阻的电阻值时，相应的这个下降沿的时间会延长；当该器件的输入电容 C_{gs} 参数增大时，相应的下降时间也会延长。若设计中增加 $t_3 \sim t_4$ 的下降沿时间，就相当于改变了器件关断时的 di/dt，从而达到降低 EMI 设计的目的。

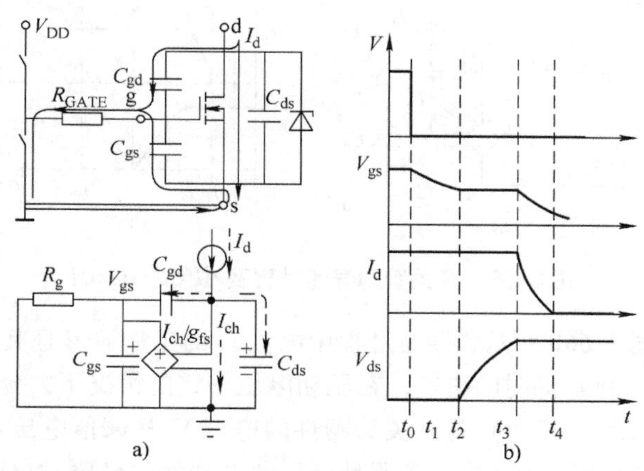

图 3-67　开关管的关断过程及 di/dt、du/dt

关断过程中电压 V_{ds} 的工作波形是其 du/dt 的噪声源。信号的上升沿由 $t_2 \sim t_3$ 的时间决定，当驱动电压关断后，通过图中的驱动工作波形看出，其上升时间（du/dt）是开关管器件电压 V_{gs} 的整个米勒平台的时间。此时，对应在图 3-67a 中是驱动关断后，门极电荷通过器件门极驱动电阻 R_{GATE} 给器件米勒电容 C_{gd} 放电的过程。因此，当增加此驱动电阻的阻值时，相应的 V_{ds} 上升沿的时间会延长；当该器件的米勒电容 C_{gd} 参数增大时，相应的上升时间也会延长；当设计中增加 $t_2 \sim t_3$ 的上升沿时间，就相当于改变了器件关断时的 du/dt，从而达到降低 EMI 设计的目的。

通过分析可以知道，当增加驱动电路中门极电阻（或者采用独立的放电路径电阻）的阻值大小时，既能改变开关器件的 di/dt，还能改变开关器件的 du/dt。当仅改变器件参数，比如开关器件的米勒电容参数大小时，就能有效地调整开关器件的 du/dt。

在实际设计应用中，如果简单通过增加这些驱动电阻来达到优化开关器件的 du/dt，di/dt，则会同时增加器件在导通和关断时的电压和电流的重叠区域面积大小，带来热设计的问题。因此，驱动电阻的设计选择还要考虑热损耗的影响。

对于开关管器件还有一种常用的方法是在开关器件的 DS 极（漏源极间）并联高电压小电容来优化开关电源的 EMI 问题，这种设计方法如图 3-67a 所示，增加了开关器件 C_{ds}之间的电容。当开关器件关断时，其瞬态的漏极电流 I_d要减小到 0，则其电流有三个电流路径：一部分走器件沟道 I_{ch}，另外一部分走器件的米勒电容 C_{gd}，还有一部分走器件的 C_{ds}结电容。当器件的 C_{ds}上再并联一个外部电容时，意味着流过这个 C_{ds}的电流就会增加，从而分流一部分流向米勒电容，也就是增加了米勒电容的放电时间，即 $t_2 \sim t_3$ 的时间就会增加，就相当于改变了器件关断时的 du/dt，从而达到降低 EMI 设计的目的。注意：并联增加在 C_{ds}的电容是改善 EMI 设计的一种方法，但在这个开关器件导通工作时，储存在电容上的能量就会释放在这个开关器件上，同时带来器件热损耗的问题。在大功率开关电源（功率电力转换）中，开关管器件的电流超过 10A 时，并联的小电容基本起不到分流的作用，这时需要更大的电容作为旁路设计，为了避免开关器件导通时大容量电容的能量直接通过开关器件释放，还需要增加 D、C、R 的元器件组合电路设计。

因此，在实际应用中，在开关器件的 DS 端口并联一个小电容（电容小于 220pF）对于小功率电源来说能够减小 du/dt。

在本案例中，通过实验验证在开关器件 STF9N65M2 的 DS 并联电容和在器件 GD 之间并联电容后都可以显著减缓 V_{ds}的下降沿 du/dt。

最后在平衡效率和器件成本方面，在器件 STF9N65M2 的 GD 之间并联 10pF 电容后，改善 V_{ds}的上升沿/下降沿，取得一个最佳的平衡点。

注意：在开关器件 GD 之间增加电容时，一定要在器件引脚之间就近安放设计。或者选择 GD 之间 C_{rss}容值稍大的开关 MOSFET 器件。但过大的 C_{rss}（米勒电容）容易造成器件的瞬态过电压，形成较高的驱动电压尖峰。如果是在桥式电路中则容易导致桥臂的直通，因此在开关器件 GD 之间增加电容的设计方法需要慎重。

开关电源类的 EMI 辐射发射问题常常发生在 30 ~ 200MHz 的频段内。通过增加开关管的驱动上升和下降时间可将 f_R（第二个转折点）位置向低频方向移动，而更高频率信号的强度将以 40dB/十倍频的速度快速降低，从而改善其辐射状况。在实际应用中，优化驱动电阻需要找到 EMI 设计与热设计的平衡，这个设计方法适用于所有的开关电源的 EMI 设计优化。

第4章

开关电源PFC电路的EMI分析与设计

功率因数校正电路分为无源和有源（主动式）功率因数校正（PFC）两种。无源PFC一般采用电感补偿方法使交流输入的基波电流与电压之间相位差减小来提高功率因数，但无源PFC的功率因数不是很高，较好时能达到0.7～0.8，因此在实际应用中其产生的EMI问题也是较少的。主动式PFC使用主动组件（控制电路及功率型开关器件组件），基本运作原理为调整输入电流波形使其与输入电压波形尽可能相似，功率因素校正值可达近乎100%。因此由于电路的特性，在实际的应用中其产生的EMI问题要大得多。

主动式PFC提升功率因素值达95%以上，被动式PFC大约只能改善至75%。换句话说，主动式PFC比被动式PFC能节约更多的能源。采用主动式PFC的电源供应器较用笨重组件的被动式PFC产品要轻巧许多，而产品走向轻薄小是市场发展的必然趋势。因此，本章将主要对有源（主动式）PFC电路的进行EMI的分析和设计。

在所有可行的拓扑结构中，升压变换器（BOOST电路结构）是使用有源（主动式）PFC（以下简称PFC电路）中最普遍的电路结构。PFC电路可分成如下几类：

1. 恒定导通时间临界模式（BCM）

工作在临界导通模式的电压或电流模式变换器是目前市场上最受欢迎的拓扑结构之一。输出电压通过低带宽闭环系统来调节，该闭环系统驱动峰值电流设置点，确保功率因数接近1。电流环施加正弦峰值电感电流，对其电流平均值不做主动跟踪。

存在功率为千瓦级的变换器，而BCM结构功率可达300W。BCM技术的缺点在于流经电路的有效电流较大（交流摆幅大）。然而，在每个开关周期的末尾，电路中的电感回到0，升压二极管自然关闭。因此不存在反向恢复，对二极管的要求也不高，相对来说对EMI的设计也有利。

2. 固定频率连续模式（CCM）

在这种共模模式下还可以分为平均电流控制和峰值电流控制。

在平均电流控制电路中，具有增益和带宽的放大链，始终跟踪电感平均电流，使该电流与正弦参考信号一致。通过放大和衰减正弦参考信号来进行直流调节。在恒定导通时间T_{on}技术中，假设平均值为正弦形状，电路产生电感峰值电流包络。在平均电流模式中，设置点与所得的平均电流之间的跟踪确保了低失真。平均控制在没有谐波补偿下工作。

注意：平均模式控制在输入电压位于 0V 附近时出现尖锐失真。在该区域，转换速率很慢，电感电流将滞后于设置点一个很短的时间，导致引起失真。

峰值电流控制与平均电流的结构类似，峰值电流控制在电感上施加正弦波形电流且保持其连续性。该技术要求合适的斜坡补偿调节，否则，在输入 0 过渡区将产生严重的非稳定性。加入的斜坡会使失真更严重，但可通过加一定量的偏移给出适当的结果。CCM 峰值电流模式控制的应用目前并不普遍，因此采用平均电电流控制的模式是常用的设计方式。

CCM 模式允许在超过千瓦功率的电源中使用 PFC。然而，电路中的升压二极管恢复时间对功率开关的损耗影响很大，因此需要为器件设计缓冲电路。所以，这种控制方式产生的 EMI 也是最大的。

还有一种工作模式是断续模式（DCM），其与临界模式（BCM）和连续模式（CCM）的特性对比见表 4-1。

表 4-1　有源 PFC 工作模式与主要特征

电感电流	工作模式	主要特征
I_L	连续模式（CCM）	• 始终采用硬开关 • 电感值最大 • 方均根（RMS）电流最小
I_L	断续模式（DCM）	• 方均根（RMS）电流最大 • 线圈电感量减小 • 稳定性最佳
I_L	临界模式（BCM）	• 方均根（RMS）电流较大 • 开关频率不固定

在离线电源前端的 PFC 电路是不可忽略的重要组成部分。对于前端的 PFC 电路有几个重要的结论：

1）按照纹波幅度的要求来计算滤波电容值，但最终还要按照有效电流的大小进行修正，保持时间在选择电容过程中也起到作用。

2）峰值整流过程产生丰富的谐波输入电流，它会使有效成分增加。

3）无源 *LC* 滤波器是消除电流信号谐波污染的一种方法。然而，该方法会使电源的体积增大，并且不能调节整流输出电压，产生的 EMI 小。

4）有源 PFC 方案包含 PFC 控制器，它驱动相对较小的电感，电感在高开关频率下储能。为进一步改善低输入电压时的效率，PFC 电路采用跟随－升压技术，它能自动调节输出电压使电源电压和调整后的输出电压之间基本保持恒定的电压差，因此会有EMI问题的发生。

5）PFC电路可以用工作于不同模式的不同拓扑来实现，即采用BCM/DCM的功率可达300W，采用CCM模式的功率可超过300W。目前临界导通模式升压PFC的设计是最受欢迎的结构之一，不论采用哪种模式其对EMI的分析和设计方法都是相同的。

4.1 PFC电路的干扰源及传播路径

PFC在实际应用中，有时根据功率及效率的需要还可以使用交错式PFC电路结构，如图4-1所示。图中给出双路交错的参考原理图及工作波形。

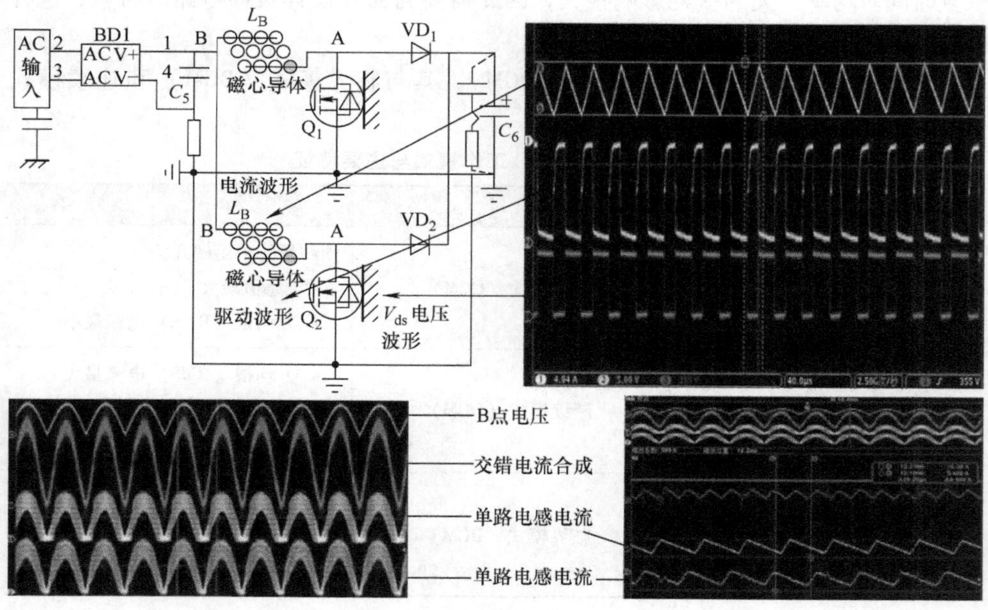

图4-1　交错式PFC电路及工作波形图

采用交错并联的方式，功率较大时一般都会用这种结构。如果功率较小时用了两路的开关器件，那么器件成本会增加很多，也比较复杂。大功率时采用两个MOSFET器件进行并联的方式反而不如分开设计。如图4-1所示，交错式方式中它的相位是相反的，正好相差180°。电路中的开关管Q_1、Q_2噪声源相位不一样，这样在电路中的噪声电流具有抵消特性。

交错式电路中的电感量可以只需要单路PFC电感值的一半，可以把电感的体积做小，电流由于有两路，每个电感的电流只有总电流的一半，通常PFC电感的成本与其电流的二次方成正比，实际上把电感分成两部分后成本会降低，这是交错式双路并联的好处。在进行交错并联叠加后，在工作占空比为50%时，其纹波比为0，这时电感量就没有要求，也就是说电路在中间区域工作时纹波会比较小，这个最小点在两路交错设计的时候是在占空比50%的位置点。电感很小的时候对应的纹波就大，因此在占空比从小增到50%的时候，纹波减小；再增加的时候纹波又增大，交错180°的时候就刚好全部抵消。

同理，如果采用三路交错工作时，它的纹波最小点是占空比在33%和66%的地方；四路交错工作方式就会有25%、50%、75%占空比的三个地方有最小的纹波点。对于多路交错方式的EMI设计，还是需要回到单路PFC设计的方法上来。单路PFC电路功能实现及工作波形如图4-2所示，通常对于PFC硬开关拓扑结构，开关器件（比如MOSFET）没有像反激电路的V_{ds}电压有很高的尖峰，因此耐压可以选择500V/600V的器件。

在实际应用中，有源PFC电路的控制模型为电感电流连续模式、断续模式、临界模式。如果功率大，则电感量大，从而进入连续模式。由于工作是固定频率的，因此在电流较小的时候，纹波比较大，电流就回到0，也就是不连续了。而临界模式是频率在变，且要保证每次电感电流回到0时再起来。通常为了达到较好的效果，在输入整流后进行PFC电路的设计是一种很常规的方法。

在三种模式中，临界模式EMI会比较好，而且效率比较高，同时电路中的快恢复二极管也不需要很快的速度等优点。其缺点是纹波大，电感电流尖峰比较大，大的尖峰带来的差模干扰非常厉害，同时差模EMI不好处理，因此大功率的应用就会使用交错式的PFC设计。

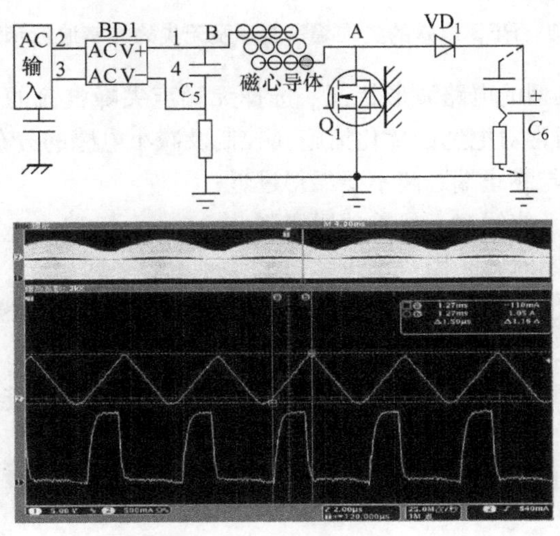

图 4-2　单路 PFC 及工作波形图

如图4-2所示，测试波形三角波为流过PFC电感的工作电流波形，梯形波为驱动信号波形。顶部为时间轴放大1000倍的波形，可以看出流过电感的电流具有很好的正弦包络，实现了较好的PFC校正，从下部的驱动脉冲可以看出其为导通时间恒定的工作模式。通过对PFC电路的分析，这里对单路的PFC电路进行EMI分析和设计，其他PFC拓扑结构类似。

1. PFC电路的干扰源

PFC电路中的主要器件为开关功率MOSFET器件（简称MOS管）、带储能磁性元件的电感器、快恢复整流二极管，同时这三个器件也是EMI问题产生的干扰源头。

电路中的PFC电感元件由于是储能元件，因此需要磁心开气隙防止元件饱和。比如，通常使用的磁心元件为锰锌铁氧体磁心；对于交错式或工作频率小于50kHz的大功率应用工作场合，还经常选择金属磁粉芯（比如铁硅铝环），由于金属粉芯材质本身是由金属粉末颗粒压制成型的，因此会有很小的气隙在里面，没有宏观的大气隙及漏磁空间，就不会有大的涡流效应，从而会有好的温升效果和效率。但是选择不合理的绕线方式和电感设计在工作时会产生噪声尖峰电流，如图4-3所示，这时就需要进行PFC电感的设计优化。

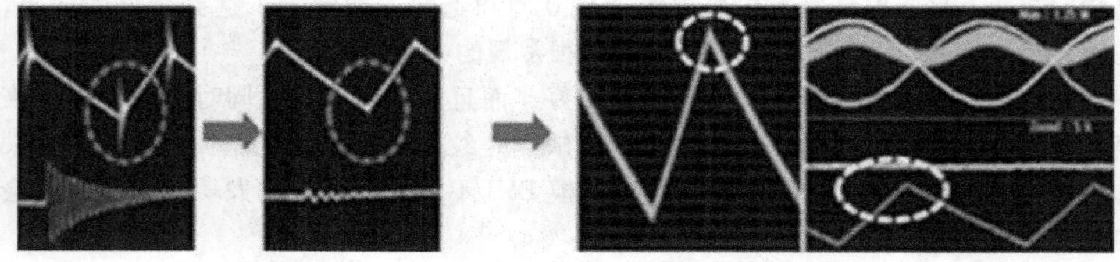

图4-3　PFC电感的尖峰噪声波形及无尖峰噪声波形示意图

图4-3所示为典型的电路波形特征。选择无噪声尖峰电流的电感设计对EMI的设计是有帮助的。通常对电感的优化措施（控制及减小电感的分布电容）如下：

1）电感起始端与终止端距离不要靠得过近；

2）电感在骨架上绕线时，尽量单层绕制；

3）需要多层绕制时，采用“渐近”方式绕，不要来回绕。

如果PFC电感使用锰锌（Mn-Zn）铁氧体磁心，则其开关器件的动点要连接到电感线圈的里层，从而减小对参考地分布电容的大小。

图4-4所示为PFC电感绕线起点与开关节点A（动点）的连接，其外层与参考地的电动势关系。

图4-5所示为PFC电感绕线起点与电感线圈的外层连接，其外层与参考地的电动势关系。

很显然，当开关器件的动点连接到电感线圈外层时，其外层与参考地的电动势较高，意味着高的感应电荷会产生更大的EMI干扰。

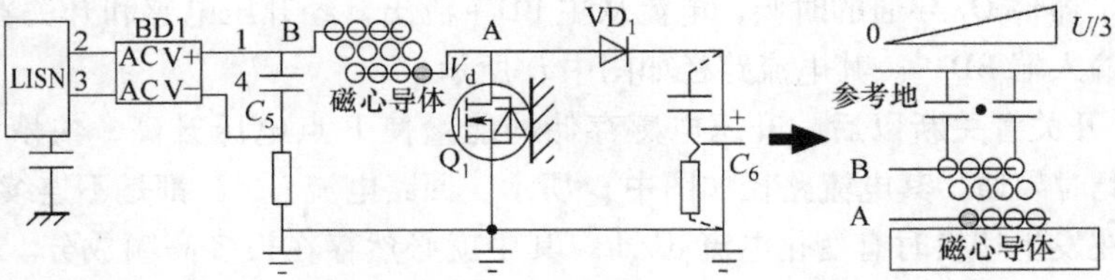

图 4-4　开关动点连接在电感线圈的里层

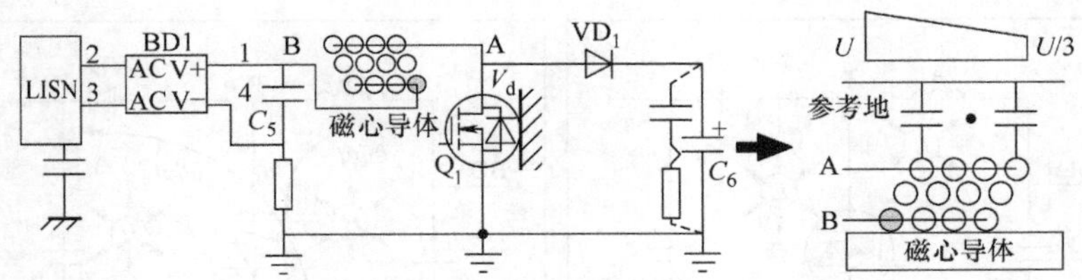

图 4-5　开关动点连接在电感线圈的外层

注意：对于 PFC 电感，无论采用何种磁心及绕制方式，评定标准为其分布电容越小越好。

采用锰锌（Mn－Zn）铁氧体磁心时，由于存在较大的气隙泄漏磁场，故可使用法拉第屏蔽设计进行优化（磁芯导体外层使用铜带绕制接地）。

图 4-1 所示为 PFC 开关器件漏源极 V_{ds} 的开关波形。开关器件（开关 MOS 管）工作在高速开关循环状态，此时对应的 du/dt 和 di/dt 也会高速循环变化，因此电路中的开关器件既是电场耦合的噪声干扰来源，也是磁场耦合的噪声干扰来源。同时电路中的电感元件 L_B 随着开关器件的高速循环变化，其对应的 di/dt 也会高速循环变化，因此电路中的电感元件是磁场耦合的噪声干扰来源。

快恢复整流二极管 VD_1 通常有两种工作模式，工作电流断续（DCM）模式与工作电流连续（CCM）模式。当工作在电流断续模式时，输出整流二极管可以实现零电流开关，di/dt 的影响相对较小。但是，快恢复整流二极管的寄生参数与电路中走线寄生电感、器件引线电感等参数会产生高的 du/dt 振荡，因此电路中的快恢复二极管至少是电场耦合的噪声干扰来源。

PFC 电路中，开关 MOS 管的工作电压电流波形对应的 di/dt 与 du/dt 是电路中的最大的噪声源，漏源极 V_{ds} 时域的波形为梯形波，对时域的波形进行傅里叶变换（非周期），在频域得到的是连续的噪声频谱。

磁场和电场的杂讯与变化的电压和电流及耦合通道（如寄生的电感和电容）直接相关。直观地理解，减小电压变化率 du/dt 和电流变化率 di/dt 及减小相应的杂散电感和电容值可以减小由于上述磁场和电场产生的杂讯，从而减小 EMI 干扰。

2. PFC 电路中的电磁场

PFC 电路中存在两个电流变化的 di/dt 回路，i_1、i_2 如图 4-6 所示。当主电路中的 MOSFET 器件 Q_1 导通的时候，电流从主 BD + 流出，经升压电感和开关器件 Q_1 后流回电源输入端 BD -。其电流路径如图中 i_1 所示。

当 Q_1 开关管关断以后，升压电感存储的能量使 P 点电压升高，快恢复二极管 VD_1 将在此时导通，其电流路径如图中 i_2 所示。回路电流 i_1、i_2 都是不连续的，这意味着它们在发生切换时有变化电流 di/dt，其中就必然存在很多高频成分。在电路中 di/dt 对应的是磁场 H 的变化。因此，在回路中 i_1、i_2 是差模电流，差模电流的发射对应为环形天线。磁场模型与差模辐射相对应。

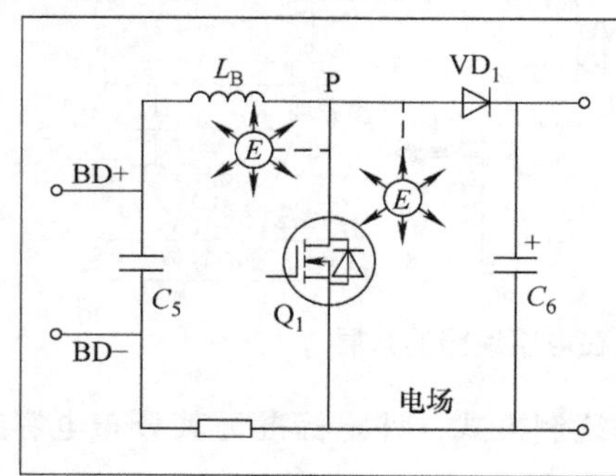

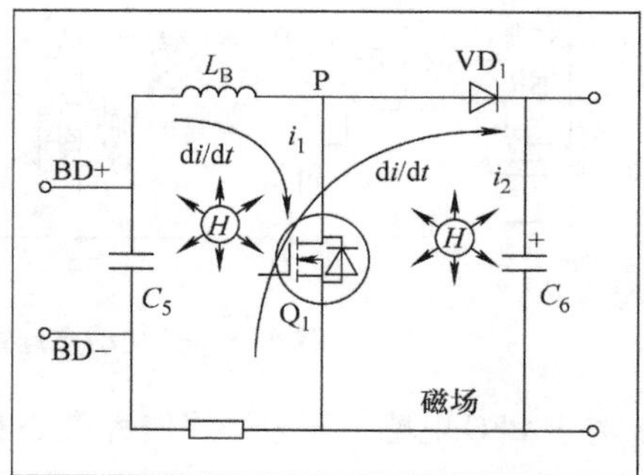

图 4-6　PFC 电路的电场及磁场模型

差模电流流过电路中的导线环路时将引起差模辐射，这种环路相当于小环天线能向空间发射辐射磁场或接收磁场，因此必须限制环路的大小和面积。

在 PFC 电路中，还存在一个电压变化的动点 P（电感及快恢复二极管与开关 MOSFET 漏极节点）。如图 4-6 的左图所示，图中的 P 点存在电压的变化，这个动点有高的 du/dt。因此，P 点以及与之相连的 PCB 走线就是电路中的电场模型 E。电压变化点是产生共模发射的源头，也是电源中共模电流的路径。共模电流产生共模发射，共模发射可等效为单偶极子天线。电场模型与共模辐射相对应。

注意：共模电流是由于电路中存在电压降，某些部位具有高的共模电压。当外接电缆及长的走线与这些部位连接时，就会在共模电压激励下产生共模电流，成为辐射电场的天线。这多数是由于接地系统中存在电压降所造成的。共模辐射通常决定了产品的总辐射性能，因此必须减小动点走线的长度，还需要减小电路中地走线的地阻抗。

因此，结合 di/dt、du/dt、源阻抗、环天线、杆天线（单极子和偶极子天线）在开关电源中的情况，就能解决好电磁兼容问题。

3. PFC 电路的 EMI 传播路径

对于 PFC 电路，它是位于电源的最前端的变换器电路，由于其功率一般较大，会产生较强的 EMI 干扰，因此，变换器中的输入 EMI 滤波器的电路是必需的。在第 1 章中已经对电源线滤波器进行了详细的介绍。在进行 PFC 电路 EMI 路径分析时，直接将通用的滤波器电路和 PFC 电路一起构成基本的电路结构，如图 4-7 所示。为了分析方便，同时将 EMI 传导的 LISN 线性阻抗网络也等效在电路中。

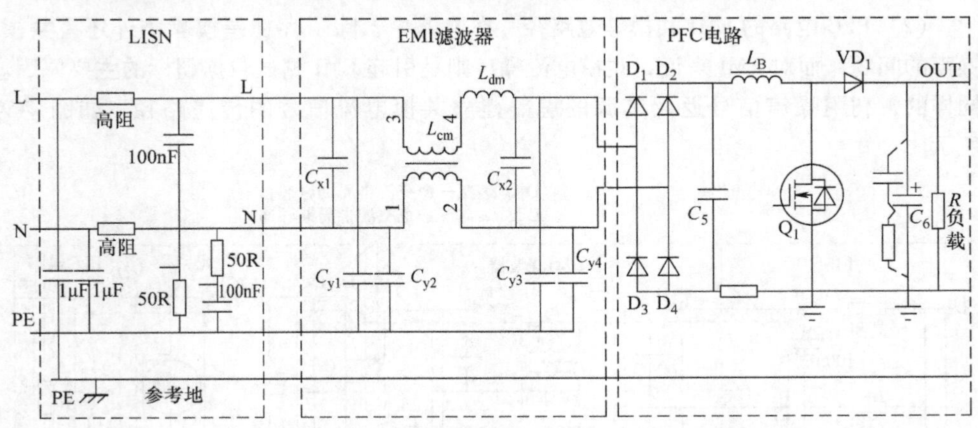

图 4-7　PFC 电路的等效电路原理简图

（1）PFC 电路的 EMI 差模等效路径　分析了 PFC 电路的噪声源及电磁场特性后，对于噪声源，信号总是要返回其源，建立信号源的等效回流路径。如图 4-8 所示，将 LISN 测试单元电路等效到变换器电路结构，建立差模电流的信号传递路径。

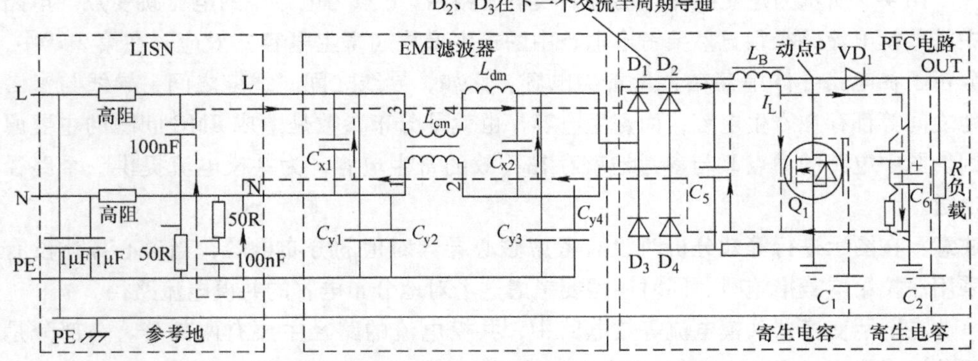

图 4-8　PFC 电路差模电流噪声路径

图 4-8 所示为建立的噪声信号回流路径。I_L 为电感的工作电流，在电路中开关管 Q_1 与快恢复输出二极管 VD_1 为并联等效。其在电路中的差模噪声电流被电路中的 EMI 滤波器所限制。

1）X 电容（C_{x1}、C_{x2}）旁路了部分流向 LISN 的电流，而直接返回到源端。

2）EMI 滤波器中的差模成分产生高的阻抗，减小了流向 LISN 的电流。

3）增加 PFC 电感的电感量就可以减小差模回路的电流，从而减小差模噪声。

4）C_5 电容的容量大小也旁路了部分流向 LISN 的电流，噪声电流就近直接返回到源端，因此 C_5 应尽量最近的靠近电感 L_B 及开关器件 Q_1 放置。

（2）PFC 电路的 EMI 共模等效路径　在电路中，除了存在差模噪声外还有共模噪声的问题。而对 EMI 来说，共模电流噪声则是引起 EMI 测试数据超标的主要原因。同样的，利用噪声信号返回其源的思路建立共模电流信号的传递路径，如图 4-9 所示。

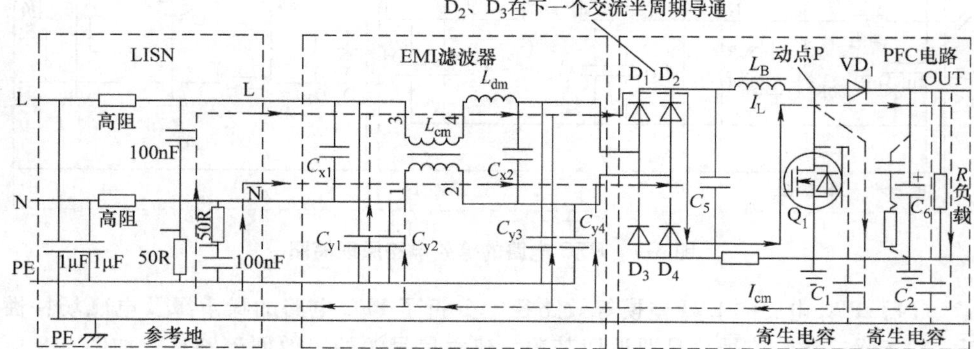

图 4-9　PFC 电路共模电流噪声路径

图 4-9 所示为建立的噪声信号共模电流路径，P 点为电路中的电压跳变点。电路中的共模电流路径很显然要考虑电路中的寄生参数（寄生电容）效应。在第 2 章中，分析了在电路导体中存在大量寄生电容，比如，导线之间、线缆之间、导线与参考地之间等都存在寄生电容，而寄生电容，也就是分布参数是造成 EMC 问题的主要原因。图中电路的动点 P 与参考地就存在等效的寄生电容，为共模电流提供一个路径通道。

注意：在图示进行等效分析时没有考虑磁心导体对地的分布电容，当磁心导体没有采用法拉第屏蔽措施时，同时还需要考虑这个对地分布电容的共模电流路径。

在图示变换器共模电流等效电路中，共模电流的路径主要有两部分。一部分是开关动点 P 通过寄生电容 C_1 到参考接地板，流向 LISN、地走线后再返回源端。还有一部分由输出快恢复整流二极管输出端通过寄生电容 C_2 到参考接地板，流向 LISN、地走线后再返回源端。因此，在电路中开关管 Q_1 与快恢复输出二极管 VD_1 为并联等效。

很显然电路中滤波器的设计特点如下：

1）共模 EMI 滤波器限制了共模电流流向 LISN 的电流，而对于辐射发射，限制共模电流的大小也就是减小的共模电流在地阻抗上的共模电压大小。从而也就减小了输入端长走线或连接线缆的单极子天线效应。

2）Y 电容的设计（C_{y1}、C_{y2}、C_{y3}、C_{y4}）旁路了部分流向 LISN 的电流，而直接返回到源端。从辐射的角度来看，就相当于减小了这个大回流环路的面积，从而减少辐射发射。

3）滤波器中共模电感的高阻抗特性减小了流向 LISN 的共模电流大小。对辐射来说，共模滤波器的高频特性越好，其对高频辐射优化的帮助越大。

因此，对于 PFC 电路，共模电流路径是 EMI 设计的关键点。电路中的动点 P 在回路中有高的 $\mathrm{d}u/\mathrm{d}t$，P 点连接线就是电路中的电场模型，电压变化点是产生共模电流的源头。电路中的共模电流既会产生 EMI 传导发射的问题，还会有 EMI 辐射发射的问题。

辐射发射原理如图 4-10 所示，不要让共模电流流向辐射等效发射天线。比如，减小流过电源线的共模电流，减小回路振荡电压的幅度及频率大小，减小电源回路面积设计等。

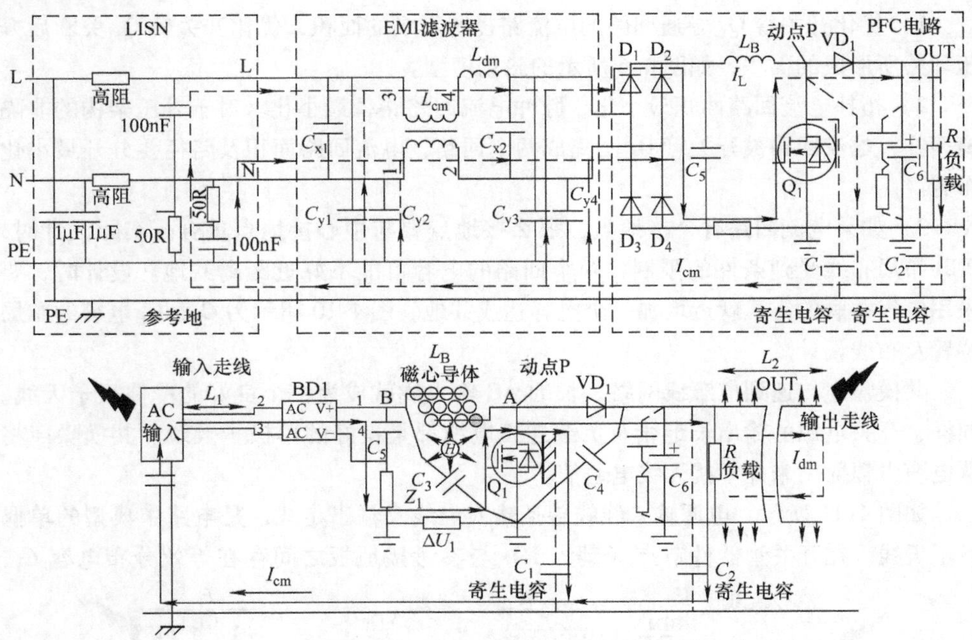

图 4-10　PFC 电路辐射发射及优化示意图

产品或设备中形成辐射有两个必要的条件，即驱动源和等效天线。

大部分情况下，天线是产品中的电缆或 PCB 中尺寸较大的导体。而驱动源是任何两个金属导体之间存在的射频（RF）电位差，两个金属体分别是它的不对称振子天线的两个电极。射频电位差即为共模驱动源，它通过不对称振子天线向空间辐射电磁能量。

共模驱动源可以通过合理的设计避免或者减小。如果设计不合理，则当频率达到 MHz 级时，nH 级别的小电感和 pF 级别的小电容都将产生比较大的影响。两个导体连接处的寄生小电感会产生射频电位差，在开关电源中没有直接连接点的金属体，比如开关电源中开关管的散热器就可能通过寄生小电容变成天线的一部分。

等效天线的一极可能是设备的外部电缆，另一极可能是设备内部 PCB 的地走线、电源线、机壳、散热片、金属背板支架等。当天线两个极的总长度大于 $\lambda/20$ 时，天线的辐射才有可能产生。

当天线的长度与驱动源谐波的波长符合 $L=n(\lambda/4)$，$n=1，2，3\cdots$时，天线发生谐振，辐射效率最大。

在开关电源的电磁兼容中，主要从偶极子天线、单极子天线、环路天线来进行分析设计。

推荐的优化差模辐射发射的设计方法如下：

1）优化开关管 Q_1 导通回路的电流路径所形成的面积，优化开关管 Q_1 关断后升压环路所形成的面积，如图 4-6 所示的磁场模型。

2）拓扑电流回路面积最小化，脉冲电流回路路径最小化。对于升压架构的非隔离拓扑，电流回路被开关管 Q_1 隔离成两个回路，电流回路面积及路径要分开最小化布置。

3）如果电流回路有个接地点，那么接地点要与中心接地点重合。实际设计时，PCB 布局布线受到条件的限制，两个回路的电容可能不好近距离共地。设计时，要采用电气并联的方式就近增加一个电容达成共地。图 4-10 所示为 C_3、C_4 电容的布局位置及布线设计。

共模噪声传递到电源线网络，长的 AC 输入线就成为一个良好的单偶极子天线。同样，开关电源的输出长走线及负载连接电缆都是良好的单极子天线。共模噪声将从电缆中辐射出来并干扰无线电通信。

如图 4-11 所示，电源输入线缆包括输入走线及输出走线，是电路中典型的单偶极子天线。在开关管器件节点（动点 P）与参考接地板之间存在等效分布电容 C_1，

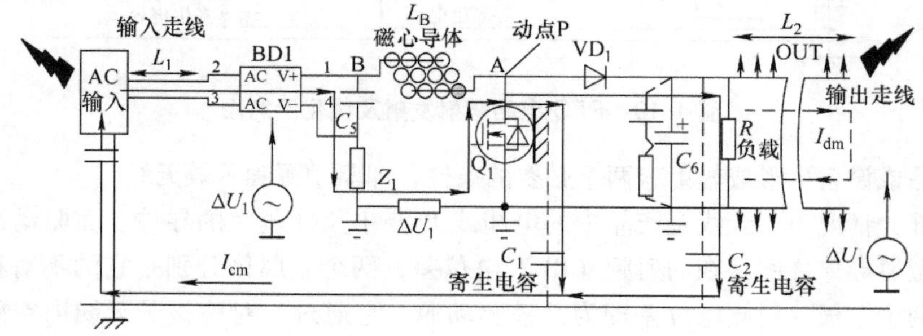

图 4-11　PFC 电路的单偶极子天线辐射发射

开关管器件在高频动作时，开关管两端的电位迅速变化，产生 du/dt 的共模噪声源。同时，在开关管导通和关断时，产生充放电电流，由于开关器件 Q_1 的源极到电容 C_5 回路存在地走线，其地走线阻抗 Z_1 不为零，故 ΔU_1 的噪声源与 L 线、N 线电缆（还包含输入走线）构成共模电流驱动的单偶极子天线模型，对外产生辐射发射。当输出端的走线比较长时，ΔU_1 的共模噪声源也同样对输出端构成单极子天线模型。

同时，开关器件共模噪声源通过分布电容产生共模位移电流，流入输入电源线，构成大环天线模型，对外产生辐射发射。

变化的电场（位移电流）可以产生涡旋磁场，变化的磁场可以产生涡旋电场。产品辐射发射超标的问题是产品中的噪声源传递到产品中的等效发射天线模型再传递发射出去的。其产品中的等效天线模型对应到产品内部的 PCB，主要表现为很多的小型单偶极子天线和众多的环路天线模型。单偶极子天线受共模电流的影响，环路天线受差模电流影响。因此辐射发射的设计方法是减小噪声电流（差模电流与共模电流）流向等效的发射天线模型。

如图 4-11 所示，开关动点 P 的寄生电容会导致共模电流流向参考地，其产生的共模噪声也会辐射到其他电路节点。在实际的应用中，经常会发现开关节点 P 的波形耦合到输入端或输出端，这通常与该电路的 PCB 布局布线设计有关。

优化共模辐射发射的设计，即控制共模电流流向等效发射天线模型。推荐的设计优化方法如下：

1）可以降低共模电压减小共模电流，减小分布电容的大小从而减小位移电流。

2）减小输入端走线长度（L_1），减小输出端的走线长度（L_2），即减小发射天线的有效长度。

3）优化 PCB 的设计减小开关器件的源极到整流桥负极的地走线阻抗，即走线尽量粗而短。

4.2　问题分析

1. EMI 滤波器中的 Y 电容设计

在带有 PFC 电路的 EMI 设计中，如图 4-12 所示，电路中虽然有足够的 EMI 滤波器，但在电源输入线的端口有一对 Y 电容设计时，Y 电容的接地线的长度以及两组 Y 电容接地点的相对距离对 EMI 的共模传导（1MHz ~ 10MHz 频段）有比较大的影响。图中，C_{y1} 与 C_{y2} 的接地点引线及走线电感等效为 L_{p1}；C_{y3} 与 C_{y4} 的接地点引线及走线电感等效为 L_{p2}。L_{p1} 与 L_{p2} 之间始终会存在互感 M，因此通过 C_{y3} 与 C_{y4} 的共模电流就能被互感 M 耦合到 C_{y1} 与 C_{y2} 的 Y 电容走线与 LISN 的回路中，增加共模 EMI 的影响。因此，必须减小两组 Y 电容在电路中产生的互感 M 的大小：

1）两组 Y 电容（C_{y1} 与 C_{y2}、C_{y3} 与 C_{y4}）分别的接地引线要尽量短，从而减小其引线与走线电感 L_{p1}、L_{p2}，达到减小互感 M 的目的。

2）两组 Y 电容之间的接地点的距离要足够大，从而减小其互感 M。

在实际应用中，如图 4-13 所示，一种比较简单的方法是将端口的 C_{y1} 与 C_{y2}、C_{y3} 与 C_{y4} 不直接用导线接地，而是拉开距离后分别接地，从而可以消除两组 Y 电容之间互感 M 的影响。

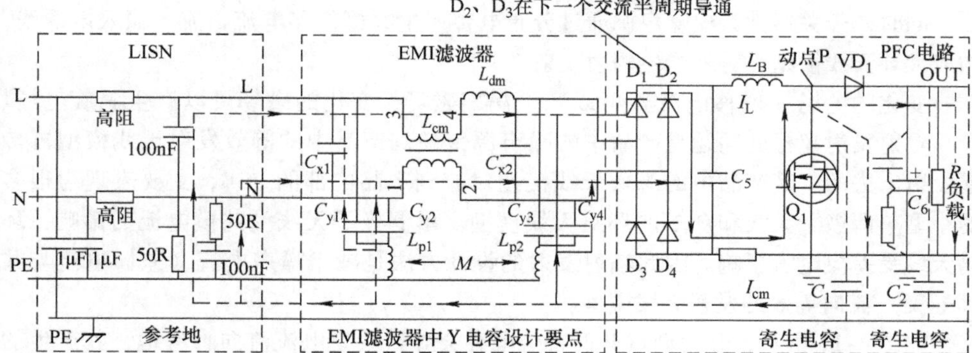

图 4-12　PFC 电路 EMI 滤波器中的两组 Y 电容的互感 M 影响

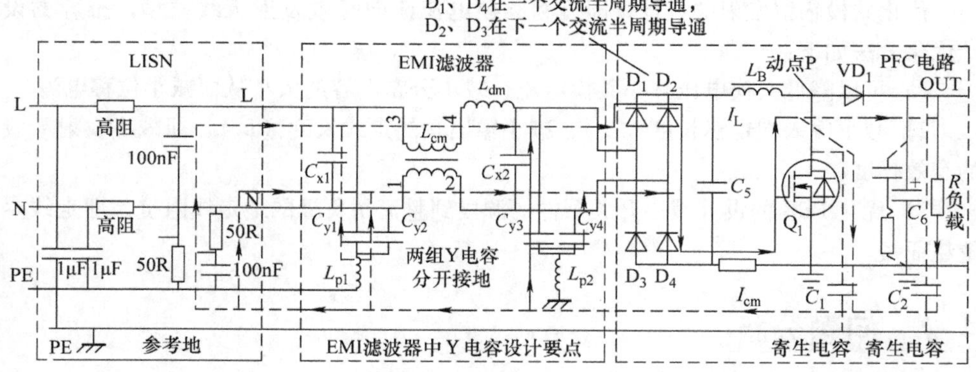

图 4-13　PFC 电路 EMI 滤波器中的两种 Y 电容分开接地

2. PFC 电路影响 EMI 滤波器的性能

在实际应用中，通常 PFC 电路在电源输入的前级，电路 PCB 的尺寸大小、结构相对比较紧凑，PFC 电路部分会与输入电源线、EMI 滤波器距离比较近。如图 4-14 所示，在电路板内部 PFC 电路多少都与输入线缆及 EMI 滤波器部分存在耦合效应（近场耦合）。这种耦合效应会削弱 EMI 滤波器的作用，其测试数据如图 4-14b 所示。由于电路的耦合效应，其实际测试数据可能会超过相关标准的限值要求。如图 4-15 所示，对于可能存在近场耦合的处理方法可以通过增加隔离屏蔽的措施来减弱近场耦合效应的影响。对于同样的电路结构，采用如图 4-15b 所示的屏蔽措施后，其 EMI

在传导发射的整个频率范围内都有很好的裕量。这些数据可供工程师在设计开发中对碰到的问题有针对性地优化。

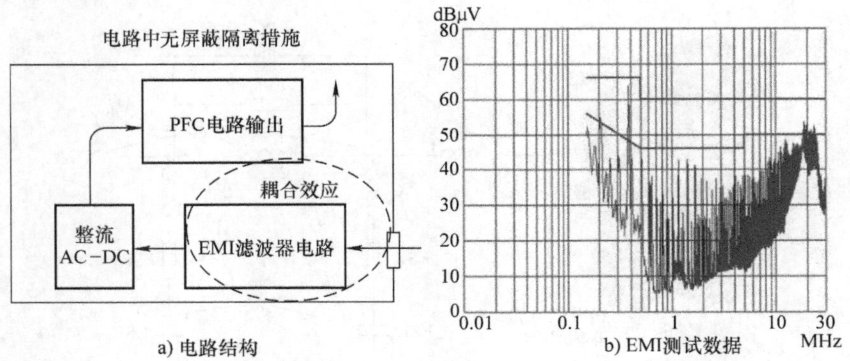

a) 电路结构　　b) EMI测试数据

图 4-14　PFC 电路存在耦合效应时的 EMI 测试频谱

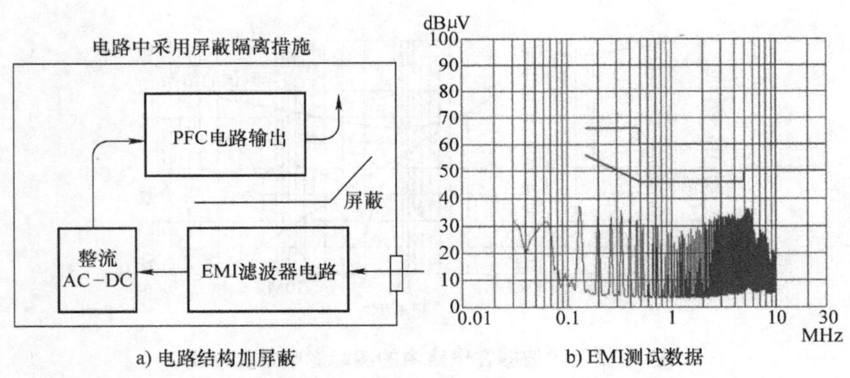

a) 电路结构加屏蔽　　b) EMI测试数据

图 4-15　PFC 电路加屏蔽隔离时的 EMI 测试频谱

除了 PFC 电路对 EMI 滤波器的近场效应外，滤波器中的两个 X 电容的差模电流回路对共模电感互耦也会产生影响。如图 4-16 所示，在 EMI 领域的高频范围都需要分析器件的寄生参数作用。图中，给出 EMI 滤波器的等效寄生参数，其中寄生参数之间还存在互感效应。互感的影响与共模电感的绕线方式和位置有关。由于这些寄生参数的影响和在实际电路中的近场耦合效应，滤波器在电路中的实际测试效果往往与理论设计有非常大的差异。图 4-17 给出了 EMI 滤波器在实际应用中的性能对比，高频下器件的寄生参数是 EMI 特性中比较重要的一部分。而实际测试的结果，往往比考虑寄生参数的影响时更不理想。

这是因为在实际应用中即使考虑寄生参数的影响，EMI 滤波器中的共模电感与 X 电容之间也还存在互感效应，如图 4-18 所示。EMI 滤波器在大约 1MHz 的高频段是一个转折点。如图 4-18c 所示的共模电感均匀绕制，在磁场中能实现抵消的放置方式有更好的高频特性，这些数据可供设计工程师进行参考。在理论与实际差异较大时，还需要分析这些寄生参数及近场效应带来的 EMI 问题。

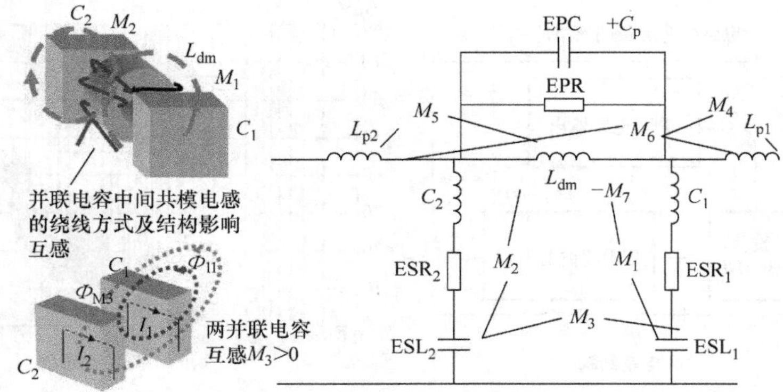

图 4-16　EMI 滤波器中的器件相互之间的互感等效示意图

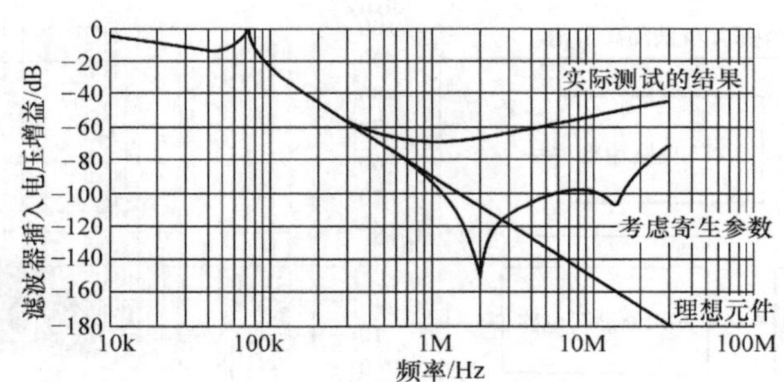

图 4-17　滤波器在电路中的实际影响性能对比

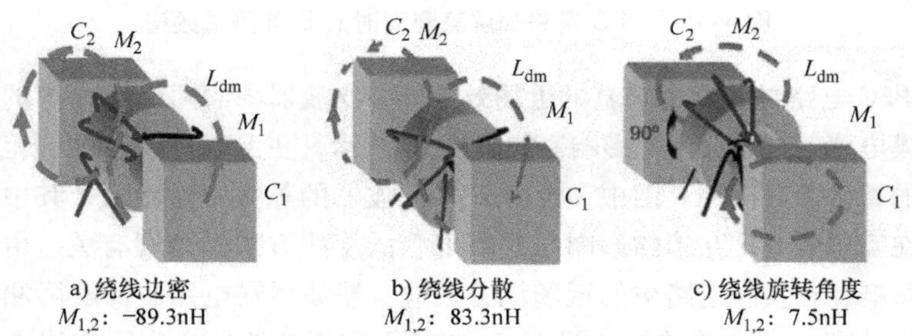

图 4-18　电感的绕线方式及位置的互感特性对比

3. PFC 电路开关动点（du/dt）的电场影响共模滤波

PFC 电路如图 4-19 所示，存在一个电压变化的动点 P（电感及快恢复二极管与开关 MOSFET 漏极节点），这个动点有高的 du/dt。因此，P 点以及与之相连的 PCB 走线就是电路中的电场模型 E。电压变化点是产生共模发射的源头，当 PCB 电路中这个噪声节点与 EMI 输入滤波器距离较近时，就需要考虑该点与 EMI 输入滤波器中的各节点的寄生电容。图中的寄生参数是在一个小型化 PCB 中给出的大致参考值，这样就可以通过仿真的方法得到一个空间耦合的共模耦合成分的参考数据，如图 4-20所示。

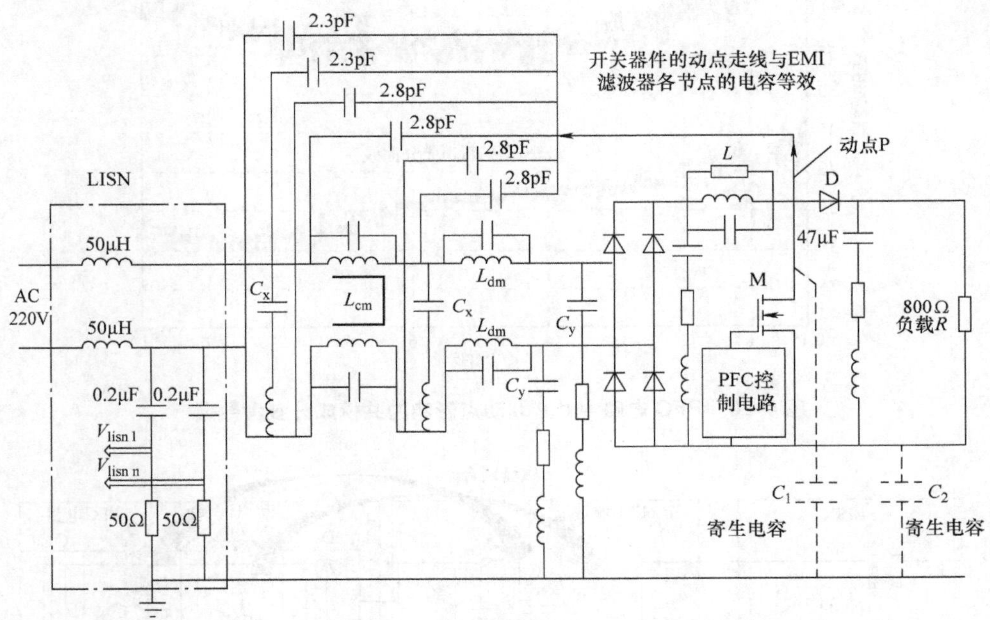

图 4-19　开关器件的动点与 EMI 滤波器中的寄生电容示意图

通过如图 4-20 所示的参考数据，可以得出结论：当开关器件的动点越靠近 EMI 滤波器时，其空间耦合传播的共模成分要比沿导体路径传播的共模 EMI 成分要大得多。

由于 PFC 电路在电源输入的前端，因此电路中的近场耦合是不能忽略的，在没有 PFC 输入的 AC - DC 的反激电路变换器也是同样的道理。当电路原理设计正确时，还需要良好的 PCB 布局布线设计来通过 EMI 测试标准。否则，就无法达到电路设计和 EMI 设计的最高性价比。

4. PFC 电路的工作环路（di/dt）的磁场影响

实际上 PFC 电路中除了有电场的耦合外，还有工作环路的磁场耦合。如图 4-21 所示，由于 PFC 电路在电源输入的前端，也是离 EMI 滤波器最近的干扰源，故其 di/dt 的工作环路 i_1 与 i_2 也会耦合到 EMI 滤波器，从而影响 EMI 滤波器在电路中的性能。

PFC 电路中的这个小环路也会耦合到开关电源电路中存在的共模大环路中，实际上电源产品所造成的 EMI 辐射发射的最终原因还是电源输入与输出电缆。PFC 电

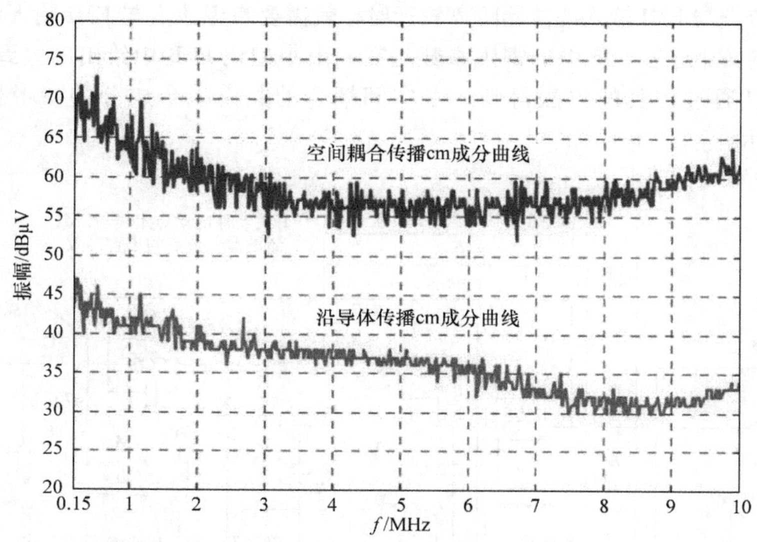

图 4-20 PFC 电路中 d*u*/d*t* 动点影响的共模成分参考数据

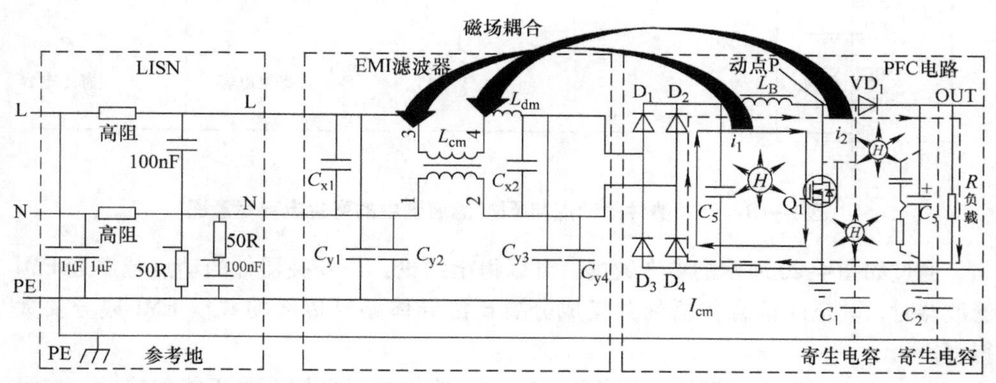

图 4-21 PFC 电路中的磁场（d*i*/d*t*）的环路磁场耦合

路在 PCB 上的环路磁场最终会包含在系统输入与输出电缆这个大环内，说明这两者之间存在较大的感性耦合或互感。

在 PCB 设计中的开关回路本身所能产生的辐射通常有限。但是在近场范围内，它能把它们的近场磁场通过电磁耦合的方式耦合到共模大环路中。在产品中的输入功率连接部分和输出功率连接部分通常有走线或连接线缆成为产品中的天线，同时具备等效共模发射天线的较长电源输入线作为共模大环的一部分，在辐射发射测试的频率下，只要其中的共模电流大于几微安，就会造成产品整体辐射发射超标。

根据电磁场理论，通过近场耦合，在没有任何额外措施的情况下，这种磁耦合现象就会很容易引起带开关电源系统的关联产品辐射发射超标。

图 4-22 所示体现了开关回路与大环路之间的近场耦合原理，对于 EMI 的辐射发射问题，需要关注的是电源线上的共模电流，这个电流直接影响辐射发射大小。电路图中的寄生参数可以根据实际情况进行估算，从图中也能得出，当差模环路面积减小时，环路耦合减小；当开关回路的高频谐波电流减小时，环路耦合也会减小。因此，减小差模环路的面积和在开关管漏极串联高频磁珠减小高频电流的设计都是优化辐射发射的设计方法。

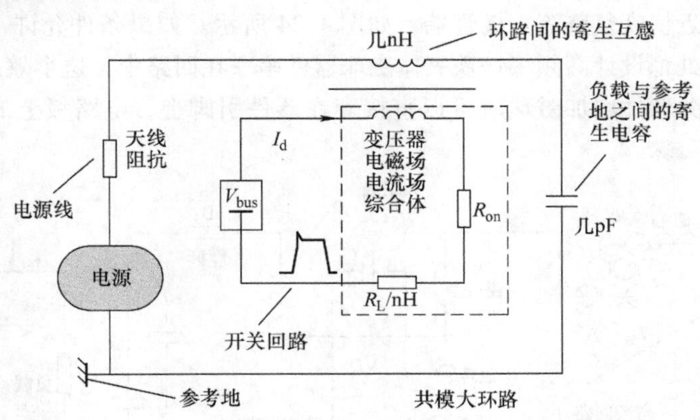

图 4-22　开关回路与大环路之间的近场耦合原理图

目前 PCB 产品的尺寸都比较紧凑，整个 PCB 基本上都在近场耦合的范围。因此，在大多数情况下，小型开关电源的辐射发射并不是电源内部电路的直接辐射，而是输入与输出电源线的辐射。

电源线输入滤波对解决电源的 EMC 问题非常重要，但它不是万无一失的。只有全面分析产品中开关电源的 EMI 干扰源与传递路径才能高效、低成本地解决开关电源的 EMI 问题。

再次提醒一下，在有开关电源的产品系统中，开关回路与产品系统及参考接地板之间所构成的大环路所产生的近场耦合是分析开关电源 EMI 问题的关键环节。

4.3　设计技巧

在实际应用中，由于近场耦合不可避免，所以在不影响器件温升及效率的情况下，减小高频环路非常关键。如图 4-23 所示，C_1、C_2 组成的回路有一个接地点，这个接地点与中心的接地点重合。在设计时，通常受到条件的限制，回路中的电容可能不容易近距离共地。这时就可以采用电气并联的方式就近增加一个高频电容达成共地的设计，即图中 C_1、C_2 的连接方式。

当 PFC 电感到开关器件 Q_1 的漏极走线较长时，可以增加高频镍锌铁氧体磁珠元件串联在回路中吸收高频噪声电流。同理，当快恢复整流二极管到输出储能电解电容的走线较长时也需要增加高频镍锌铁氧体磁珠元件串联在回路中吸收高频噪声电流。

当 PFC 电路工作在连续（CCM）模式下时，快恢复整流二极管需要增加 RC 吸收电路。空间受限时，可直接并联 C_3 电容，其电容值小于 220pF，以避免产生较大的热损耗。

当电路中快恢复整流二极管与开关器件在同一散热器上，走线靠近时，磁珠位置可放置在靠近快恢复整流二极管端，如图 4-24 所示。如果条件允许，则在开关器件的动点位置处都设计高频镍锌铁氧体磁珠器件串联在回路中，这个效果是最好的。**注意**：当给开关器件增加磁珠时可以直接套在器件引脚上，电路板上的长走线则要使用带引线的磁珠。

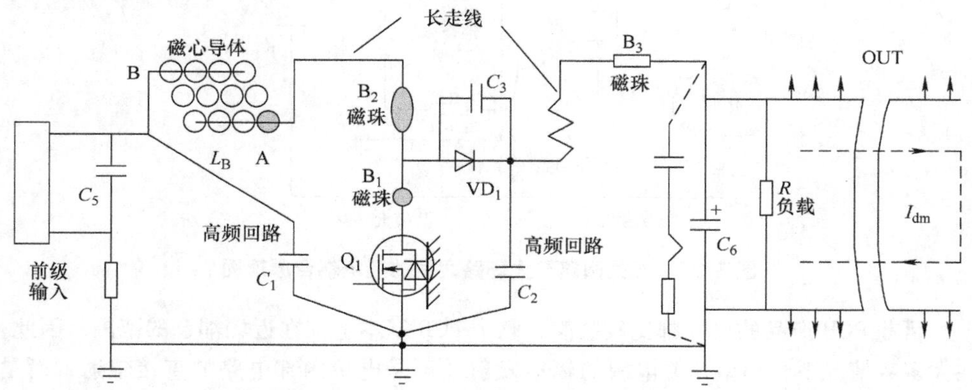

图 4-23　PFC 电路减小高频环路及 du/dt 节点高频磁珠应用示意图

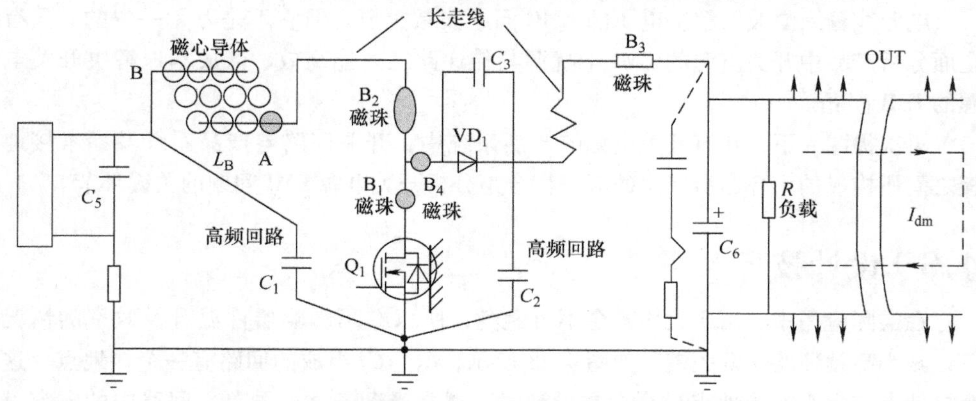

图 4-24　PFC 电路 du/dt 节点增加高频磁珠应用示意图

在 PFC 电路中，由于磁珠串联在回路中，故应该选择大电流型。此型号磁珠应用于要求较大电流的场合，因此就要求它的直流电阻必须很小，约小于普通型磁珠一个数量级，而其阻抗值一般也较小。

特别是引线磁珠要考虑其通过电流的能力，否则器件温升过高，会失去吸收效果。在中小功率的应用场合常用镍锌铁氧体磁珠器件，其基本参数如图 4-25 所示。

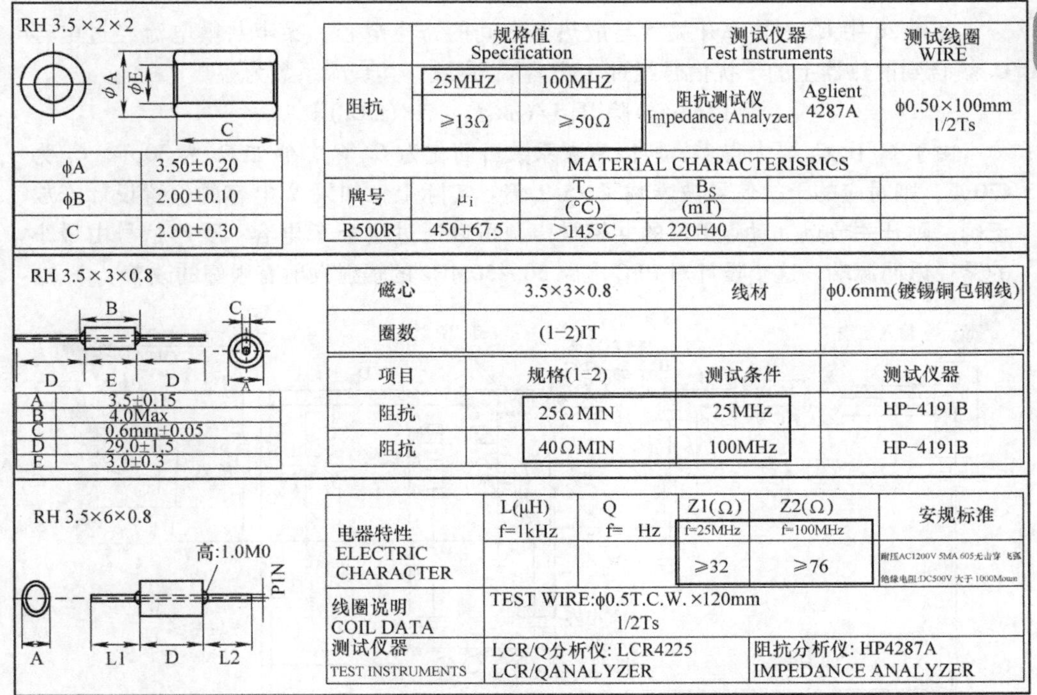

图 4-25　电路中常用镍锌铁氧体磁珠规格参数图

图 4-25 所示为常用镍锌铁氧体磁珠器件厂家规格书中的基本参数说明。磁珠器件是一种阻抗随频率变化的电阻器，在低频情况下，阻抗较低，随着频率的增加，阻抗逐渐增大并开始呈现出电阻功能。当导线中有电流穿过时，铁氧体对低频电流几乎没有阻抗，而对较高频率的电流会产生较大衰减作用。高频电流在其中以热量形式散发，属于吸收式滤波。

选用磁珠时要考虑的参数如下：

1）直流电阻 DCR。

2）额定电流 I 按 80% 设计。

3）100MHz 处的阻抗值 Z 以及封装。

知道抑制的噪声频段范围后，根据频段和磁珠的阻抗频率曲线选择合适的磁珠。当单个磁珠电流不够时，可采用多个并联的方式。

在功率级的 PFC 电路中，产品输出允许接金属壳体/金属背板时，PFC 电路的设计可增加 Y 电容的设计，接在开关管散热器与输出地之间。如图 4-26 所示，设计 Y

电容 C_8，该电容与散热器的连接处离开关管越近越好，容量可选择在 470pF ~ 0.01μF 之间，注意 Y 电容的选择与产品要求的漏电流大小有关。过大的 Y 电容会使产品或电源的漏电流超标。

图 4-26 中 C_7 为功率开关管与散热器之间的寄生电容，噪声共模电流经过电容 C_7 耦合到散热器上的干扰信号经过 Y 电容 C_8 衰减，其衰减系数为

$$1/(\omega C_8)\text{除以}[1/(\omega C_7)+1/(\omega C_8)]$$

由于 C_8 比 C_7 要大得多，所以衰减系数可简化为 C_7/C_8，假如 C_7 为 30pF，C_8 为 470pF，则对应的干扰信号被衰减了 15.7 倍。实际上，如果 Y 电容的位置设计安放正确，则开关节点（动点 P）的共模噪声源可以通过这个 Y 电容，噪声信号由最小的路径返回源端。这个设计对 PFC 电路 30 ~ 50MHz 的辐射发射有很好的改善。

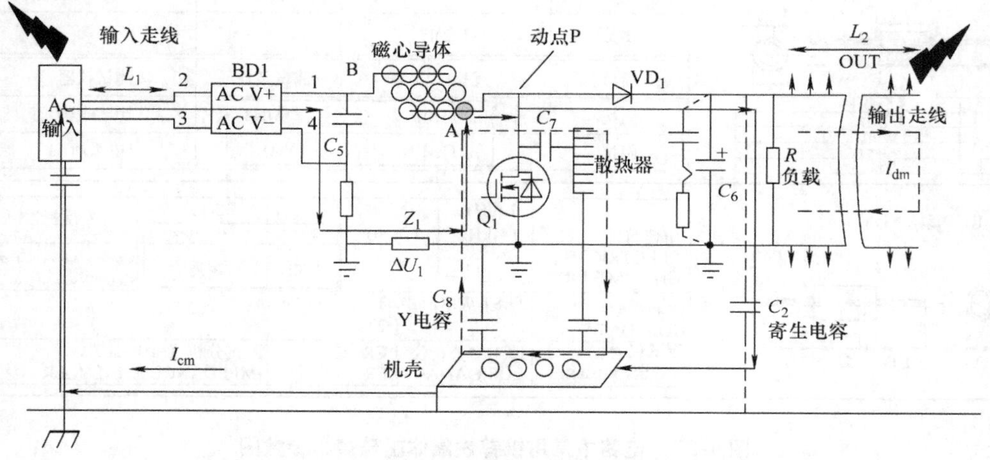

图 4-26 PFC 电路通过对地 Y 电容的设计优化 EMI 示意图

对于 PFC 电路的辐射发射问题，如图 4-26 所示，共模噪声电压 ΔU_1 与地走线阻抗 Z_1 有关；L_1 与输入部分的走线长度有关，如果有外部连接线缆则需要再加上外部电缆的长度；L_2 与输出部分的走线长度有关，如果有接到负载的连接线缆则需要再加上外部电缆的长度；其共模激励源 ΔU_1 的大小还与其动点节点电压有关。这是 PFC 电路形成的不对称的偶极子天线的辐射发射机理。

因此，可以知道 PFC 电路（或变换器）EMI 共模辐射的解决方法如下：

1）减小共模激励源动点的电压大小，做到无尖峰振荡更好。

2）减小激励源动点对参考地的寄生电容，做好 PCB 的设计。

3）减小地回流路径上的地阻抗大小，走线尽量短而粗，在必要时增加高频电容采用电气节点并联小电容的方法，从而减小高频环路设计。

4）减小变换器输入进线走线长度，同时外接线缆也要足够短。减小变换器输出走线接口端子的走线长度，同时接口端子到负载的外接线缆也要足够短。

5）还可以在噪声源开关节点处增加高频磁珠的设计。

6）优化 PFC 电感，合适的磁心材料、绕线方式做到无尖峰噪声电感设计。

对 PFC 电路的设计技巧总结如下：

1）PFC 开关器件的驱动设计：

① 降低驱动速度；

② 合理设计驱动的上升沿与下降沿。

2）优化 PFC 电感：

① 选择合适的磁性材料及绕线方式；

② 减小 PFC 电感的分布电容，设计无噪声尖峰工作电感。

3）PCB 布局：

① 减小所有的高频回路面积，采用功率开关管（MOSFET）+D（快恢复整流二极管）+C（高频小电容）的最短连接方式；选择软快恢复二极管；PFC 电路工作在电感电流断续（DCM）模式或临界（BCM）模式；

② 减小动点的走线长度及宽度（满足电流要求）。

4.4　案例分析

某信息类产品，其产品功率大于 75W 时需要有 PFC 电路设计，其电源板采用 PFC 电路和 LLC 电路作为电源的拓扑结构。在进行 EN55022 CLASS B 等级 EMI 辐射发射测试时不合格。测试数据在水平极化 82.682MHz 处数据超标 1.5dB，如图 4-27 所示。水平极化测试数据从 40～80MHz 呈上升趋势，上升到最高点时数据超标。垂直极化测试数据在 30MHz 有 3.8dB 裕量。

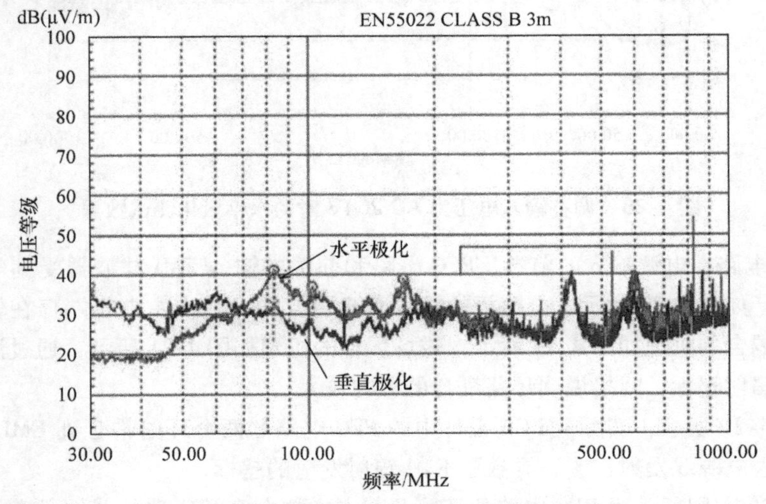

图 4-27　某信息类产品辐射发射测试数据

如图4-27所示，开关电源通常的辐射频段为30～200MHz，并且是连续的频谱包络曲线。由于该信息设备的电路结构为PFC与LLC电路的组合结构，所以通常LLC电路的EMI相对PFC电路来说干扰发射会小得多。但还需要确认的是PFC电路带来的影响。

测量PFC电路升压的最高电压为372V，这时输入交流电压为AC 264V左右。在基本不让PFC电路开关工作的条件下，只将交流输入电压调整到AC 264V，测试数据如图4-28所示。

通常EMI问题的发生是系统多个单元数据的权重总和，为了验证PFC工作电路对82.682MHz处的影响程度，这里按照正常的测试方法，仅考察条件变化后该点的水平极化测试数据。

通过测试数据得到，调整输入电压为AC 264V时，在82.973MHz处附近最小都有3.6dB的测试裕量。

因此，可以判断PFC电路工作时会导致82.682MHz位置的辐射发射数据超出标准限值的问题。

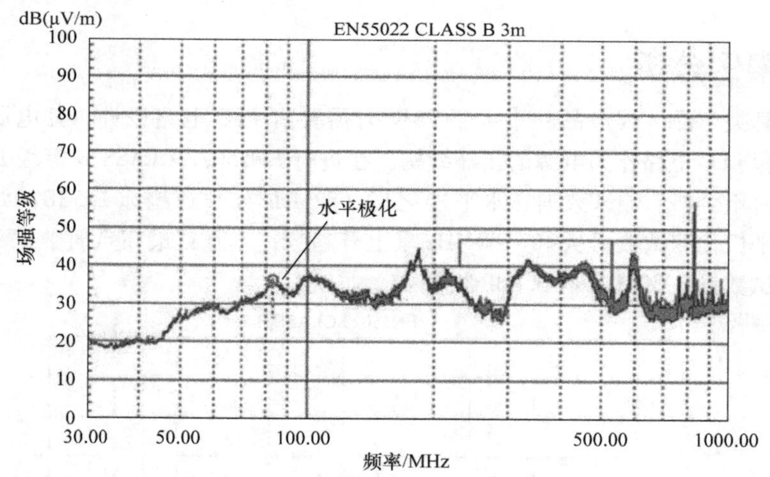

图4-28　调整输入电压为AC 264V时的水平极化测试数据

PFC电路在电源输入的前端，PFC电路和前级的输入EMI滤波器受到电路板空间的限制，如图4-29所示。电路板的输入交流端与PFC输出主电容端存在较近的距离，电场耦合的机理如图4-19所示，磁场耦合的机理如图4-21所示，通过测试水平极性化的辐射超标，间接说明环路耦合的影响较大。

如图4-29所示，实际上PCB设计中的PFC电路的两个环路耦合到EMI滤波器，再通过输入电源线发射出去，导致了EMI辐射发射的超标。

图4-29左图所示为PFC电路的环路及节点增加电容及磁珠的器件示意图，其对

图 4-29　PFC 电路电路板示意图

应的实施方案原理图及参数如图 4-30 所示。

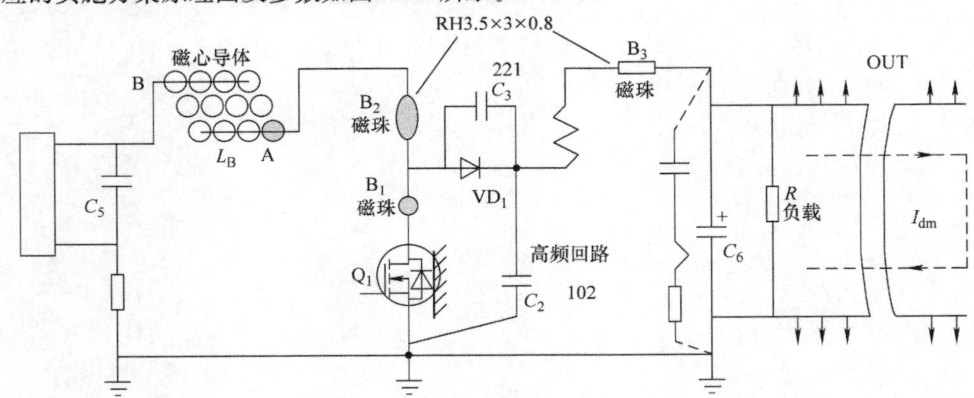

图 4-30　PFC 电路原理优化示意图

对应整改 PCB 板位置的原理示意图如图 4-30 所示。PCB 板增加 C_2 为 1000pF 的高频电容，优化输出的高频环路面积，同时增加磁珠 B_2（RH3.5×3×0.8）。再对产品进行辐射发射测试，其测试数据如图 4-31 所示。结果通过 EMI 测试要求，并且有较好的裕量。

如图 4-31 所示，在测试值最高的 109.156MHz 频点位置的测试读数为 33.8dBμV/m，比限值低 6.2dB，即经过优化系统最少有 6.2dB 的裕量。

因此，当系统存在 PFC 电路等多个拓扑结构，进行 PFC 电路的 EMI 设计时，要减小高频回路面积，采用功率开关管（MOSFET）+D（快恢复整流二极管）+C（高频小电容）的最短连接方式。同时回路中的长走线用磁珠进行替换也是必要的，但需要考虑磁珠的电流容量，并选择合适的参数。

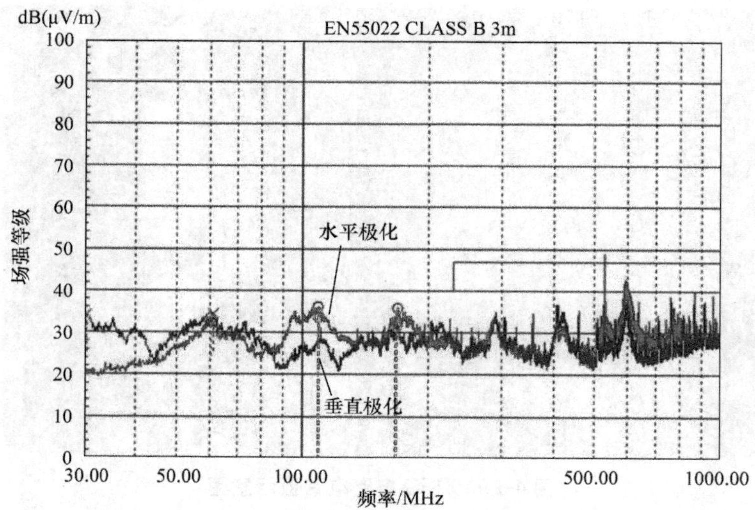

图 4-31　PFC 电路优化后的 EMI 辐射发射测试数据

第 5 章

开关电源LLC电路的EMI分析与设计

现代开关电源技术在一些应用场合趋向于大电流、高效率、高响应速度和高功率密度。基于传统的PWM控制技术，可以通过提高电路工作的频率来提高功率密度，但会使开关损耗增加，导致效率降低，同时EMI的问题随着功率等级的增加处理起来会更加棘手。谐振变换器能实现软开关，从而有效降低开关损耗，在中、高功率变换领域得到广泛的应用。目前的谐振变换器可以分为串联谐振、并联谐振和串并联谐振变换器。串联谐振变换器在轻载时效率较高，但输出电压不方便调节，同时输出直流滤波电容需要承受较大的电流脉动。并联谐振变换器适合用于低电压大电流场合，其谐振电流基本与负载轻重无关，在轻载时效率较低，适用于输出电压范围窄和额定功率处负载相对恒定的场合。串并联谐振变换器结合了串联谐振变换器和并联谐振变换器的特性，但变压器一次侧漏感无法参加谐振，造成了变压器电压电流存在较大的相位差，增大了谐振回路中无功电流和通态损耗。因此，LLC串联谐振变换器电路得到较好的发展和应用。

LLC电路是开关电源中的一种软开关技术，它提高了变换器的效率和功率密度，大幅度降低了开关损耗。LLC谐振变换器容易利用寄生参数实现软开关，满足开关电源的高转换效率、高功率密度和高开关频率的发展趋势。目前常用的拓扑结构为全桥LLC电路和半桥LLC电路，对于中功率的应用，考虑到性价比方面，半桥LLC应用最为广泛。主要有以下特点：

1）LLC电路是基于电压增益的谐振参数优化方法，可以对LLC变换器进行精确的建模和求解。

2）LLC电路是利用基波分析方法，简洁、快速地计算谐振参数。

3）利用频域、时域相结合的方法对LLC变换器进行优化设计。

在实践中，由于LLC电路的软开关特性及磁的抵消特性，对比所有的开关电源电路方面，LLC电路有较小的EMI问题。

在通用的拓扑结构中，LLC电路单谐振电容和分体谐振电容方式最为常用。同时，谐振电感也可以使用单独的电感结构或者是变压器的磁集成结构方式。因此，LLC电路中的高频变压器=磁化电感+谐振电感+理想变压器。

单体谐振电容LLC的电路结构如图5-1所示，LLC器件设计中L_r（谐振电感）

采用磁集成或者分离元件。分体谐振电容 LLC 电路结构如图 5-2 所示。

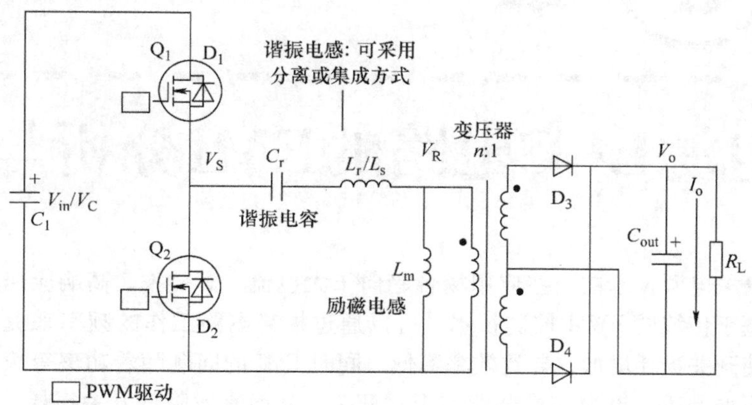

图 5-1 单体谐振电容 LLC 电路结构示意图

如图 5-2 所示，分体谐振电容相较于单个谐振电容，其输入电流纹波和方均根值较小。谐振电容仅处理一半的方均根电流，且所用电容容量仅为单谐振电容的一半。钳位二极管（D_5和 D_6）用来进行简单的过载保护。

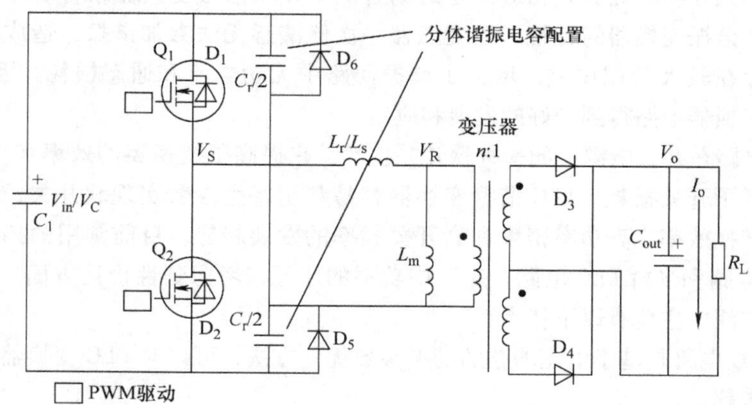

图 5-2 分体谐振电容 LLC 电路结构示意图

在离线式电源后端的 LLC 电路是开关电源中进行 DC－DC 变换直流输出电压的组成部分。对于后端的 LLC 电路，谐振变换器是利用谐振时电压和电流周期性过零实现软开关的。可以通过降低开关器件损耗，提高变换器的效率。谐振网络可以滤除高次谐波，将方波电压转换为正弦电流，同时电流滞后于电压来实现 ZVS 软开关工作。LLC 变换器的优势如下：

1）LLC 电路结构相对简单，有较高的效率，EMI 问题较小。

2）LLC 电路可以在整个运行范围内实现零电压切换（ZVS）。所有的寄生元件，包括所有半导体器件的结电容和变压器的漏磁电感和激磁电感，都可以用来实现电路的 ZVS。

在单体谐振电容方式和分体谐振电容的电路配置上，对 EMI 的分析和设计方法是相同的，这里以最通用的单体谐振电容方式对其在系统中的 EMI 问题进行分析和设计。

5.1　LLC 电路的干扰源及传播路径

LLC 电路在实际应用中的电路模型如图 5-3 所示。电路的基本结构为方波发生器、LLC 谐振槽电路、整流电路、调频控制电路。对于固定电压输出，确定回路中的 C_r、L_r 参数后，电路通过改变频率使 C_r、L_r 的阻抗 Z_r 与变压器输出端负载的等效阻抗（R_{ac}）分压相应改变，最终维持负载电压不变。图 5-4 给出了 LLC 电路的基本原理图及工作波形。

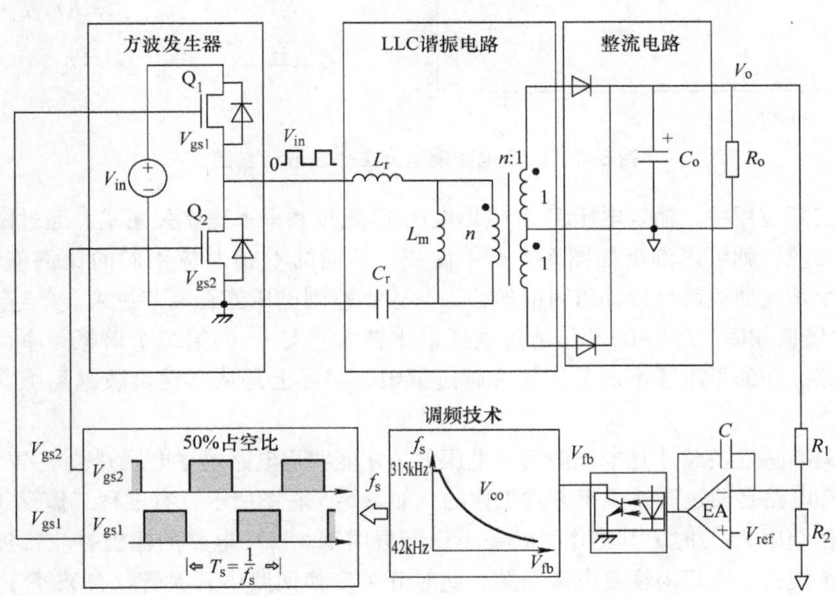

图 5-3　LLC 电路及工作原理示意图

如图 5-3 所示，LLC 电路驱动是方波在工作，Q_1 和 Q_2 交替导通，因此在开关管的公共节点得到也是方波的激励源，但是方波工作在接近 50% 的占空比。对其进行傅里叶变换，把它的第一次基波提取出来，高次谐波先不做分析，在 LLC 电路的一次侧，这个方波的激励源加在 L_r、C_r 上就会得到近似于理想的正弦波的谐振。建立 FHA 的模型，如图 5-4 所示。

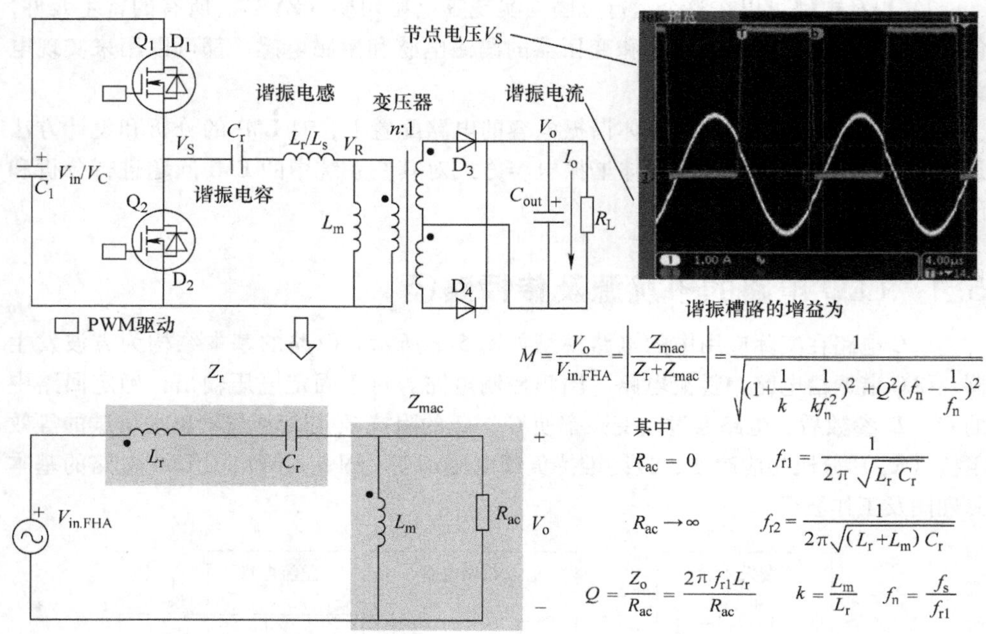

图 5-4 LLC 电路模型及工作波形示意图

在实际应用中，输入电压 V_{in} 和输出电压 V_o 通过频率来建立关系式。通过图中的关系式参数，就可以画出如图 5-5 所示曲线，不同的 Q 值对应不同的比例值增益。通过这个增益曲线就可以知道对应的输入与输出范围电压能否调节过来。$f_r=f_{r1}$ 是 L_r 和 C_r 的谐振频率，f_{r2} 是 L_m（其励磁电感量比较大）与 C_r 的第二个谐振频率，实际上是电路工作的下限频率。工作频率越过下限，实际上是从感性负载跑到了容性负载条件。

注意：只有感性负载才是电流滞后于电压的，才能实现电路的零电压开关（ZVS）。

LLC 电路是通过调整频率方式工作的，如图 5-5 右图所示，有三种工作模式。实际的工作频率 $f>f_r$ 时，其工作时间要小于谐振周期。LLC 电路的输出整流二极管工作在连续模式，有反向恢复电流问题。此时开关变换回路中开关管（MOS 管）关断电流较大，开关管的关断损耗增加。由于二极管有反向恢复电流问题，故其 EMI 效果也会差一些。

实际的工作频率 $f=f_r$ 时，其工作时间也等于谐振周期，电路的效率最高，工作特性也最好，也有好的 EMI 特性。

实际的工作频率 $f<f_r$ 时，其工作时间要大于谐振周期，即部分时间一次侧没有向二次侧传递能量，其效率会有所降低。但此时输出整流二极管工作在断续模式，可实现零电流关断。这时一次侧开关管环路电流损耗增大，由于输出整流二极管工

作在断续模式，故其 EMI 效果会稍好一些。

通常为了达到较好的效率，设计工作频率 $f=f_r$ 是一种常规的方法，因此要根据实际负载的情况进行优化设计。

在三种工作模式中，工作频率 f 等于谐振频率 f_r 模式时，EMI 会比较好，而且效率比较高，同时 LLC 电路中的快恢复二极管工作在电流临界模式。电路效率最高，工作特性最好。

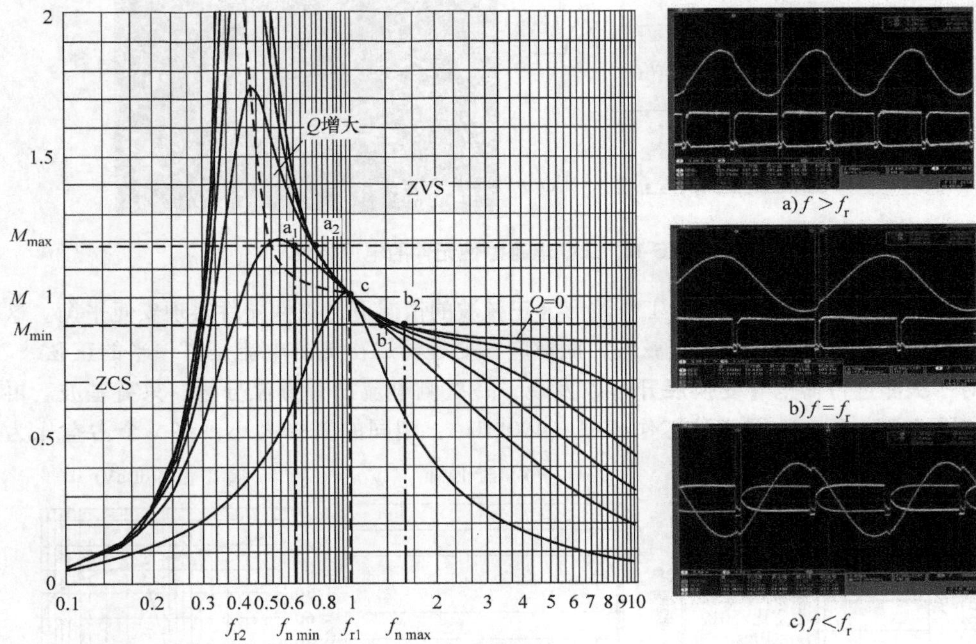

图 5-5　LLC 电路工作 Q 值曲线及工作状态示意图

如图 5-5 所示，在 LLC 电路中实际上也有一些局限性，即只有在工作在谐振点的时候效率最高。主要是它的调节范围不宽，如果把调节范围做宽，则这个效率就会下降。其设计时通常设定工作频率允许范围为 $f_{nmin} \sim f_{nmax}$ 的区间。

1）负载变化时，工作点处于 a_1，a_2 之间；

2）输入电压变化，负载不变时，工作点在 a，b 之间；

3）c 点是最理想的工作点；

4）满载最大增益对应最低频率；

5）轻载最小增益对应最高频率。

1. LLC 电路的干扰源

LLC 电路中的主要元器件为开关功率器件（以 MOS 管为例来分析）、谐振电感及励磁变压器（或磁集成变压器）、快恢复整流二极管，同时这三个元器件也是 EMI

问题产生的干扰源头。

通过对 LLC 电路噪声谐波分析，如图 5-6 所示，变压器及谐振电感交替工作在接近 50% 的占空比。对开关器件的梯形波进行傅里叶变换，把它的第一次基波提取出来，在 LLC 电路的一次侧，这个方波的激励源加在 L_r、C_r 上就会得到近似于理想的正弦波的谐振。

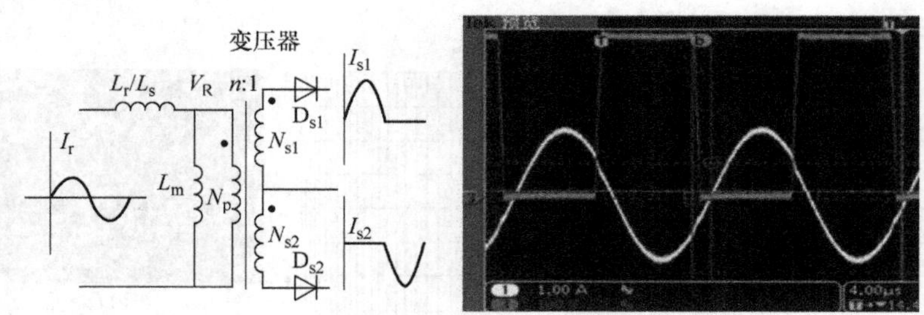

图 5-6 LLC 电路磁性元件的电流特性

如图 5-6 所示，实际的工作波形为正弦波的情况下，磁性器件实现安匝平衡。这时变压器的一次侧是一个正弦波，而对应在变压器二次侧的电流是各一半的正弦波。对一次侧进行傅里叶变换展开可以发现，一次侧电流没有直流分量，只有基波。再如图 5-7 所示，在同样的工作频率（400kHz），相同的振幅大小，将一个占空比为

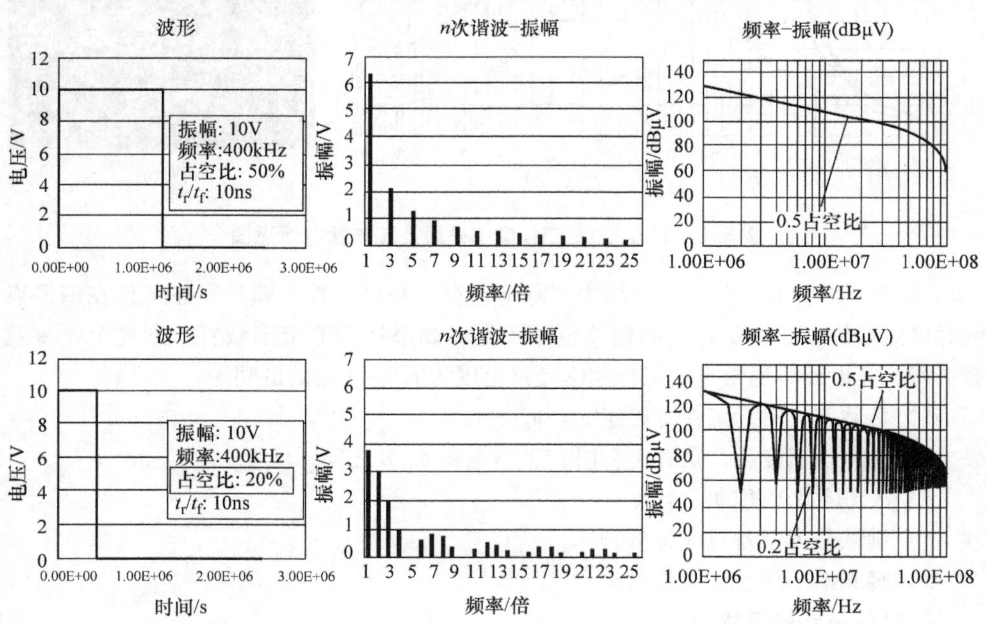

图 5-7 相同频率及振幅不同占空比的梯形波的频谱特性示意图

20% 和一个占空比为 50% 的梯形波进行傅里叶变换，观察其谐波及频谱特性。当占空比为 50% 时，只有奇次谐波；当占空比不是 50% 时，梯形波因此会产生偶次谐波。但是两个同频率同振幅的梯形波，其频谱的峰值是相同的，随着脉冲宽度变窄，其基波频谱的振幅会衰减。

变压器的一次侧与二次侧都要实现安匝平衡。LLC 电路在时域的安匝平衡：变压器谐振电感工作在磁化曲线的一、三象限，一次侧双向励磁，二次侧各 50% 导通工作。这样在奇次谐波情况下，一次电流与两个二次电流之间实现安匝平衡，如图 5-8所示。

而对于频域的安匝平衡：对于偶次谐波来说，不管是直流分量还是偶次谐波一次侧都没有，只有在两个二次侧之间存在。因此，奇次谐波在一次侧与两个二次侧之间平衡；而偶次谐波只在二次绕组间平衡，如图 5-9 所示。

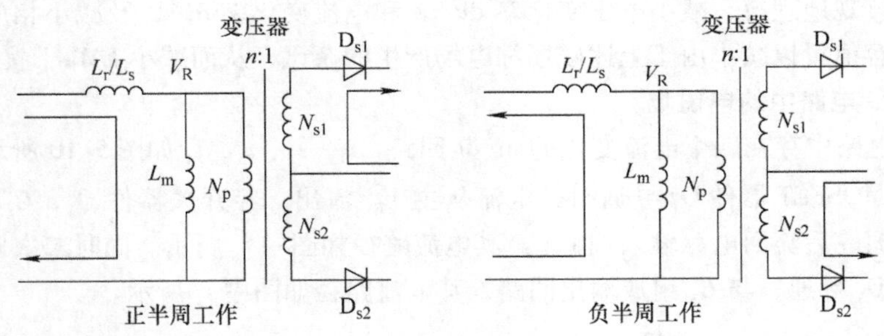

图 5-8　LLC 电路时域的安匝平衡

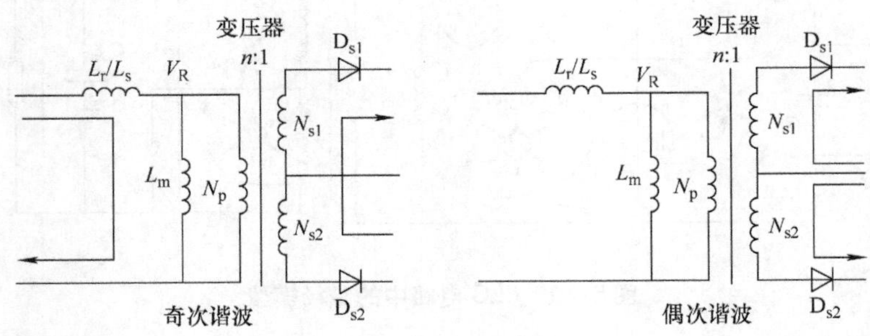

图 5-9　LLC 电路频域的安匝平衡

图 5-4 给出了 LLC 电路模型及工作波形测试图。在两个开关器件的 V_S 节点为梯形波开关波形。开关器件（开关 MOS 管）Q_1 与 Q_2 交替工作在高速开关循环状态，此时对应的 du/dt 和 di/dt 也会高速循环变化，因此电路中的开关器件既是电场耦合的噪声干扰来源，还是磁场耦合的噪声干扰来源。

LLC 电路中变压器的励磁电感 L_m 及谐振电感（L_r/L_s 磁集成元件）随着开关器

件的高速循环变化，其对应的 di/dt 也会高速循环变化，因此电路中的变压器与谐振电感或磁集成器件是磁场耦合的噪声干扰来源。

在 LLC 电路中，快恢复整流二极管 D_3 与 D_4（D_{s1} 与 D_{s2}）通常有两种工作模式，即工作电流断续（DCM）模式与工作电流连续（CCM）模式。当工作在电流断续模式时，输出整流二极管可以实现零电流开关，di/dt 的影响相对较小。但是，快恢复整流二极管的寄生参数与电路中走线寄生电感、器件引线电感等参数会产生高的 du/dt 振荡，因此电路中的快恢复二极管至少是电场耦合的噪声干扰来源。

在 LLC 电路中，开关器件 Q_1 与 Q_2（MOS 管）的工作电压电流波形对应的 di/dt 与 du/dt 是电路中最大的噪声源，Q_1 与 Q_2 开关节点（V_S）时域的波形为梯形波，对时域的波形进行傅里叶变换（非周期），在频域得到连续的噪声频谱。

磁场和电场的杂讯与变化的电压和电流及耦合通道（如寄生的电感和电容）直接相关。直观地理解，减小电压变化率 du/dt 和电流变化率 di/dt 及减小相应的杂散电感和电容值可以减小由于上述磁场和电场产生的杂讯，从而减小 EMI 干扰。

2. LLC 电路中的电磁场

LLC 电路中存在四个电流变化的 di/dt 回路，i_1、i_2、i_3、i_4 如图 5-10 所示。当主电路中的 MOSFET 器件 Q_1 导通时，电流从主 V_{E+} 流出，经开关器件 Q_1，C_r、L_r、L_m 组成的谐振腔后流回电源输入端 V_{E-}。其电流路径如图中 i_1 所示。同时二次侧输出整流二极管 D_3 导通，与 C_3 组成输出回路，其电流路径如图中 i_3 所示。

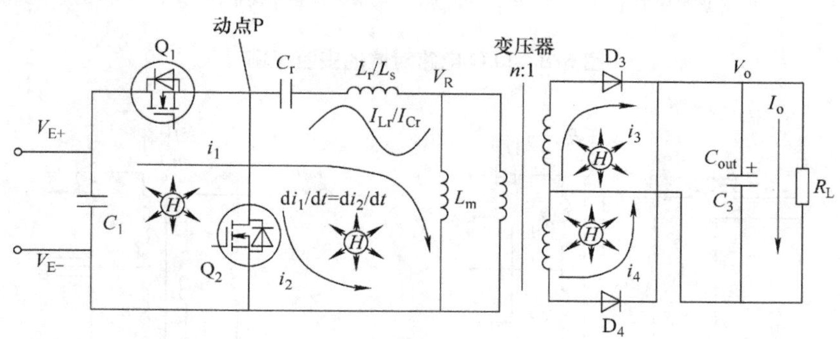

图 5-10　LLC 电路中的磁场模型

当 Q_1 开关管关断，经过死区时间后，Q_2 开关管导通，由谐振腔和开关器件 Q_2 构成回路，电流反向流动，其电流路径如图中 i_2 所示。同时二次侧输出整流二极管 D_4 导通，与 C_3 组成输出回路，其电流路径如图中 i_4 所示。回路电流 i_1、i_2、i_3、i_4 都是不连续的，这意味着它们在发生切换时有变化电流 di/dt，其中就必然存在高频成分。在电路中 di/dt 对应的是磁场 H 的变化。因此，在回路中 i_1、i_2、i_3、i_4 是差模电流，差模电流的发射对应为环形天线。磁场模型与差模辐射相对应。通常 D_3、D_4 幅值相等，相位相反，在变压器绕制时是对称结构。因此 D_3、D_4 的噪声可以认为是抵消的。

差模电流流过电路中的导线环路时将引起差模辐射，这种环路相当于小环天线，能向空间发射辐射磁场或接收磁场，因此必须限制环路的大小和面积。

在 LLC 电路中，还存在一个高电压变化的动点 P（两个开关的工作节点）。如图 5-11所示，图中的 P 位置点存在电压的变化，这个动点有高的 du/dt。因此，P 节点以及与之相连的 PCB 走线就是电路中的电场模型 E。同样，在变压器的输出绕组上还存在另外两个电压的动点 P_2、P_3，由于变压器结构为降压变换，故这个动点的电压比一次侧产生的影响要小。电压变化点是产生共模发射的源头，也是电源中共模电流的路径。共模电流产生共模发射，共模发射可等效为单偶极子天线。电场模型 E 与共模辐射相对应。

注意：共模电流是由于电路中存在电压降，某些部位具有高的共模电压。当外接电缆及长的走线与这些部位连接时，就会在共模电压激励下产生共模电流，成为辐射电场的天线，这多数是由于接地系统中存在电压降所造成的。共模辐射通常决定了产品的总辐射性能，因此必须缩短动点走线的长度，还需要减小电路中地走线的地阻抗。

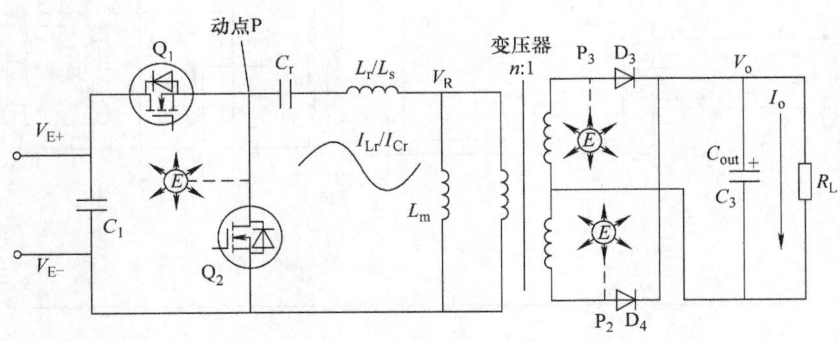

图 5-11　LLC 电路中的电场模型

因此，结合 di/dt、du/dt、源阻抗、环天线、杆天线（单极子和偶极子天线）在开关电源中的情况，就能解决好电磁兼容问题。

3. LLC 电路的 EMI 传播路径

LLC 电路是位于电源后端的变换器电路，其通常和 PFC 电路一起使用。前面对 PFC 电路进行了详细的分析，因此，在进行 LLC 电路 EMI 路径分析时，这里直接将测试等效（省去 PFC 和 EMI 滤波器）到 LLC 电路，构成基本的电路结构，如图 5-12所示。为了分析方便，共模电流的路径同样将关键位置的寄生电容等效在电路中。

（1）LLC 电路的 EMI 差模等效路径　分析了 LLC 电路的噪声源及电磁场特性后，对于噪声源，信号总是要返回其源的，故建立信号源的等效回流路径。如图 5-13所示，将测试等效到 LLC 变换器电路结构，建立差模电流的信号传递路径。

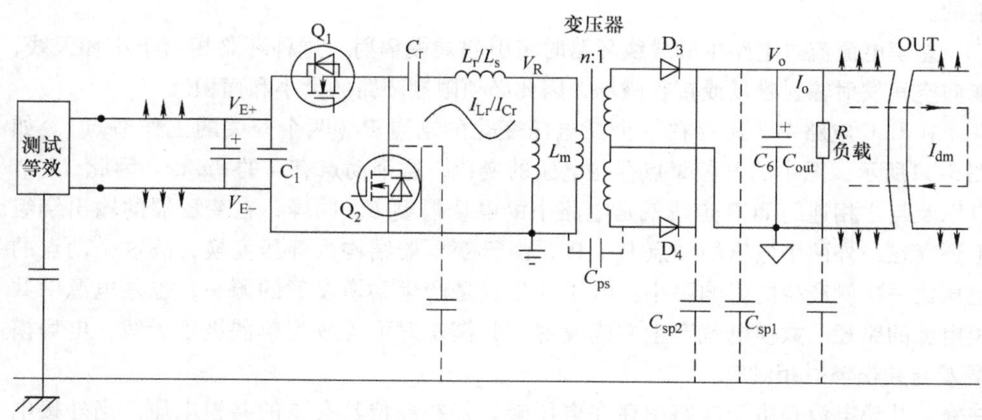

图 5-12　LLC 电路的等效电路原理简图

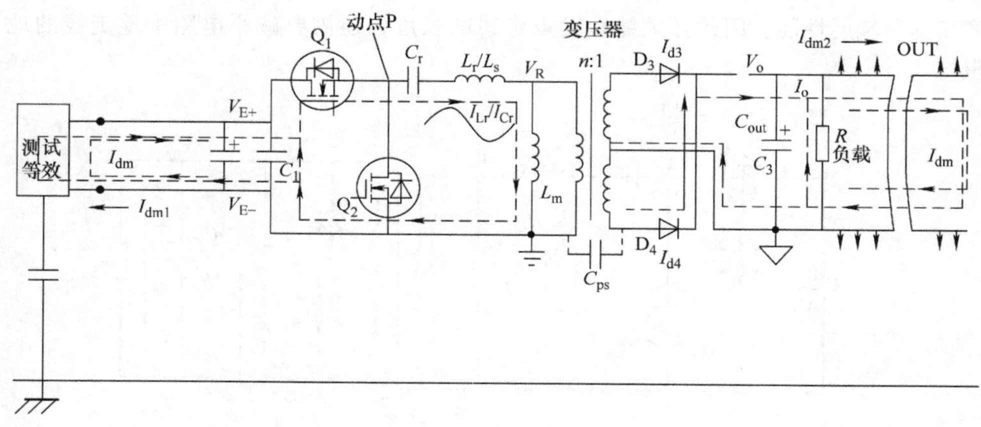

图 5-13　LLC 电路差模电流噪声路径

图 5-13 所示为建立的噪声信号回流路径。I_{Lr}/I_{Cr} 为开关器件 Q_1、Q_2 交替导通的工作电流；I_{d3}、I_{d4} 为二极管 D_3、D_4 的工作电流；P 点为电路中最高电压跳变点。电路中的差模噪声电流主要有 I_{dm1} 和 I_{dm2} 两部分。LLC 电路一次侧的差模噪声电流 I_{dm1} 通过 LISN 线性测试阻抗网络，被接收机获取并产生差模干扰。另一部分电流 I_{dm2} 在输出回路形成差模噪声，带来电源输出的纹波和噪声。

很明显，对于差模传导的干扰噪声，在变换器输入端 V_{E+} 的大电容上再并联一个高频电容（比如 104）是有必要的。设计一个高频的旁路电容就能减小流过测试 LISN 的噪声电流，从而减小差模传导干扰。注意，小的高频电容要靠近两个开关管 Q_1、Q_2 放置。对于输出的纹波和噪声的电压，可以通过增加输出电容容量达到目的。而对于输出的高频噪声，同样在输出电容上并联一个高频 104 电容能实现较好的效果。

（2）LLC 电路的 EMI 共模等效路径　在电路中，除了存在差模噪声外还有共模噪声的问题。而对于 EMI 来说，共模电流噪声则是引起 EMI 测试数据超标的主要原因。同样的，利用噪声信号返回其源的思路建立共模电流信号的传递路径如图 5-14 所示。

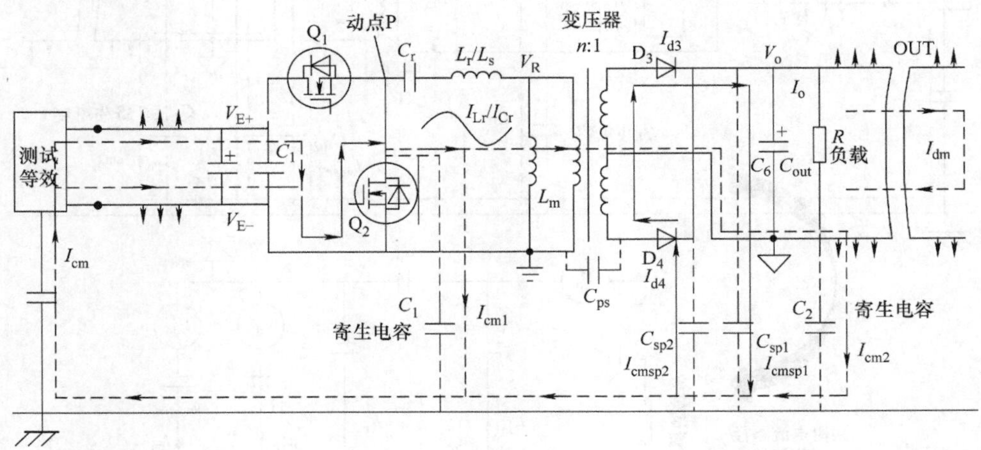

图 5-14　PFC 电路共模电流噪声路径

图 5-14 所示为建立的噪声信号共模电流路径，P 点为电路中的电压跳变点。电路中的共模电流路径很显然要考虑电路中的寄生参数（寄生电容）效应。在前面的第 2 章中，分析了在电路导体中存在大量寄生电容，比如，导线之间、线缆之间、导线与参考地之间等都存在寄生电容，而寄生电容也就是分布参数是造成 EMC 问题的主要原因。在图中电路的动点 P 与参考地之间就存在等效的寄生电容，为共模电流提供一个路径通道。

注意：在图中进行等效分析时没有考虑磁心导体对地的分布电容，在 LLC 电路分析时假设变压器一二次侧的寄生电容 C_{ps} 远大于磁心导体对地的分布电容，因此先不需要考虑这个对地分布电容的共模电流路径。

在图示变换器共模电流等效电路中，共模电流的路径主要有两部分。一部分是开关动点 P 通过寄生电容 C_1 到参考接地板，流向测试等效、地走线后再返回源端。还有一部分由开关动点 P 通过变压器一二次侧的寄生电容 C_{ps} 流向二次侧输出地走线，再通过寄生电容 C_2 到参考地，流向测试等效、地走线后再返回源端。

而对于二次侧输出二极管 D_3、D_4 的动点电压，其幅值相等、相位相反，产生的共模噪声电流 I_{cmsp1} 和 I_{cmsp2} 相位相反，可以抵消。

注意：如果 I_{cmsp1} 和 I_{cmsp2} 不能抵消时，建立如图 5-15 所示的简化共模电流路径等效电路进行分析。可以采用屏蔽的方法让正反向总电流抵消。

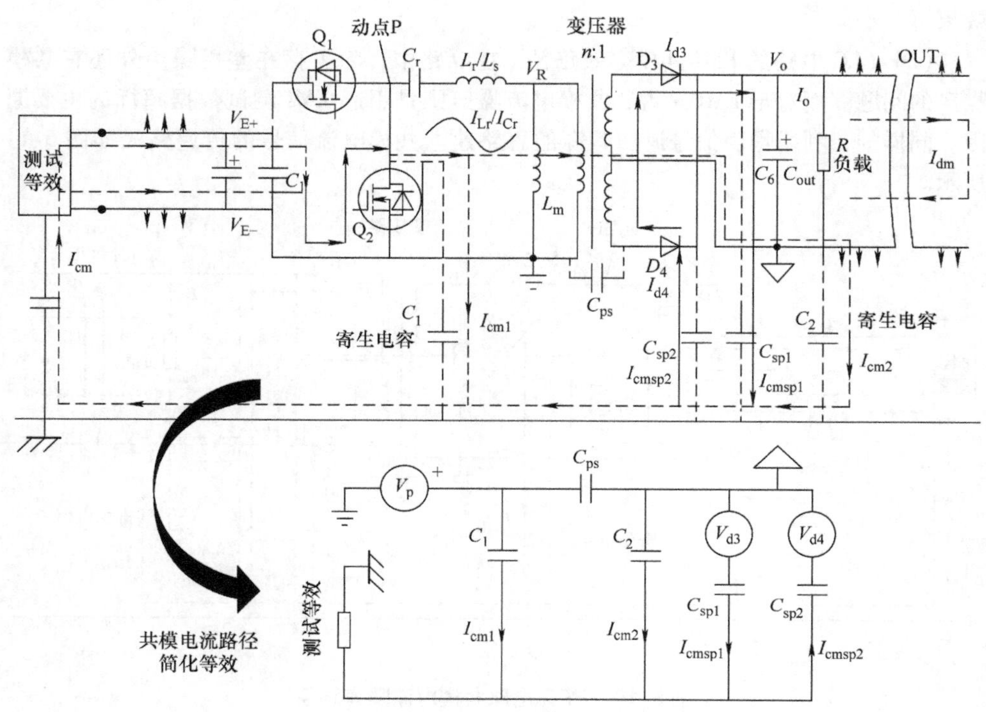

图 5-15　LLC 电路共模电流路径简化等效示意图

LLC 电路中共模噪声路径等效如图 5-15 所示。

1）噪声源电流从 P 点出发，通过该节点到参考地的分布电容 C_1 再到参考地，最后到测试等效。

2）噪声源电流从 P 点出发，通过变压器一二次侧寄生电容 C_{ps} 到二次侧的输出地走线，再通过寄生电容 C_2 到参考地，最后到测试等效。

3）输出整流二极管 D_3 经过变压器二次侧的寄生电容 C_{sp1}，噪声源 V_{d3}，从中间节点返回其源。

4）输出整流二极管 D_4 经过变压器二次侧的寄生电容 C_{sp2}，噪声源 V_{d4}，从中间节点返回其源。

这里面有三个噪声源，V_{d3} 与 V_{d4} 幅值相等，相位相反。如果 I_{cmsp1} 与 I_{cmsp2} 中绕组对应的两个耦合电容是一样大的，则这两个噪声电流就会一样大。在大部分情况下变压器二次侧采用双线并绕的方式。变压器的绕制是对称的，则可认为这两个分布电容是一样大的，因此，V_{d3} 和 V_{d4} 的噪声是相互抵消的。

共模噪声的另一个关键点是变压器一次侧通过二次侧的耦合电容 C_{ps} 来形成的，如果能把 C_{ps} 电容变小，则电容减小后其共模噪声电流就减小了。而减小 C_{ps} 的方法可以采用变压器的一二次侧加屏蔽层的设计。

因此，对于 LLC 电路，共模电流路径是 EMI 设计的关键点。电路中的动点 P 在回路中有高的 du/dt，P 点连接线就是电路中的电场模型，电压变化点是产生共模电流的源头。电路中的共模电流既会产生 EMI 传导发射的问题，还会有 EMI 辐射发射的问题。

对于辐射发射，其发射原理如图 5-16 所示，不要让共模电流流向辐射等效发射天线。比如减小流过电源线的共模电流大小，减小回路振荡电压的幅度及频率大小，减小电源回路面积设计等。

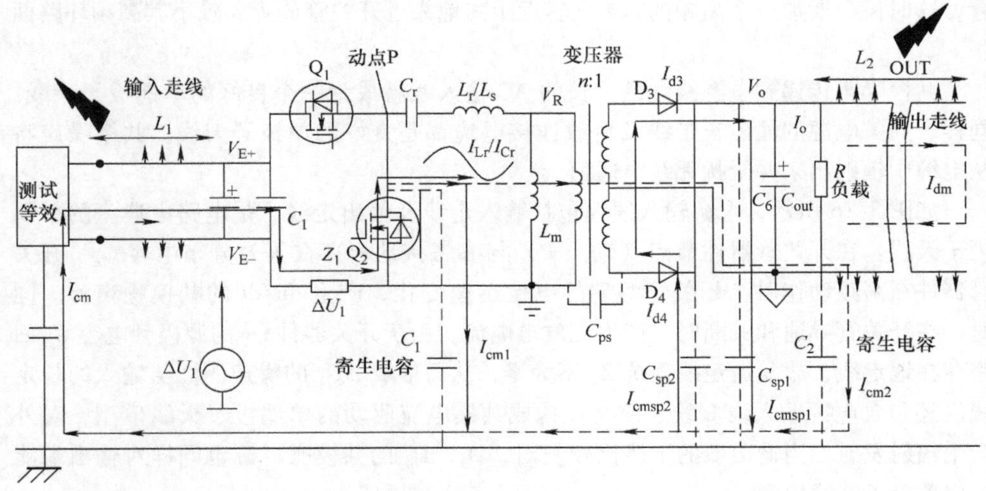

图 5-16　LLC 电路辐射发射示意图

产品或设备中形成辐射有两个必要的条件，即驱动源和等效天线。

大部分情况下，天线是产品中的电缆或 PCB 中尺寸较大的导体。而驱动源是任何两个金属导体之间存在的射频（RF）电位差，两个金属体分别是它的不对称振子天线的两个电极。射频电位差即为共模驱动源，它通过不对称振子天线向空间辐射电磁能量。

共模驱动源是可以通过合理的设计避免或者是减小的。如果设计不合理，则当频率达到 MHz 级时，nH 级别的小电感和 pF 级别的小电容都将产生比较大的影响。两个导体连接处的寄生小电感会产生射频电位差，在开关电源中没有直接连接点的金属体，比如开关电源中开关管的散热器就可能通过寄生小电容变成天线的一部分。

等效天线的一极可能是设备的外部电缆，另一极可能是设备内部 PCB 的地走线、电源线、机壳、散热片、金属背板支架等。当天线两个极的总长度大于 $\lambda/20$ 时，天线的辐射才有可能产生。

当天线的长度与驱动源谐波的波长符合 $L=n(\lambda/4)$，$n=1, 2, 3\cdots$时，天线发生谐振，辐射效率最大。

在开关电源的电磁兼容中，主要从偶极子天线、单极子天线、环路天线来进行分析设计。

电路中工作电流的环路是与差模辐射发射相关的：

1）优化开关管 Q_1 导通回路的电流路径所形成的面积；优化开关管 Q_1 关断经过死区时间后 Q_2 导通的电流环路所形成的面积；优化二次侧输出整流滤波回路的环路面积。磁场模型如图 5-10 所示。

2）通常受 PCB 结构的影响，输入的大电解电容不能十分靠近开关管 Q_1、Q_2 放置，这时需要增加一个高频的104 电容近距离地靠近开关管放置，减小其高频环路面积。

共模噪声传递到电源线网络，长的 AC 输入线就成为一个良好的单偶极子天线。同样，开关电源的输出长走线及负载连接电缆都是良好的单极子天线。共模噪声将从电缆中辐射出来并干扰无线电通信。

如图 5-16 所示，电源输入线缆包括输入走线及输出走线，是电路中典型的单偶极子天线。在开关管器件节点（动点 P）与参考接地板存在等效分布电容 C_1，开关管器件在高频动作时，开关管两端的电位迅速变化，产生 $\mathrm{d}u/\mathrm{d}t$ 的共模噪声源。同时，在开关管导通和关断时，产生充放电电流，由于开关器件 Q_2 的源极到电容 C_1 回路存在地走线，故其地走线阻抗 Z_1 不为零，从而形成 ΔU_1 的噪声源，与输入的长走线（还包含电源输入线 L 线、N 线）构成共模电流驱动的单偶极子天线模型，对外产生辐射发射。当输出端的走线比较长时，D_3、D_4 的共模噪声源也同样对输出端能构成单极子天线模型。

同时，开关器件共模噪声源通过分布电容产生共模位移电流流入输入电源线构成大环天线模型，对外产生辐射发射。

变化的电场（位移电流）可以产生涡旋磁场，变化的磁场可以产生涡旋电场。产品辐射发射超标的问题是产品中的噪声源传递到产品中的等效发射天线模型再传递发射出去的。其产品中的等效天线模型对应到产品内部的 PCB，主要表现为很多的小型单偶极子天线和众多的环路天线模型。单偶极子天线受共模电流的影响，环路天线受差模电流影响。因此辐射发射的设计方法是减小噪声电流（差模电流与共模电流）流向等效的发射天线模型。

如图 5-16 所示，开关动点 P 的寄生电容会导致共模电流流向参考地，其产生的共模噪声也会辐射到其他电路节点。在实际的应用中，经常会发现开关节点 P 的波形耦合到输入端或输出端，这通常与该电路的 PCB 布局布线设计有关。

优化共模辐射发射的设计，即控制共模电流流向等效发射天线模型。推荐的设计优化方法如下：

1）可以降低共模电压，减小共模电流，减小分布电容的大小，从而减小位移电流。

2）减小输入端走线长度（L_1），减小输出端的走线长度（L_2），即减小发射天线的有效长度。

3）优化 PCB 的设计减小开关器件的源极到输入电容负极的地走线阻抗，即地走线尽量粗而短。

5.2 问题分析

1. LLC 电路二次侧输出噪声源的抵消问题

前面分析了 LLC 电路有三个噪声源，如图 5-17 所示。u_{D1} 与 u_{D2} 的幅值相等，相位相反。如果 i_{cmsp1} 与 i_{cmsp2} 中绕组对应的两个耦合电容是一样大的，则这两个噪声电流就会一样大。因此，u_{D1} 和 u_{D2} 的噪声是相互抵消的。

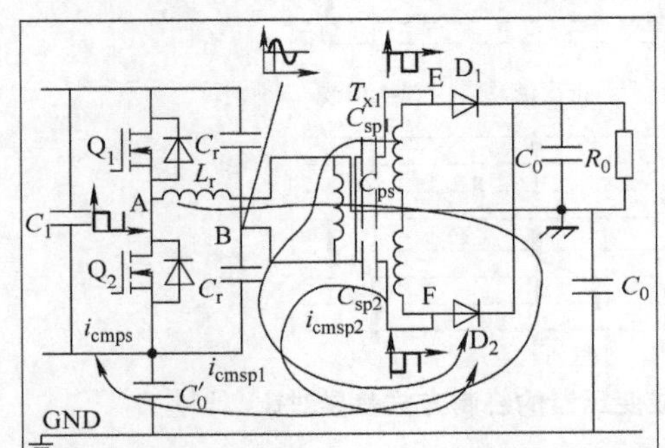

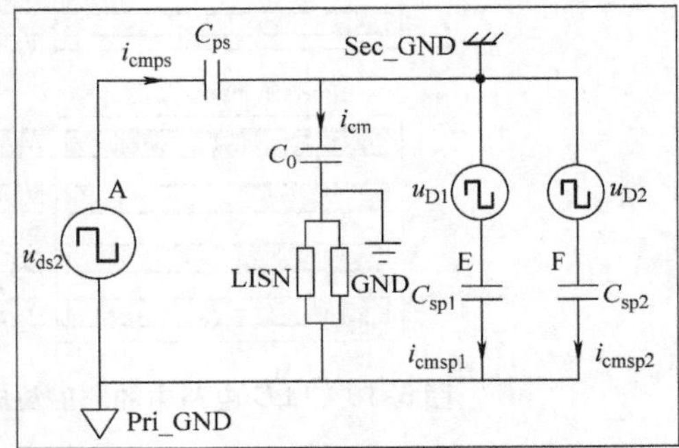

图 5-17　LLC 电路简化的共模等效示意图

共模噪声的另一个关键点是由变压器一次侧通过二次侧的耦合电容 C_{ps} 形成，如果能使 C_{ps} 减小，则其共模噪声电流就减小了。而减小 C_{ps} 的方法可以采用变压器的一二次侧加屏蔽层的设计，一次侧到二次侧的噪声会通过屏蔽层旁路回来，噪声电流不流动到变压器二次侧去。同样，两个二次侧的噪声经过屏蔽层也是这样的方式返回其源，并且两个二次侧的噪声依然相等。这时一次侧到二次侧的噪声就会减小很多。通过仿真的方式，采用全屏蔽的变压器对比没有屏蔽的变压器在 150kHz ~ 10MHz 的频段内有明显改善，并且在 150kHz ~ 2MHz 范围可改善 10dB 左右。

通过实际的测试，采用屏蔽和不屏蔽的方式其噪声在高值点相差 10dB 左右。即使是采用了全屏蔽，但依然还是有噪声。还存在一个 LLC 的共模噪声源，前面是假设两个二次绕组的噪声完全抵消，而实际上二次侧的噪声是不能完全被抵消的。在全屏蔽方案中，共模噪声是由变压器的两个二次侧与屏蔽层的结构电容不对称造成的，这就导致了两个二次侧到一次侧的噪声是不能被抵消的。

要达到两个二次侧的噪声完全抵消，需要通过实践的方法调整寄生电容 C_{sp1} 和

C_{sp2}的大小至相等来达到目的。提供参考方法如下：

1）对于全屏蔽设计，可通过优化设计距离（两个二次侧与屏蔽层间的距离）和相对介电系数来达到相同的分布电容。

2）采用部分屏蔽设计，利用电荷平衡的原理，使两个二次侧的总电荷为零。

在实际应用中，对于非磁集成方式的变压器设计，绕线方式会影响磁场强度的分布情况，如图 5-18 所示。对于 LLC 电路，奇次谐波在一次侧（N_p）与两个二次侧（$N_{s1}+N_{s2}$）间平衡；偶次谐波只在二次侧两绕组间平衡（N_{s1}、N_{s2}）。因此，LLC 变压器设计要采用一次侧包二次侧的设计结构，即采用 P－S－S－P 的绕线结构方式。

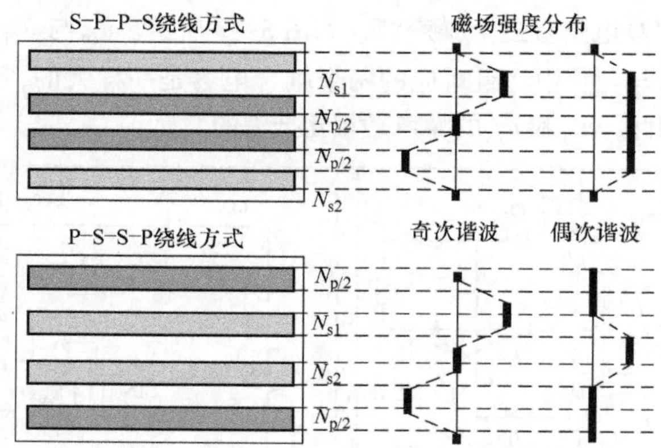

图 5-18　LLC 电路中的非磁集成变压器的绕制方式差异对比

2. 开关电源电路中存在的共模大环路问题

实际上电源产品造成辐射的最终原因还是电源输入与输出电缆。如图 5-19 所示，电源共模源阻抗、电源输入线、开关电源电路变换器、电源输出线、共模负载阻抗与参考接地板共同组成的大环路。

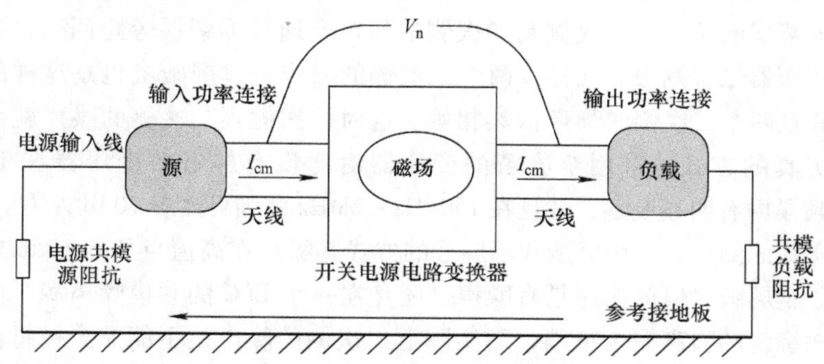

图 5-19　开关电源系统中存在的共模大环路

如图 5-19 所示，图中 I_{cm} 为共模电流，V_n 为共模电压。在图 5-10 所示 LLC 电路的磁场模型中，LLC 电路在 PCB 上的环路磁场是包含在这个大环内的，说明这两者之间存在较大的感性耦合或互感。在 PCB 设计中的开关回路本身所能产生的辐射通常有限，但是在近场范围内，它能把它们的近场磁场通过电磁耦合的方式耦合到图示的共模大环路中。在产品中的输入功率连接部分和输出功率连接部分通常有走线或连接线缆是产品中的天线，同时具备等效共模发射天线的较长电源输入线作为共模大环的一部分，在辐射发射测试的频率下，只要其中的共模电流大于几微安，就会造成产品整体辐射发射超标。

根据电磁场理论，通过近场耦合，在没有任何额外措施的情况下，这种磁耦合现象就会很容易引起带开关电源系统的关联产品辐射发射超标。

目前产品 PCB 的尺寸大小都相对比较紧凑，整个 PCB 板基本上都是在近场耦合的范围内。因此，在大多数情况下，小型开关电源的辐射发射并不是电源内部电路的直接辐射，而是输入与输出电源线的辐射。

电源线输入滤波对解决电源的 EMC 问题非常重要，但它不是万无一失的。只有全面分析产品中开关电源的 EMI 干扰源与传递路径才能高效、低成本地解决开关电源的 EMI 问题。

再次提醒一下，在有开关电源的产品系统中，开关回路与产品系统及参考接地板之间构成的大环路所产生的近场耦合是分析开关电源 EMI 问题的关键环节。

5.3 设计技巧

在实际应用中，LLC 电路中另一路的共模电流是变压器一次侧通过二次侧的耦合电容 C_{ps}形成的，如果能把 C_{ps}电容变小，则电容减小后其共模噪声电流就减小了。减小 C_{ps}的方法是采用变压器的一二次侧加屏蔽层的设计，但往往变压器采用屏蔽的方式，不仅增加了变压器设计的复杂程度，还会影响变压器的成本。

因此，在实际应用中一般尽量降低变压器的绕线工艺和制作成本。这时可在 LLC 电路一次侧的地端与二次侧输出的地端增加 Y 电容的设计，如图 5-20 所示。增加 Y 电容后，噪声源电流从 P 点出发，通过变压器一二次侧寄生电容 C_{ps}到二次侧的输出地走线，噪声电流会通过设计合适的 Y 电容路径返回到变压器的一次侧地，最后返回其源。因此，即使再通过寄生电容 C_2 到参考地，最后到测试等效的共模电流也减少了很多，这实际上是成本最低的优化方式。

注意：当输出端接参考地时，Y 电容的大小还要考虑系统漏电流的要求。在进行 PCB 设计时，Y 电容要以最短的距离连接在变压器的一次侧地与二次侧输出地之间。

在功率级的 LLC 电路中，产品输出允许接金属壳体/金属背板时，LLC 电路的设计还可以增加 Y 电容的设计，接在开关管散热器与输出地之间，或者开关管 Q_2 的源极地端与参考地端之间。如图 5-21 所示，设计 Y 电容为 C_8，该电容与散热器的连接处离开关管 Q_2 越近越好，容量可选择在 470pF ~0.01μF 之间，注意 Y 电容的选择与

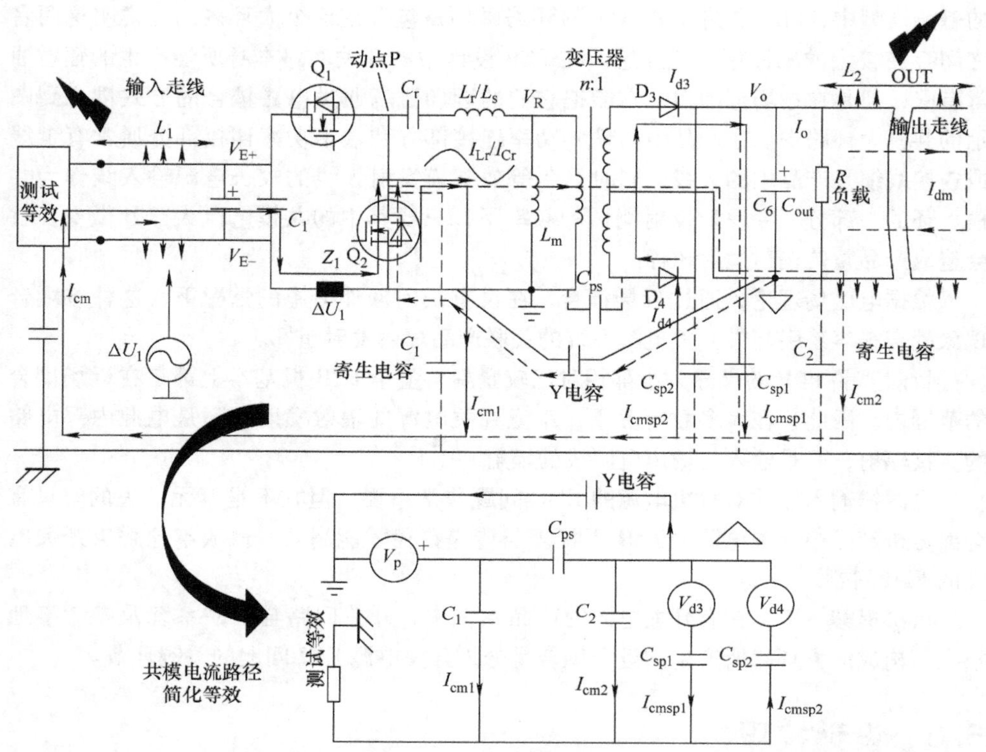

图 5-20　LLC 电路一二次侧地之间增加 Y 电容等效共模电流路径示意图

产品要求的漏电流大小有关，太大的 Y 电容会使产品或电源的漏电流超标。

图中 C_7 为功率开关管与散热器之间的寄生电容，噪声共模电流经过电容 C_7 耦合到散热器上的干扰信号经过 Y 电容 C_8 的路径返回其源端，减小了流向测试等效的共模电流。

实际上，如果 Y 电容的位置设计安放正确，则开关节点（动点 P）的共模噪声源可以通过这个设计的 Y 电容，噪声信号由最短的路径返回到源端。这个设计对系统电路 30～100MHz 的辐射发射有很好的改善。

对于 LLC 电路的辐射发射问题，如图 5-20 和图 5-21 所示，共模噪声电压 ΔU_1 与地走线阻抗 Z_1 有关；L_1 与输入部分的走线长度有关，如果有外部连接线缆则需要再加上外部电缆的长度；L_2 与输出部分的走线长度有关，如果有接到负载的连接线缆则需要再加上外部电缆的长度，其共模激励源 ΔU_1 的大小还与其动点节点电压有关。这是 LLC 电路形成的不对称的偶极子天线的辐射发射机理。

因此，可以知道 LLC 电路（或变换器）EMI 共模辐射的解决方法如下：

1）减小共模激励源动点的电压大小，做到无尖峰振荡。

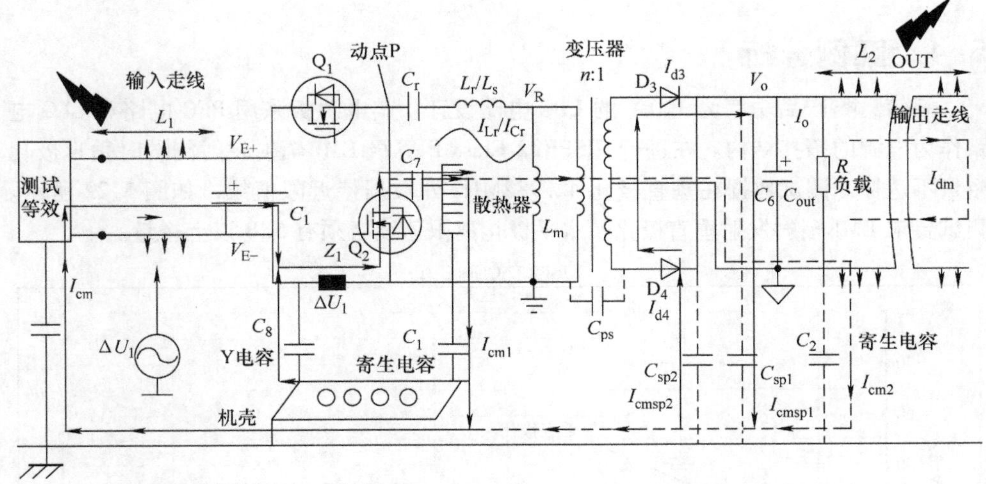

图 5-21　LLC 电路通过对地 Y 电容的设计优化 EMI 示意图

2）减小激励源动点对参考地的寄生电容，做好 PCB 的设计。

3）减小地回流路径上的地阻抗大小，走线尽量短而粗，在必要时增加高频电容 C_1，采用电气节点并联小电容的方法，从而减小高频环路面积设计。

4）减小变换器输入进线走线长度，同时外接线缆也要足够短。减小变换器输出走线接口端子的走线长度，同时接口端子到负载的外接线缆也要足够短。

5）在直流母线输入端 V_{E+} 位置处增加高频磁珠的设计。

6）在直流母线输入端增加共模电感的设计。

对于 LLC 电路的设计技巧总结：

1）LLC 开关管的驱动设计：

① 降低驱动速度；

② 合理设计驱动的上升沿与下降沿。

2）LLC 变压器的设计：

① LLC 谐振电感采用磁集成时，优化一二次侧的分布电容 C_{ps}，尽量减小这个寄生电容的大小；

② LLC 谐振电感外挂时，变压器采用三明治一次侧包二次侧的结构。

3）电路 PCB 及 Y 电容的设计：

① 当系统有多个开关电源拓扑结构时，每个隔离拓扑结构变压器的一二次侧都需要放置 Y 电容；

② 多个拓扑结构的变压器一二次侧共通时，在保持总容量不变的情况下，每个拓扑的 Y 电容设计要优于单个 Y 电容回路的设计；

③ 减小动点的走线长度及宽度（满足电流要求）。

5.4 案例分析

某信息类产品功率为120W的LLC电路设计。其电源板采用PFC电路和LLC电路作为电源的拓扑结构。在进行CISPR22 Class B等级EMI辐射发射测试时垂直极化裕量不达标。测试数据在垂直极化42.982MHz处数据接近限值线，如图5-22所示。测试要求EMI辐射发射垂直极化及水平极化离限值线必须有5dB以上裕量。

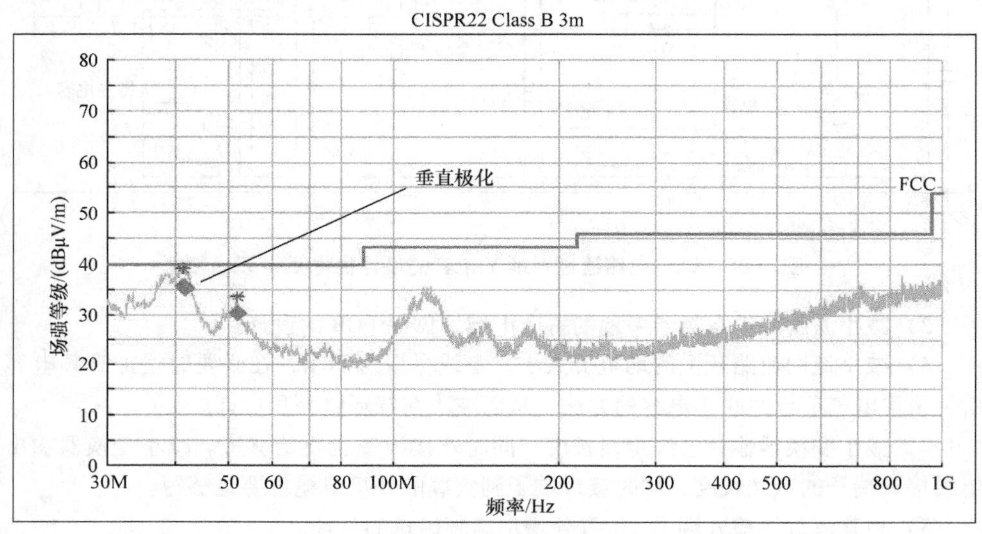

图5-22 某信息类产品辐射发射测试数据

在实际应用中，开关电源通常的辐射频段为30~200MHz，并且是连续的频谱包络曲线。通常Y电容的设计对开关电源拓扑改善最有效，如图5-23所示。

由于该信息设备的电路结构为PFC与LLC电路的组合结构，所以通常在开关电源有多个拓扑结构时，其EMI受多个拓扑结构电路共同作用的影响。

Y电容放置在合适的位置对于改善30~100MHz的辐射发射有明显的效果，如图5-24所示。由于电路结构主要是PFC电路和LLC电路，所以根据设计技巧，每个拓扑结构需要配置一个Y电容的设计，将原先的Y电容的容量分解为原来的1/2。因此，采用图示设计，两个Y电容分别就近放置在靠近电路结构的地方。再进行测试时，垂直极化和水平极化都能满足大于5dB的限值线要求，如图5-25和图5-26所示。

注意：在最初的整改时，通常也对电路中的磁场环路进行优化，比如对LLC电路的输出环路通过节点并联高频小电容的方式进行测试，实际效果并不明显。这也就可以验证，当PCB板面积相对紧凑时，电源电路直接通过环路的发射是比较小的。由共模电流形成的到电源线的大环路是需要重点关注的。减小流向电源线的共模电流，从而减小共模辐射发射，这在本案例中取得了明显的效果。

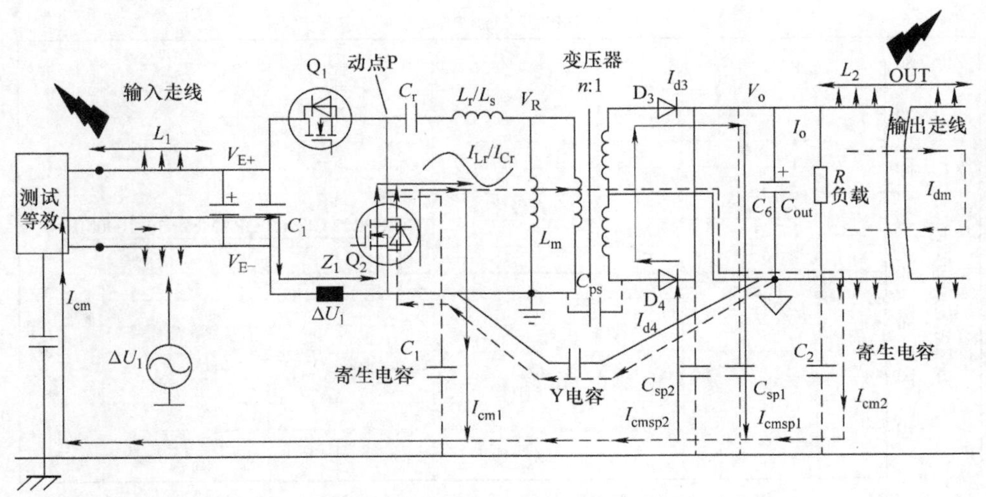

图 5-23　LLC 电路的初次级 Y 电容的共模噪声优化

图 5-24　对某信息产品的 PCB 进行电容优化示意图

如图 5-25 和图 5-26 所示，通过优化后 EMI 辐射发射的垂直极化和水平极化都有至少 10dB 的裕量。

因此，若系统存在 PFC 电路、LLC 电路等多个拓扑结构（通常 LLC 电路需要前级 PFC 电路提供固定的电压），那么在进行这类电源电路的 EMI 设计时，要对隔离变压器电路一二次侧的 Y 电容、开关管散热器与输出地之间的 Y 电容进行合理配置，对减少流向输入连接线电缆的共模电流非常有帮助，这样就能很好地优化 EMI 辐射发射的问题。

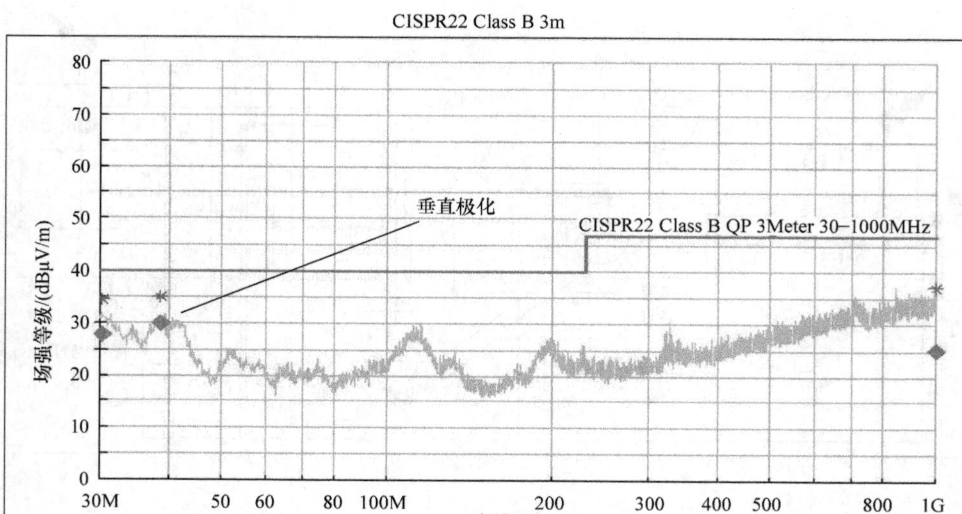

图 5-25　电路板优化后的 EMI 辐射垂直极化测试数据

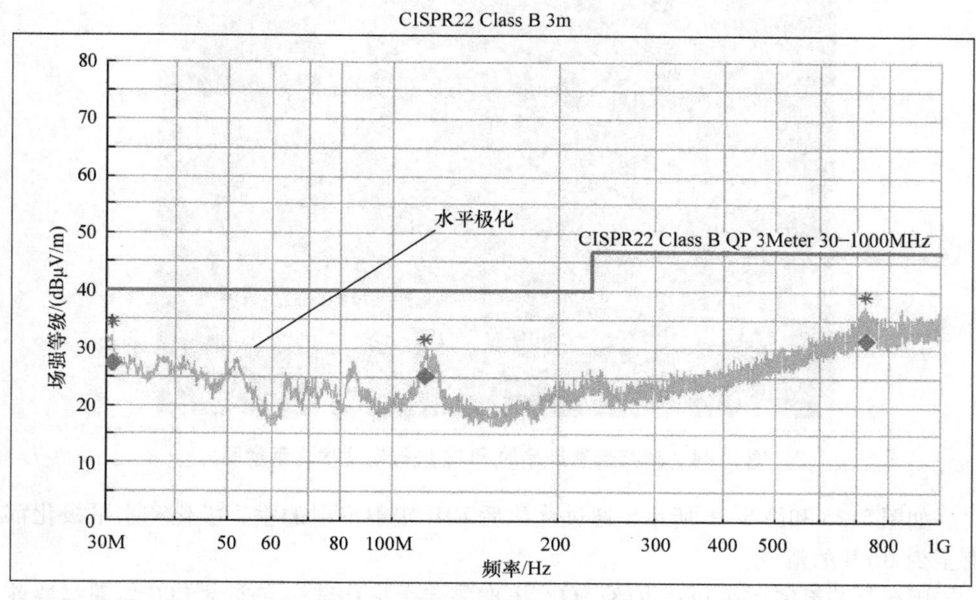

图 5-26　电路板优化后的 EMI 辐射水平极化测试数据

第 6 章

开关电源中磁性元件的EMI分析与设计

磁性元件在现代开关电源技术、通信、计算机工业等领域有着广泛的应用。磁性材料主要包括：

1）软磁材料：易磁化、易退磁，磁滞回线的面积窄而长、损耗小，常用在各种功率变换器及高频磁件的磁心。

2）硬磁材料：难磁化、难退磁，磁滞回线的面积大、损耗大，常用在偏磁作用的磁电式电表、扬声器和永磁电机中永磁体。

3）矩磁材料：易磁化、易退磁，磁滞回线呈矩形、损耗小，可用作磁放大器磁心。

软磁材料的应用在功率半导体应用领域促进了电力电子技术的发展。不同的软磁材料对应不同的频率范围，如图6-1所示。在实际应用中，当磁性元件超过其频率范围时，其磁导率下降，绕制的电感值随频率特性也会下降。这时饱和磁感应强度降低很快，饱和特性也会越明显。

注意：当磁性材料用作滤波器时，就需要关注其工作频率范围。

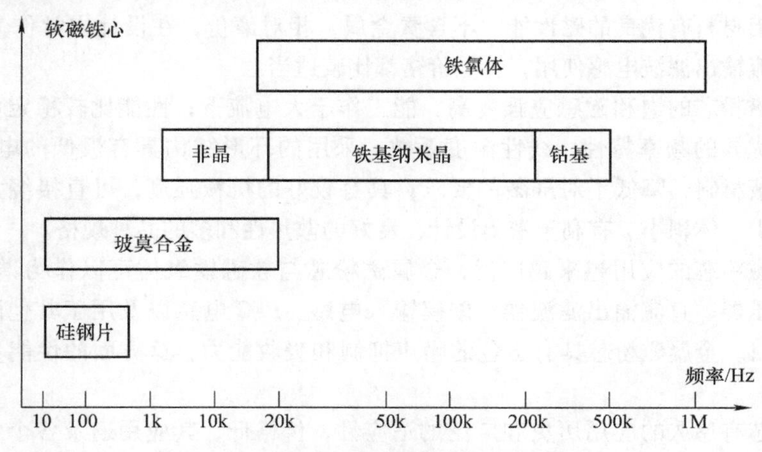

图6-1 各种软磁材料的工作频率范围

6.1 磁性元件的特性及应用

如图6-1所示，目前铁氧体磁性材料使用范围最广（功率变换器及滤波器）。铁氧体磁性材料的主要特点是电阻率远大于金属磁性材料，这抑制了涡流的产生，使铁氧体能应用于高频领域。

不同的用途要选择不同的铁氧体材料。锰锌铁氧体主要用于功率转换领域，比如开关电源的变压器和输出扼流圈磁心等。

1）EE型：品种多、用途广，用于设计各种变压器及扼流圈

2）PM型：有较大的功率传输能力，磁屏蔽效果良好，用于功率转换变压器。

3）PQ型：特别适用于开关电源变压器，能在50W～1kW（100kHz）范围内使用。

4）RM型：具有良好的屏蔽功能，用于电源转换用变压器及扼流圈。

5）EP型：磁屏蔽效果特别好，用于宽带及脉冲变压器，电源转换用变压器。

6）罐型：具有优良的磁屏蔽作用，用于各种电感器和变压器。

7）环形磁芯：漏磁极少，磁路连续无间隙，易于获得最大的电感量。用于各种电感、EMI滤波器、变压器等。

而镍锌铁氧体主要用于高频滤波器的设计。

磁粉芯用作电感铁心得到广泛应用，由于金属软磁粉末被绝缘体包围，形成气隙，因而大大降低了金属软磁材料的高频涡流损耗，使得磁粉芯具有抗饱和特性和宽的频率响应。特别适用于设计谐振电感、PFC电感、输出滤波电感的铁心。在电磁兼容中，作为EMI滤波器的差模电感也非常合适。

铁硅铝材料有优良的磁性能。不含贵金属，相对廉价，在设计中常作为PFC电感以及交流输出滤波电感使用，性能价格都比较适当。

金属磁粉芯的饱和磁感应强度高，能工作于大电流下；性能比较稳定可靠，磁导率具有优异的频率特性，线性温度系数；采用的环形结构具有极低的电磁辐射，节省了屏蔽材料，降低了对屏蔽的要求；具有较好的机械强度，可直接绕大尺寸导线；组件少、体积小、有利于密集设计；良好的散热性和多的品种规格。

金属磁粉芯的应用越来越广泛，金属磁粉芯与软磁铁氧体可以作为谐振电感、宽频带变压器、直流输出滤波器、差模输入电感、PFC电感以及用于其他防止EMI方面。同时，金属磁粉芯具有出色的噪声抑制和吸收能力，这方面的性能不低于铁氧体。

铁粉芯有悠久的应用历史和广泛的适应性，价格低，其应用遍及各个领域。优点是B_s高，不易饱和；缺点是损耗比较高，发热量比较大。铁粉芯长期使用温度不宜超过125℃。

坡莫合金粉芯具有高的磁导率，低的铁损，性能稳定可靠并具有较大的可调性，

能满足特殊的要求，常作为精密电路中的电感线圈及脉冲变压器。

高磁通粉芯具有高的饱和磁通密度，铁损比坡莫合金粉芯高但比铁粉芯低得多，它在电力电子领域具有与铁粉芯相似的用途，其非常大的 ΔB 使它特别适合用作脉冲变压器或回扫变压器，可工作到 200℃ 以上。

功率变换器向高频、高功率密度、高可靠性方向发展，对用于能量转换、线路滤波器等磁性元器件的性能有了更高的要求。表 6-1 给出各种软磁材料的特性参数及应用，可供参考。

表 6-1　各种软磁材料的特性参数及应用

材料	硅钢片	金属磁粉芯	坡莫合金	非晶微晶	锰锌（MnZn）	镍锌（NiZn）
应用频率/Hz	50 ~ 10k	1k ~ 1M	< 20k	1k ~ 300k	< 1M	1M ~ 100M
μ_i	7 ~ 10k	10 ~ 500	20 ~ 200k	10 ~ 100k	800 ~ 15k	5 ~ 2k
B_s/mT	1500 ~ 2000	700 ~ 1500	700 ~ 1500	1200 ~ 1500	350 ~ 550	250 ~ 450
T_c/℃	> 300	> 300	> 300	200 ~ 600	110 ~ 250	100 ~ 450
主要应用	变压器 电抗器	电感器	音频变压器 脉冲变压器/ 互感器	变压器 电感器	变压器 电感器	电感器

对于磁性材料，饱和磁感应强度 B_s（T）主要计算器件能承受的功率是主要考量参数；磁导率越高，同样绕线圈数绕制的电感量越大；居里温度 T_c（℃）越高，能够达到的工作温度越高，受温度影响越小。

如何使用磁粉芯是很重要的。如表 6-2 所示，对于不同器件的应用，其软磁材料的参数特性要求不同。在电力电子技术方面，它是影响功率变换设备性能、体积、重量、成本的重要组成部分。在 RF（无线电射频）应用方面，它是整机性能水平、稳定性、可靠性的重要保证。

以最低成本满足最高技术指标是设计工程师的目标。在功率变换设计中，设计工程师根据设备的使用功率、效率、散热特性等条件，不但要对电感量等电磁性能有要求，还需要关心其他的技术指标。这涉及磁心的材料、品种、尺寸、导线类型、圈数和绕线方式等因素。

表 6-2　软磁材料不同的磁元件对参数特性的要求

用途	结构	细分类	饱和 B_s	剩磁 B_r	初始磁导率 μ_i	增量磁导率 μ_Δ	损耗 P_c
变压器		双激变压器	√	×	×	×	√
		单激变压器	√	√	×	×	√

（续）

用途	结构	细分类	饱和 B_s	剩磁 B_r	初始磁导率 μ_i	增量磁导率 μ_Δ	损耗 P_c
电感器		直流电抗器	√	×	×	√	√
		谐振电感器	√	×	×	×	√
		PFC 电感器	√	×	×	×	√
滤波器		差模电感	√	×	√	×	×
		共模电感	√	×	√	×	×

注：√ = 重点参数，× = 非重要参数。

磁性元件设计中，实际上有些计算是并不精确的，因此最好把计算的结果仅仅当成是定性的估计量来看待。磁性元件的总体设计流程如下：

1）根据相应的应用场合和工作频率选择磁心材料。

2）选择的磁心形状要符合应用场合的需要及有关的设计规范。

3）确定磁心的尺寸，以满足电源能提供的输出功率要求。确定是否需要加气隙，计算每个绕组所需的匝数。确定输出电压的准确度是否满足要求，绕组是否适合所选择的磁心尺寸及合适的绕线方法。

4）对于滤波器的设计要关注其电感阻抗特性与频率阻抗特性（$Z-f$）。

无论是在电力电子技术，还是在 EMI 方面的应用，高频下线圈的趋肤效应和分布电容的影响都是需要高度重视的。

在实际应用中，EMI 滤波器中的共模电感基本都是用在输入与输出的地方，实际上也是电流最大的地方，意味着这个线圈的绕线会比较粗，不能绕得太多。圈数要求越少越好，较少的圈数还能达到滤波效果，这个滤波主要是高频的。因为大电流流过很少的线圈数还要得到足够的电感量，所以就需要选用高导磁的材料。高导磁的材料一般绕的圈数都比较少，锰锌（MnZn）材料是一种，还有用得比较多的非晶材料。比如纳米非晶，超非晶等这些都是高导磁的。非晶的相对磁导率的变化随温度的变化会很小。对比磁导率为5500铁氧体，它在不同温度时磁导率在变。非晶的特点是在低频时磁导率基本不变的，高到一定程度后就会往下掉，到1MHz的时候就与铁氧体的数据差不多了，然后频率再高的时候又比铁氧体要好。可以得出结论，在低频率需要大电感量共模电感时，使用非晶是最好的。如果在特别高的频率，大的电感量还是选择非晶，但是在1MHz以下需要大的电感量时用铁氧体就很好，这时也会有更高的性价比。

1. 电磁干扰滤波器中使用的磁性材料都是软磁材料

（1）铁氧体软磁材料　它是一系列含有氧化铁的复合氧化物材料（或称为陶瓷材料），特点是磁导率比较高，但是饱和磁感应强度低（0.5T以下），电阻率与材料成分有关，一般较高。铁氧体材料是电磁干扰滤波器中使用最普遍的一种磁心材料，通常应用在共模电感的场合，这样就可以避开其容易饱和的特点。

（2）金属粉软磁材料　这种材料是金属粉颗粒与绝缘物质混合压制而成的磁性材料，金属粉的材质不同，磁心的磁特性不同。主要使用的材料有铁粉芯、铁镍合金粉芯、铁镍钼粉芯（MPP Cores）、高磁通铁镍粉芯（High Flux Cores）、铁硅铝粉芯（Sendust Cores）等。金属粉芯的等效磁导率较低，但是具有较高的饱和磁感应强度，因此主要用于差模电感的磁心。

（3）非晶软磁材料和纳米晶软磁材料　这种材料主要用于取代铁氧体材料作为共模电感磁心使用。这种材料具有比铁氧体更高的磁导率和磁饱和强度。在使用时，如果设计空气气隙降低其等效磁导率，则也可以作为差模电感磁心使用。但是作为差模电感磁心使用时，与金属粉芯材料相比没有优势，并且在交流场合使用时会有较大的噪声。

注意：在使用磁性材料作为电感的磁心时，主要关注以下几个方面的指标。

1）磁心的磁导率。这是磁心最重要的指标，通常希望磁心的磁导率越高越好。但是一般磁心的磁导率越高，越容易发生饱和，这从磁导率的物理意义上很容易理解，很小的磁场就产生很大的磁感应强度，因此容易饱和。另外，磁导率越高的磁心，往往其磁导率随着频率变化而变化较大，当频率越高时，磁导率降低比较严重。

在设计电感时，磁导率是确定电感线圈匝数的主要依据。很多厂商为了使用方便，以每匝电感量的形式间接给出磁心磁导率感量，用参数A_l表示。知道了A_l后，如果线圈的匝数为N，则电感量为N^2A_l。

2）磁心磁导率的频率特性。磁心厂商给出的磁导率一般都是在直流条件下的磁导率。但是，任何材料的磁导率都会随着频率发生变化，磁导率将随着频率升高而降低。因此，必须了解磁心的磁导率随着频率的变化情况，这样才能够设计出在干扰频率上符合要求的电感元件。正规厂商会给出磁导率随着频率变化的信息，一般直流磁导率越高的磁心，其磁导率随着频率升高降低得越快。

3）磁心的损耗特性。当磁性材料处于交变磁场中时会产生能量损耗，将磁场能量转变为热能。在大功率应用的场合，磁心的损耗是必须要考虑的因素，否则会出现电感元件过热的现象。

比如，在逆变器（电动机、压机系统）的输出端，要使用低通滤波器滤除 PWM 电压中的载波成分，这种载波的功率越大，同时在这种场合使用的滤波器的磁心发热是一个很重要的问题。

再比如，电力电子系统工作时，产生较大的谐波电流，要滤除这些谐波电流，电感上也会承受较大的功率，这会导致电感发热。

磁心的损耗从产生的机理上划分，可以分为两种：一个是磁滞损耗，另一是涡流损耗。磁滞损耗是磁性材料中的磁畴在外部磁场的作用下发生反转，反转的过程需要消耗能量。显然，外部磁场变化的频率越高，这种损耗也越大，因为磁畴转动的频率增加。另外，外部磁场越强，磁畴反转的幅度越大，损耗也越大。

涡流损耗产生的机理是外部交变的磁场会在导体材料上感应出电动势，这个电动势会产生一个环路电流，这就是涡流。这些电流通过磁心材料的电阻产生热量。涡流的大小与两个因素有关，一个是感应电动势的大小，另一是磁心材料的电阻大小。

感应电动势与接收交变磁场的面积有关，面积越大，感应电动势越大，产生的涡流也越大。假如用硅钢片制作变压器的磁心，而不用一块完整的硅钢制作磁心，就是为了减小磁感应回路的面积。当感应电动势一定时，涡流与材料的电阻有关，电阻越小，涡流越大，因此电阻大的磁心一般损耗较低。

注意：影响磁心损耗的一个重要因素是交变磁场的频率，如果磁场不变，就没有上述这些损耗。因此，应用在直流场合的磁心不用考虑磁心损耗的问题。

4）磁心的直流偏置特性。直流偏置特性是指当电感线圈中流过直流电流时，磁心的磁导率的变化情况。直流电流产生的磁场会导致磁心的磁导率降低，当磁场强度达到一定程度时，磁心进入饱和状态。

电感的磁心发生饱和时，磁心不再具有放大磁场的作用，电感的实际电感量会很低，导致滤波器的实际插入损耗降低很多。因此，滤波器要带载测试，主要是考虑到磁心的这种特性。

不同的磁性材料具有不同的饱和特性，有些磁性材料在某个磁场强度下，磁导率会突然急剧下降，而另一些磁性材料的磁导率随着磁场强度增加会逐渐下降，前者称为硬饱和，后者称为软饱和。铁氧体磁心在磁感应强度达到某个数值时，磁导率骤然降低。在实践工程经验中，磁粉芯的磁导率随着磁感应强度增加会逐渐降低。

5）居里温度。当温度超过一定数值时，磁性材料的磁导率就会急剧减小，这个温度点叫作居里温度。这是选择电感磁心时需要注意的问题，特别是在一些工作温度较高的场合使用的滤波器，因为当温度超过居里温度点时，电感量就会急剧减小，使得滤波器的抑制干扰能力会大大降低。

2. 铁氧体材料

铁氧体材料分为硬磁材料和软磁材料，软磁铁氧体是电磁干扰滤波器中使用最为普遍的一种磁性材料，目前市场上有各种形状及规格的铁氧体元件可以满足不同场合的需求。如图 6-2 所示，图中的这些铁氧体材料已经成为解决电磁兼容问题不可缺少的元件。

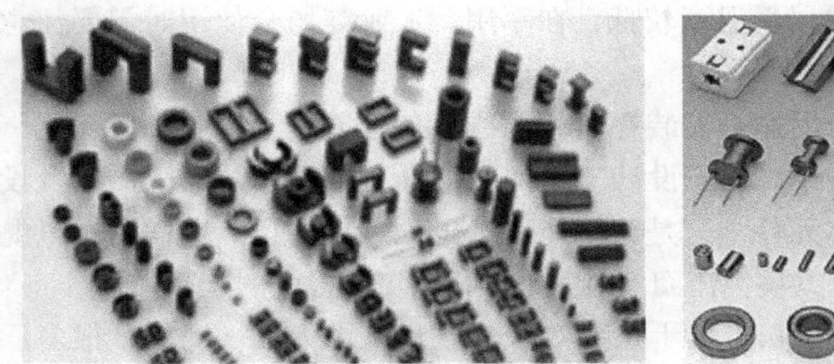

图 6-2　各种各样的铁氧体磁心元件

软磁铁氧体是由 Fe_2O_3 为主，再加上一种或几种其他金属（如锰、锌、镍、镁）的氧化物或碳酸盐化合物组成的。铁氧体原料通过压制后成为不同外形的半成品，经过 1300℃ 高温烧结后成为铁氧体元件。

电磁干扰滤波器中使用的铁氧体主要以锰锌铁氧体和镍锌铁氧体为主。各个厂家生产的铁氧体虽然品牌不同，但是所采用的材料组成和工艺基本相同，铁氧体材料的特性也基本相同。表 6-3 给出某品牌厂商的铁氧体软磁材料的典型特性参数可供参考。

表 6-3　铁氧体软磁材料的典型特性

种类	材料型号	初始磁导率 μ_i	饱和磁感应强度 B_m/mT	居里温度/℃	电阻率 ρ/(Ω·m)
锰锌铁氧体	3EXX	6000～18000	450	130	0.1～0.5
	3C11	4300	400	125	1
	3S1	4000	400	125	1
	3S5	3800	545	255	10
	3C90	2300	450	220	5
	3S4	1700	350	110	1000
	3B1	900	400	150	—
	3S3	250	350	200	10000
镍锌铁氧体	4SX/X	2000	260	100	100000
	4Axx	1200	350	125	100000

表6-3为锰锌铁氧体和镍锌铁氧体的性能参数表。锰锌铁氧体的磁导率较高，体电阻较低，一般用在频率较低的场合；镍锌铁氧体应用在较高频率场合。

在电磁兼容设计应用中，铁氧体材料的一个主要用途是作为电源线滤波器中共模电感的磁心使用。由于共模电感要求较大的电感量，因此这种场合使用锰锌铁氧体。在使用铁氧体磁心绕制共模电感时，注意铁氧体材料不是绝缘的，要采取适当的绝缘措施，否则无法满足耐电压的要求。

注意：有些铁氧体材料的居里温度较低，在军用、工业等场合使用时需要注意温度特性。

铁氧体材料的另一个用途是安装在信号线或者信号电缆上吸收高频干扰，这在前面第1章中已经有过阐述。电子设计工程师经常会看到很多的电子产品及设备的电缆上都装有一个铁氧体元件，这是为了能通过电磁兼容测试。这样套在电缆上的铁氧体实际上构成了一个共模扼流圈，对共模干扰电流有很大的衰减。

由于铁氧体材料是解决信号线干扰有效且成本最低的方法。因此，很多厂家开发了适用于安装在电缆及电路板上的铁氧体材料元件。这样不仅方便使用，而且还可以缩小设备体积。

需要强调的是，在一些场合，铁氧体材料能够抑制高频干扰的机理并不是由于电感效应，而是由于电阻效应。这一点很重要，因为电感不吸收能量，仅仅是储存能量，这种储存起来的能量迟早会释放出来，形成新的干扰，特别是当干扰频率较高时，电感与电路中的杂散电容发生谐振，可能放大干扰。

而电阻元件损耗能量，能将高频干扰能量转变为热量耗散掉。也就是说，在电路上安装一个铁氧体元件，不能认为是在电路中加入了一个电感，而应该将其看成是一个电阻。如图1-19所示，通常用阻抗特性来衡量铁氧体元件的干扰抑制效果，铁氧体的阻抗越大，对干扰的抑制效果越好。在这种元件中，元件的电感 L（X）取决于铁氧体材料的磁导率，电阻 R 代表铁氧体的损耗，它的大小取决于铁氧体材料的成分。

总阻抗 Z 由电感性阻抗 X_L 与电阻性阻抗 R 决定。频率较低时，总阻抗 Z 的构成以电感性的感抗 X_L 为主；频率较高时，总阻抗 Z 的构成以电阻性的阻抗 R 为主。因此可以认为，对于频率较低的信号，铁氧体元件相当于一个电感，而对于频率较高的信号，铁氧体器件相当于一个电阻。

一般用于变压器等场合的铁氧体材料，希望 R 越小越好；而用于高频电磁干扰抑制的铁氧体材料，希望 R 越大越好。

不同成分铁氧体材料的阻抗特性不同，这意味着其适合不同频率的干扰，通过选择合适的铁氧体材料可以满足不同频率的应用要求。

还要注意：直流偏置对铁氧体材料的阻抗特性影响较大，对于锰锌铁氧体和镍锌铁氧体，总结出以下一些有指导意义的结论：

1）当频率较高时，锰锌铁氧体的阻抗降低，而镍锌铁氧体的阻抗随着频率的升高而增加。因此，镍锌铁氧体更适合抑制高频干扰。

2）两种铁氧体的阻抗都会随着穿过其中的导线上的直流电流（直流偏置磁场）增加而降低。

3）阻抗在频率较低时受直流电流影响明显，频率较高时受直流的影响较小。这就说明直流偏置电流主要影响铁氧体材料的磁导率，也就是感抗成分。频率较高时，阻抗的主要构成是电阻性，因此直流偏置的影响较小。

4）假如某锰锌铁氧体，由于其磁导率较高（6000），在频率较低时直流偏置的影响就会比较明显；而镍锌铁氧体其磁导率（1200）由于磁导率较低，在频率较低时直流偏置的影响较小。

由于铁氧体元件对直流偏置磁场敏感，因此在使用时，要避免对其形成较大的直流偏置磁场，特别是在电源线上应用的场合，应尽量避免差模方式，而采用共模的方式安装。

当将两根电源线同时穿过铁氧体元件时，两根电源线上流过的电流方向是相反的，它们在铁氧体中产生的磁场方向也是相反的，因此相互抵消，不会产生偏置磁场，也就不会影响铁氧体元件的阻抗。

将铁氧体按照共模的方式使用是一种最常见的方式，这种方式不仅能够避免磁心饱和，还能减小对差模信号（电路的工作信号）的影响。利用这个特点，就可以在信号电缆的端口安装一个共模铁氧体元件，对共模干扰起到抑制作用，而不会影响差模信号的正常传输。

需要注意的是，虽然将一对信号线或者一对电源线同时穿过铁氧体磁心能够产生共模阻抗，但并不是完全没有差模阻抗。在频率较高时，差模阻抗较大，当在信号频率很高的场合时，需要注意这个问题。

使用铁氧体元件时有一个基本原则，即当铁氧体的孔径紧包导线时，铁氧体元件的体积（重量）越大，它的阻抗越大。当铁氧体元件都是铁氧体磁环时，它们的材料成分相同，但是长度和重量不同，重量越大的铁氧体磁环阻抗越高。因此，在选用铁氧体元件时，如果体积允许，则尽量选用体积较大的品种。

铁氧体器件的阻抗特性还与穿过铁氧体磁心的匝数有关。匝数越多，低频的阻抗越大，但是频率较高时，它们的阻抗几乎相同，在更高的频率（>300MHz）下，阻抗越来越低。这是因为频率很高时，杂散电容（寄生电容）起到旁路的作用。

3. 磁粉芯材料

磁粉芯是由铁磁性粉粒与绝缘介质混合压制而成的一种软磁材料。由于铁磁性物质的颗粒很小（高频下使用的品种为0.5~5μm），又被绝缘物质隔开，因此涡流损耗很小。另外，由于颗粒之间的间隙效应，这种材料具有低磁导率及恒导磁特性（$B-H$ 曲线基本为一条直线）。且颗粒尺寸较小，基本上不发生趋肤现象，磁导率随频率的变化也比较稳定。磁粉芯的磁电性能主要取决于粉粒材料的磁导率、粉粒的大小和形状、它们的填充系数、绝缘介质的含量、成型压力及热处理工艺等。

在电磁干扰滤波器中，磁粉芯主要用作电源线滤波器的差模电感磁心及 PFC 电感磁心。各个厂家对磁粉芯的命名方法不同，但是材料的成分基本相同，无论厂家的名称怎样，通过粉芯材料的成分就可以选择合适的磁心。不同磁粉芯的主要成分及特性见表 6-4。

表 6-4　电磁干扰滤波器中常用的磁粉芯的成分构成及特性

常用名称	构成成分	损耗/(mW/cm^3) 在 1T/50kHz 时	最大磁导率 μ	饱和磁感应强度/T	开始下降频率 μ/kHz	价格
铁粉	铁 >99%	2000	100	1.5	500	低
铁硅铝	铁 85%，硅 9%，铝 6%	300	125	1	900	中
铁硅	铁 93.5%，硅 6.5%	750	150	1.5	500	中
高磁通	铁 50%，镍 50%	400	160	1.5	1000	高
铁镍钼（MPP）	铁 81%，镍 17%，钼 2%	280	350	0.75	2000	高

表 6-4 为选择磁心提供了基本的依据。铁粉芯的价格最低，主要缺点是损耗较大，但是在直流场合或者频率较低的场合使用，这并不是问题。因此，设计工程师在设计普通交流（50Hz）滤波器和直流滤波器时，可以选择铁粉芯作为电感的磁心。而当负载电流的频率较高，如 400Hz 及以上交流电或者整流电路的输入端（包含较大的谐波电流）、PFC 电路或者逆变器的输出端（包含高频载波频率成分）时，就需要选择损耗较小的材料作为磁心，比如铁硅铝磁心。同时，为了设计电感方便，大部分厂家给出了单匝的电感量和允许的安匝数，这样可以首先确定需要的匝数，然后按照额定电流计算安匝数，只要不超过限定的数值，就可以进行实际的电感元件设计了。注意，还需要考虑绕制线圈时需要的磁心窗口尺寸大小。

4. 非晶材料

非晶材料是一种新型的磁性材料，它是对液态金属进行急剧冷却使其凝固得到的一种材料。由于超急冷凝固，合金凝固时原子来不及有序排列结晶，故称之为非晶合金。根据材料的成分不同，可以分为铁基非晶、钴基非晶等。铁基非晶合金具有饱和磁感应强度高、价格较低的优点，但磁导率较低；钴基非晶合金具有更高的磁导率，但是饱和磁感应强度值较低，价格较高。

目前有较多公司推出纳米晶合金来替代钴基非晶合金。纳米晶合金的磁导率接近钴基非晶材料，且饱和磁感应强度较高，是一种比较理想的软磁材料。

原始的非晶合金材料为带材，可以做成不同形状的磁心，作为电感的磁心使用。非晶材料（纳米晶）主要作为共模电感的磁心使用，主要用在中大功率的电力电子系统及变频电动机、压机系统的共模输入滤波器中。当作为差模电感的磁心使用时，为了避免磁心饱和，需要在磁环上开一个气隙，磁心的等效磁导率取决于气隙的大小。

非晶材料是替代铁氧体制作共模电感的理想材料。与铁氧体材料相比，非晶材料的磁导率远高于铁氧体，并且饱和磁感应强度高于铁氧体材料。非晶磁心的缺点是价格较高，大约是铁氧体磁心的1.5～2倍，因此主要用中大功率及变频器系统，对体积要求较高的场合。

非晶材料的温度特性优于铁氧体材料，不像铁氧体材料在120℃左右磁导率急剧降低，因此还适合温度较高的场合。

注意：虽然有气隙的非晶磁心可以作为差模电感使用，但是在一般的应用场合与磁粉芯相比没有突出的优点。因为作为差模电感，磁心使用的非晶合金磁心必须有空气气隙，降低了有效磁导率，这就失去了非晶合金具有较高磁导率的优势。在大功率应用的场合，经常用非晶磁心作为差模电感的磁心。因为大功率的场合要求电感元件的磁心具有较大的体积，所以这时磁粉芯的加工比较困难，而非晶磁心容易做成体积较大的磁心。

6.2 问题分析

1. 变压器的电磁场问题

传导电流产生磁场，时变电场产生磁场。对电感线圈产生的电磁感应进行分析，如图6-3所示。

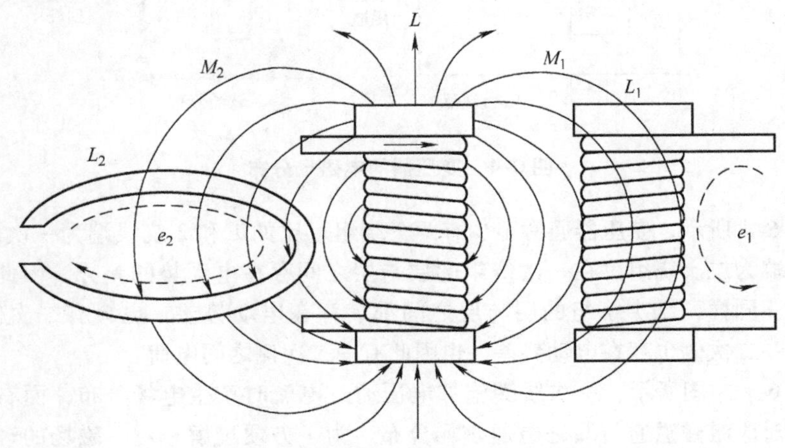

图6-3　电感线圈产生的电磁感应

如图6-3所示，图中 L_1、L_2、L 为各线圈的电感量；M_1、M_2 为互感；e_1、e_2 为感应电动势。感应电动势可以用式（6-1）进行计算。

$$e = \mathrm{d}\Phi/\mathrm{d}t = NS\mathrm{d}B/\mathrm{d}t = L\mathrm{d}i/\mathrm{d}t \tag{6-1}$$

式中，Φ 为磁通量，单位为 Wb；S 为磁通面积，单位为 m^2；B 为磁感应密度或者磁感应强度，单位为 T；N 为线圈匝数。

假如线圈中流动的电流 I_L 产生磁场感应，在受害导体线圈中的感应电动势由式（6-2）计算。

$$e = M\mathrm{d}I_L/\mathrm{d}t \tag{6-2}$$

式中，M 为互感，单位为 nH；$\mathrm{d}I_L$ 为导体中交变的电流，单位为 A；$\mathrm{d}t$ 为导体中交变电流的上升时间，单位为 ns。

通过式（6-2）就可以计算图 6-3 中的感应电动势 e_1、e_2。计算数据为 $e_1 = M_1\mathrm{d}i/\mathrm{d}t$，$e_2 = M_2\mathrm{d}i/\mathrm{d}t$。$M_1$、$M_2$ 取决于源线圈和感应线圈及电路的环路面积、方向、距离，以及两者之间有无磁屏蔽措施。

对变压器产生的电磁场进行分析。在实际应用中，开关电源反激电路变压器中的漏感产生的干扰是最严重的。对通用的变压器进行电磁场分析，如图 6-4 所示。

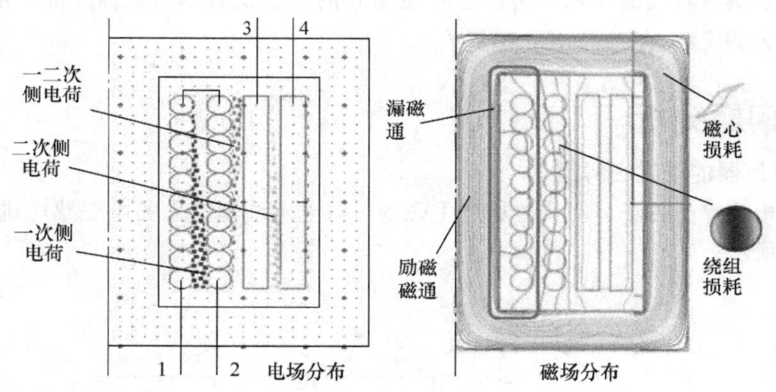

图 6-4　变压器的电磁场分布

如图 6-4 所示，变压器通常至少有两个绕组。比如 1 和 2 绕线端为一次绕组，3 和 4 绕线端为二次绕组。在一次绕组的层与层之间存在电动势的差异，因此存在一次侧电荷。同样，二次绕组的层与层之间都会存在电动势差，也会有二次侧电荷。变压器的一二次侧也存在电动势差，也因此有一二次侧之间电荷。

如图 6-4 左图所示，一次线圈施加电压通过电流时产生电场分布，而右图是其工作时的对应激磁磁通与漏磁磁通磁场分布。为了方便理解，对电磁场的理论进行转化，建立如图 6-5 所示的变压器简化电路模型进行分析。

图中，N_p 是变压器的一次绕组；N_s 是变压器的二次绕组；L_m 是变压器的一次侧励磁电感；L_r 是变压器的一次侧侧漏电感；i_p 是变压器的一次侧输入电流；i_m 是变压器的一次侧励磁电流；i_s 是变压器的二次电流；C_1 是变压器的一次绕组等效电荷；

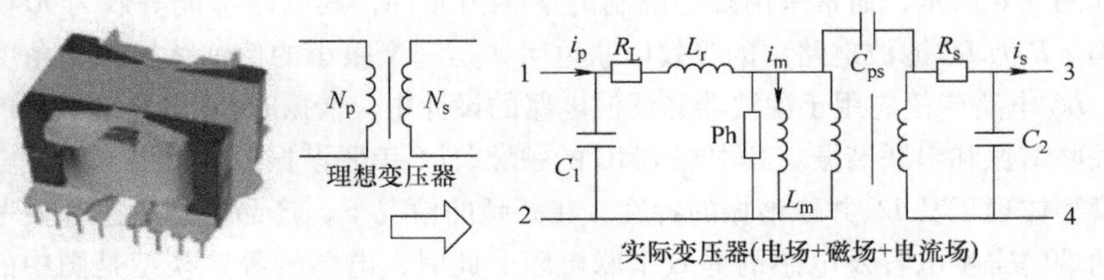

图 6-5　变压器磁元件的电路模型

C_2 是变压器的二次绕组等效电荷；C_{ps} 是变压器的一二次绕组之间的等效电荷；R_L 是变压器一次绕组的等效阻抗；R_s 是变压器二次绕组的等效阻抗；Ph 是变压器的磁滞损耗；一次绕组的等效阻抗 R_L 与变压器二次绕组的等效阻抗 R_s 构成了变压器的绕组损耗。变压器通过这些参数的等效就可以清楚看到变压器磁性元件是高频磁场、电场、电流场的复杂综合体。

在 EMC 领域中，在所有电磁感应干扰中，变压器漏感产生的干扰是最严重的。如果把变压器的漏感看成是变压器感应线圈的一次侧，则其他回路都可以看成是变压器的二次侧，因此，在变压器周围的回路中，都会被感应产生干扰信号。

2. 电感元件（差模、共模电感）分布参数影响 EMI 特性

电感元件实际的 EMI 特性如图 6-6 所示，在选择同样磁心材料的情况下，如果能够良好地控制共模电感元件的各个寄生电容参数大小，或者选择不同规格型号的共模电感及绕制方式，就可以控制图 6-12 中①的并联谐振点的位置，尽量让其右移，就可以达到比较好的高频特性。

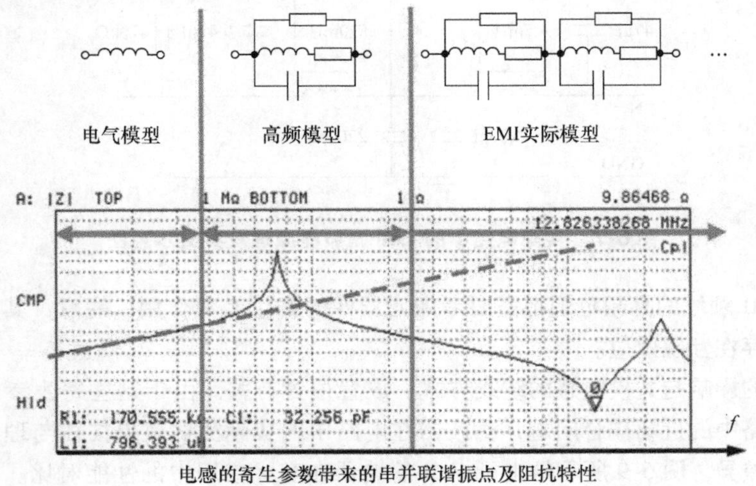

图 6-6　实际电感的 EMI 阻抗特性

如图 6-6 所示，通常采用磁心绕制的电感类元件，其电路都能等效为 *RLC* 的电路结构。*R* 为 *LC* 滤波电路中的等效串联电阻，是一个很小的值。从另一个角度进行分析，*LC* 电路广泛应用于滤波器和滤波电路的设计中，谐振时 *LC* 电路最明显的特点包括并联谐振和串联谐振。其中在 EMC 的领域，*LC* 串联谐振最为重要。图中电感的高频模型体现了其 *LC* 并联谐振的特性，在高频的情况下，产品中的电感都要考虑其电感两端的寄生电容及电感的等效串联电阻。此时，电感的等效模型是图中的 *RLC* 并联谐振网络。此时，电感能取得较好的 EMC 效果，但是频率越高，寄生电容的影响就越明显，在 EMI 特性上电容 *C* 几乎会将 *L* 短路。因此，高频特性就会变得很差，对噪声起不到衰减作用。

3. 实际 EMI 滤波器杂散耦合问题

在实际应用中，输入 EMI 滤波器放置在电源线最前端。电路 PCB 的尺寸大小、结构相对比较紧凑，AC－DC 电路部分会与输入电源线、EMI 滤波器距离比较近。这里先不考虑相关外部电路对 EMI 滤波器的近场耦合影响。对如图 6-7 所示的实际 EMI 滤波器在电路中的滤波特性进行测试分析。滤波器中两个 X 电容均为 0.47μF、Y 电容为 2200pF、在输入前端的共模电感为 4.5mH、后端的共模电感为 20mH。共模电感的磁心材料选择通用磁导率为 7k/10k 的锰锌铁氧体环磁心设计。在实际电路中 PCB 应用模型如图 6-8 所示，除了电路对 EMI 滤波器的近场效应外，滤波器中的两个共模电感的差模电流工作对共模电感互耦也会产生影响。共模电感对电路中的 Y 电容也存在耦合，这样在地环路也会耦合噪声信号，如图 6-8 所示。

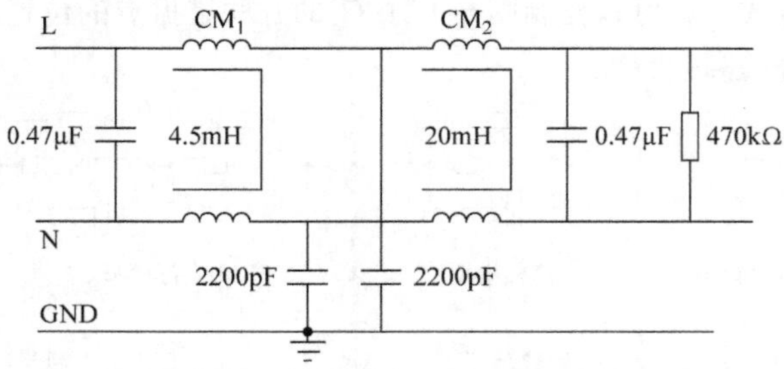

图 6-7　实际电路中的 EMI 滤波器原理及参数示意图

在 EMI 领域的高频范围都需要考虑元器件的寄生参数作用。注意：其中寄生参数之间还存在互感效应。

互感的影响与共模电感的绕线方式、放置位置有关。由于这些寄生参数影响和在实际电路中的近场耦合问题，滤波器在电路中的实际测试效果往往与理论设计有非常大的差异。图 6-9 所示给出了 EMI 滤波器在实际应用中的性能对比。高频下器件的寄生参数是 EMI 特性中比较重要的一部分。

在实际应用中，比如某产品在进行电磁兼容辐射发射测试时，电路中的干扰能

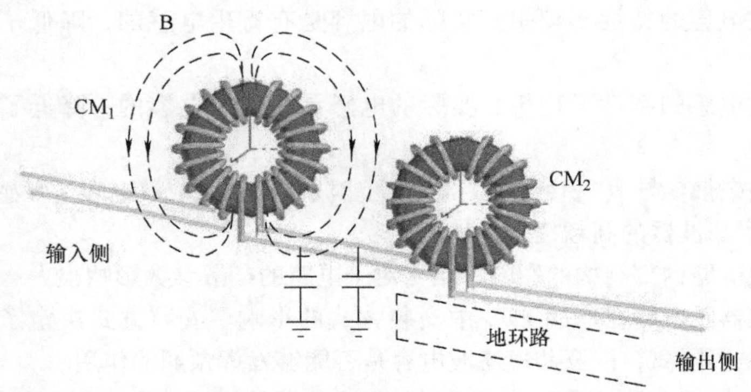

图 6-8　实际电路中 EMI 滤波器的器件应用模型

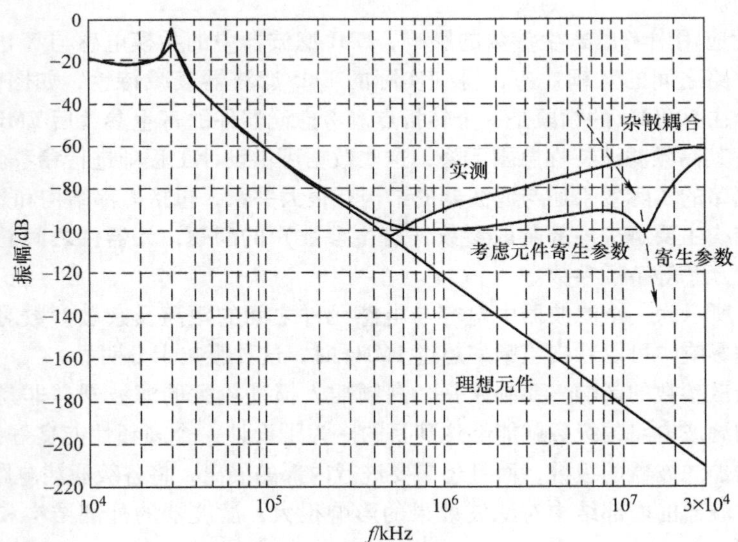

图 6-9　实际测试 EMI 滤波器的噪声衰减特性示意图

量通过输入连接线电缆产生了电磁辐射发射，为了解决这个这个问题，在电源线的入口处再设计一个共模电感，通过电路仿真，安装小感量的共模电感后辐射发射衰减到很小，不足以对外产生发射。但是，实际情况是产品仍然不能通过测试。

出现这种情况是因为一个实际的电磁干扰滤波器往往并不具备理想低通滤波器的插入损耗特性，如图 6-9 所示。实际的滤波器在频率较低时具有所预期的插入损耗特性，在频率较高时，真正的插入损耗与理论值有很大的差距。

实际的滤波器为什么并不具备低通滤波电路的特性呢？这是因为以下几个方面的因素：

1）滤波电容的特性不理想。实际的电容是有寄生电感的，降低了电容的旁路效果。

2）滤波电感的特性不理想。实际的电感是有寄生电容的，降低了电感的阻挡效果。

3）电路杂散参数（寄生参数）影响。滤波电路中的杂散电容、互感增加了空间耦合，降低了滤波器的高频插入损耗。

4）滤波电路内部结构的影响。结构对于电路的杂散参数影响很大。

5）滤波器及电路在产品 PCB 中安装方式的影响。安装方式决定了滤波器的输入、输出端是否隔离，以及共模滤波电容是否能够发挥预期的作用。

如何使滤波器电路的实际性能接近理想滤波器的特性是设计制作滤波器的目标。很多的电磁兼容问题是由于滤波器的制作不良导致的，这时仅从电路上分析是很难看出问题的。

在实际应用中考虑寄生参数的影响，EMI 滤波器中的共模电感与 X 电容、Y 电容以及地环路之间的互耦效应，得到实际的 EMI 滤波器衰减特性，如图 6-9 所示。EMI 滤波器在 500kHz 的频段是一个转折点。考虑元器件的寄生参数后 EMI 滤波器在 10MHz 之后其高频滤波特性急剧下降，这些数据可供设计工程师进行参考。

滤波电路的实际效果还与滤波器的结构有很大关系，包括内部结构和外部结构。

内部结构主要解决内部杂散参数（寄生参数）的问题，元器件之间总是存在着杂散电容、互感等杂散参数。

图 6-9 所示为一个滤波器中电容与电感元件之间的距离及杂散参数对于滤波器插入损耗的影响，可以看出当频率超过 1MHz 时，这种影响十分明显。

由于杂散参数的影响，要制作一个高频插入损耗较大的滤波器并非易事，也不是单靠增加滤波电路的级数就能够达到目的。为了设计一个高频性能良好的滤波器，不仅需要增加滤波器的级数，而且还需要进行内部的隔离，将各级滤波电路隔离开。

不仅滤波器的内部结构对滤波效果的影响很大，滤波器的外部结构和安装方式也是很重要的。

其滤波器安装的重要性可参考《物联产品电磁兼容分析与设计》第 8 章的相关内容。合适的滤波电路的设计及正确安装方法才能达到有效滤波的效果。

因此，在理论与实际差异较大时，就需要分析这些寄生参数及近场效应带来的 EMI 问题。近场 EMI 改善设计参考如下：

1）优选低杂散参数的元器件；

2）优化主电路 PCB 布局布线，改善元器件放置距离；

3）优化 EMI 滤波器的元器件结构和放置方式；

4）屏蔽的措施的应用，屏蔽不需要的泄露，屏蔽敏感电路等。

4. 功率磁元件（PFC 电感）的近场耦合问题

在 PFC 电路中，如图 6-10 所示，存在一个电压变化的动点 P（电感及快恢复二极管与开关 MOSFET 漏极节点）。图中的 P 位置点存在电压的变化，这个动点有高的 du/dt。因此，P 节点以及与之相连的器件及走线就是电路中的电场模型（E）。开关器件（比如开关 MOS 管）工作在高速开关循环状态，此时对应的 du/dt 和 di/dt 也会高速循环变化，因此电路中的开关器件既是电场耦合的噪声干扰来源，还是磁场耦合的噪声干扰来源。同时电路中的电感元件 L_B 随着开关器件的高速循环变化，其对应的 di/dt 也会高速循环变化，因此电路中的电感元件是磁场（H）耦合的噪声干扰来源。

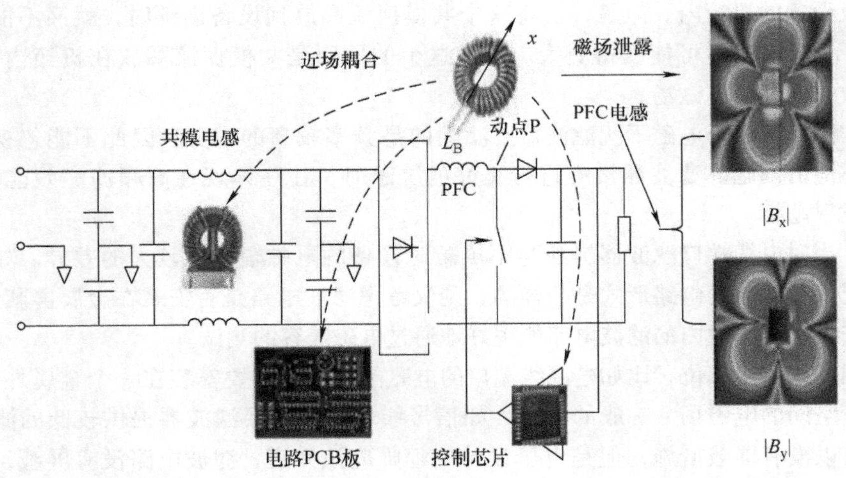

图 6-10　功率电感（PFC 电感）的近场耦合示意图

所以，电路中的功率电感就会通过电磁场辐射的方式，将噪声耦合到电路中各个部分，如图 6-10 所示。离 PFC 电感越近的器件，比如电路 PCB 器件、控制芯片、EMI 输入滤波器都在近场耦合的范围内。

PFC 电路由于在电源输入的前端，因此电路中 EMI 滤波器的近场耦合是不能忽略的。噪声信号耦合到输入滤波器的 EMI 电路模型，如图 6-11 所示。

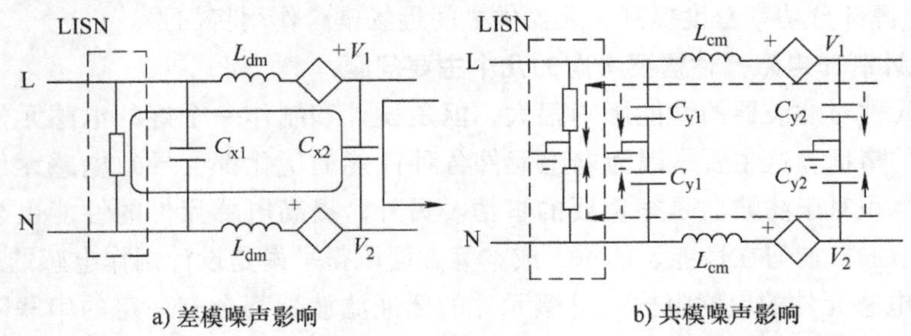

图 6-11　近场耦合到输入 EMI 滤波器示意图

同理，在没有 PFC 输入的 AC - DC 的反激电路变换也是同样的道理。当电路原理设计正确时，还需要良好的 PCB 布局布线设计来通过 EMI 测试标准。否则，就无法达到电路设计和 EMI 设计的高性价比。

经常电子设计工程师进行 EMC 测试整改时，当设备不能通过传导发射测试试验时，如果在设备的外部电源线上串联一个共模扼流圈，则设备电源线上的共模电流发射会有所下降，并且能够通过传导发射测试。但是，一个正式的电子产品及设备不允许在外部电源线上悬挂一个共模扼流圈，因此需要将这个共模扼流圈放进电子产品及设备的机箱内。但是，当将这个共模扼流圈放到设备内部时，就又不能通过测试了，有时发射可能变得更大。造成这个的原因是共模扼流圈放在机箱内部时，它接收了空间的电磁场。

实际上，由于电磁干扰滤波器要滤除的是频率较高的成分，因此不能忽视空间电磁感应的问题。滤波器没有进行良好的屏蔽时，往往体现在高频滤波效能不足，辐射发射超标。

注意：当对电缆端口滤波器屏蔽与不屏蔽时设备的电磁辐射有较大的差异。如果两种情况下滤波器的电路形式是一样的，则仅考虑滤波电路是否安装在金属屏蔽盒内，并且安装在金属盒内的滤波电路能很好地通过电磁兼容的测试。

因此，重要部位，比如电源线端口的电磁干扰滤波器要安装在一个金属外壳内，以屏蔽空间的电磁场。一般的场合，如信号线端口仅需要滤波器提供较低的滤波效果，可以没有屏蔽措施，但是电子设计工程师应该知道，滤波电路没有屏蔽，滤波效果将大打折扣，特别是对于高频的干扰信号。

如图 6-11 所示，建立近场耦合的噪声源路径。当耦合信号越强时，其产生的感应电压 V_1、V_2 越大，这将直接导致 EMI 测试失败。

这时，PFC 电路系统的电感选型设计与 PCB 布局布线将直接影响电路 EMC 性能。同时，需要关注以下三个方面的设计影响：

1）工作电路开关频率提高，噪声源基波和谐波频率提高。

2）电路中的开关管开关速度加快，噪声源高频谐波分量增多。

3）电源部分功率密度提高，元器件之间近场耦合作用将加强。

5. 设计制作电感器件需要考虑的几个主要问题

电感元件对滤波器的性能影响很大，但是设计和制作一个好的电感元件并不是一件容易的事情。这主要是因为电感元件各种性能的优化都会导致电感元件的体积增加，而体积对于滤波器是很重要的事情。另外，提高电感元件的性能也会导致电感成本的增加，如何在性能、体积、成本等方面取得平衡是设计制作电感的难点。

（1）电感元件的串联阻抗　电感元件的低通滤波器都会有一定的串联阻抗，当电路的工作电流流过这个阻抗时，就会导致一定的电压降，这种电压降对于工作电流很小的信号线可以忽略，但是对于应用在工作电流较大的电源线滤波器是不能忽略的。特别是，现在越来越多的电路工作在低电压大电流的状态，滤波器的阻抗导致的电压降会对电路的工作形成较大的影响。

应用在直流场合的滤波器，电感的阻抗主要是线圈的电阻，与绕制线圈的导线长度、线径有关。应用在交流场合的滤波器，电感的阻抗不仅与线圈的直流电阻有关，还与差模电感量有关。

因此，在设计电感时要注意电压降的要求，使电感的阻抗满足要求。

（2）电感元件的功耗　滤波器工作时会发热，这种热量主要是由电感元件产生的。电感元件的损耗由两部分产生，一部分是磁心的损耗，另一部分是线圈的损耗。如果电感上流过的是直流电流，磁心没有损耗，则只是线圈的电阻损耗，这时只要控制了线圈的直流电阻，就可以控制电感的损耗。

实际上，这里对线圈电阻的要求可以与上面控制电压降的要求结合起来，对于额定电流是 I 的滤波器，如果线圈的电阻是 R，则它的发热总量是 I^2R。

如果电感上流过的是交流电流，则总的损耗是磁心的损耗加上线圈的电阻损耗。需要注意的是，当交流电流的频率较高时，线圈的实际电阻大于直流电阻。

对于体积较小的滤波器，由于电感元件与电容元件靠得很近，电感产生的热量容易传到电容上，而电容是一种对温度比较敏感的元件，所以很容易造成电路的更加非理想特性。

对于直流电源线滤波器，降低电感元件的损耗主要是减小线圈的电阻；对于交流电源线滤波器，降低电感元件的损耗不仅要减小线圈的电阻，还要控制磁性材料的损耗。

（3）电感器件的饱和特性　磁心的磁导率是随着偏置磁场发生变化的，当偏置磁场达到一定强度时，磁导率急剧降低，磁心达到饱和状态。当磁心达到饱和时，就没有磁心的效果了，电感器件的电感量就会急剧降低。因此，在设计电感器件时，要考虑磁心在流过最大电流时的实际磁导率，以保证电感元件的电感量在最大电流时仍然满足设计要求。

需要注意的是，有时最大电流值并不是电流有效值，特别是在开关电源应用的场合。通常在考虑线圈发热时可以用有效值，但是在考虑磁心饱和时必须用峰值。否则，在测试传导发射时会出现一些奇怪的现象，比如每次测量的结果不同。

防止磁饱和的原理是降低磁心的磁感应强度。由于要获得一定的电感量，磁心中的磁通量是一定的，因此要降低磁感应强度，只能增加磁心的截面积，这会导致电感元件的尺寸及体积增加。

（4）电感器件的寄生电容　前面对电感元件上的寄生电容进行了分析，这是导致滤波器性能降低的主要因素，如何减小电感的寄生电容，也是设计滤波器的关键。

6.3 设计技巧

关于EMI输入滤波器的详细设计可参考《物联产品电磁兼容分析与设计》的相关章节。如图6-8和图6-9所示，即使设计性能优良的滤波器工作电路，其滤波器中的共模电感、X电容、Y电容的布局布线及寄生参数也会影响EMI滤波器的性能。因此通用滤波器的性能也只能在10MHz以内有较好的滤波器特性。

对于共模电感的关键特性需要做好匹配设计，如图6-12所示，共模电感及绕制方式的选择决定了其滤波性能。

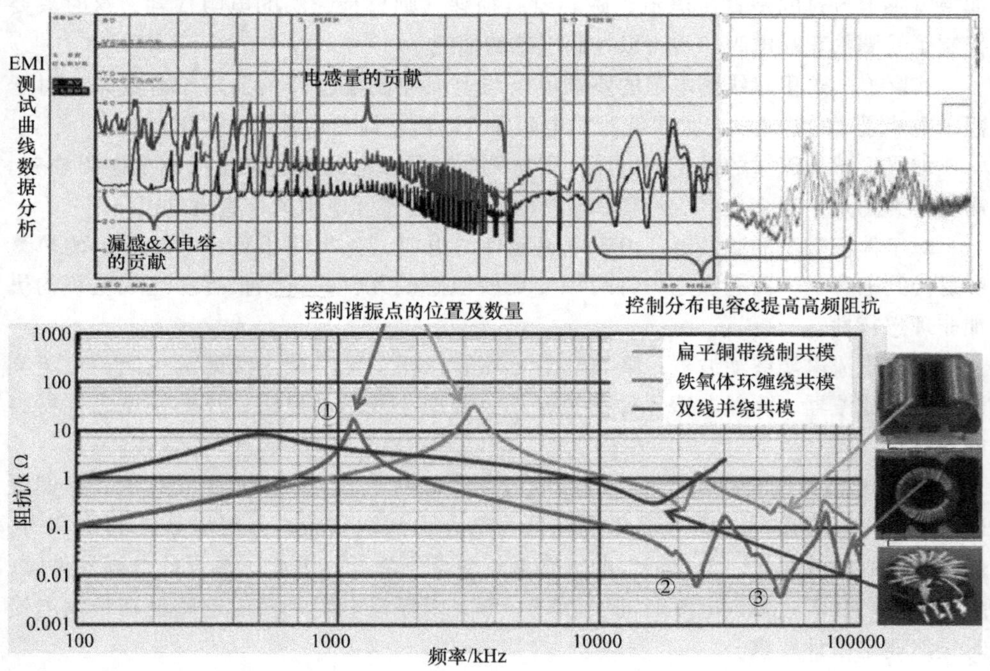

图6-12　滤波器件参数与实际EMI测试曲线的匹配示意图

图6-12所示为实际电路中滤波器设计抑制噪声干扰的频谱分析仪测试数据，选择不同的共模电感时对应的插入损耗在不同的频率范围各有差异，在低频段150～500kHz，需要共模电感有较大的漏感和滤波器的差模X电容提供差模插损。在500kHz～10MHz，需要足够的共模电感的电感量提供差模插损和共模插损，主要以共模插损为主。在10MHz以上需要双线并绕的共模电感及高频Y电容提供高频共模插损的设计。共模电感的选型推荐图示的结构。

对于实际的共模电感或磁心电感，线圈与线圈之间存在寄生电容，线圈与磁心材料之间存在寄生电容，绕制的线与线之间也存在寄生电容。这些寄生电容就会导致绕制的电感在电路中出现多个谐振点，如图中的①、②、③所示。其实际结果是器件参数的*RLC*的串并联谐振导致了EMI的特性差异。

在实际的产品设计中，如果不能通过EMI的传导发射测试，则还可以通过测试曲线数据来指导进行滤波器的设计优化（测试整改）。

1. EMI设计中的磁性材料

目前软磁材料已成为EMI滤波器中不可少的元件，这是因为软磁材料具有独特的性能。根据表6-1所示，常用作滤波器的磁心有锰锌铁氧体、镍锌铁氧体、非晶磁心等，这些材料磁心在抗电磁干扰领域发挥主要作用。然而，电子产品中没有通用的EMI滤波器对所有的电子产品及设备都能把干扰降低到标准以下。EMI滤波器的设计要根据产品相关的EMC标准，即需要衰减EMI信号的频段范围和超标的情况来选择其中的软磁材料。磁性材料的相对磁导率越高，在同样绕线圈数的情况下感量就会越大。图6-13所示为常用EMI磁性材料的相对磁导率与频率的关系图。想用一种材料满足各种抗干扰滤波器是无法达到预期效果的，必须选用适合该频段的磁性材料。再利用它们的电特性、电阻率、频宽、阻抗来确定对应的滤波设计。

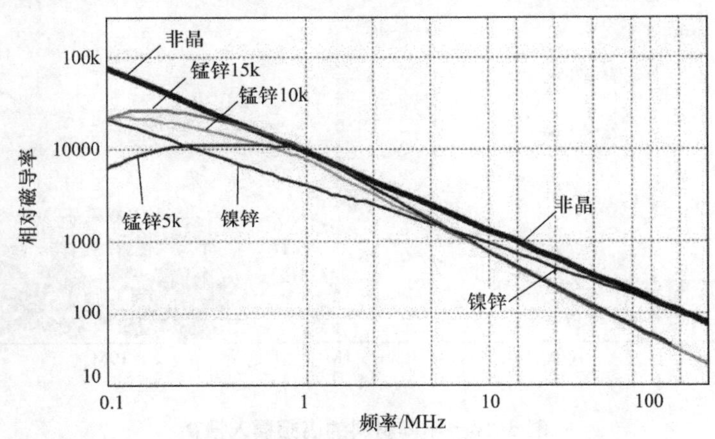

图6-13　不同磁材的磁导率对比

如图6-13所示，通常磁性元件厂家参考手册只给出相对磁导率为10MHz以前的数据，这是一个实际测试的不同磁材磁导率数据到100MHz的对比图。可以看到非晶和镍锌材料在超过10MHz以后有比锰锌材料还高的磁导率，这样非晶和镍锌材料的高频特性相对来说会好很多，而非晶材料的成本相对来说要高一些，但在大功率场合应用广泛。

因此，在大多数情况下，共模磁心材料一般选择使用铁氧体材料，铁氧体包含镍锌铁氧体和锰锌铁氧体。镍锌材料磁心的特性是初始磁导率较低，但是它能在很高的频率时维持其磁导率不变。由于镍锌材料磁心的初始磁导率低，它在低频时就不能产生足够高的阻抗，因此对低频小于5MHz时的干扰信号的抑制作用较小，而对干扰信号在高频大于10MHz的干扰信号抑制作用较好。如图6-13所示，可以知道镍锌材料主要使用在高频大于10MHz的滤波器中。锰锌材料磁心在低频时有很高的磁导率，图中的锰锌的磁导率最小是5000，磁导率越高其低频效果越好。因此锰锌铁氧体适合使用在10MHz以下的EMI滤波器中。当系统中需要EMI滤波器抑制的干扰信号的频率大于10MHz以上时，镍锌铁氧体材料和非晶材料都是不错的选择。

图6-14所示为不同材料的磁心。测试锰锌5k、锰锌10k、锰锌15k、镍锌、非晶五种磁心各绕制（9匝）的高频插入损耗。其相关参数规格为：非晶/22×33×15，电感量2.47mH；镍锌/22×36×15，电感量50μH；锰锌5k/22×38×15，电感量574μH；锰锌10k/22×38×15，电感量1.14mH；锰锌15k/22×38×15：电感量1.44mH。

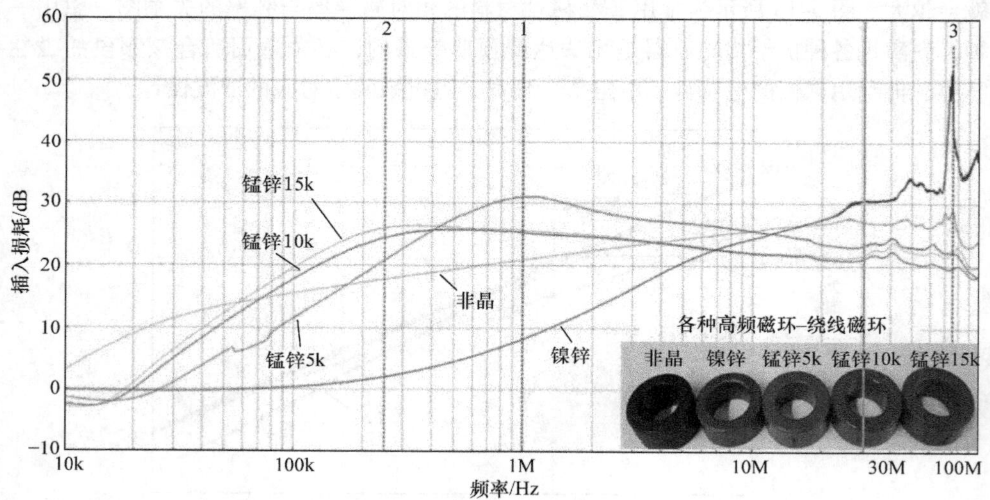

图6-14 不同材料的高频插入损耗

如图6-14所示，从图中可以看出电感量与插入损耗无关，而与磁性材料的特性有关。在高频10MHz频率以后，镍锌与非晶的插入损耗都比锰锌材料要高。锰锌材料在10MHz以前到测试的150kHz频段范围都有较高的插入损耗。通过测试数据，通常推荐磁导率为7k/10k的锰锌铁氧体材料作为开关电源EMI输入滤波器的共模电感设计。对于大于10MHz以上的高频段可以选择镍锌与非晶磁心。

2. 共模电感的关键技术

对于大多数产品来讲，共模电感的磁心都选用铁氧体（镍锌和锰锌），如图6-15所示。图中给出了共模电感需要注意的关键技术，这里推荐环形（T－Core）和扁平铜带绕制（SQ－Core），这两种磁心磁导率的选择为7k/10k，过低的磁导率其电感量绕制不上去（电感量小），过高的磁导率其饱和特性比较明显，同时过高的磁导率其频率阻抗特性衰减比较快。扁平铜带（SQ－Core）机器绕制的共模电感也将是电源滤波器设计重要的组成部分。

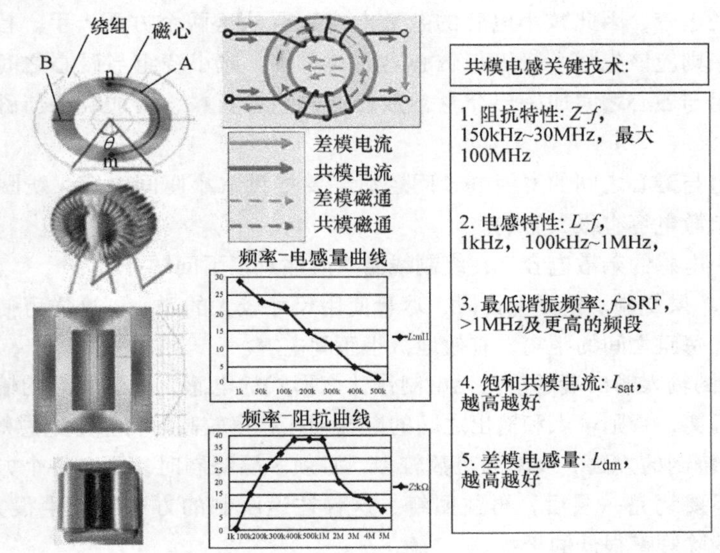

图6-15　电源滤波器中共模电感的设计示意图

共模电感有时需要有意增加漏磁，利用差模电感滤除差模干扰。注意：共模扼流圈的漏感是有差模电感时，即磁心具有差模电感，那么差模电流就会使磁心体内的磁通发生偏离零点，如果偏离太大，则磁心体可能会发生磁饱和现象。

电感线圈的寄生电容会影响滤波器的性能，因此需要加以控制，其寄生电容来自两个方面：

1）线圈每匝之间的分布电容；

2）线圈导线与磁心之间的分布电容。

当电感磁心为非导体时，匝间电容是主要的；当磁心为导体时，导线与磁心之间的电容是主要的。

共模电感设计所需要的基本参数为输入电流、阻抗及频率。输入电流决定了绕组所需的线径。在计算线径时，电流密度通常取值$400A/cm^2$。共模电感绕制时，尽量采用单层绕制，其不同绕制方式的共模电感频率阻抗特性，如图6-12所示。

3. 电感器件绕制的方法

绕制电磁干扰滤波器的电感时，一个特别需要重视的问题是尽量减小电感上的杂散电容，这对于拓宽电感的有效频率范围十分重要。这一点对于不能使用旁路电容或者由于使用环境限制（如接地线很长导致阻抗很高），旁路电容不能发挥作用的场合更加重要，例如，医疗设备需要满足很严格的漏电流要求，往往不允许使用容量较大的共模滤波电容，这时滤波作用主要依靠电感元件。

由于电感上的杂散电容来自两个方面，一个是线圈匝间的电容，另一个是绕组与磁心之间的电容，因此减小电感的杂散电容也要从这两个方面入手。首先，如果磁心是导体，则应该先减小绕组与磁心之间的电容。减小绕组与磁心之间的电容的方法是在绕组与磁心之间加一层介电常数较低的绝缘材料，增加绕组与磁心之间的距离。

解决绕组与磁心之间的寄生电容问题后，要尽量减小匝间电容。线圈绕制的方法对电感的杂散电容有很大影响。

为了减小电感的杂散电容，在绕制线圈时应注意以下问题：

1）尽量单层绕制。空间允许时，尽量使用尺寸较大的磁心，这样可使线圈为单层，并且增加每匝之间的距离，有效地减小匝间电容。

2）线圈的输入输出端远离。无论制作什么形式的电感，电感线圈的输入和输出都应该相互远离，否则输入和输出之间的电容会在频率较高时将整个电感短路。

3）多层绕制的方法。线圈的匝数较多，必须多层绕制时，要向一个方向绕，边绕边重叠，不要绕完一层后，再往回绕，这种往返绕制的方法会产生很大的电容，使电感仅能滤除频率很低的干扰。

4）分段绕制。在一个磁心上将线圈分段绕制，这样每段的电容较小，并且总的寄生电容是两段上寄生电容的串联，总容量比每段的寄生容量都小。

5）多个电感串联起来。对于要求较高的滤波器，可以将一个大电感分解成一个较大的电感和若干电感量不同的小电感，将这些电感串联起来使用，可以使电感的带宽扩展。但这样的代价是体积和成本的问题。

共模电感是构成电源滤波器的重要元件，它的性能直接关系到滤波器对共模干扰抑制的效果，共模电感通常称为共模扼流圈，是指它对共模电流有扼制作用，共模扼流圈的设计方法直接关系到它的滤波效果。

共模扼流圈的原理如图6-16所示，两根导线中的差模电流在磁心中产生的磁力线方向相反，并且强度相同，刚好抵消，所以差模电流在磁心中总的磁感应强度为零，对于差模电流不呈现电感特性。而对于两根导线上方向相同的共模干扰电流，则磁场没有抵消的效果，会呈现较大的电感。

实际的共模电感可能外观都不相同，但是其本质都是差模电流在两个线圈中产生的磁场大小相等，方向相反。理想的共模电感没有差模成分，而实际的共模电感会呈现一定的差模电感。这是由于差模电流的磁场并不会100%集中在磁心中，并不能完全抵消，所以还会有一定的差模电感存在，这种差模电感为寄生差模电感或者说是漏感。显然，这种寄生的差模电感与线圈的漏磁有关，线圈的漏磁越大，寄生差模电感越大。

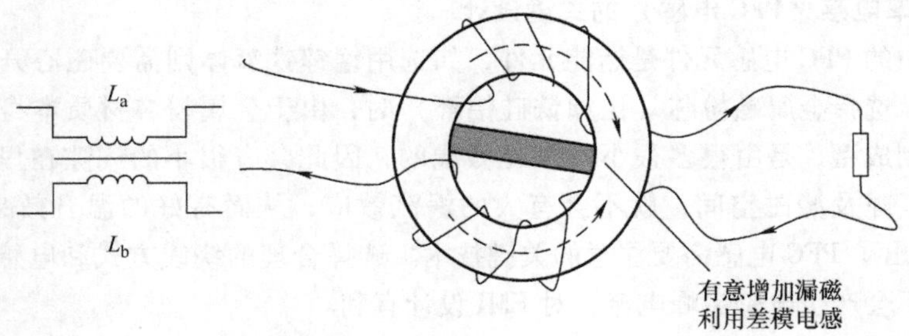

图 6-16　共模扼流圈的原理及差模电感成分

那么，什么因素会影响磁心的漏磁呢？首先是磁心的磁导率。磁心的磁导率越高，聚集磁力线的能力越强，漏磁越小。其次是共模电感周围材料的磁导率。共模电感周围的材料的磁导率越高，越容易从磁心中吸引部分磁力线，导致较大的漏磁。比如，当将共模电感放入一个钢质小盒中时，就会发现差模电感有增大的现象。

寄生差模电感还与线圈绕制的方法有关。共模电感可以采用绕组分开绕制的方法和绕组并绕的方法来实现，但它们的寄生差模电感不同。分开绕制的好处是两个绕组之间的绝缘较好，能够抵抗较高的耐压，但是这种方式会产生较大的漏感，也就是产生较大的差模电感。当电源线电流较大时，要防止磁通饱和。双线并绕的方法不利于两根导线之间的绝缘和抵抗高电压，但是漏磁很小，这意味着寄生差模电感很小。在电压较低的信号线上就要尽量采用双线并绕方法绕制的共模电感，减小对差模信号的影响。

注意：在电源线滤波器中应用共模电感时，寄生差模电感（漏感）并不是坏事，利用这种特性，可以用一个元件同时起到共模电感和差模电感的双重作用。有时在两个绕组之间插入磁性材料，人为地增加漏感，从而增大差模电感量，以满足滤波器对差模干扰抑制的要求。但是需要注意，这种差模电流的磁场可能会导致磁心的饱和问题。

由于共模电感中磁饱和的问题并不突出，因此特别关注磁心的磁导率，磁导率越高，设计的电感越容易达到，电感的体积越小。高磁导率磁心主要有铁氧体和非晶材料两种，虽然铁氧体材料的价格低于非晶材料，但是铁氧体的磁导率较低，电感量一定时，需要较大的体积；另外，由于铁氧体的磁导率较低，需要更多的匝数，这会增加寄生电容，这些是铁氧体不利的一面。但是，由于铁氧体具有较低的磁导率，能够产生较大的寄生差模电感，有利于改善差模滤波器的效果。

当要求较大的电感量，并且要求体积较小时，可以使用非晶磁心。非晶磁心的寄生差模电感很小，如果要获得一定的差模电感，则在绕制线圈时可以使两组的匝数不完全相同，这样它们在磁心中产生的磁场就不会抵消，从而获得一定的差模电感，但是要注意磁心饱和的问题。

4. 功率电感（PFC 电感）的关键设计

电路中的 PFC 电感元件是储能元件，如选用锰锌铁氧体则需要磁心开气隙防止器件饱和。选择金属磁粉芯（比如铁硅铝环）时，由于金属粉芯材质本身由金属粉末颗粒压制成型，是由很多很小的颗粒做成的，因此会有很小的气隙在里面，没有宏观的大气隙及漏磁空间，就不会有大的涡流效应，从而有好的温升效果和效率。图 6-17 给出了 PFC 电感需要注意的关键技术。选择合理的绕线方式和电感设计，在工作时就不会产生电感尖峰电流，对 EMI 设计有利。

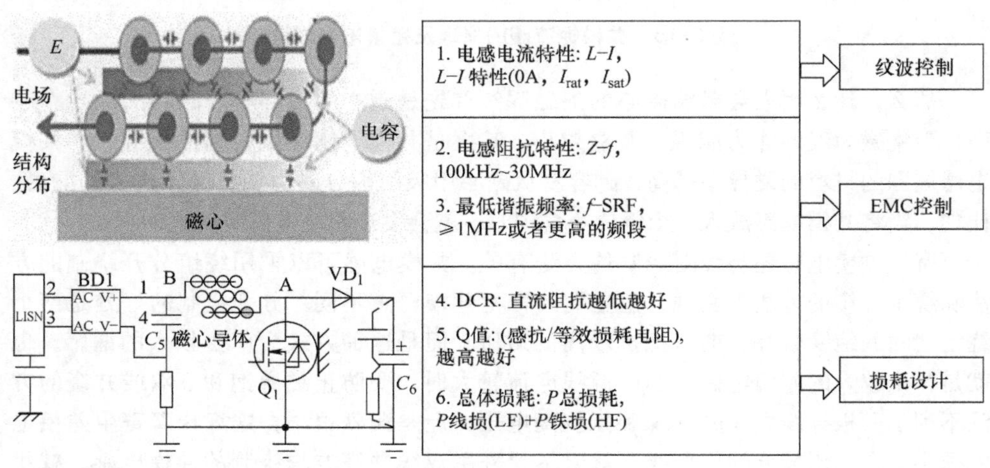

图 6-17　功率 PFC 电感的设计示意图

5. 低通滤波器的设计对脉冲干扰的有效抑制

低通滤波器对脉冲干扰有一定的抑制作用，了解这一特点对于解决电磁兼容问题非常有帮助，因为很多电磁干扰现象是由脉冲导致的。比如，电动机接通和断开时产生的脉冲干扰，电磁兼容试验中电快速脉冲群 EFT 测试就是用来模拟这种情况的。这种类似的干扰都可以通过低通滤波器来解决。

但是，在实际的应用中用滤波器取得满意抑制效果的情况并不多，这是因为滤波器的参数选择不当所致的。

当脉冲信号经过低通滤波器时，它的一部分高频成分就被滤除了。为了方便分析，假设低通滤波器为一个单电容或者单电感的滤波电路，滤波电路的截止频率为 f_0，它的过渡带斜率为 20dB/十倍频。脉冲信号的频谱包络如图 6-18 所示。

这个包络线可以分为三部分：$1/(\pi d)$ 以下的部分主要取决于脉冲的幅度，$1/(\pi d)$ 与 $1/(\pi t_r)$ 之间的部分主要取决于脉冲的上升沿陡度，$1/(\pi t_r)$ 以上的部分主要取决于脉冲的拐角。因此，粗略地讲，当低通滤波器的截止频率 f_0 略高于 $1/(\pi t_r)$，将 $1/(\pi t_r)$ 以上的频谱滤除时，脉冲的拐角变圆，上升沿几乎不受影响，这就是信号

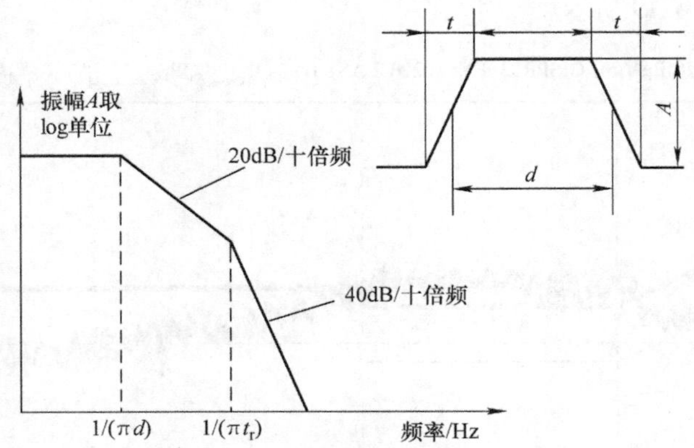

图 6-18　脉冲信号的频谱包络线

线滤波中所希望的。

当截止频率略高于 $1/(\pi d)$，将 $1/(\pi d)$ 以上的频谱滤除时，脉冲的上升沿变缓，而幅度没有明显变化。

当低通滤波器的截止频率 f_0 低于 $1/(\pi d)$ 时，脉冲的幅度会降低，这是在抑制干扰脉冲时所希望的。

因此，对于脉宽一定的脉冲干扰，滤波器的截止频率越低，抑制效果也越好。

对开关电源中磁元件 EMI 设计技巧总结如下：

1）磁性元件的设计（电感与变压器）：

① 磁元件在开关电源拓扑结构的选择合理，做到无尖峰电流设计；

② 变压器一次侧、二次侧耦合电容优化设计，有必要的时候可采用屏蔽方法；

③ 磁元件近场耦合控制（功率密度提高带来的问题）。

2）EMI 滤波器的设计：

① 滤波器的结构设计，采用一阶设计是否足够，否则增加滤波器的阶数；

② 滤波器参数的设计，增加 X 电容的容量或调整 Y 电容的容量或者位置；

③ 电气参数设计（电流及饱和设计）；

④ 共模电感的磁心材料选择及绕制方式设计；

⑤ 消除滤波器中的杂散耦合问题。

6.4　案例分析

某变频空调整机系统的 EMI 传导发射超标，EMI 输入滤波器采用二阶滤波器，测试扫描的干扰峰值无法降到标准限值以下。负载变频器功率在 2kW 左右，测试数据 10MHz 之前的频率段，其测试数据大部分均在限值以上，超标严重。测试 EMI 传导发射数据如图 6-19 所示。

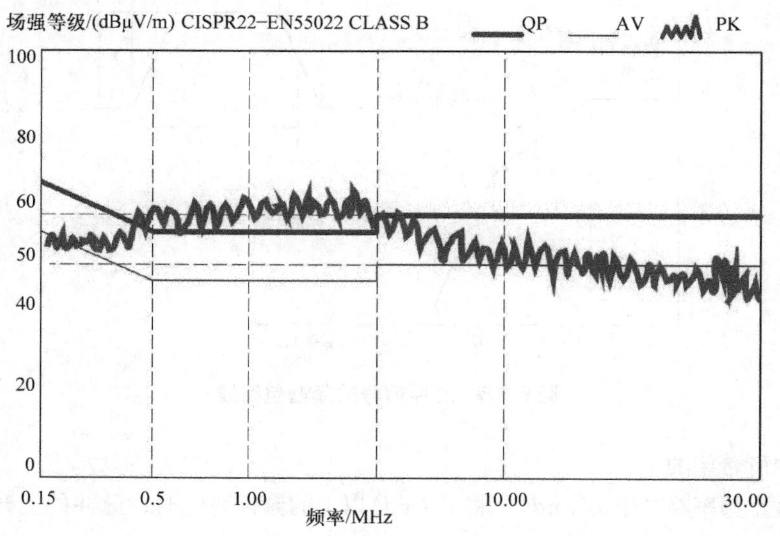

图 6-19　超标的传导干扰测试结果

图 6-19（该图根据原始测试图绘制）所示为实际测试的 EMI 传导发射的数据，可以看到其传导发射大部分数据超标较多并且在限值以上，测试曲线 10MHz 之前基本都在限制值以上，超标严重，说明其 EMI 滤波器的设计参数不合理。

1. 分析输入 EMI 滤波器的设计原理参数

如图 6-20 所示，对产品的电源输入 EMI 滤波器原理图分析，其电路为二阶的滤波器结构，正常设计时二阶共模电感的结构在频段 500kHz ~ 5MHz 范围，滤波器的两级共模电感一般会有较好的裕量设计。而实际测试数据严重超标，理论与实际不相符。因此对电感量参数进行测试，测试实际数据如下：

第一级共模电感：1kHz/8mH；

第二级共模电感：1kHz/5mH。

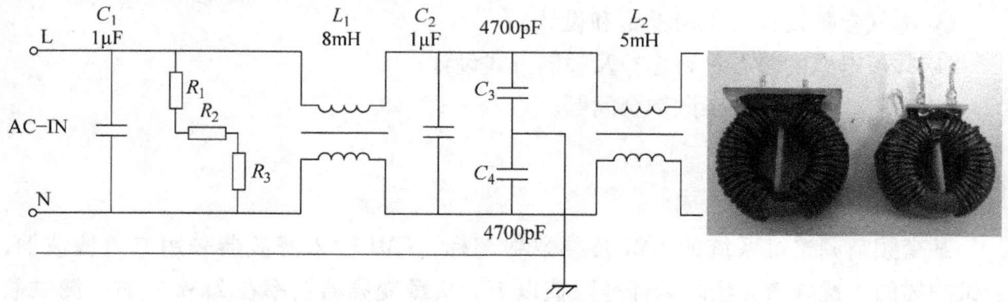

图 6-20　产品设计时的电源输入 EMI 滤波器及原理图

图中的共模电感采用锰锌铁氧体磁环，磁导率为 10k（一般磁导率高的铁氧体材料其介电常数也较高，当导体穿过时，形成的寄生电容较大，这也降低了高频阻抗），且采用单层绕制。由于系统功率要大于 2kW，其绕制线径必须满足要求，因此图中的共模电感铁氧体磁环的尺寸确定如下：磁环的内外径差越大，轴向越长，阻抗越大。绕制时内径要包紧导线。因此，要获得大的插入损耗，就需要尽量使用体积较大的磁环，大的磁环可绕制更大的电感量。

对于共模电感的匝数：增加穿过磁环的匝数可以增加低频的阻抗，但是由于寄生电容的增加，其高频阻抗就会减小，因此不能简单地通过增加匝数来提高插入损耗。当需要抑制的频段较宽时，就可在两个磁环上绕不同的匝数来设计。

根据滤波器的设计方法，参考二阶滤波器原理参数进行对比分析。

图 6-21 所示为典型的二阶滤波器的参考原理图，通过理论的计算和参考比对，发现问题在于共模电感的感量不足，不能提供足够的插入损耗。特别是传导测试频段 500kHz ~ 5MHz 的频段内需要提供足够的共模电感量来提升插入损耗。比如图中 L_1 的前级电感量，在满足额定负载功率条件下，理论和实际的建议值为 20mH 左右，即共模电感的插入损耗与共模电感的设计参数相关。

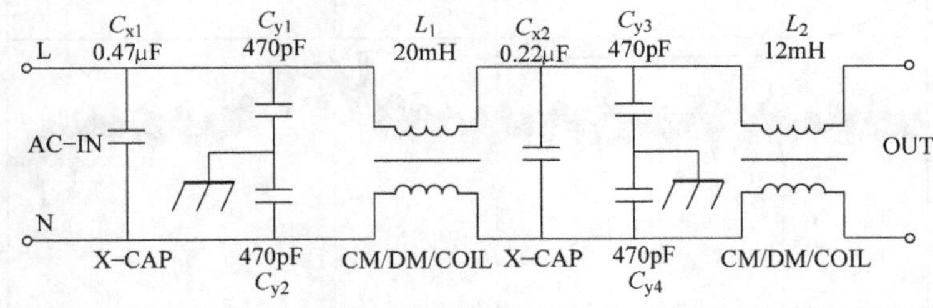

图 6-21　二阶 EMI 滤波器原理及参数示意图

2. 整改措施

优化滤波器将第一级的共模电感量提高。

如图 6-22 所示，按照标准的二阶滤波结构设计，前级滤波器的电感量不足，则采用两个 8mH 的共模电感串联，仅调整 L_1 的电感量为采用两个共模电感串联的组合测试结果如图 6-23 所示，调整共模电感后 10MHz 之前的测试数据有了较大的设计裕量。

如图 6-23（该图根据原始测试图绘制）所示，采用通用的二阶滤波器件网络后传导基本上有较好的裕量，图中 10MHz 之后测试数据有上升的趋势，这个频段点共模电感由于分布电容的影响，插入损耗降低，根据阻抗失配的原理，直接优化输入滤波器的 Y 电容及后级开关电源系统的 Y 电容。

EMI 传导问题的优化措施：调整第一级共模电感的感量值，调整滤波器中 Y 电容的大小，后级开关电源一二次侧 Y 电容的大小，以及开关电源拓扑变压器一次侧

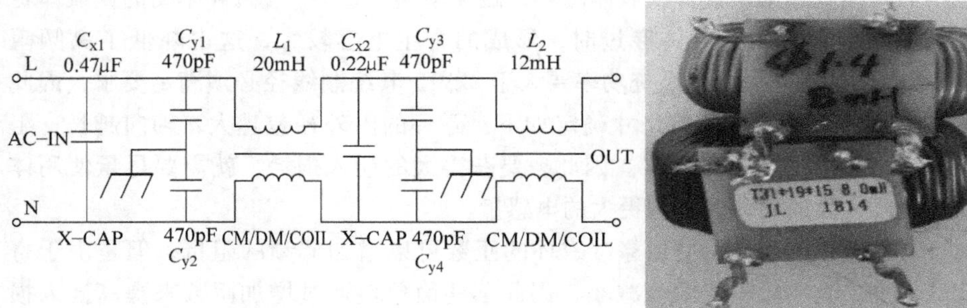

图 6-22　改进共模电感调整电感量示意图

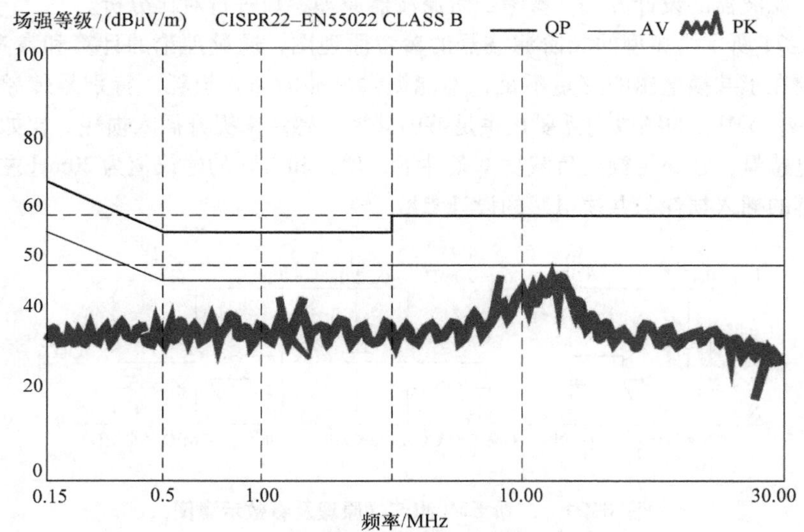

图 6-23　产品通过传导骚扰测试数据图

与二次侧之间 Y 电容的大小通过测试。

通过理论与实践分析 EMI 测试传导发射的问题，对于开关电源系统进行 EMI 传导高效设计与整改，优化输入滤波器是最快速的方法。

1）对于 EMI 传导发射，150～500kHz 频段范围内，越靠近 150kHz 的频段，调整 X 电容效果越明显。也可以人为调整共模电感的设计来增加共模电感的漏感感量，以提高差模插入损耗。

2）对于 EMI 传导，500kHz～10MHz 频段范围内，优化滤波器的共模电感大小（提高电感量）最有效。

3）对于 EMI 传导，10～30MHz 频段范围内，输入 EMI 滤波器中端口 Y 电容以及开关电源变压器一二次侧之间的 Y 电容设计是关键。

第 7 章

开关电源PCB优化EMC

PCB 上的 EMC 问题主要体现在 PCB 的辐射发射，外界电磁场对 PCB 的干扰，PCB 的接地设计，地线引起的公共阻抗耦合，PCB 走线之间的串扰问题等。在 PCB 的 EMC 设计中，实际上就会包含接地设计和去耦滤波设计等。一个良好的接地平面设计的 PCB，不但可以降低流过共模电流产生的电压降，同时也是减小电路中环路面积的重要手段。一个好的 PCB 设计可以解决大部分的 EMC 问题，同时在接口电路 PCB 布局时适当增加瞬态抑制器件和滤波电路就可以同时解决大部分的抗扰度问题及 EMI 问题。

7.1 PCB 的两种辐射机理

在进行 EMI 设计时，最有效的方式是考虑到 EMI 辐射的实际来源，并且一一处理。大多数在 PCB 层面的 EMI 源头是可以区分的，并且可以一项一项地解决，而不会增加其他源头的辐射。

在 PCB 上首先要关注开关电源部分及时钟部分的梯形波信号，这一类是强干扰源信号。在 PCB 的设计阶段，设计工程师自然应该要考虑到这个梯形波信号，这个信号是本来就存在的，并且要小心设计信号布线以将它们由源头传输到目的地。

这个梯形波信号具有一定的速率及上升沿和下降沿时间，因为 EMI 辐射的限制值是以频域来表示的。同时一个脉冲波信号是由许多不同振幅及相位的正弦波合成的。比如说，典型的时钟信号是一个方波，而方波是由一个基本频率的正弦波以及所有的奇次谐波和偶次谐波组成的，当方波的占空比为 50% 时，只考虑奇数谐波，其中的所有的正弦波皆为同相位，但是振幅大小不同，如图 7-1 所示，由正弦波合成产生方波。

图 7-1 给出了由同相位的基波以及 3 次、5 次、7 次、9 次谐波组成的一个总和波，虽然只计算了几个谐波，但其总和已经很近似方波的样子，只是还有些纹波的成分。

对方波及梯形波进行傅里叶变换，一个典型的梯形波包络线，其变化的参数为脉冲波的宽度以及上升沿及下降沿时间。因为频率越高，越能有效地从 PCB 上以及从产品的外壳小的开口辐射出去，因此最好能让高频谐波的振幅越小越好。如图 7-2

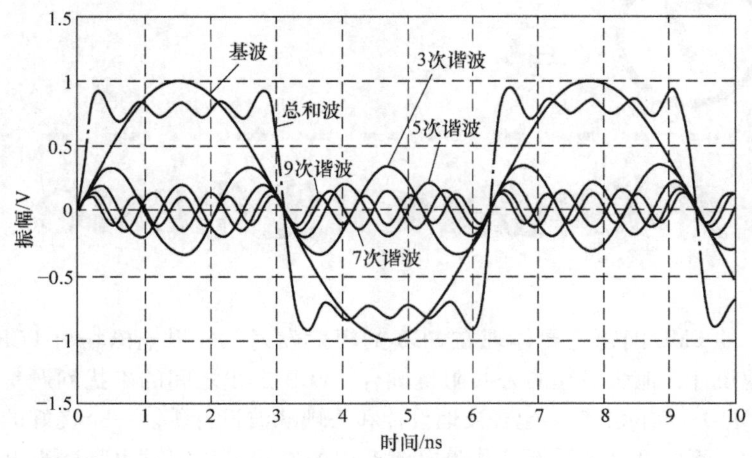

图 7-1 方波的谐波成分

所示，脉冲波的频率振幅会随着频率的增加而衰减。

如图 7-2 所示，图中 A 为梯形波的振幅；t 为梯形波的上升沿及下降沿；d 为梯形波脉冲的宽度。在脉冲波宽度频率以上的频谱会以 20dB/十倍频下降，而在上升沿及下降沿的时间频率以上会以 40dB/十倍频下降。上升/下降时间越缓慢，第二个转折点就会在越低的频率段发生，因此就会降低高频信号的强度。很明显，脉冲的上升时间及下降时间越慢，该信号中所包含的高频谐波成分就越低。

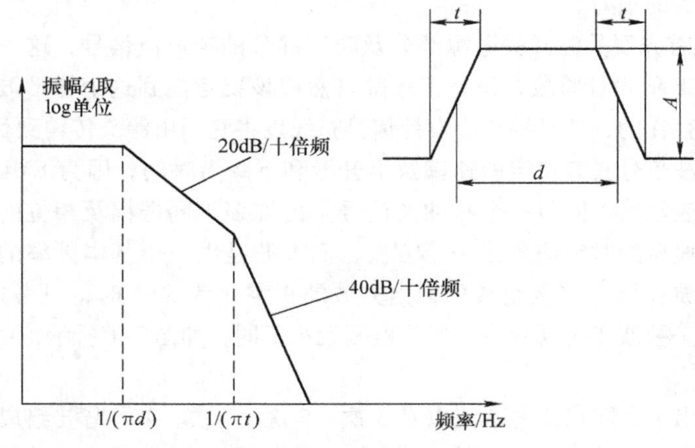

图 7-2 梯形波的频谱包络线

以一个 30V 振幅的梯形波为例，上升时间是 30ns，则其上升速率为 1V/ns。如果这个脉冲波振幅变为 3V 且边沿的速率不变，则其上升时间变成为 3ns。上升时间变短一般会引起较多的问题，但在此例中并不会增加高频成分，这是因为其边沿的速率是相同的。降低信号的振幅可以降低整体信号的频谱。

如图 7-3 所示，一般来说，当考虑上升时间与下降时间，以及它们对信号频谱的效应时，会将信号的振幅设为定值。当上升沿及下降沿的速率改变时，几乎不会影响高频谐波的大小，将上升沿时间由 30ns 增大到 300ns 时，长的上升沿及下降沿时间对 EMI 的高频段幅度会造成显著的影响。

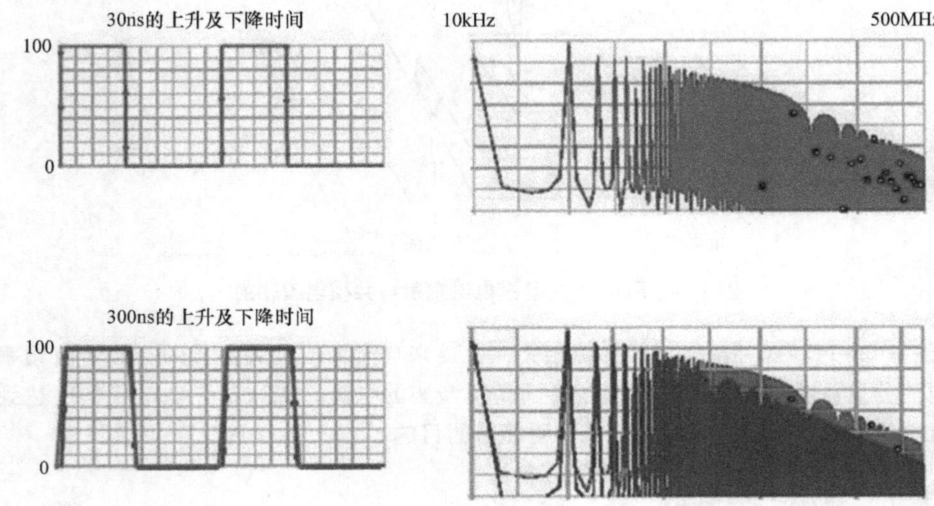

图 7-3　不同上升及下降时间与振幅的脉冲频谱比较

在实际状况下，特别是开关电源系统中，脉冲波很少是纯净的矩形波。如果波形不理想，比如尖峰或毛刺，就会造成高频谐波振幅很大的变化。一般来说，对重要信号所做的信号完整性分析是以电压波形为主，在波形的上面或下面的杂讯裕量情况通常要进行信号完整性分析。

对于 EMI 的应用，电流才是最重要的考虑因素。电流产生辐射，而非电压。在自由空间中电流环路产生电场强度，一个是差模电流环路，另一个是共模电流环路。在目前的 IC 技术下，电流与电压并不会像在简单电阻性回路里为同样的波形。因此对于 EMI 问题，当完成电压波形的信号完整性分析以后，还应该对有 EMI 影响的重要回路做电流波形的信号完整性分析。

产品中 PCB 的两种辐射机理的等效天线模型为环天线和棒天线模型。

如图 7-4 所示，差模辐射对应的是环天线，对地的共模辐射对应的是棒天线；在 PCB 设计时任何的信号都有环路，如果信号是交变的，那么信号所在的环路都会产生差模辐射。PCB 中共模辐射的等效天线模型是单极子天线或对称的单极子天线（偶极子天线），也是图中的棒天线模型，这些被等效成单极子天线（棒天线）的导体通常是产品中的电缆或者是其他尺寸较长的导体。这种辐射产生的源头是电缆或其他尺寸较长的导体中流动着共模电流信号。它通常不是电缆或长尺寸导体中的有用工作信号，而是一种寄生的干扰噪声信号，对于共模辐射就可以通过研究其共模电流的大小来分析其辐射发射的问题了。

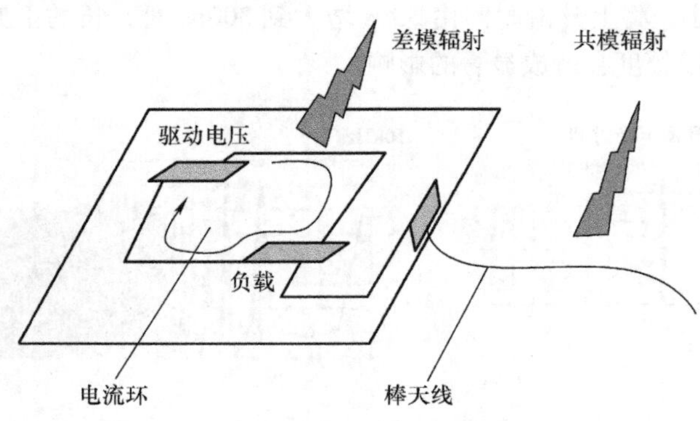

图 7-4　PCB 中的差模电流辐射与共模电流辐射

注意：产品 PCB 对外辐射与干扰源相关，主要来自时钟或开关信号的高频谐波频率的电流分量。从源头处理，关键是降低高频谐波的电流，或通过降低电压幅度达到降低电流幅度，从而达到降低对外辐射能量的目的。

7.1.1　减小差模辐射

在 2.3.1 节中，对图 7-5 所示表达式进行了说明，图中给出了减小差模辐射的方法。

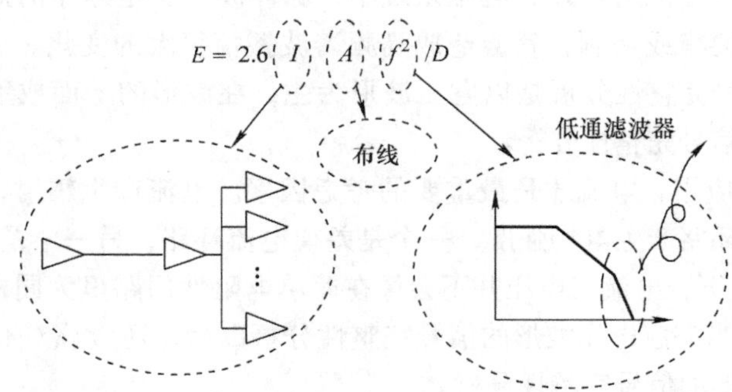

图 7-5　减小差模辐射方法

产品中（含有开关电源电路、时钟电路等）有两种等效天线所产生的辐射信号，第一种是等效天线的环天线，信号环路是产生辐射的等效天线，这种辐射产生的源头是环路中流动着的电流信号，这个电流信号通常为正常的工作信号，它是一种差模信号，比如时钟信号及其谐波。而实际电路中的信号传输每时每刻都伴随着流动的返回电流，这些电流成为 EMI 问题的原因。

第二种等效天线是单极子天线（棒天线）或对称的单极子天线（偶极子天线），这些被等效成单极子天线（棒天线）的导体通常是产品中的电缆、金属背板、开关器件及散热器或者是其他尺寸较长的导体。这种辐射产生的源头是电缆或长尺寸导体通过寄生参数（分布电容）流动着的共模电流信号。它通常不是电缆或长尺寸导体中的有用工作信号，而是一种寄生的干扰噪声信号。这种共模电流都会产生共模发射，也因此带来更为严重的 EMI 问题。

一个信号的传输意味着一个电流环路的存在，所以在大多数产品中，主要的发射源是 PCB 上电路（时钟、数据驱动器、振荡电路及开关电源回路等）中流动的电流。其中电流在传递路径与返回路径中形成的环路是 PCB 辐射发射的一个原因，可以用小环天线模型描述。小环是指尺寸小于信号频率的 1/4 波长（如 50MHz 为 1.5m）。当发射频率到几百 MHz 时，多数 PCB 环路仍然认为是小的。当其尺寸接近 1/4 波长时，环路上不同点的电流相位是不同的。这个结论在指定点上可降低场强，也可增大场强。

在自由空间中，辐射强度随着与发射源的距离按正比例下降。当距离固定为 10m 的标准测试距离时，可以估算辐射发射。对于最坏的情况，由于地平面的反射，要将辐射场强增加一倍。当一个环路在地平面上时，考虑到地面反射所产生的叠加效应在距离环路 10m 处的最大电场强度就可以得出如图 7-5 所示的评估表达式。

进行 PCB 设计后，公式中的环路面积是已知的，这个环路是由信号电流传递路径和回流路径构成的环路。电流 I 是单一频率上的电流分量。通常方波有丰富的谐波，因此电流 I 的谐波需要应用傅里叶级数进行计算。如果环路面积为 A 的环路中流动着电流强度为 I、频率为 f 的信号，那么在自由空间中，距离环路 D 处所产生的辐射强度为 $E=2.6IAf^2/D$，可以粗略地预测已知 PCB 的差模辐射情况。

例如，若 $A=10\text{cm}^2$，即有一个很大的信号环路，电流 $I=20\text{mA}$，对应的工作频率 $f=50\text{MHz}$，计算其电场强度 $E=42\text{dB}\mu\text{V/m}$，它超过了 EN55022 标准中规定的 CLASS B 的限值要求。对于图中的解决方法，如果工作频率是固定的，则可以采用在信号源上增加低通滤波器的设计，减小其高频电流。还有一种方法是重新进行 PCB 的设计以减小 PCB 信号的回路面积，这是比较直观的解决方法。

假如频率和工作电流是固定的，并且环路面积不能减小，则屏蔽是必要的。

如果发现产品电路中辐射发射超标，而利用差模辐射的预测公式预测 PCB 时差模辐射不超标。这时则要引起注意，因为 PCB 上小环路的差模电流绝不是仅有的辐射发射源。

在 PCB 上流动的共模电流，特别是电缆上或长尺寸导体上流动的共模电流对辐射可起更大的作用。通过基尔霍夫电流定律，在 PCB 上的共模电流与差模电流相比是很难预测的。图 7-6 所示为一个典型的信息类产品的 PCB，一个数据驱动器驱动一条电路，该电路靠近一个安装有散热器的 CPU。当该电路布线经过散热器时，在电路布线与散热器之间有一个寄生电容产生。同时在散热器与数据驱动器之间也有寄生电容存在。注意：在散热器与接收器、屏蔽结构、系统的其他元器件之间都会有寄生电容，只是影响很小，不会影响 EMC 的特性，所以忽略。

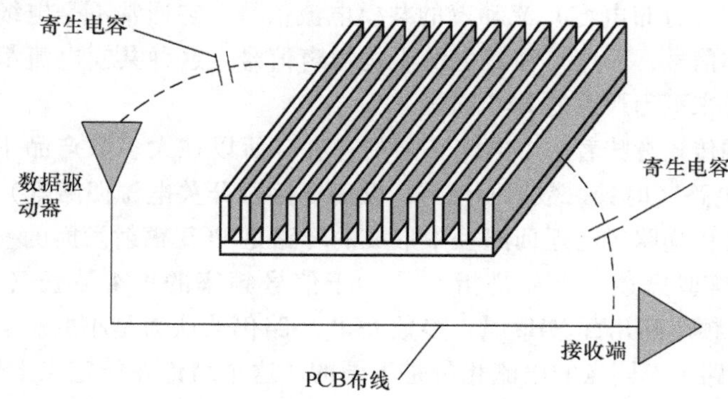

图 7-6 散热器寄生电容的电流通道

如图 7-6 所示，寄生电容的大小决定于其几何结构，它的容抗会随着频率的不同有差异，在相同结构下，频率越高的谐波容抗越低。

根据信号回流，所有电流都必须流经完整的环路以回到其源头。对于所有的谐波电流，其电流路径都是通过数据驱动器，经过 PCB 走线到接收端，然后再经由 PCB 的地参考平面回到数据驱动器。但是在电路 PCB 布线与散热器之间有寄生电容，在散热器与数据驱动器之间也有寄生电容。在高频下，提供了比上述路径阻抗还要低的路径，造成了有一部分电流流经散热器。如果没有注意到这一条返回电流路径，则散热器在体积上是比电路布线要大得多的辐射导体。因此散热器会成为一个辐射导体，特别是对于高频的谐波，就造成了不必要的辐射发射，导致辐射发射超标。注意：开关电源中功率器件上的散热器也是这个机理。

信号要返回其源，强调电流必须要经过一条封闭的环路以回到其源头，回路可能有好几条路径，不让电流流过非期望的路径是设计的重点。如图 7-7 所示，假如某物联产品 PCB 上有排线连接器，电路板上有一个数据驱动器，如果数据驱动器与排线之间有足够大的寄生电容存在，就会有一些电流会从此路径经过。

如图 7-7 所示，数据驱动器与排线的寄生电容大小由数据驱动器与排线的位置决定，通常电路布线在有些位置必须要改变布线层以避让其他的布线或元器件，或者说将数据驱动器的走线埋到 PCB 的不同层之间，以改善电场耦合效应。所以有电流流经过孔，图中第二个过孔连接到 PCB 的非屏蔽排线线缆。在第一个过孔的电流会产生磁力线，假如有磁力线被第二个过孔摘取，如图 7-7 右图所示，此磁力线在第二个过孔感应出电流，从而传导至 PCB 中的排线。类似一个寄生互感对较高频谐波

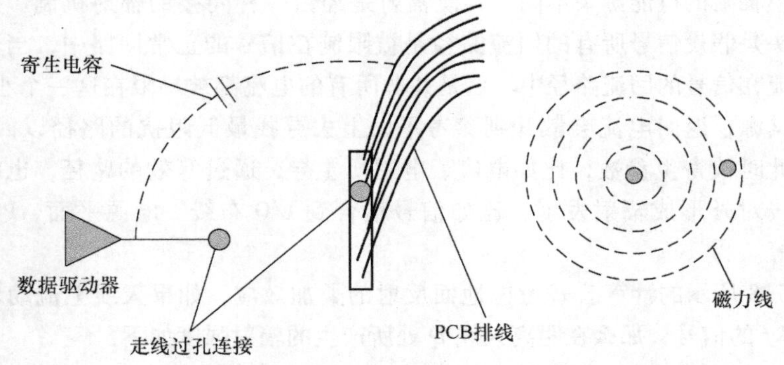

图 7-7 连接线寄生电容的电流通道

有较低的阻抗，因此会较容易将电流传导到造成潜在辐射的路径，而不走原先设计的路径。

如图 7-7 所示，数据驱动器走线的寄生互感与寄生电容组合就会有较大的高频谐波电流流经这个非屏蔽的排线，因此排线线缆会成为一个辐射导体，对外发射造成辐射超标。

因此共模电流的返回路径通常是经杂散的寄生电容（位移电流）到其他邻近的导体，因此一个完整的预测方案还要考虑 PCB 和其他导体连接线、外壳的机械结构及对地和对其他导体的接近程度。

环路的存在也是产品抗扰度问题存在的原因之一，因为这些环路都是接收天线。因此，对于设计工程师来说，尽可能地减小环路设计对 EMC 的设计是非常有帮助的。

7.1.2 减小共模辐射

在 2.3.1 节中，对如图 7-8 所示表达式进行了说明，图中给出了减小共模辐射的方法。

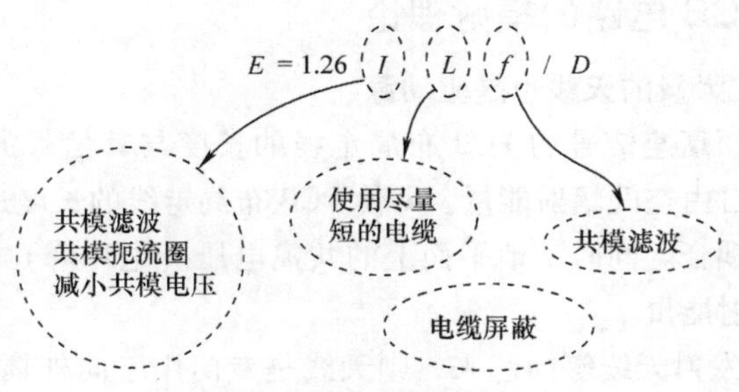

图 7-8 减小共模辐射的方法

与差模辐射的可能源头不同，共模辐射是经由一种间接的辐射机制。差模辐射的可能源头是假设信号所有的回流路径是被限制在信号的正常回路中，当然大部分的返回电流在信号的回流路径中，可是并非所有的电流都被局限在这一个小区域中。信号返回其源，返回电流会散开到参考平面上去寻找最低阻抗的路径以回到源头。在高频下此时被寄生参数，比如电容、电感所主导，通过等效的路径，也就是等效的发射天线对外形成辐射发射，比如信号耦合到 I/O 布线、电源平面、PCB 线缆、板上结构等。

如图 7-8 所示的计算公式考虑地面反射的叠加效应，如果天线上流动着电流强度 I、频率 f 的信号，那么在距离天线 D 处所产生的辐射强度如下：

当 $f \geqslant 30\text{MHz}$、$D \geqslant 1\text{m}$，并且 $L < \lambda/4$ 时

$$E \approx 1.26ILf/D$$

当 $f \geqslant 30\text{MHz}$、$D \geqslant 1\text{m}$，并且 $L > \lambda/4$ 时

$$E \approx 120I/D$$

式中，E 为电场强度，单位为 μV/m；L 为线缆长度，单位为 m；I 为电流强度，单位为 μA；f 为信号频率，单位为 MHz；D 为观察点到辐射源的距离，单位为 m；λ 为信号的波长，单位为 m。

通过上面的简化计算公式，当产品中等效天线的长度大于天线中信号频率波长的 1/4 时，等效天线产生的辐射强度只与天线上的共模电流大小有关。因此，分析产品中连接线缆或长尺寸导体中的共模电流大小，对于控制产品的辐射发射具有重要的意义。

减小电缆上共模高频电流的一个有效方法是合理地设计电缆端口电路或者在电缆的端口处使用共模滤波器或抑制电路，滤除或减小电缆上的高频共模电流。使用屏蔽电缆也能解决电缆辐射的问题，但是在使用屏蔽电缆的情况下，屏蔽层合理的接地是解决电缆 EMC 问题的关键。猪尾巴（Pigtail）及不正确的接地点选择等问题都将使屏蔽电缆线出现 EMC 问题。

7.1.3 实际 PCB 电路的辐射理论

1. PCB 中存在大量的天线也是驱动源

当产品中有高频高速信号的 PCB 布局走线的长度与其信号的波长可以比拟时，PCB 可以直接通过自由空间辐射能量。即使 PCB 布局走线的长度远小于信号的波长，它也可以通过近场耦合。同时，地平面上的共模电压（电压降）驱动与其连接的电缆通过电缆向外辐射能量。

如果将 PCB 与发射天线等同起来，则天线是专门用于向外辐射能量的，而大多数 PCB 都是无意的天线，即它们的设计目的不是天线，除非用它来做能量传输。如果 PCB 无意中成为理想天线，而且不能采取有效的抑制措施，则需要进行屏蔽。有

时 PCB 并不是天线，但是由于其共模噪声的存在，成为电缆的驱动源，故电缆就成为了发射天线。建立简化的等效天线模型如图 7-9 所示。

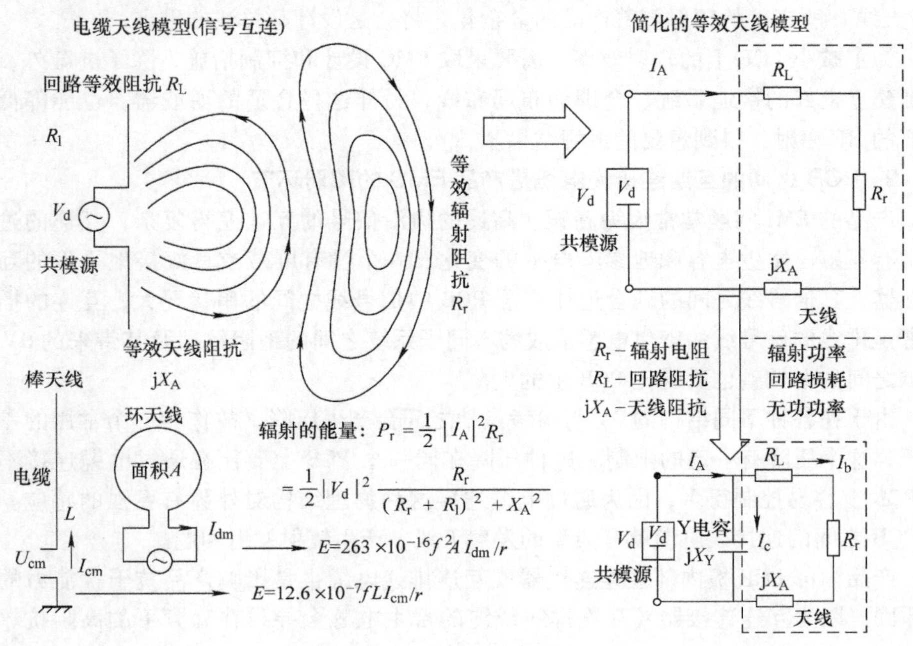

图 7-9　建立简化的等效天线模型

如图 7-9 所示，无论是故意还是偶然，天线的效率是频率的函数。当一个天线被一个电压源驱动时，它的阻抗会有明显的变化。当天线处于谐振状态时，它的阻抗会变高并且主要呈电感性。阻抗方程 $Z = R_r + j\omega L$ 中的电阻 R_r 部分被称为辐射电阻。辐射电阻是天线在一定频率辐射 RF 趋向的量度。大多数天线在一个特定的频谱上辐射效率比较高。这些频率一般低于 200MHz，因为 I/O 线最长大约 2～3m，与波长相比要长一些。频率再高一点时，一般可以看到是从产品的外壳缝隙出来的辐射明显。

对于被共模电压驱动的共模辐射来说，降低驱动电压是最简单可行的抑制技术。RF 驱动电压存在的原因主要有 PCB 电路的布线阻抗、地回路阻抗、用来降低无用天线驱动电压的旁路或屏蔽设计。

在实际的电子产品中，PCB 还存在非常多的未知参数，比如信号线与信号线之间的寄生电容、寄生互感，信号线与参考地之间的寄生电容，信号线的引线电感等。这些参数都会是和频率相关的参数，而且数值都很小，在直流或低频情况下，通常是设计工程师所忽略的。如果是在 EMC 设计，则在辐射发射的高频范围内，这些参数将会产生非常重要的影响。

在实践中，有大部分产品的辐射发射问题是等效的单偶极子（棒天线）产生的。

在不考虑产品 PCB 成本的情况下，PCB 设计采用多层板的架构，其信号的环路面积可以控制得较小，从而减小信号环路所产生的辐射问题。因此，等效单偶极子天线（棒天线）所产生的辐射随着产品的复杂化，将会是设计师关注的重点。

为了减小 PCB 上的辐射效率，需要采取 EMC 设计和抑制措施，除了屏蔽外，还包括建立良好的接地系统、合理的布局布线，另外选择合适的滤波器，也能降低不想要的 RF 辐射，得到想要的最好结果。

2. PCB 之间的互连连接线电缆是产品 EMC 的薄弱环节

产品的 EMI 问题常常因为高频、高速的边沿信号的互连变得复杂，互连的过程常常有互感、寄生电容和地参考电平的变化。一个没有屏蔽或良好接地平面的互连连接器，其信号线之间的耦合远比多层 PCB 中信号线之间的串扰要大，互连的插针或者是排线的信号线的寄生电感造成的不同子系统之间的地阻抗，及其带来的 0V 参考点之间的电位差也要远比 PCB 中的大。

由于在各种不同结构的 0V 与参考点地之间会产生压降，故作为一个常用的参考电压，这个压降有一定的限制。这种压降在同一个 PCB 上要比在通过电缆连接不同的 PCB 上容易控制得多，因为通过电缆连接这种物理结构对外界有更强的感应。因此 PCB 之间的连接线电缆就是典型的发射天线，产生辐射发射问题。

产品内部 PCB 板内部互连连接器或互连排线电缆也是影响产品抗干扰能力的主要原因，因为互连连接器或互连排线线缆的寄生电感会导致在高频下的高阻抗。当进行外部干扰测试，比如 BCI、EFT/B、ESD 抗扰度测试时，测试时产生的共模瞬态干扰电流会流过互连连接器或互连排线线缆的地线（0V 参考），由于互连连接器或互连电缆中地线的阻抗，必然会在互连连接器中的地线上产生共模压降，如果互连连接器或互连排线线缆中地线两端的电位差 ΔU 超过了互连连接器或互连电缆两端电路或 IC 器件的噪声电压限制要求，就会出现故障现象。

7.2 开关电源 PCB 的布局和布线设计

开关电源电路除了元器件的选择和电路设计外，良好的 PCB 布局布线也是电磁兼容性的一个非常重要的因素。

如果不考虑 PCB 在电路中的电特性，则可能使电路发生 EMC 问题，对电路功能产生有害的影响。如果 PCB 设计得当，那么它将具有减少干扰和提高抗扰度的优点。开关电源中 PCB 的布局布线设计中，主要目的是控制以下指标：

1）减小来自 PCB 的辐射；

2）减小 PCB 电路与产品及设备中其他电路之间的耦合；

3）提高 PCB 电路对外部干扰的灵敏度；

4）减小 PCB 上各种电路之间的耦合。

总之，应使电路板上的电路正常以实现各自的性能，各部分之间不发生干扰，对外辐射发射和传导发射尽可能低，外来干扰对板上电路不产生影响。

在开关电源 PCB 设计中，开关管从导通状态（开关闭合）变成关断状态（开关打开），或从关断状态变成导通状态时发生开关转换（交叉）。典型的开关转换时间一般少于 100ns，开关转换时间越短，出现的问题也会越多。重点关注开关电源变换器中与功率有关的电流流向，这需要关注关键节点电路的 PCB 走线，做好开关电源器件的 PCB 布局布线是一个好方法。

7.2.1　PCB 上布线的寄生参数及影响

PCB 中的走线由铜箔制成，存在一定的电阻和电感；同时，由于 PCB 的面积与厚度都很小，因此 PCB 走线之间也存在较大的互感和电容。可以估算，在 0.25mm 厚的 PCB 上，位于地线层上方的 0.5mm 宽、20mm 长的走线上具有 2.7mΩ 的直流电阻、20nH 的电感，以及与参考地之间 1.66pF 的耦合电容。将这个值与元器件的寄生效应相比，都是可以忽略不计的，但所有布线的总和可能就会超出寄生效应。这些寄生参数将对电路，特别是高频高速电路的运行产生重要的影响，比如信号幅度衰减、上升时间变缓等。

PCB 走线、电路导体和电路之间的干扰形式同样表现为共阻抗耦合、感性耦合和容性耦合等传导耦合形式，以及辐射耦合。

串扰是指干扰能量从一条电路传递到另一条电路，或多余的信息从一条通道跑到一个相邻的通道。PCB 走线中，电路导体与电缆之间的串扰是 PCB 电路中存在的最难的问题之一。

7.2.2　布局设计

PCB 布局的好坏直接影响 PCB 布线的效果。合理的布局首先要考虑 PCB 尺寸大小，PCB 尺寸过大时，PCB 印制走线过长，阻抗增加，抗噪声能力下降，成本也增加；尺寸过小则散热不好，且邻近 PCB 走线易相互干扰。在确定 PCB 的尺寸后，再确定特殊元器件的位置。最后，根据电路的功能单元，对电路的全部元器件进行布局。

首先应对板上的元器件进行分组，目的是对 PCB 上的空间进行位置划分，同组的放在一起，以便在空间上保证各组的元器件不至于相互干扰。一般先按使用电压进行分组，再按数字与模拟、高速与低速，以及电流大小分组。不兼容的元器件要相互分开，如发热元件远离关键的 IC 集成电路。磁性组件有条件可进行屏蔽，敏感器件则应远离 MCU 及控制器时钟发生器等。

在电子设备中，数字电路、模拟电路及电源电路的组件布局和布线特点各不相同，它们产生的干扰及抑制干扰的方法也不相同。此外，高频、低频电路由于频率不同，其干扰及抑制方法也不相同。所以在组件布局时，应该将数字电路、模拟电路和电源电路分别放置，将高频电路和低频电路分开放置。

在元器件布局方面，应把相互有关的元器件尽量靠近放置，可以获得较好的抗干扰效果。组件在 PCB 上排列的位置要充分考虑抗电磁干扰问题，各部件之间的引线要尽量短。

根据电路的功能单元对电路的全部元器件进行布局时，要符合以下原则：

1）按照电路的流程安排各个功能电路单元的位置，使布局便于信号流通，并使信号尽可能保持一定的方向。

2）以每个功能电路的核心元器件为中心，围绕它来进行布局。元器件应均匀、整齐、紧凑地排列在 PCB 上，尽量缩短和减小各元器件之间的引线和连接。

3）在高频下工作的电路要考虑元器件之间的分布参数，一般电路应尽可能使元器件平行排列。

4）尽可能地减小环路面积，抑制辐射干扰。

7.2.3 布线设计

由于 PCB 上的电子元器件密度越来越大，走线越来越窄，信号的频率越来越高，不可避免地会引入电磁干扰。PCB 布线的设计目的是使 PCB 上各部分电路之间没有相互的干扰，并使 PCB 的传导发射和辐射发射尽可能降低。

1. 布线原则

PCB 布线没有严格的规定，也没有能覆盖所有 PCB 布线的专门规则。大多数 PCB 布局布线受限于 PCB 的大小和 PCB 的层数。一些布线技术可以应用于一种电路，却不能通用于另外一种电路。但是，还是有一些通用的规格可以作为指导方法来对待。PCB 布线的一般原则如下：

1）增大走线的间距，防止线间的爬电距离影响，同时减少电感耦合和电容耦合带来的干扰影响。

2）平行的布置电源线和地线以使 PCB 去耦电容达到最佳效果。

3）将敏感的高频线布在远离高噪声电源线的地方。

4）加宽电源线和地线，以减少电源线和地线的阻抗。

2. 布线技术

（1）PCB 上的功能电路分区　分区可以减小不同类型线之间的耦合，特别是有多个控制 IC 电源架构或开关电源的拓扑结构，尤其是通过电源线和地线。在地线面，将不同的电路单元分为单点走线的地线面。PCB 布局布线中用 L 和 C 作为 PCB 上每一部分的滤波器，用来减小不同电路电源间的耦合。高频高速电路由于其更高的瞬时功率需求，故要放置在电源入口处。接口电路可能会需要静电释放和瞬时抑制的元器件或电路。对于 L 和 C 来说，最好使用多个 L 和 C，而不是用一个大的 L 和 C，因为这样它可以为不同的电路提供相应的滤波特性。

(2) 局部电源和 IC 集成电路间的去耦　局部去耦能减小沿电源供电线的噪声传输。连接着电源输入口与 PCB 之间的大容量旁路电容起着一个低频脉动滤波器的作用，同时作为一个电能储存器以满足突发的功率需求。特别是在一些浪涌电压和快速脉冲群干扰的应用，在每个 IC 集成电路的电源和地之间都应当有去耦电容，这些去耦电容应该尽可能地接近引脚，这将有助于滤除集成电路的开关噪声。在考虑安全条件下，电源线应尽可能靠近地线。在电源线和地之间形成去耦电容，这种布置也减小了差模辐射的回路面积，有助于减少电路的干扰。

(3) 基准面的高频电流　不管是对多层 PCB 的基准接地层，还是对单层 PCB 的地线，电流的路径总是从负载返回到电源。返回通路的阻抗越低，PCB 的 EMC 性能越好。由于流动在负载和电源之间高频电流的影响，长的返回通路将在彼此之间产生互耦。因此返回通路应当尽可能短，环路面积应当尽可能小。

(4) 布线分离及边缘走线的电场分布　布线分离的作用是将 PCB 同一层内相邻电路之间的串扰和噪声耦合最小化。进行 PCB 设计时，当有印制线布置在 PCB 边缘时，该印制线与参考接地板之间将形成相对较大的寄生电容，因为布置在 PCB 内部的印制线与参考接地板之间形成的电场被其他的印制线形成挤压，而布置在边缘的印制线以及参考接地板之间形成的电场则相对比较发散。如图 7-10 所示，PCB 边缘的布局布线会对外产生较强的辐射。

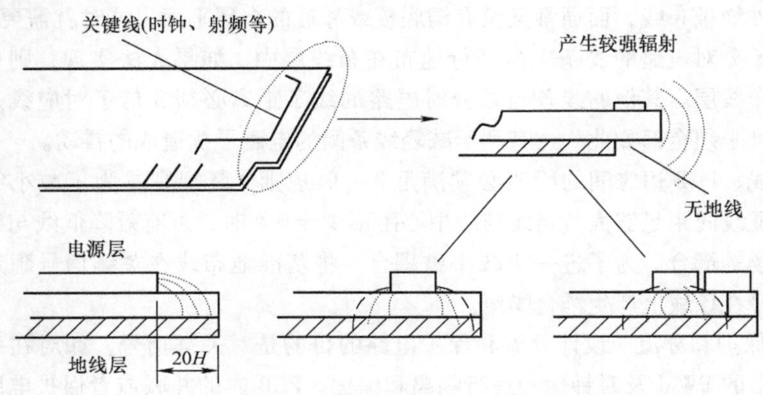

图 7-10　边缘印制线的电场分布

在 PCB 布线中，决定印制线条间的距离及 PCB 电源层与边沿的距离有两个基本的原则：一个是 20 – *H* 原则；另一个是 3 – *W* 原则。

20 – *H* 原则可以表述为所有具有一定电压的 PCB 都会向空间辐射电磁能量，为减轻这个效应，PCB 的物理尺寸都应该比最靠近的接地板的物理尺寸小 20*H*，其中 *H* 是两层 PCB 的间距。在一定频率下，两个金属板的边缘场会产生辐射。减小一块金属板的大小使其边界尺寸比另一个接地板小，这样就可以降低 PCB 的辐射。当尺寸小于 10H 时，辐射强度开始下降；当尺寸小于 20H 时，辐射强度下降 70%；当尺寸小于 100H 时，辐射强度下降 98%。一般推荐一块金属板的边界尺寸比另一块接地板的尺寸小于 20H，称为 20 - H 原则。根据典型的 PCB 的尺寸，20H 一般为 3mm 左右。

举例说明：假如平面间距为 0.1524mm 的电路板，则 20H 为 20 × 0.1524 = 3mm，电源板只比接地平面小 3mm 即可。

采用了 20 - H 原则之后，如果布线落在无铜面上，就要重新走线使之落在有实铜板的区域。采用 20 - H 原则后，提高了印制电路板的自激频率。20 - H 原则决定了电源平面与最近的接地平面间的物理距离，这个距离包括铜皮厚、预填充和绝缘分离层的厚度。

3 - W 原则可以表述为当两条印制线的间距比较小时，两线之间会发生电磁串扰，串扰会使有关电路功能失常。为避免这种干扰的影响，应保持任何线条间距不小于 3 倍的印制线宽度，即不小于 3W，W 为印制线的宽度。印制线的宽度取决于线条阻抗的要求，太宽会降低布线的密度，太窄会影响传输到终端的信号的波形和强度。

把 3 - W 原则用于印制电路板边沿的线条时，要求印制线的外边线到接地平面边线的距离大于 3W。像时钟线、差分对及关键走线都要满足 3 - W 原则。电源噪声也会通过电容耦合或电感耦合的渠道耦合到印制线中去，引起数据错误。在 I/O 部分，由于有多种线条布线，而通常又没有铜底板或邻近的金属平面，这时就需要采用 3 - W 技术。差分对电路的线条应当平行地布在布线层中，如果无法实现，则也必须布在相邻的布线层。其他的线条与差分对电路的线条距离必须 3 倍于对应线条宽度的距离，而且必须全部如此。这有利于减轻线条间的电磁干扰造成的抖动。

线与线、PCB 边缘间的距离必须满足 3 - W 规则，其规则是为了减小线间的串扰，应保证线间距足够大，当线与线中心距不少于 3W 时，可有效降低线与线之间的电场和磁场的耦合。为了进一步减小磁耦合，将基准地布线在关键信号附近可以隔离其他信号在该线上产生耦合噪声。

（5）保护和分流　设计分流和保护电路的目的是对关键信号，如对在一个充满噪声环境中的 PWM 及时钟信号进行隔离和保护。PCB 内的并联或者保护电路沿着关键信号的电路布放。保护电路布局隔离了由其他信号在线产生的耦合磁通，而且也将关键信号从与其他信号线的耦合中隔离开来，旁路电路和保护电路之间的不同之处在于旁路电路不必被端接（与地连接），但是保护电路的两端都必须连接到地。为了进一步减少耦合，多层 PCB 中的保护电路可以每隔一段就加上与地相连的通路。

（6）避免阻抗不连续及形成尖锐的拐角　信号路径的宽度从驱动源到负载应该是常数。改变路径宽度会对路径阻抗（电阻、电感和电容）产生改变，从而产生反射和造成线路阻抗不平衡，所以最好保持路径的宽度不变。

在一个线条中形成尖锐的拐角也可能引起阻抗的不连续性。这个尖锐的拐角会使电路的一部分与另一部分之间形成杂散的寄生电容，在内部的边缘也会产生集中的电场，容易导致放电效应。该电场能产生耦合到相邻路径的噪声。因此，当转动路径时全部的直角路径应该采用平滑曲线转向或 45°转弯路径布线。这种布线方式对上升时间在 1ns 以下的信号走线尤为重要。

（7）短截线的影响　由于阻抗的不连续，信号通过短截线容易产生反射。同时，虽然短截线长度不是系统已知信号波长的 1/4 或整数倍，但是附带的辐射可能在短截线上产生振荡，大大衰减流经它们的信号。因此避免在传送高频和敏感的信号路径上存在短截线，如图 7-11 所示。这通常在双面板的设计中出现，双面板设计时采用上下层敷地铜的设计。PCB 双层板的布局走线，其上下层有交叉的走线，且 PCB 存在没有打通孔的设计。上下层地平面没有实现多点连接，在理论上 PCB 的上下层需要打较多的通孔（比如间隔 1cm 或 1.5cm 打一个通孔）把上下层的地连接在一起降低地阻抗，这样既实现了减小回路面积，同时也减小了地阻抗。

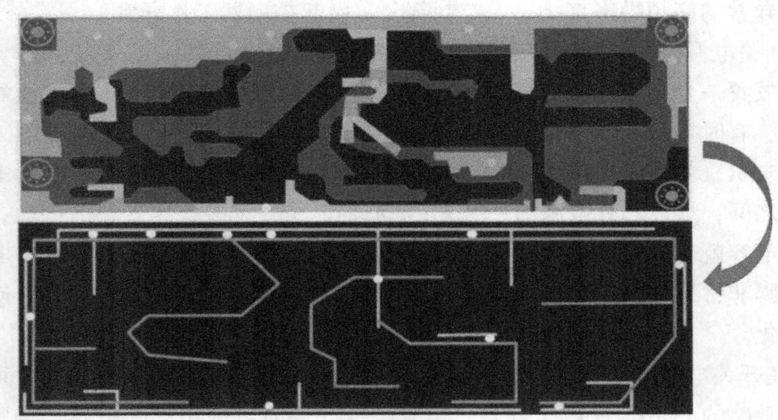

图 7-11　PCB 中的短截线

类似地，虽然星形或辐射形排列使用与来自多个 PCB 的地线连接，但它带有能产生多个短截线的信号路径。因此应该避免将星形或辐射形排列布置在开关电源 IC 地走线及敏感的信号上。

（8）最小化环路面积　任意一个电路回路中有变化的磁通量穿过时，都会在环路内感应出电流，电流的大小与磁通量成正比。较小面积的环路中通过的磁通量也少，感应出的电流也较小，因此环路面积必须最小。保持信号路径和它的地返回线紧靠在一起将有助于最小地线环路，避免出现潜在的天线环。减小回路面积的另一种方法是在关键信号上布置一条地线，这条地线应尽量靠近信号线，这样就形成了较小的回路面积。

在实际应用中，对开关电源中 PCB 的布局布线设计要点提供以下参考。

1）开关转换阶段，电流在某一部分 PCB 走线中突然停止流动，同时在另一部分 PCB 走线中突然开始流动（时间一般为 100ns 或更短，称为开关转换时间）。对任何的 PCB 而言，这些 PCB 走线都是关键走线。每次开关转换都会在其中产生很高的 $\mathrm{d}i/\mathrm{d}t$，这些走线最终以 $\Delta U = L\mathrm{d}i/\mathrm{d}t$ 来形成电压尖峰，L 是电路 PCB 走线的寄生电感。每 1cm 的 PCB 走线的电感约为 10nH。比如，2.5cm 的关键 PCB 走线，流过 1A 的瞬时电流，开关转换时间为 30ns 时，尖峰电压为 0.7V。而 3A 电流、5cm 的 PCB 走线的感应电压会高达 4V。

2）开关器件中的噪声尖峰一旦产生，不仅会出现在输入、输出线上，而且可能会耦合到芯片控制部分，导致工作异常。对于集成开关芯片，在同一封装内集成了开关管和控制器。虽然带来了方便，减少了器件数量，但此类芯片通常对 PCB 布线寄生电感引起的噪声尖峰更为敏感。因为功率级交换节点（动点及电压跳变点，比如二极管、开关管和电感的公共连接点）是芯片自身的一个引脚，该引脚将交换节点上所有异常的高频噪声直接导入控制部分，引起控制器工作异常。

3）开关电源控制电路本身通常需要良好的局部去耦。因此，需要在非常靠近芯片的地方放置一个高频电容，这个电容经常具有双重任务，同时还作为控制电路的去耦电容。有时控制芯片需要更有效的去耦滤波，这种情况下，可以在输入电源串接一个小电阻（推荐值为 5～22Ω），再通过一个高频电容直接跨接在芯片电源引脚与地引脚之间，形成芯片电源的一个 RC 滤波器。由于开关电路转换时间短，芯片需配置去耦电容就变成了强制要求。因此，强烈建议输入的去耦电容放置在电路板上距芯片引脚非常近的地方，电容与芯片引脚焊盘之间无中间过孔，否则会使去耦效果明显恶化。

4）在开关电源的拓扑结构中，电感元件需要注意其产生的电磁场，它可能对周边电路和敏感的 PCB 走线产生耦合。通常条件允许时可使用屏蔽电感，否则，电感元件应放置在离芯片稍远的地方，特别是要避开反馈信号走线。

5）输出电容在 BUCK 电路和 BUCK - BOOST 电路拓扑的关键路径上。因此，该电容的放置应该与二极管一样靠近控制芯片，还需要通过电气节点并联的方式设计一个高频电容减小高频环路面积。

6）在开关电源电路中动点（电压跳变点）的 PCB 走线面积不能太大。因为任何具有交变电压的导体，不管其电流如何，只要尺寸足够大，都会成为电场天线。所以，交换节点周围的铜面积需要减少，而不是增加。唯一真正需要大面积敷铜的节点是地节点（或地平面）。其他节点，包括输入电源端，由于高频噪声叠加其上，因此会有明显的辐射。大的平面通过感性和容性耦合增加了从周围印制线和元器件获取噪声的可能性。

7）减小 PCB 走线电感的最佳方法是减小其走线长度而非增加其宽度。超过某一程度，加宽印制线将不会明显减小电感。如果因为各种原因，PCB 走线的长度不能进一步缩短，那么另一种减小电感的方式是让流过正向电流的 PCB 走线与流过返回电流的印制线互相平行。电感因其储能而存在，能量储存在磁场中。因此，反过来，如果磁场能抵消，则电感也会消失。两条 PCB 走线平行，每条流过的电流大小相同，方向相反，使得磁场大幅度减小。所以这两条 PCB 走线平行，并在 PCB 电路板同一侧非常接近。如果用双面板，则最佳解决方案是让印制线在印制电路板正反面（或相邻层）平行（一条在另一条之上）。这些 PCB 走线应该有足够的宽度来改善互耦，从而抵消磁场。

注意： 如果电路板有一面是地平面，则返回路径可与高频正向电流 PCB 走线自动成镜像，从而使磁场相互抵消。

8）开关电源中，还有一个重要的信号线是反馈控制线。若这条 PCB 走线拾取了噪声（容性或感性），则输出电压可能会因此有偏差。在极端的情况下，甚至会产生不稳定或使器件失效。反馈控制线要尽可能短，以减少噪声拾取，并使其远离噪声源或电磁场源（开关管、二极管和电感）。反馈控制走线不能置于电感、开关管或二极管的下方，即使是在电路板的反面，也不能与相隔几毫米的含噪声的关键 PCB 走线靠近或平行，即使在相邻层也不好。但若地平面是中间层，则在各层之间可形成足够的屏蔽。保持反馈控制线最短有时很难做到，这时要保持反馈控制线尽量短。否则，采用反馈控制线伴地走线，以确保它远离潜在的噪声源。

7.3 PCB 的接地滤波设计

电子设备的接地包括安全地和信号参考地。通过一个低阻抗通路连接到大地的接地方式定义为安全地，其主要作用是防止人、动物及其他生物触电。只要每个电子设备通过合适的方法连接于大地上的参考地，就不会有危险。这一接地线在高频时具有高阻抗，并随频率变化。一般的安全地不考虑电磁兼容性。

在 PCB 设计中，其接地是指接信号参考地。信号电流经过一个低阻抗的路径返回其驱动源，这个是信号地的作用。抑制或防止地线干扰是需要考虑的最重要的问题之一。无论在什么样的应用中，都必须减小电路之间的地电位差，或者完全避免有电位差。如果两个电路的参考电平不一致，则会产生功能问题，如噪声容限和逻辑开关门限电平紊乱，这个接地噪声电压就会导致地环路干扰的产生。

因此，通过设计中最常见的应用电路板电路结构进行分析设计，如图 7-12 所示。电源供电部分为开关电源输出直流 5V 电压，电路实现传感器信号的检测，到 MCU 控制器输出，再到 LED 显示控制（按键操作）的基本原理。

在实际的产品应用中，开关电源作为各个功能单元电路 IC 控制芯片电源电压的供电（5V），电路单元包含小信号的外部传感器电路、信号放大器电路、模数转换电路、MCU 控制电路、显示控制电路等。

假设放大器电路所需的电流是 μA 级的电流；模数转换为 0.1 ~ 1mA；MCU 控制

器需要的电流为 10～30mA；LED 显示采用扫描方式需要 200～500mA 的电流。

如图 7-12 所示，电路中的传感器信号检测电压为 0～80mV 的小信号，对于电路板中地线如何连接？其最通用的接地方法如图 7-13 所示。

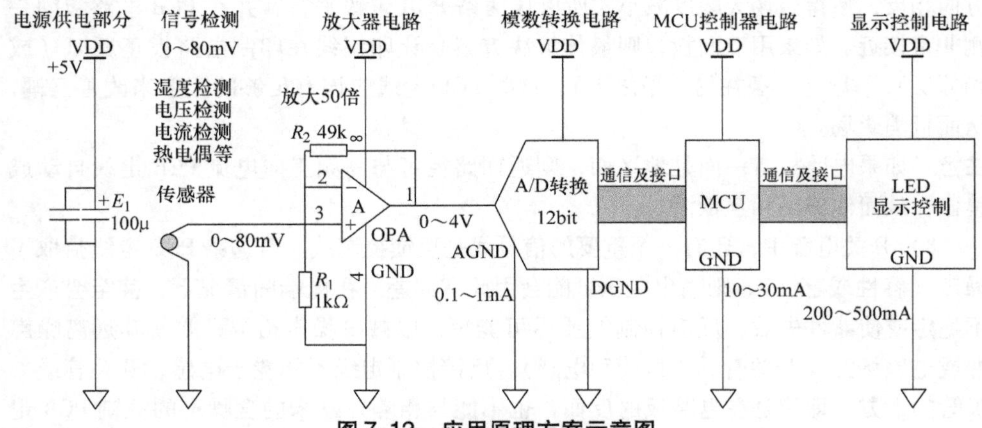

图 7-12　应用原理方案示意图

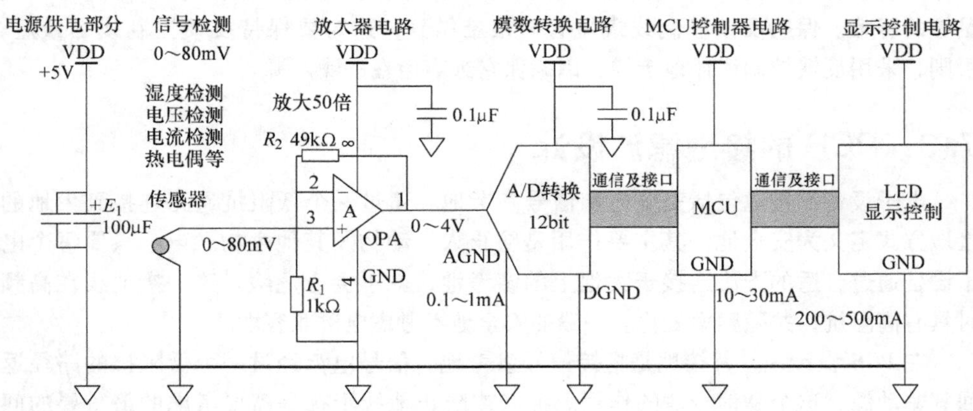

图 7-13　应用方案典型接地示意图

如图 7-13 所示，假如电路采用单点接地式，即把整个电路系统中的一个结构点看作接地参考点，使用一个接地点在系统中或 PCB 板上，则所有电路都参考到该点，为了分析方便假设每个电路单元的地走线长度为 10cm。即使在低频下地阻抗也不为零，建立如图 7-14 所示的低阻抗时的等效示意图。

如图 7-14 所示，任何走线都有阻抗，其 $R=\rho L/S$。L 为走线或导线的长度，S 为走线或导线的横截面积。铜的电阻率 $\rho=0.017\Omega(\text{mm}^2/\text{m})$，常用导线的直径为 0.5mm。假如导线的长度为 10cm，利用 $R=\rho L/S$ 可以计算出此时铜导线的电阻 $R_x=8.7\text{m}\Omega$。

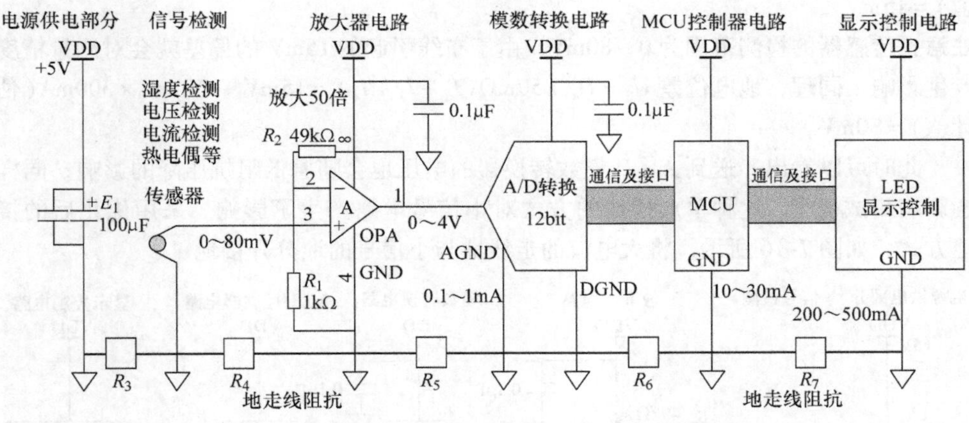

图 7-14　应用方案单点接地低频时地阻抗示意图

10cm 的铜导线的直流阻抗在 25℃ 时为 8.7mΩ，其值随着温度上升的增加率为 0.4%/℃，即 100℃时为 11.3mΩ。

PCB 中走线一般敷铜为 35μm，线宽 W 为 1mm。假如导线的长度为 10cm，利用 $R=\rho L/S$ 可以计算出此时铜导线的电阻 $R_x=50\text{m}\Omega$。

注意：通常 PCB 板上的敷铜厚 17μm（0.5 盎司）、35μm（1 盎司）、50μm（1.5 盎司）、70μm（2 盎司），通用为 35μm（1 盎司）。

其他数据可参考第 2 章中的表 2-1 和表 2-2。采用 PCB 走线的连接方式，因此其低频时的直流阻抗为 50mΩ，如图 7-15 所示。

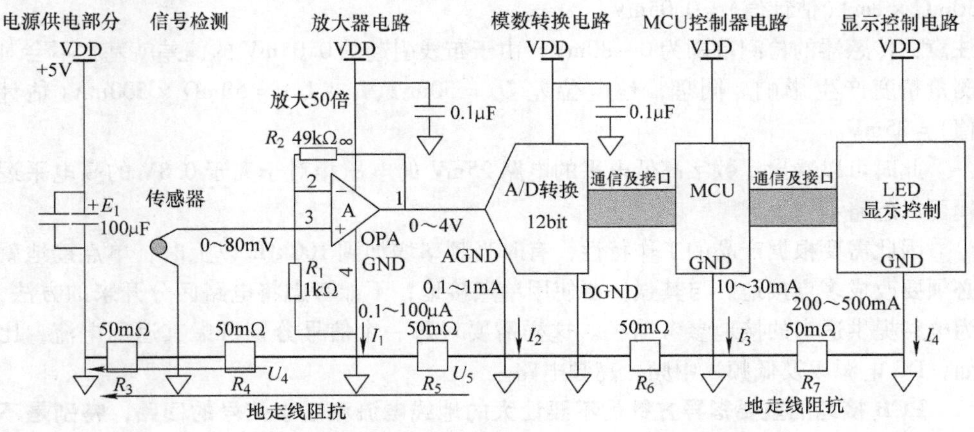

图 7-15　应用方案接地低频时地阻抗等效示意图

如图 7-15 所示，直流阻抗下，电路各个工作电路的中 LED 显示部分是电流最大的，其产生在传感器的地电位差 $U_4=50\text{m}\Omega(I_1+I_2+I_3+I_4)=50\text{m}\Omega\times300\text{mA}$（估计

值）= 15mV。

注意：传感器的检测范围为 0～80mV，由于布线引起的 15mV 的偏差就会对测量精度产生影响。同理，地电位差 $U_5 = U_4 + 50\text{m}\Omega(I_2 + I_3 + I_4) = 15\text{mV} + 50\text{m}\Omega \times 300\text{mA}$（估计值）= 30mV。

此时可以看出，送到 A－D 模数转换器的电压也会随着低阻抗压降的影响，同样会影响测试精度。这种单点接地的方式对小信号电路产生了影响。采用优化后的接地方式，如图 7-16 所示，将大电流的走线地与小信号的地分开接地。

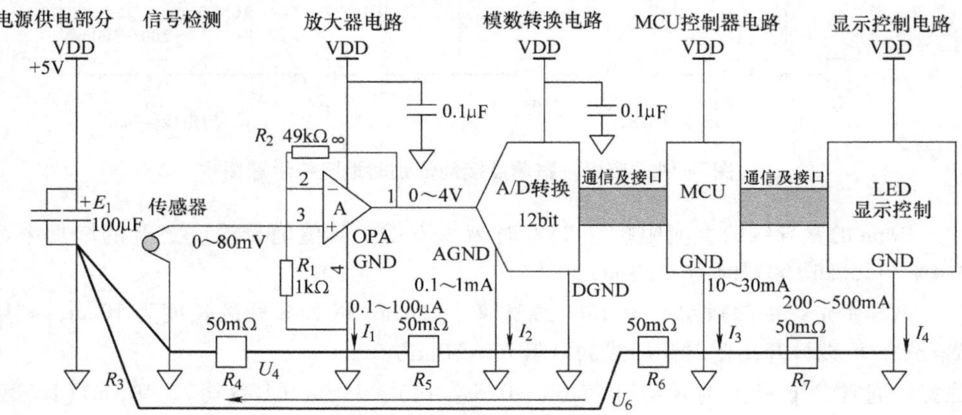

图 7-16　应用方案接地优化设计示意图

如图 7-16 所示，直流阻抗下，其产生在传感器的地电位差 $U_4 = 50\text{m}\Omega(I_1 + I_2) = 50\text{m}\Omega \times 1\text{mA}$（估计值）= 0. 05mV。

注意：传感器的检测范围为 0～80mV，由于布线引起的 0. 05mV 的偏差就基本不会对测量精度产生影响。同理，地电位差 $U_6 = 50\text{m}\Omega(I_3 + I_4) = 50\text{m}\Omega \times 500\text{mA}$（估计值）= 25mV。

此时可以看出，数字高低电平的电路 25mV 的电压相对于高于 0. 8V 的高电平逻辑可以忽略不计。

因此需要根据产品的工作特性，有时当频率增加到 100kHz 以上时，单点接地就必须要改成多点接地。与其强调要使用单点接地，不如考虑将电路区分开来的方法，为电路提供适当的接地参考路径。这样需要对每一个信号分别考虑其返回电流，比如，DC 电源以及低频、中频、高频电路。

PCB 接地的重要指导方针是不要让大的地线电流流过小信号的回路，特别是不要让工作电流大的数字器件的地电流流过小信号的地线回路。

如图 7-17 所示，在交流高频阻抗下（考虑 > 100kHz），任何的布线及导线都会有寄生电感，电感的参数评估为 10nH/cm 或者 1nH/mm。

在本案例中走线为 10cm，则评估存在的寄生电感 $L = (10\text{nH/cm}) \times 10\text{cm} =$

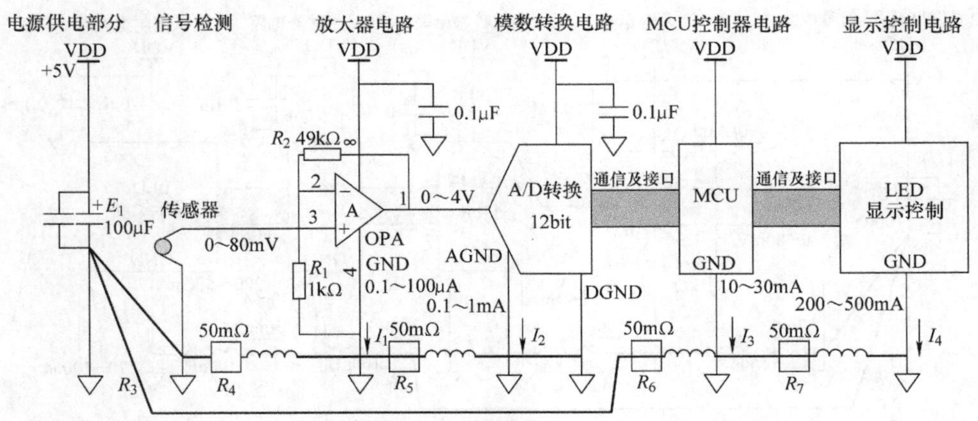

图 7-17　应用方案接地高频下地阻抗等效示意图

100nH，如图 7-18 所示。

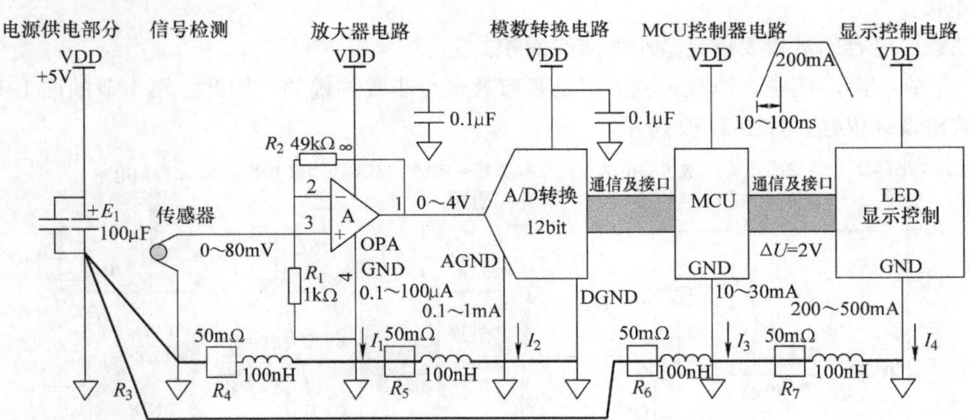

图 7-18　应用方案接地高频下地阻抗及数字信号等效示意图

如图 7-18 所示，在交流高频阻抗下，数字电路会存在高低电平的转换以进行数据交换。假如数字 LED 显示存在动态扫描工作模式其最大电流为 0.2A，其动作的上升沿为 10ns。由于回路中走线较长，所以会存在寄生电感，在高频下其感抗远大于直流阻抗，其工作时产生的电动势差 $\Delta U = L\mathrm{d}i/\mathrm{d}t = 100 \times 0.2/10 = 2\mathrm{V}$；这个 2V 的电平要远高于 0.8V 的逻辑低电平，这样 MCU 控制器的逻辑功能就会出现异常的工作情况。因此电路的设计一定要考虑高频工作特性，这时就需要采用滤波去耦解决方案，如图 7-19 所示。

如图 7-19 所示，在交流高频阻抗下，地回路的走线长度非常关键，需要尽可能地减小环路面积，为系统提供需要的电能以减小纹波，同时进行高频去耦。图中滤

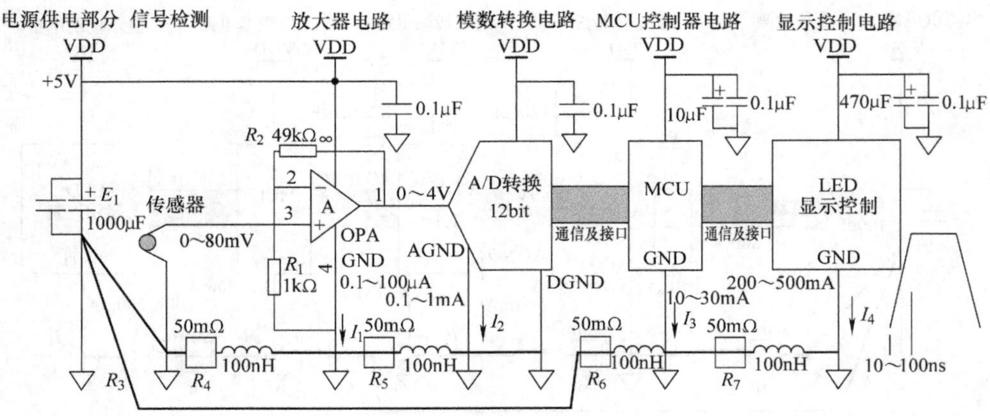

图 7-19 应用方案接地滤波示意图

波去耦是关键，对于储能应用 $E_c = 1000\mu F/1A$，高频电容推荐 0.1μF，可采用多个并联。

注意：电容的放置要满足最小的回路面积。

在实际应用中，滤波去耦方案是否有效也是非常关键的。因此，第 1 章的图 1-1 给出设计依据，如图 7-20 所示。

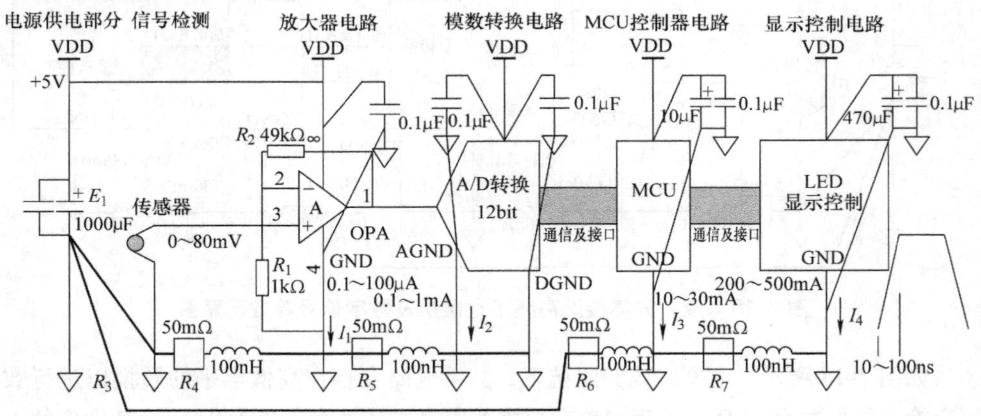

图 7-20 应用方案正确的接地滤波示意图

因此，在高频交流阻抗下，地走线（阻抗要小）、地回路（回路面积要小）、接地点的位置（不要让大的地线电流流过小信号的回路）很关键。滤波电容的搭配设计应尽可能减小电流回路面积，采用电气并联的法则就近达成共地设计。对产品内部或外部的干扰都能有好的可靠性，满足 EMC 要求。

通过这个分析和设计过程，给出了在 PCB 设计时的接地与滤波的真正应用及实践参考，这对设计工程师在实际工作中分析和解决问题是非常有帮助的。

第 8 章

开关电源设计的浪涌抑制技术

通常把在设备电源线、数据线或信号端口上出现的持续时间较短的瞬变过电压和过电流称为浪涌，其来源可以是雷击、高压设备中的开关操作、低压设备中的工作状态突变、静电放电、核电磁脉冲等。浪涌具有持续时间短（一般不足 1ms）、幅值高（可以达到数 kV 或数 kA）的特点，在浪涌作用下，产品及设备中的电源和半导体器件可能遭受击穿或烧毁、设备失效、信号失真等危害。浪涌通常是开关瞬态或感应雷造成的，主要包括：

1）主电源系统切换干扰，如感性负载之间的切换。

2）配电系统内在仪器附近的轻微开关动作或负荷变化。

3）与开关装置有关的谐振电路，如功率开关管器件组成的开关电源电路。

4）各种电路系统故障，如对设备组接地系统的短路和高压拉弧故障。

5）雷电附近直接对地放电的雷电入地电流耦合到产品及设备组接地系统的公共接地路径。

8.1 雷电浪涌的产生与传递

雷击浪涌是最常见的一种浪涌形式，每年全球在雷电事故中的损失非常高。

雷电浪涌的传递，对于直接雷击于外部电路，注入的大电流流过接地电阻或外部电路阻抗而产生电压。传递在建筑物内，外导体上产生感应电压和电流的间接雷击。

8.1.1 雷电的产生与特性

1. 雷电的形成过程

雷电是由雷云放电引起的，关于雷云的聚集和带电至今还没有令人满意的解释，目前比较普遍的看法是：热气流上升时冷凝产生冰晶，气流中的冰晶碰撞后分裂，导致较轻的部分带负电荷并被风吹走形成大块的雷云；较重的部分带正电荷并可能凝聚成水滴下降，或悬浮在空中形成一些局部带正电的云区。整块雷云可以有若干个电荷中心。负电荷中心位于雷云的下部，离地面 500～10000m，它在地面上感应出大量的正电荷。

随着雷云的发展和运动，雷云中积聚了大量的电荷，一旦空间电场强度超过大气游离放电的临界电场强度（大气中约为30kV/cm，有水滴存在时约为10kV/cm），就会发生不同极性的雷云之间或雷云对大地的放电。在防雷工程中，主要关心的是雷云对大地的放电。

雷云对大地放电通常分为先导放电和主放电两个阶段。云与地之间的线状雷电在开始时往往从雷云边缘向地面发展，以逐级推进的方式向下发展。每级长度约为10～200m，每级的伸展速度约为10^7m/s，各级之间有10～100μs的停歇，所以平均发展速度只有(1～8)×10^5m/s。以上是负电荷雷云对地放电的基本过程，可称为下行负雷闪；对应于正电荷雷云对地放电的下行正雷闪所占的比例很小，其发展过程亦基本相似。

观察结果显示，大多数云对地雷击是重复的，即在第一次雷击形成的放电通道中，会有多次放电尾随，放电之间的间隔大约为0.5～500ms。主要原因是：在雷云带电的过程中，在云中可形成若干个密度较大的电荷中心，第一次先导到主放电冲击泄放的是第一个电荷中心的电荷。在第一次冲击完成之后，主放电通道暂时还保持高于周围大气的电导率，别的电荷中心将沿已有的主放电通道对地放电，从而形成多重雷击。第二次及以后的放电，先导都是自上而下连续发展的，没有停顿现象。通常第一次冲击放电的电流最大，之后的电流幅值都比较小。

2. 雷电特性

造成强电磁干扰的主要是雷云与大地之间的主放电过程。一般大家关心的雷电主要也是指主放电的特性和参数。

雷电放电涉及气象、地貌等自然条件，随机性很大，因此关于雷电特性的参数具有统计特点，需要通过大量的测试数据才能确定，防雷保护涉及的依据即来源于这些实测数据。在实际应用防雷设计中，最关心的是雷电流波形及幅值分布等参数。

（1）波形和特性　虽然雷电流的幅值随气象条件相差很大，但全球测得的雷电流波形却是基本一致的。国际电工委员会（IEC）和我国国家标准都规定了标准雷电流的波形，如图8-1所示。图中波头时间为1.2μs，波长时间为50μs。根据实测统计，雷电流的波头时间大多为1～5μs，平均为2～2.5μs。雷电流的波长时间大多为20～100μs，平均约为50μs，大于50μs的仅占18%～30%。

（2）放电重复冲击次数和总持续时间　一次雷电放电常常包含多次重复冲击放电。根据世界各地约6000个实测波形记录的统计：55%的落雷包含两次以上的冲击，3～5次冲击占25%，10次冲击以上占4%；平均重复3次；最高纪录可达42次。

据统计，一次雷电放电的总持续时间（包含多次重复冲击时间）有50%少于0.2s，多于0.62s的只占5%。以上数据可作为模拟雷电测试时的参考。

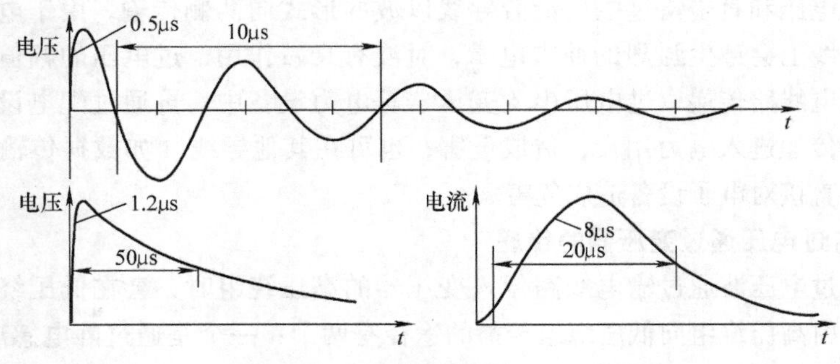

图 8-1　雷电流的波形

8.1.2　雷电干扰的机理

1. 输电线路中的雷击过电压

当雷击输电线路附近的大地时，由于电磁感应，在导线上将产生感应过电压。

在雷云积聚和下行先导发展过程中，由于静电场作用，架空线路导线轴向上的电场将与雷云电荷相反的电荷吸引到最靠近先导通道的一段导线上，成为束缚电荷。与此同时，在先导放电通道附近的各类金属物体也因静电场作用而感应带电。雷云与大地之间的主放电开始后，由于主放电发展速度很快，所以在主放电通道中正负电荷瞬间中和，下行先导建立的静电场消失。附近线路导体上的束缚电荷瞬间得到释放，但不能以相应的速度消失，电荷将沿着导线向两侧运动，将在线路与大地之间产生高达几十甚至几百千伏的过电压。这种由于先导通道中电荷所产生的静电场突然消失而引起的过电压称为感应过电压的静电分量。

发生主放电时，由于主放电电流有很大的峰值和变化率，因此在放电通道周围将激发出迅速变化的强磁场，变化的强磁场将在导线和其他线路中产生感应电压。这种由于主放电通道中雷电流所产生的磁场变化而引起的感应电压称为感应过电压的电磁分量。对于输电线路来说，由于主放电通道与导线可以看成互相垂直，因此电磁分量不大，约为静电分量的 1/5。

感应过电压由静电分量和电磁分量叠加而成。计算结果表明，感应过电压波头时间与主放电电流的相近，波头时间大约为数 μs，波长时间约为数十 μs。从感应过电压产生原理看，主放电通道离导线的距离越近，雷电流幅值越大，导线悬挂高度越高，感应过电压越大。雷击避雷线、杆塔等接地物体时也会在输电线路中形成感应雷过电压。

雷直接击中导线时，将在导线上形成很高的过电压，其值可以认为是导线波阻抗与雷电流的乘积。与感应过电压一样，直击雷过电压也将从击中点向线路两侧传播。

感应过电压和直击雷过电压沿着导线以波的形式向两侧传输，由于电压幅值较高，在输电线上会产生强烈的冲击电晕，对波有衰减作用，过电压的幅值会有所下降。通过输电线路传递，过电压串入变压器等电力设备中，再通过配电设备的静电与电磁耦合传递进入电力用户，造成危害；也可在其他导线（如数据传输线）上感应过电压后直接对电子设备造成危害。

2. 雷击过电压通过变压器的传递

当雷击过电压波通过输电线路侵入变压器的高压绕组时，会在低压绕组中产生过电压。波由高压绕组向低压绕组传播的途径有两个：一个是通过静电感应的途径，另一个是通过电磁感应的途径。变压器绕组间的感应过电压可能超过低压绕组和连接在低压绕组端的电气设备的绝缘水平，造成绝缘击穿事故。

（1）变压器绕组间的静电感应　当冲击电压刚加到一次绕组时，由于电感中电流不能突变，一次绕组的等效电路可以用寄生电容来表示，同时绕组之间又存在电容耦合，因此，二次绕组中的静电感应能量是通过耦合电容过来的，与变压器的匝比关系不大。

因此，静电感应电压只有在高压波侵入高压绕组时，才会对低压绕组造成危害。低压绕组感应的过电压通过与其相连的很多电缆或线路进入用电设备。

（2）绕组间的电磁感应　高压绕组在冲击电压作用下，绕组电感中会逐渐通过电流，所产生的磁通将在二次绕组中感应出电压，这种电压就是电磁感应分量。电磁感应分量与变压器绕组的变压比有关，但在冲击波作用下，铁心中的损耗很大，所以与变压器的变压比也不成正比关系。低压绕组中感应的过电压也将沿与其相连的电缆和电路进入用电设备，从而造成危害。

3. 雷击过电压的影响

雷击感应过电压顺着输电线路、变压器等进行传递，最终进入用户的用电设备。在传递过程中，由于雷电过电压的幅值很高，故在导线上将产生强烈的冲击电晕。电晕会使雷击过电压冲击波衰减，但传递到用户端幅值依然很高，会对用电设备形成危害。由于用户端基本没有采取保护措施，故雷电感应过电压串入后，一般会损坏用电设备的电源部分。

雷电电磁脉冲干扰能量还会通过空间以电磁波形式耦合到低压用电设备和电路，经与用电设备相连的电源线、数据线等直接感应进入用电设备。所有的这些感应能量有可能耦合到各类有大量集成电路的电气和电子设备内，并通过电缆等传输与其他回路系统耦合，造成设备工作不正常，甚至损坏设备。

除了通过输电线路感应的过电压外，雷电直击建筑物时将对建筑物内的电气和电子设备造成严重威胁。雷击建筑物时，雷电流沿建筑物内金属架构等导体入地，使建筑物内各点电位严重不均，可能造成具有不同电位的物体直击的反击，过高的电位也可能导致多点接地的传输电缆受到严重干扰，甚至烧毁。

8.2 建筑物防雷与接地技术

随着城市建设步伐的加快，建筑物的规模不断扩大，建筑物内部各种电子设备的使用日渐频繁，建筑物内的电子电气产品及计算机网络每年因雷击损坏的事件时有发生，一旦发生雷击破坏，所造成的经济损失是巨大的。因此，建筑物的防雷非常重要。

现代建筑物的综合防雷方案包括直击雷防护和感应雷防护两方面。对于建筑物中的电子设备，感应雷击是主要危害。因此需要进行电子产品及设备雷击过电压的防护设计。

8.2.1 直击雷防护技术

直击雷防护的目的是保护建筑物本身不受雷电损害，以及减弱雷击时巨大的雷电流沿着建筑物泄入大地时对建筑物内部产生的各种影响。直击雷防护装置主要包括接闪器、引下线和接地装置。

1. 接闪器

接闪器也叫接闪装置，它的作用是吸引雷电，就是让在一定范围内出现的雷电能量按照设计的通道泄放到大地中去。接闪器即直接接受雷击的避雷针、避雷线和避雷网等用作接闪的金属和金属构件。一般要根据建筑物的结构构造来选取采用合适的装置。

（1）避雷针　避雷针防雷是根据电场畸变原理，将它周围一定范围内的雷电流引到自己身上，并通过引下线泄放入大地，从而避免了雷电流在建筑物上的某一点放电，起到保护建筑物的作用。当被保护对象仅仅是建筑物整体而不需要考虑其内部的电气设备时，使用避雷针防雷具有很好的效果。

（2）避雷线和避雷带　因为避雷线对雷云与大地间电场畸变的影响比避雷针小，所以其引雷作用和保护宽度比避雷针要小。但因避雷线的保护长度较长，故特别适用于保护架空线路及大型建筑物。

避雷带是指在屋顶四周的墙或屋檐上安装带形的金属接闪器。避雷带的防护原理与避雷线一样，接闪面积大，接闪设备附近空间电场强度相对比较强，更容易吸引雷电先导，使附近比它低的物体受雷击的概率大幅度减少。

（3）避雷网　避雷网是指钢筋混凝土结构中的钢筋网，又叫笼式避雷网或暗装避雷网。只要每层楼楼板内的钢筋与梁、柱、墙内的钢筋有可靠的电气连接，并与层台和地桩有良好的电气连接，形成可靠的暗网，就可以很好地进行雷电防护。现在国内外新建的大楼基本都采用这种措施。避雷网也可以是将单独制作的金属网架设在被保护的建筑物上方，这种结构叫明装避雷网。

笼式避雷网防雷将避雷网、引下线、接地装置组成一个大型金属网笼，它的主要依据是法拉第笼原理。对雷电冲击来说，它起到两种作用，一是均压作用；二是屏蔽作用。由于屏蔽效应，从理论上讲，当钢筋结构致密时，笼内空间的电场强度近似于零，笼上各处导体的电位相等，则导体之间不会产生反击现象。利用这种方法可以保证建筑物内部的人身和设备安全。

2. 引下线

连接接闪器与接地装置的金属导体称为引下线，它的作用是把接闪器截获的雷电流引至接地装置。引下线可采用圆钢或扁钢来引电流，也可采用建筑物当中的柱筋来引电流。雷击时引下线上有很大的雷电流流过，会对附近接地的设备、金属管道、电源线等产生反击。为了减少和避免这种反击，现代建筑物应利用柱筋作为避雷引下线。实践证明这种方法不但可行，而且比专门采用圆钢作为引下线有更多的优点。因为柱钢筋与木梁、楼板的钢筋都是连接在一起的，与接地系统形成一个整体的法拉第笼，笼内均处于等电位状态，所以雷电流会很快被分散掉，从而有效避免直击和侧击闪击的现象发生。

3. 接地装置

接地装置（接地体）一般有两种形式，即自然接地体和人工接地体。自然接地体利用埋在地下的金属构件、金属管道以及建筑物的基础底板钢筋作为接地体。该做法的优点是节省工程量和降低工程造价，同时大幅度减小接地电阻，但是长期使用时会造成建筑物的结构钢筋和管件发生电腐蚀现象，从而导致漏水和钢筋结构变细等严重后果。为了保护建筑物的安全，应采用人工接地体的方法。

8.2.2 建筑物的接地

接地网是建筑物综合防雷系统中的一个重要环节，不论是直击雷防护还是雷电感应防护，都是通过接地系统将侵入建筑物电子设备的雷电流逐级分流引入到大地，因此，设计一个好的接地网对现代建筑物及其内部的电子设备防雷安全非常重要。设计良好的建筑物接地网对避免其他类型浪涌影响、保证电气设备正常工作也具有重要意义。

1. 接地网的概念

接地网是将多个接地体用接地干线连接而成的网状电极。与普通接地极相比，其边缘闭合、面积较大。在建筑物防雷设计规范中，接地装置就是指埋在地下并与大地接触的人工接地体。人工接地体由垂直接地体和水平接地体等电位连接构成，把它们结合成一个封闭的网络时，就称之为接地网。

现代建筑物普遍利用它的地下基础接地体作为泄放雷电流的地网。从表面上看，建筑物基础内的钢筋被混凝土包裹着，与地下的土壤隔离，钢筋中传导的雷电流难以泄放到大地中去。但从实际情况来看，含有水分的混凝土常具有较低的电阻率，能起到泄散电流的作用。

2. 建筑物内用电设备与地网的连接

要实现建筑物内被保护的电子设备或装置与接地网之间的等电位连接，就需要设置接地汇集线和接地引入线，接地汇集线是指在建筑物内分布设置、可与各系统接地线相连的一组接地干线的总称。接地汇集线通常由电位连接预留件构成，如果预留件还不足以连接，则可以扩展为等电位连接带，也可以是环形封闭的。接地引入线可以由建筑物墙内的垂直钢筋代替。

8.2.3　用电设备的接地保护

1. 三相四线制

三相四线制供电方式采用将保护线PE和中性线N并联合用一根（PEN线）的方式，它具有简单、经济的优点。

（1）正常运行时存在的弊端　在三相四线制供电方式中，当三相负载不平衡和低压电网的中性线过长且阻抗过大时，中性线中将有零序电流通过。在过长的低压电网中，由于环境恶化、导线老化、受潮等因素，导线的漏电流通过中性线形成闭合回路，致使零线也具有一定的电位，这对安全运行十分不利。

对于建筑物内的用电设备来说，正常运行时，由于有单相负荷及三相不平衡负荷的存在，所以PEN线总有电流流过，其产生的压降将会呈现在电气设备的金属外壳上，这对敏感性电子设备是不利的。尤其是高精度的测量仪器，对其测量结果的影响将不容忽视。同时PEN线中的电流也可能在电气装置内产生电位差和杂散电流，容易出现打火和干扰电子设备的现象。

（2）PEN断线时存在的安全隐患　在三相四线制供电方式中，由于保护线PE和中性线N并联合用一根（PEN线），因此可能会存在一些安全隐患。在实际应用中，对单相用电设备来说，最大的安全隐患是在发生电器外壳触碰相线时，这会直接将220V相电压施加给此时正巧触摸外壳的人，从而发生触电事故。

2. 三相五线制

三相五线制是相对于三相四线制而提出的一种接线方式。这种接线方式将PE线和N线分开敷设，即它包括三根相线，一根工作中性线（N），一根保护地线（PE），其线电压、相电压、频率与三相四线制相同。

在三相五线制接线方式中，用电设备上所连接的工作中性线N和保护零线PE是分别敷设的，工作零线N与保护地线PE除在配电变压器中性点共同接地外，两条线不再有任何的电气连接。因此，工作中性线上的电位不会传递到用电设备的外壳上，这样就能有效隔离三相四线制供电方式所造成的危险电压，使用电设备外壳上的电位始终处在地电位，从而消除了设备产生危险电压的隐患。PE线的作用是将用电设备外壳与大地相连，使得外壳上始终保持地电位。在给三相负载供电时，由于PE线和N线是分开的，所以即使接地保护PE线出现断线故障，也不会影响负载的正常工作。

在三相负载不完全平衡的运行情况下，工作中性线 N 是有电流通过且是带电的，而保护地线 PE 不带电，因而该供电方式的接地系统具备完全和可靠的基准电位，这对电气和电子设备的正常运行是有利的。

8.2.4 雷击过电压的防护

对建筑物中的电子设备来说，感应雷击是主要危害。雷击放电时，雷击过电压可能由高压输电线路感应后传入，或由雷电对电源线和数据传输线的直接感应传入，也可以在建筑物内的线路和金属物件上直接感应冲击电压。

直击雷过电压也会通过线路上形成的过电压传播侵入导电子设备。直击雷对电子设备危害的另一种途径是雷击建筑物，通过在建筑物钢筋结构上的电位不平衡对电子设备造成干扰；同时，直击雷产生的强烈变化的电磁场也会对电子设备造成干扰。

建筑物防雷击过电压的措施主要包括屏蔽、等电位连接、共用接地装置、加装电源避雷器等。

（1）屏蔽　屏蔽的主要目的是对建筑物内的所有电子设备进行防护。利用钢筋混凝土结构内的顶板、地板、墙面和梁柱，使它们构成一个六面体的网笼，即笼式避雷网，使其达到屏蔽的条件。同时，电源线和信号线采用屏蔽电缆，这种方法对于远处雷击造成的雷电波侵入和雷击电磁脉冲辐射有很好的屏蔽效果。

（2）等电位连接　等电位连接是把建筑物内及附近的所有金属管道、机器基础金属物及其他大型的埋地金属物、电缆金属屏蔽层、电力系统的重复接地线、防雷建筑物的接地线统一用电气连接的方法连接起来，使整个建筑物空间成为一个良好的等电位体。这样，在雷击时，建筑物内部和附近大体上是等电位的，因而就不会发生内部的设备被高电位反击和人被雷击的事故。其具体措施如下：首先进行总等电位连接，即将防雷保护地、防静电地、电气设备工作地等公共使用。将建筑物的基础钢筋、金属框架、建筑物防雷引下线等连接起来，形成闭合良好的法拉第笼式接地。将建筑物各部分的接地（包括交流工作地、安全保护地、直流工作地、防雷接地）与建筑物法拉第笼进行良好的电气连接，从而避免各接地线之间存在电位差，以消除感应过电压。

（3）共用接地装置　虽然采用独立接地不会使各系统之间造成互相干扰，但是当发生雷击时，各系统会因接触点不同而造成接地电位的差异，这很容易使电子设备因瞬间的高电位而被击穿。共用接地采用一点接地法，即把各系统的接地线接到接地母线的同一点或同一金属平面上，它解决了各系统间的相互干扰问题以及 50Hz 工频信号对系统的干扰问题。

（4）加装电源避雷器　避雷器可以防护建筑物内设备遭受雷电闪击及其他干扰

造成的传导电涌过电压，阻断过电压及雷电波的侵入，尽可能降低雷电对系统设备造成的冲击。许多雷击事故表明，有架空线进入室内的地方，遭受感应雷击的事故时有发生。因此，必须在总电源进线（配电房）加装电源避雷器，有条件的最好分级加装、重点保护。另外，凡有架空线进入室内电气设备的导线，均应在其入口处安装通信或信号过电压保护器。上述所有的过电压保护器（避雷器）的接地端要与建筑物的防雷接地装置直接进行电气连接，使之也成为等电位。

8.3　浪涌抑制器件

电气、电子设备可能由于雷击、高压线路操作过电压、静电放电等而承受浪涌电压（电流），必须采用浪涌抑制器件构成保护电路加以抑制。浪涌抑制器件被用来与被保护电路或设备并联，以便对超过电路或设备承受能力的过电压进行限幅、过电流进行分流，使浪涌能量得到泄放。

目前常用的浪涌抑制器件有气体放电管、金属氧化物压敏电阻和硅瞬变电压吸收二极管（TVS）等。它们工作原理不同，但它们都具有非线性伏安特性，即两端电压低于规定电压时，通过电流很小；而当两端电压高于规定电压时，通过电流会迅速增大，电压则受到限制。这一特性能使其同时满足抑制浪涌泄流和低电压限幅的要求，因而也就成为抑制浪涌的主导器件。

8.3.1　气体放电管

气体放电管是一种开关型保护器件，工作原理是气体放电。当加到两端电极间的电压达到气体放电管内的气体击穿电压时，气体放电管开始放电，管内的气体迅速发生电离而形成导体，两电极间由绝缘转为近乎短路状态，电压降低至一个很低的值，如图 8-2 所示。大部分浪涌能量通过放电管转移。气体放电管的这种特性保护了设备免受浪涌电压的破坏或干扰。气体放电管具有很强的浪涌电流吸收能力、很高的绝缘电阻和很小的寄生电容（小于 2pF），所以气体放电管对设备的正常工作不会产生有害影响。

气体放电管的主要指标有响应时间、直流击穿电压、通流量、绝缘电阻、极间电容、维持电压等。气体放电管的维持电压是设计电路需要重点考虑的问题。气体放电管在导电状态下维持电压一般为 16 ~ 50V，在直流电源电路中应用时，如果两线间电压超过 15V，则不可以直接在两线间应用放电管。在 50Hz/60Hz 交流电源电路中，虽然交流电压有过零点，可以实现气体放电管的维持电压的关断，但气体放电管在经过多次导电击穿后，其工作能力将大幅度降低，长期使用后在交流电路电路的过零点也无法实现维持电压的关断。

因此，在交流电源电路的相线对保护地线、中性线对保护地线单独使用气体放电管是不合适的，在以上的线对地之间使用气体放电管则需要与压敏电阻串联使用。

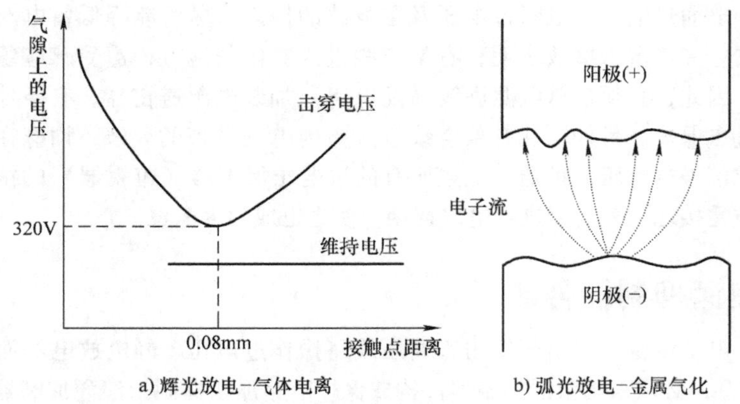

a) 辉光放电-气体电离　　b) 弧光放电-金属气化

图 8-2　气体放电管的工作原理

在交流电源电路的相线对中线的保护中基本不使用气体放电管。

在实际的浪涌防护电路中，要重点考虑气体放电管的直流击穿电压、冲击击穿电压、通流量等参数值的选取。放置在普通交流电路上的放电管，要求它在电路正常运行电压及其允许的波动范围内不能动作，它的直流击穿电压满足 Min（U_{fdc}）≥ $1.8U_p$。U_{fdc}为直流击穿电压的最小值；U_p 为电路正常工作时电压的峰值。

选择气体放电管应满足电路工作电压低于放电管的续流维持电压，且通流容量大于计算的最大浪涌电流。

气体放电管有两个主要缺点。其一是响应时间长（μs 数量级），如对直流放电起始为 90V 的气体放电管，它对电压上升速率为 5kV/μs 的浪涌，起弧电压可达到 1kV。其二是绝缘恢复速度慢，即使浪涌已经消失，它仍保持导通状态，结果就会有大电流由正常回路流出。一般来说，气体放电管只适合用于电路和设备的第一级保护。

气体放电管的主要应用场合如下：

1）用在电源线或信号线入口处，作为抑制来自雷电、电力设备瞬时开关操作过电压等浪涌电压的第一级保护。

2）用在无线发射和接收机天线电缆上，保护敏感的射频电路不受到天线馈线送来的闪电浪涌的破坏。由于气体放电管的电容较小，不会改变系统的阻抗特性，因此它非常适合用于高频传输线。

8.3.2　压敏电阻

压敏电阻（氧化锌非线性电阻片）是在以氧化锌（ZnO）为主要材料的基础上，掺以微量的氧化铋（Bi_2O_3）、氧化钴（CoO）等添加物，经成型、烧结、表面处理等工艺过程制成，所以也称为金属氧化物电阻片（MOV）。由于其优异的非线性特性和灵活的串、并联结构形式，压敏电阻已广泛用于从超高压电网到电子器件的过电压保护。目前广泛应用在家用电器及其他电子产品中，起到过电压保护、防雷、抑制浪涌电流、保护半导体器件等作用。

压敏电阻是一种限压型保护元件。利用压敏电阻的非线性特性，当过电压出现在压敏电阻的两极间时，压敏电阻可以将电压钳位到一个相对固定的电压值，从而实现对后级电路的保护。

压敏电阻的主要参数有最高允许电压、最大能量、额定功率、结电容等。在开关电源的两相线间常用的压敏电阻相关参数见表8-1。

表8-1　TVR系列压敏元件参数表

型号	压敏电压/V	最高允许电压/V		最高钳位电压(8/20μs)		最大浪涌电流/A(8/20μs)	最大能量/J(10/1000μs)	额定功率/W	结电容/pF(1kHz)
	V_{1mA}	V_{AC}(rms)	V_{DC}	V_s/V	I_p/A	I_{max}	W_{max}	P	C
TVR07391	390	250	320	650	10	1800	40	0.25	120
TVR10391	390	250	320	650	25	4000	82	0.4	280
TVR07431	430	275	350	710	10	1800	46	0.25	100
TVR10431	430	275	350	710	25	4000	93	0.4	250
TVR10471	470	300	385	775	25	4000	99	0.4	240
TVR14471	470	300	385	775	50	8000	205	0.6	460
TVR20471	470	300	385	775	100	13000	405	1.0	700
TVR10561	560	350	450	930	25	4000	113	0.4	200
TVR14561	560	350	450	930	50	8000	240	0.6	390

由表8-1的数据可知，压敏电阻的结电容一般在几百pF以内，在某些情况下不直接应用在高频信号电路中，压敏电阻的通流量较大。压敏电阻的压敏电压U_B通流容量是电路设计时应重点考虑的。在直流回路中，压敏电阻的压敏电压U_B可用式（8-1）和式（8-2）进行计算。

$$U_B = (1.8 \sim 2)U_{dc} \tag{8-1}$$

式中，U_B为压敏电压，单位为V；U_{dc}为回路中的直流工作电压。

$$U_B = (2.2 \sim 2.5)U_{ac} \tag{8-2}$$

式中，U_B为压敏电压，单位为V；U_{ac}为回路中的交流工作电压。

比如，在开关电源输入差模浪涌回路中，常常会在两相线之间跨接压敏电阻。在AC 220V电路中，$U_B = 220 \times 2.2 = 484$V，根据实际应用，对应的表格通用器件选型为TVR10471，TVR10561，TVR14561等。其取值的原则主要是为了保证压敏电阻在电源电路中应用时有适当的安全裕量。压敏电阻型号确定后，如TVR10471，其对应的最大钳位电压为775V，此时浪涌电压通过压敏电阻钳位后，后端的浪涌电压会被钳位在775V。这样就降低了浪涌的能量进入开关电源电路中，这时运用通用的滤波电路就可以解决差模浪涌测试的问题。

1．压敏电阻的保护性能与参数

与气体放电管相比，压敏电阻的通流能力大，其无间隙结构使之完全不受串联间隙被灼伤的制约。同时，压敏电阻的无间隙结构也大大改善了陡波响应特性（响应时间一般为数十 ns)，不存在间隙放电电压随过电压陡度增大而增大的问题，提供了保护的可靠性。

当两端出现过电压时，通过氧化锌压敏电阻片的电流增大，氧化锌压敏电阻片上的电压受其良好的非线性特性控制；当过电压作用结束后，氧化锌压敏电阻片又迅速恢复绝缘体状态，对被保护回路和元器件的正常工作不产生影响。

表征压敏电阻保护性能的电气参数主要有两个，即起始动作电压与压比。

（1）起始动作电压（又称参考电压或转折电压）　大致位于氧化锌压敏电阻片伏安特性曲线由小电流区上升部分进入大电流区平坦部分的转折处，可认为避雷器此时开始进入动作状态以限制过电压。通常以通过1mA 工频阻性电流分量峰值或直流电流时的电压 U_{1mA} 作为起始动作电压。

（2）压比　指规定峰值的8/20μs 的冲击电流（例如10kA）作用下的两端残压 U_{10kA} 与起始动作电压 U_{1mA} 之比。压比（U_{10kA}/U_{1mA}）越小，表明非线性越好，通过冲击大电流时的残压越低，电阻片的保护性能越好。目前的产品制造水平所能达到的压比约为1.6~2.0。

压敏电阻的响应时间为 ns 级，比气体放电管快，比 TVS 管稍慢一些，一般情况下用于电子电路的过电压保护，其响应速度可以满足要求。

2．压敏电阻的应用

虽然压敏电阻较气体放电管有较多优点，但是它的极间电容较大，在高频、超高频电路中，往往因极间电容太大而受到限制。此外，压敏电阻的残压往往是起始动作电压的2倍以上，对半导体器件电路而言还是太高了。所以，电气电子设备往往都采用多级防雷保护，它们的作用是把前级压敏电阻泄露进来的残压进一步泄放，使其电压进一步降低，以确保设备安全和准确运行。

压敏电阻的主要用途如下：

1）用于设备电源输入、信号线入口处，作为一次侧浪涌抑制器安装在建筑物的设备入口处，用来减小大能量脉冲（如雷击过电压）的能量。

2）可以用在以下设备上，设备所在位置的电源线长期存在瞬时突变（如负载切换、UPS 从应急状态到正常状态的转换等)，或该设备本身（如机电设备或固态电源开关）经常造成电源线的电压突变。

3）用于完善现有的电源滤波器的功能。

4）跨接在继电器、电感等线圈上，以限制因电流突变造成的电感反电动势。

5）在静电干扰环境中，可以用于保护 I/O 接口电路。

3. 压敏电阻的连接线问题

将压敏电阻设计在电路中时，连接线要足够短且粗，接地线截面积为 5.5mm^2 以上，连接线要尽可能短，且走直线，因为冲击电流会在连接线的寄生电感上产生附加电压 ΔU，使被保护设备两端的限制电压升高。表 8-2 提供了导线截面积与压敏电阻通流量的关系。

表 8-2　导线截面积与压敏电阻通流量的关系

压敏电阻通流量	≤600A	600 ~ 2500A	2500 ~ 4000A	4000 ~ 20000A
导线截面积	$\geq 0.3\text{mm}^2$	$\geq 0.5\text{mm}^2$	$\geq 0.8\text{mm}^2$	$\geq 2\text{mm}^2$

通过数据举例说明，假如压敏电阻两端各有 3cm 长的连接线，它的电感量 L 大体为 40nH，如果有 10kA 的 8/20μs 浪涌波产生冲击电流流入压敏电阻，将浪涌电流信号的上升时间可以看作是 10kA/8μs，则每个引线电感上的附加电压 $\Delta U_1 = \Delta U_2 = L\text{d}i/\text{d}t = 40\text{nH} \times 10 \times 10^3\text{A}/8000\text{ns} = 50\text{V}$。

这就使限制电压增加了 100V，因此压敏电阻的连接走线是非常值得关注的地方。

8.3.3　TVS 器件

TVS 也是一种限压保护器件，作用与压敏电阻类似，也是利用器件的非线性特性将过电压钳位到一个较低的电压值实现对后级电路的保护。TVS 的电路符号与普通稳压二极管相同，是一种类似稳压二极管的高效能保护器件，有单极性和双极性之分，它是在稳压二极管的基础上发展起来的，所以也是反向使用。

TVS 的正向特性与普通二极管相同，反向特性与典型的 pn 结雪崩器件相同，如图 8-3 所示。TVS 的主要参数有反向击穿电压、最大钳位电压、瞬态功率、结电容、响应时间。TVS 的浪涌保护机理如下：在瞬态脉冲低电压的作用下，TVS 两端的电压由额定反向关断电压 U_{WM} 上升到击穿电压 U_{BR} 而被击穿，流过 TVS 的电流由原来的反向漏电流 I_{L} 上升到 I_{P}。随着流过 TVS 的电流的增大，电流达到峰值脉冲电流 I_{pp}，其两极的电压被钳位到预定的最大钳位电压 U_{c} 以下。其后，随着脉冲电流的衰减，TVS 的两极电压不断下降，最后恢复到起始状态。

TVS 的显著特点为响应速度快（可达 ps 级）、瞬时吸收功率大（吸收能力取决于 pn 结的面积，可达数 kW 以上，I_{pp} 可达数百 A）、漏电流小（nA 级）、击穿电压偏差小、钳位电压比较准确（最大钳位电压 U_{c} 与击穿电压 U_{BR} 之比为 1.2 ~ 1.4）、体积小等。因此，使用 TVS 可以将浪涌快速、准确地限制在钳位电压下，从而实现大电流的旁路，这种特性对保护电气与电子装置免遭静电、雷电、操作过电压等各种电磁干扰非常有效，可有效地抑制共模、差模干扰，是电子设备过电压保护的首选器件。

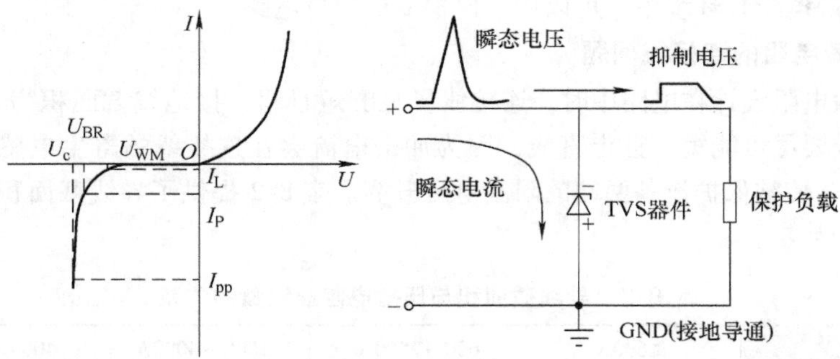

图 8-3　TVS 的电压 – 电流特性

如果将两个单向电压抑制器串联对接使用，则可对正、负极性的脉冲过电压进行抑制。

8.3.4　几种常用瞬态干扰抑制器件的比较

各种浪涌抑制器件的共同特点为器件在阈值电压以下都呈现高阻抗，一旦超过阈值电压，则阻抗便急剧下降，都对尖峰电压有一定的抑制作用。但各自都有特点，图 8-4 给出了常用的三种浪涌抑制器的特性，其参数对比见表 8-3。

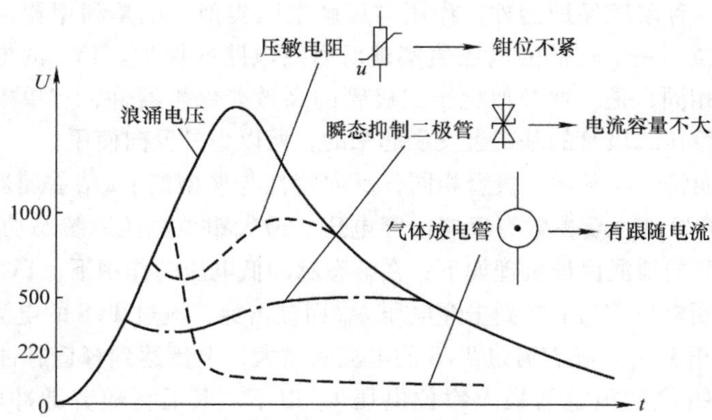

图 8-4　几种常用瞬态干扰抑制器件的特性

表 8-3　各种浪涌抑制器的参数对比

名称	气体放电管	压敏电阻	瞬态抑制二极管（TVS）
漏电流	pA 级	几十 μA 级	几 μA 级
限制电压	点火电压高，限制电压低	中	低
通流容量	大	中（大容量的体积也随之增大）	小

（续）

响应时间	≤100ns	≤25ns	≤1ns
极性	双极性	双极性	单极性或双极性
续流问题	有续流	无续流	无续流
器件电容	低（pF级）	中～高（500pF）	高（1000pF）
失效模式	开路	短路	短路

由以上可知，在浪涌保护器件中，气体放电管的特点是通流量大，但是响应时间长，冲击击穿电压高；TVS的通流量小，响应时间快，电压钳位特性好；压敏电阻的特性介于这两者之间。

压敏电阻的工作原理是当其两端的电压超过一定幅度时，等同于电阻的阻值降低，从而将浪涌能量泄放掉，并将浪涌电压的幅度限制在一定值。它的优点是峰值电流承受能力较大，价格低；缺点是钳位电压较高（相对于工作电压），随着受到浪涌冲击次数增加，漏电增加，响应时间较长，寄生电容较大。

TVS是当其两端的电压超过一定幅度时，器件迅速导通，从而将浪涌能量泄放掉，并将浪涌电压的幅度限制在一定的幅度。其优点是响应时间短，钳位电压低（相对于工作电压）；缺点是承受峰值电流较小，一般器件的寄生电容较大，如在高速数据上使用，要用特制的低寄生电容元件。

而气体放电管的工作原理是当其两端电压超过一定幅度时，器件变为短路状态，从而将浪涌能量泄放掉。优点是承受电流大，寄生电容小；缺点是响应时间长，由于导通续流维持电压较低，因此会有跟随电流，不能在多数直流环境中使用。在交流中使用时也要引起注意，放电管的寿命次数也有限，随后导通电压也会开始降低。

当一个产品及设备要求保护电路既有整体通流量大，又能够实现精确保护时，保护电路往往需要这几种保护器件之间进行很好的配合使用来实现比较理想的保护效果。但是这些保护器件之间不能用简单的并联来达到分级保护的目的。若将通流量等级相差较大的压敏电阻和TVS直接并联，那么即使压敏电阻通流量的选择满足总浪涌保护的要求，在浪涌过电流的作用下，由于TVS的响应时间快，TVS也会先发生损坏，无法发挥压敏电阻通流量较大的优势。

因此，在直流电源的浪涌保护电路设计中，在几种保护器件配合使用的场合，经常需要电感、电阻（热敏电阻）、导线等在两种元器件之间进行配合。

8.3.5　防雷电路中的其他元器件

1. 稳压二极管

稳压二极管和开关二极管是比较早期用于电子电路精确保护的器件。稳压二极管在反向偏压状态下工作，靠反向击穿的伏安特性起钳位作用。一般二极管反向电压超过其反向耐压值时会被击穿而损坏，而稳压二极管则不同，它在承受反向电压达到稳压值时，反向电流急剧增大，电压的变化却很小。只要反向电流值不超过允许的最大电流，就可以正常工作。这是一种直到临界反向击穿电压前都具有很高电阻的半导体器件。

由于稳压二极管具备这种特性，所以在电子电路中得到了广泛的应用。稳压二极管广泛应用于过电压保护回路中，如为了防止来自电源的浪涌，正常状态下，电源电压低于稳压管的击穿电压，因稳压管的反向电阻较大，对电源相当于开路，稳压管不导通。当电源电压过高时，稳压管被击穿导通，且电流增大，电压受到限制。因为上述特性，稳压二极管主要作为稳压器或电压基准器件使用。各种硅稳压管的稳压范围从几伏到几百伏，电流范围可从几毫安到几安。稳压二极管是根据击穿电压来分档的，为获得更高的稳定电压，可以将稳压二极管串联起来使用。

但稳压二极管的结电容比较大，并且 pn 结电容与电压呈非线性关系，因而限制了其在高频电路中的应用。

2. 熔体、熔断器、断路器

熔体、熔断器、断路器都属于保护器件，用于产品及设备内部出现短路、过电流等故障情况下，能够断开电路上的短路负载或过电流负载，防止电气火灾及保护设备的安全特性。熔体一般用于 PCB 电路上的保护，熔断器、断路器一般可用于整机的保护。

3. 雷击浪涌保护电路中的电感、电阻

电感、电阻本身并不是保护器件，但在多个不同保护器件组合构成的防护电路中，可以起到配合的作用，如图 8-5 所示。

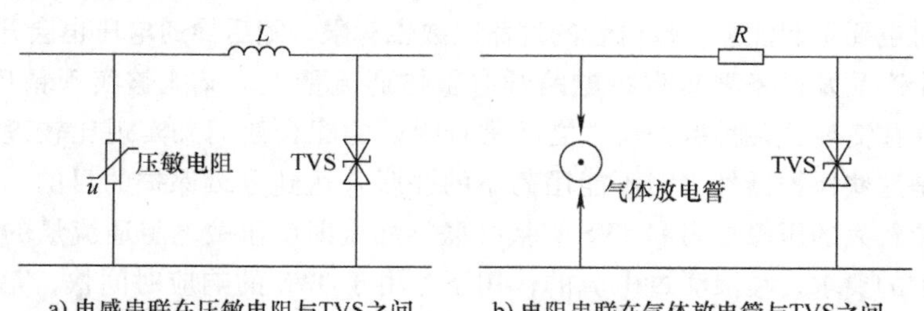

a) 电感串联在压敏电阻与TVS之间　　b) 电阻串联在气体放电管与TVS之间

图 8-5　电感与电阻在防护设计的组合示意图

在串联式直流电源防护电路中，电源线上不能有较大的压降，因此防雷电路中的压敏电阻与 TVS 之间配合可以采用空心电感。电感应起到的作用是防护电路达到设计通流量时，大于 TVS 的通流量。TVS 上的过电流不应达到 TVS 的最大通流量，因此空心电感需要提供足够的对雷击过电流的限流能力。

在电源电路中，电感的设计应注意以下两个问题：

1）电感线圈应在流过设备的满载工作电流时能够正常工作而不会过热。

2）尽量使用空心电感，带磁心的电感在过电流作用下会发生磁饱和，电路中的电感量只能以无磁心时的电感量来设计。

在信号电路中，电路上串接的元器件对高频信号的抑制要尽量小，因此各种不同等级的保护电路之间的配合可以采用电阻或者是热敏电阻。电阻应起到的作用是防护电路达到设计通流量时，大于 TVS 的通流量。TVS 上的过电流不应达到 TVS 的最大通流量，因此电阻或者是热敏电阻需要提供足够的对雷击过电流的限流能力。在信号线电路中，电阻的使用应注意以下两个问题：

1）电阻的功率应足够大，避免在过电流作用下电阻发生损坏。

2）尽量使用热敏电阻（PTC 电阻），过大的能量随着温度的升高，其阻值增大，电阻不受损坏。同时使电阻对正常信号传输的影响尽量小。

4. 变压器、光耦及 Y 电容

在电路中，变压器对高频的隔离效果较差，光耦相对好一点，但是多路光耦并联使用时，由于并联寄生电容的增加，其隔离效果会变差。通常 Y 电容在开关电源中主要用来改变共模电流的路径或对共模电压形成旁路。在雷击浪涌相对低频的信号下，虽然这些元器件本身并不属于保护器件，但是在接口电路的设计中可以利用这些元器件在一定频率下具有的隔离特性来提高接口电路抗过电压的能力。一般接口共模雷击浪涌保护设计有两种方法：

1）电路对地安装限压保护器。当电路引入雷击过电压时，限压保护器成为短路状态，将过电流泄放到大地。

2）电路上设计隔离元件。隔离元件两边的电路不共地，当电路引入雷击过电压时，这个瞬间过电压施加在隔离元件的两边。过电压作用在隔离元件时，只要隔离元件本身不被绝缘击穿，电路上的雷击过电压就不能够转化为过电流进入设备内部，设备的内部电路也就得到了保护。能够实现这种隔离作用的元器件主要有变压器、光耦、Y 电容元件等。

5. PCB 走线

在 PCB 防护电路上，防护电路中的保护器件通常达到了设计指标的要求，但在 PCB 上的印制线走线过细，降低了防护电路整体的通流能力。比如，在一个设计指标为 3kA 的防护电路中，采用的防护器件的通流量达到了 5kA，而连接保护器件的印制走线上的通流量却只能达到 1kA，则印制线的宽度限制了防护电路的通流量，印制线的电流达到瓶颈。因此，在进行接口部分电路的布线时，应注意印制线走线不要太细。一般在 PCB 表层的走线，0.38mm 线宽的走线可以承受浪涌冲击波电流约为 1kA。

8.4 电子设备的端口防护技术

任何形式的浪涌对电子设备的影响都可以归纳为从电源、信号和接地端口侵入，如图 8-6 所示。因此，电子设备的端口防护也从以下三个方面入手，即电源端口防护、信号线端口防护和接地端口防护，其基本的防护策略可以采用分压法和分流法。

分压法可以采用的元器件有正温度系数电阻（PTC）、功率电阻、电感器件等；分流法可以采用的元器件有压敏电阻、TVS、气体放电管等。

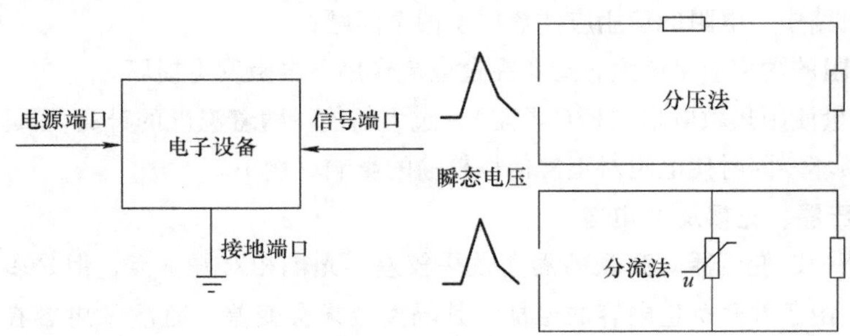

图 8-6 电子设备浪涌保护的三个关键端口及防护策略

8.4.1 电源端口保护

电源端口是分布最广泛也最容易感应或传导雷电过电压等浪涌的部位，从配电箱到电源插座，这些电源端口可以处在任何位置。电子设备的电源保护由于其敏感性必须采用较低残压值的保护器件，此残压应当低于被保护设备的耐电压能力。所以，对于电子设备电源保护应特别注意两点：一是前两级采用通流容量大的保护器，在电子设备电源端口处则采用残压较低的保护器；二是最后一级的保护器中最好有滤波电路。

对于电源端口的防护，通常采用三级防护，从供电系统的入口开始逐步进行浪涌能量的吸收，对瞬态过电压进行分段抑制。

（1）电源第一级防护　第一级保护是在用户供电系统入口各相进线和大地之间连接大容量的电源防浪涌保护器。这些电源防浪涌保护器是专为承受感应雷击的大电流和吸收高能浪涌能量而设计的，可将大量的浪涌电流分流到大地。比如对于市电供电网的三相四线制系统，第一级电源防雷采用高能避雷器，在三相相线和零线上各并联一个高能避雷器，并与地连接。

（2）电源第二级防护　第二级防护是在重要或敏感用电设备供电的分路配电设备处安装浪涌保护器。这些浪涌保护器对通过了用户供电入口浪涌放电器的剩余浪涌能量进行更完善的吸收。如在第一级防护中，在三相相线和零线上各并联一个过电压保护器，并与地连接。在正常情况下，保护器处于高阻状态，当电网由于雷击或开关操作出现瞬时脉冲电压时，过电压保护器里的压敏电阻立即导通，将该脉冲电压短路泄放到大地，从而保护设备；当该脉冲电压消失后，保护器又恢复高阻状态，不影响设备的供电。

（3）电源第三级防护　电源第三级防雷保护用于电子设备的精细过电压保护，安装在重要设备的电源插座上，以达到消除小的瞬态过电压的目的。

电子设备的雷击过电压防护就是一项综合性工程，由于电子设备耐受过电压的能力远比电力设备低，有时需要集中不同防护过电压器件的各自优点。图8-7所示为实际应用中的一个典型的通信电子多级防护电路。

多级防护应该包括泄流和过电压等保护，第一级防护由气体放电管串联压敏电阻承担，主要用于泄放脉冲大电流，将暂态过电压的大部分能量进行旁路和吸收。第二级作为限压电路，由压敏电阻承担，主要用于钳制电压，即限制电路中的残压。第三级防护由TVS来承担，主要是限压和钳制电压，保证设备两端的残压在允许范围内。为了实现各级电路的较好配合，在各级之间可以串入电感 L 和热敏电阻（PTC）等主要起吸收浪涌脉冲的前沿高频能量和级间隔离的作用。把滤波器件和限幅器件组合在一起，这时就非常有利于改善装置的保护性能。

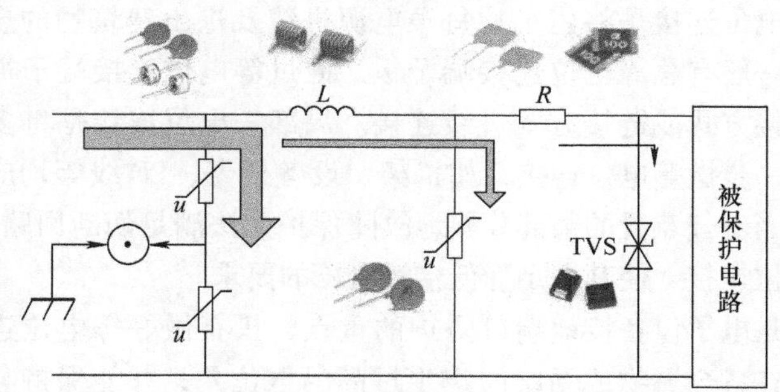

图8-7　电源多级防护电路示意图

8.4.2　信号线端口保护

为了实现信号或信息的传递，电子设备总要有与外界相连接的部位，如信号交接端的总配线架、数据传输网的终端等。这些从外界接收信号或发射信号出去的接口都有可能受到雷电等浪涌的冲击，浪涌冲击一旦超过限值，信号端口和端口后面的设备就都有可能被损坏。

信号线端口保护现在已有许多类较为成熟的保护器件。在选择信号线端口保护器件时，除了参考保护器本身的性能外，还应注意被保护设备的传输速率、工作电压、工作电流等相关指标，以达到最佳的保护效果。信号线端口的多级防护与电源端口的多级防护原理相似，只是所选的过电压保护器的规格不同，可使用如图 8-5b 所示的防护设计。

注意：气体放电管、压敏电阻、TVS 各有其优缺点，在设计保护电路时要各司其职。不可随意放置，要兼顾前后，还要考虑所在电路中速率的影响。

8.4.3 接地端口保护

在雷电发生时电子设备接地端口有可能受到地电位升高、地电位反击的影响，或者由于接地不良、接地不当使得接地电阻过大，达不到参考电位要求而损坏设备。接地端口不仅对接地电阻、接地方式、地网的设置等有要求，而且还与设备的电特性、工作频段、工作环境等有直接的关系。

电子设备接地端口的保护应采用等电位连接技术，其目的是减小电子设备之间及电子设备与金属部件之间的电位差。所谓等电位连接是指用连接导线或过电压保护器将处在需要防雷空间内的防雷装置、建筑物的金属架构、金属装置、信号线、电源线等连接起来，形成一个等电位连接网络以实现均压等电位，从而防止保护空间内发生火灾和设备损坏。

通常把等电位连接分为三个层次，即总等电位连接、局部等电位连接和辅助等电位连接。总等电位连接是将建筑物每根电源进线及进出建筑物的金属管道、金属构架连成一体，一般有总等电位连接端子板，通过等电位连接端子板与各辅助等电位板采用放射连接方式或链接方式进线连接。局部等电位连接是将多个可接触的导电部分用导体进一步做等电位连接，如机架、设备外壳、PE 线等均应与局部等电位连接端子连接。当电气装置的某部分接地故障保护无法满足切断回路的时间要求时，通常做辅助等电位连接，使其满足降低接触电压的要求。

等电位连接是电子设备接地端口防护的重点，只有做好等电位连接，在浪涌电压产生时才不会在各金属物或系统间产生过高的电位差，并能保持与地电位基本相等的水平，从而使设备和人员受到保护。

第 9 章

开关电源EMI测试与优化

当开关电源系统无法满足 EMC 标准规定的限值时，就要对其产生发射超标的原因进行分析，然后排除。在这个过程中，经常发现工程师经过长时间的努力，仍然没有排除故障。造成这种情况的一个原因是故障分析与整改工作陷入了“死循环”。这种情况可以用下面的举例进行说明。

假设一个开关电源系统在测试时出现了 EMI 辐射发射超标，使系统无法满足 EMC 标准 CISPR22 CLASS B 限值，如图 9-1 所示。经过分析引起辐射发射超标的原因可能有以下五个，改善这五个措施后就顺利地通过了测试要求。

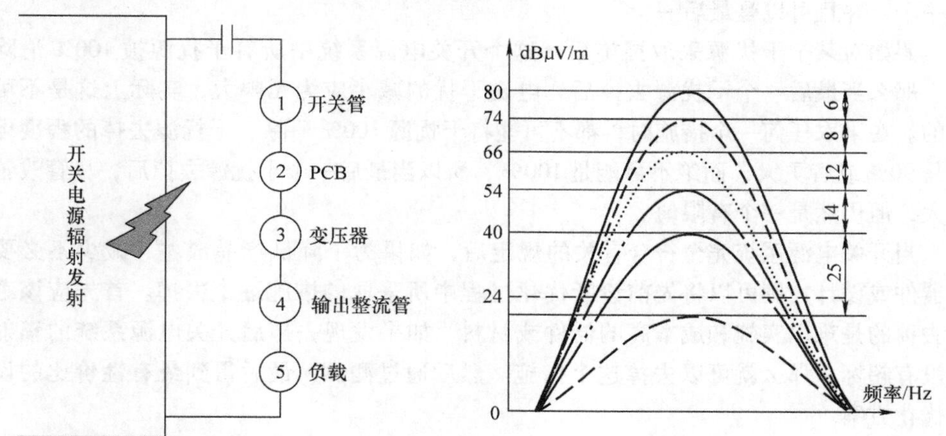

图 9-1　开关电源辐射发射的组成和水平

1）开关电源中，开关管引起的辐射发射；

2）开关电源中，PCB 设计缺陷产生的辐射发射；

3）开关电源中，变压器问题产生的辐射发射；

4）开关电源中，输出整流二极管引起的辐射发射；

5）开关电源中，其连接的输出负载引起的辐射发射。

在进行测试优化时，一一改变上面的故障条件，测试结果都无法通过测试标准。分析这五个措施的辐射发射强度百分比分布大致为 50%、30%、15%、4%、

0.94%。这样分别采取措施的改善过程如下：

1）优化开关管的辐射途径改善量为：20 lg1/0.5 = 6dB；

2）解决 PCB 设计缺陷的改善量为：20 lg0.5/0.2 = 8dB；

3）解决变压器问题的改善量为：20 lg0.2/0.05 = 12dB；

4）解决输出整流二极管问题的改善量为：20 lg0.05/0.01 = 14dB；

5）解决输出负载问题的改善量为：20 lg0.01/0.0006 = 25dB。

如果直接解决最大的辐射途径，则改善为 20 lg1/0.5 = 6dB，而解决最小的辐射途径，改善为 0dB，基本看不到任何影响。通过这个举例可以看出，在测试整改过程中，分贝数的下降是优化前后的两个状况下数据的相对关系，如果仅处理任何一个引起辐射发射的条件，则有可能导致超标点的改善在分贝数降低上体现得并不明显，如果逐个对辐射源进行处理，则即使最小的辐射途径，其分贝数降低也可能很大。

因此，正确的 EMI 诊断优化方法是，当对一个可能的干扰源采取了措施后，即使没有明显的改善，也不要将这个措施去掉，继续对可能的其他干扰源采取措施。当采取到某个措施时，如果干扰幅度降低很多，并能通过测试，那么也并不一定说明这个干扰源是主要的，而仅说明这个干扰源相对于后几个干扰源来说是量级较大的一个，并且可以是最后一个。

假如对某个干扰源采取措施后，这个开关电源系统中所有干扰源被 100% 消除掉，那么当最后一个干扰源去掉后，电磁干扰的减小应为无限大，实际上这是不可能的。在采取任何一个措施时，都不可能将干扰源 100% 消除。干扰源去掉的程度可以是 90% 或者更大，而绝不可能是 100%，所以当最后一个干扰源去掉后，尽管改善很大，但仍然是一个有限值。

当开关电源系统完全符合有关的规定后，如果为了降低产品成本，减少不必要的器件或设计，则可以将先前诊断优化过程中所采取的措施逐个去掉。首先应该考虑去掉的是难以实施和成本高的器件或材料。如果发现去掉后开关电源系统的辐射并没有超标，那么就可以去掉这个措施。然后通过测试，最后得到最有性价比的设计优化方案。

9.1 开关电源传导发射的测试与优化

通常开关电源在 EMC 实验室一定会有测试失败的情况，这通常也是经常发生的。由于实际情况的复杂性，即使是有经验的设计工程师也不能一次通过测试，所以当出现测试失败时，需要先分析出问题的原因，再进行整改。这时需要一些基本的思路和方法，每个问题都是不同的，并且也需要在特定的环境下才能找到。通常有两个方面的问题可以当作解决问题的基本策略。一方面是要了解这个信号是从哪里来的？信号返回到其源端的路径是怎样的？另一个方面是它的差模、共模电流是如何流到测试设备的？不建议随机增加一些铁氧体磁珠/磁环、EMI 滤波器、滤波电容等增加不必要的成本。

9.1.1　测试与整改的步骤

图 9-2 所示，给出了 EMI 传导发射整改的实施流程图，实验环境不同的测试获得的结果会有差异。如果问题来源于内部，则可以优化 EMI 滤波器，即输入滤波器的参数及电路设计；如果是在外部的近场耦合，则可能优化滤波器不会有好的改善，就需要先消除外部的干扰源。内部的问题需要判断传导发射的性质，是共模还是差模的干扰，再来进行上面的流程操作。

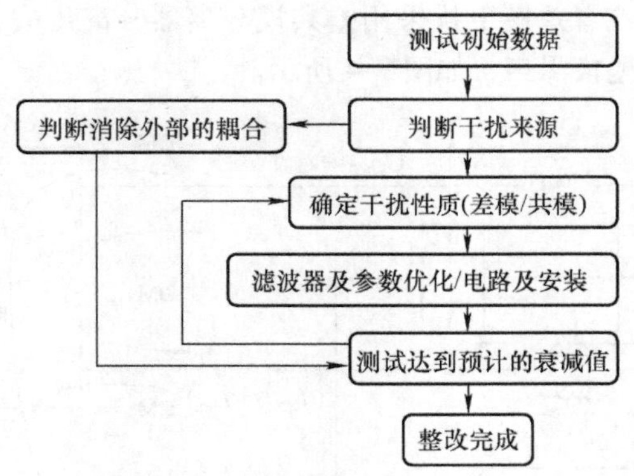

图 9-2　传导问题的测试与整改流程图

9.1.2　优先排除外部耦合

假如一个带来开关电源的产品及设备有一根电源线，一根信号电缆在进行电源线的传导发射时，发现有一个超标的点，而整改时在旁边的信号电缆旁套了一个铁氧体的磁环，结果这个传导发射就降下来了，这就是外部电缆与电源线耦合的典型案例，如图 9-3 所示。在这个情况下，就必须要排除这个电缆的耦合才能改善电源线上的传导发射，否则无论做多少其他的改善，电源线滤波器都是没有改善的。

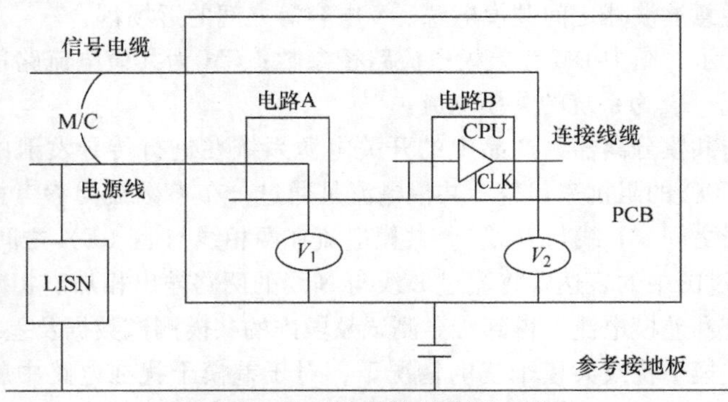

图 9-3　传导问题的外部耦合路径

除了开关电源系统内部器件的近场耦合外，电源线和电缆的耦合也是需要注意的。图中，有一根信号线和一根电源线，在这些线上都会有共模电压，由于电源线和电缆线之间存在互感，线与线之间存在分布电容，因此它们之间就会发生耦合，从而将信号电缆上的共模电压 V_2 耦合到电源线上来，这时在 LISN 上测试到的干扰不仅仅是 V_1 还有 V_2。显然，无论怎么消除 V_1 系统的传导发射，其结果仍然会超标。

对于输入电源线的 EMI 传导发射问题，还需要区分差模和共模传导的形状。

当排除了外部耦合影响后，产品及设备的传导发射来自内部干扰，就需要区分传导发射的性质。至于是共模的还是差模的路径，就需要进行区分。基本思路是在总的发射里面把共模或者差模干扰采用差共模分离器分离出去，之后观察到的就只有共模噪声或者只有差模噪声，如图 9-4 所示。

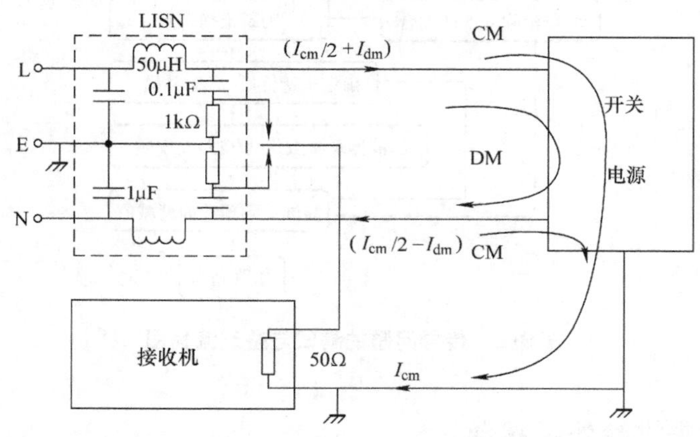

图 9-4　区分差模、共模传导的问题

在实际工作中，最简单的操作方法是可以直接在电源线输入端增加大的 X 电容（比如 1 ~ 5μF），观察实际的传导测试超标的频点是否有变化，如果有明显的变化，则存在差模的传导问题。如果没有变化则可以说明是有共模传导的问题。

有时在产品中设计有滤波器电路的措施，需要注意滤波器电路的近场耦合问题。同时，还需要注意滤波器之间共模电感、X 电容等之间的近场耦合。

如图 9-4 所示，图中 DM 为差模电流路径参数；CM 为共模电流路径参数；I_{dm} 为系统的差模电流；I_{cm} 为系统的共模电流。

采用差模与共模分离器，产品中的开关电源系统在进行传导发射的时候连接了 LISN。LISN 用 50Ω 的阻抗来代替。共模电流是通过分布参数流向参考接地板的。差模电流在两相线之间（L 线与 N 线），共模电流在两相线与地（E）之间（L 线与地，N 线与地），通过图中的表达式将流过 L 线与 N 线的两路输出相加、相减就可以获得相应的共模电流和差模电流，得到传导测试频段内的共模测试数据及差模测试数据。

在知道了差模干扰及共模干扰的情况下，对于差模干扰在电路中就需要增加差模干扰的措施，比如增加该频段的阻抗或插入损耗。对于共模干扰在电路中就需要增加共模干扰措施，比如增加该频段的阻抗或插入损耗。对于电源线 EMI 输入滤波器的设计可参考《物联产品电磁兼容分析与设计》第 8 章。

当传导发射超标时，首先要判断出干扰来自哪里，是来自产品及设备内部还是来自邻近的其他电缆。如果传导干扰发射来自产品内部，则还需要判断传导发射的性质，是差模还是共模的路径，再来进行具体的整改措施。

9.1.3　输入滤波器的应用优化

在 1.1.4 节中，给出了工作中常用 EMI 滤波器的结构及原理图。在实际应用时不同产品对漏电流标准要求是不同的，在漏电流要求高的场合，Y 电容的大小需要进行调整，调整 Y 电容后再根据 *LC* 谐振频率来设计共模电感，设计应用永远是灵活的。对于共模电感的关键特性需要做好匹配设计，如图 9-5 所示，扁平铜带（SQ－Core）绕制的共模电感、铁氧体环（T－Core）绕制的共模电感、双线并绕的小共模电感其频率与阻抗特性有较大的差异。因此，不同材料的共模电感及绕制方式的选择决定了其滤波性能。

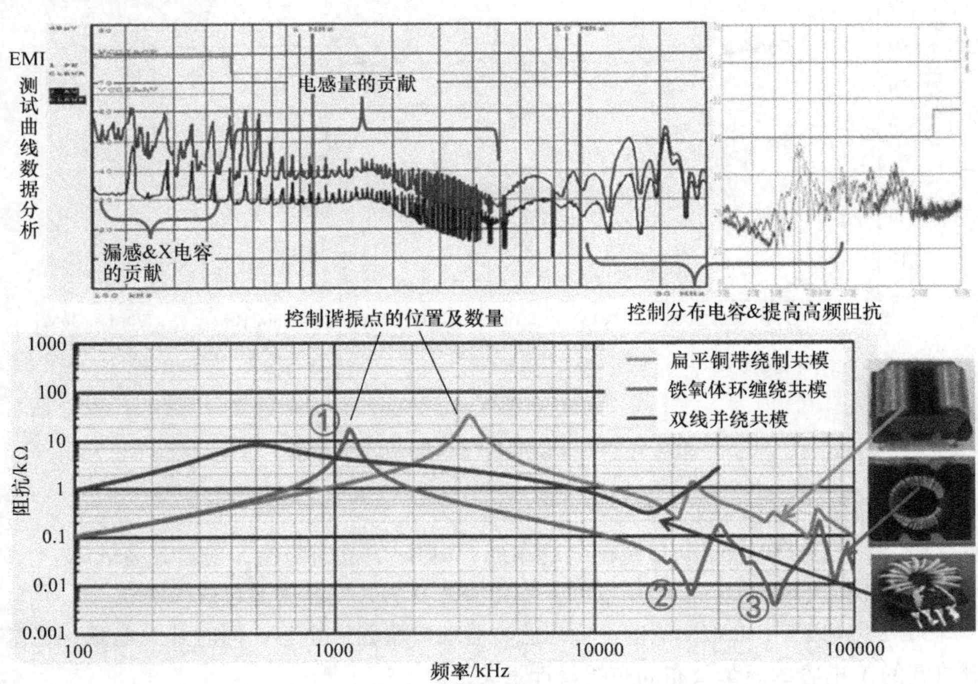

图 9-5　滤波器参数与实际 EMI 测试曲线的匹配示意图

图 9-5 所示为实际电路中滤波器设计抑制噪声干扰的频谱分析仪测试数据，选

择不同的共模电感，其对应的插入损耗在不同的频率范围各有差异，在低频段（150～450kHz）需要共模电感有较大的漏感及滤波器的 X 电容提供差模插损。在 450kHz～10MHz 需要足够的共模电感的电感量提供差模插损和共模插损，主要以共模插损为主。在 10MHz 以上需要双线并绕的共模电感及高频 Y 电容提供高频共模插损的设计。共模电感的选型推荐扁平铜带（SQ－Core）绕制的共模电感、铁氧体环（T－Core）绕制的共模电感、双线并绕的小共模电感的结构。

在实际的产品设计中如果不能通过 EMI 的传导发射测试，还可以通过测试曲线数据来指导滤波器的设计优化（测试整改）。

图 9-6 所示为某开关电源产品采用一阶滤波器实际 EMI 传导发射的测试数据。通过测试数据可以判断其滤波器的参数及结构是没有问题的。其频率在 500kHz～10MHz 的频段内共模电感的选型设计是合理的，都有较好的插入损耗。

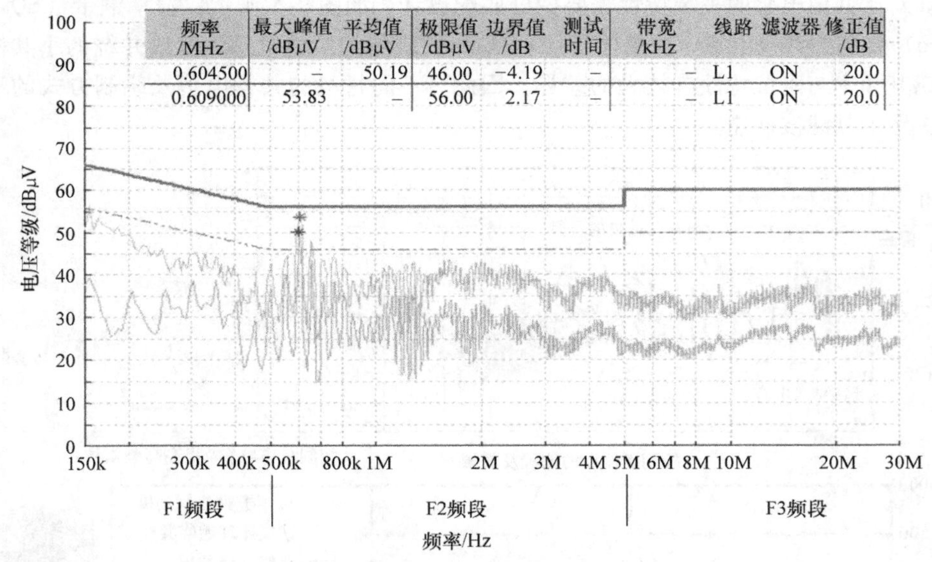

频率/MHz	最大峰值/dBμV	平均值/dBμV	极限值/dBμV	边界值/dB	测试时间	带宽/kHz	线路	滤波器	修正值/dB
0.604500	–	50.19	46.00	−4.19	–	–	L1	ON	20.0
0.609000	53.83	–	56.00	2.17	–	–	L1	ON	20.0

图 9-6　输入 EMI 传导发射测试频谱图

实践与理论数据整改方法：

1）F1 频段 150～500kHz 范围，越靠近 150kHz 的范围调整 X 电容越有效果。

2）F2 频段 500kHz～5MHz 范围，优化滤波器的共模电感参数效果明显。

3）F3 频段 5～30MHz 范围，输入滤波器端口放置 Y 电容，同时开关电源一二次侧放置的 Y 电容的容量及布局布线设计是关键。

注意：在图中出现某几个点的超标时可以通过电路的时域波形进行分析，找到对应的振荡频率点，分析潜在的近场耦合来源。

图 9-7 所示为某开关电源产品采用二阶滤波器实际 EMI 传导发射的测试数据。

使用二阶滤波有助于减小电容电感的寄生参数，并提高高频滤波效果，使用二阶滤波效果将取得更大的衰减量。若使用较大的共模电感线圈则会存在较大的寄生电容，高频的传导噪声会经过寄生电容进行传递，使单个大感量的共模电感不容易达到好的高频滤波效果。而采用两个共模电感，同样的电感量，可以取得较好的高频噪声抑制效果，一般会有 6dB 以上的差值。

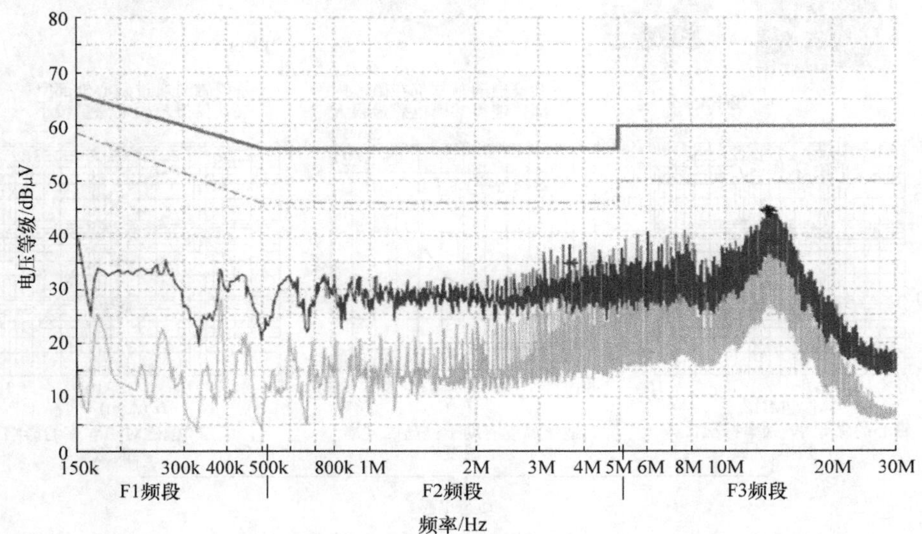

图 9-7　输入 EMI 传导发射测试裕量频谱图

实践与理论数据整改方法如下：

1）F1 频段 150 ~ 500kHz 范围，越靠近 150kHz 的范围，调整 X 电容越有效果。或者通过调整共模电感感量，人为增加漏感提供足够的差模插入损耗。

2）F2 频段 500kHz ~ 5MHz 范围，滤波器的两级共模电感一般会有较好的裕量设计。如果测试曲线整个频段超标或裕量不足，则需要增加共模电感感量。

3）F3 频段 5 ~ 30MHz 范围，输入滤波器端口放置 Y 电容，同时开关电源一二次侧放置的 Y 电容的容量及布局布线设计是关键，同时后级共模电感量过大也会导致 F3 频段上升。

注意：在图中 10MHz 后出现异常频谱，一般是设计调整不适合的端口 Y 电容值及不合适的接地布局布线导致的。

9.1.4　EMI 输入滤波器的动态特性问题

图 9-8 所示为 EMI 传导发射测试超标的疑难点：共模电感磁心材料的磁导率需要与其频率特性匹配；共模电感的初始磁导率 μ_i 与温度特性有关；共模电感的工频

偏磁对磁心的磁导率影响较大。从图中可以看出，当锰锌铁氧体磁心工作频率超过 1MHz 时，其磁导率下降很快；当磁心的工作温度超过 150℃时，磁心的磁导率为零；当磁心的差模电感分量较大时，工作在大电流下需要考虑磁心工作饱和的问题。

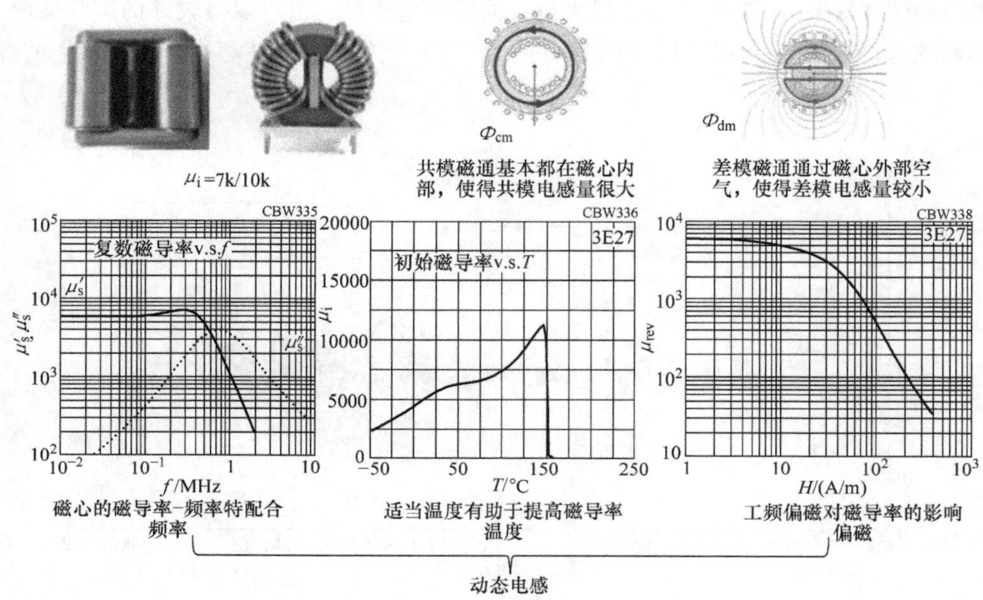

图 9-8 滤波器中共模电感频率、温度及偏磁的动态特性

因此，在某些情况下，通过正确选型设计的共模电感及参数仍然出现测试无法通过的疑难问题点，这时就需要综合考虑共模电感的频率、温度及偏磁问题带来的动态特性。

9.2 开关电源辐射发射的测试与优化

前面章节对开关电源典型拓扑结构的 EMI 辐射进行了详细的分析和设计。实际应用中，大多数天线在一个特定的频谱上辐射效率比较高。这些频率一般小于 200MHz，比如开关电源的辐射发射频谱基本都在 30～200MHz 的范围内。因为开关电源产品或系统中，输入电源线及 I/O 线最长为 2～3m，与波长相比要长一些。频率再高一点（>200MHz)，一般可以看到是从产品的外壳及结构缝隙出来的辐射更明显。

通常几乎所有产品中都有开关电源的供电设计，对于产品辐射发射超标的问题则是产品中的噪声源传递到产品中的等效发射天线模型再传递发射出去的。其产品中的等效天线模型对应到产品内部的 PCB，主要表现为很多的小型单偶极子天线和众多的环路天线模型。单偶极子天线受共模电流影响，环路天线受差模电流影响，因此辐射发射的整改是减小噪声电流（差模电流与共模电流）流向等效的发射天线模型。

对比 EMI 传导发射的测试优化，EMI 辐射发射测试优化需要做哪些准备？由于辐射发射测试数据需要系统在屏蔽暗室和测试接收天线的组合，因此，这里有必要对超过 200MHz（除开关电源以外的时钟电路）的频谱信号进行分析。

信号是从哪里来的？一些有经验的工程师在处理不通过的产品时，往往会忽略这个问题。如果知道信号是从哪里来的，就可以追踪其耦合到产品机壳外的路径，然后决定最佳的解决方案。

除了开关电源以外，时钟及数据信号是最为可能的来源。因此，要知道在系统中的时钟频谱以及其谐波是多少，以及这些频率是不是与问题的频率点吻合。比如，100Mbit/s 速率的基频是 50MHz，则每 50MHz 的倍数就是其一个谐波。通过频谱分析仪的显示有没有提供任何其他的信息？比如说，一个通常使用来降低时钟脉冲的方法是使用展频技术的时钟信号，此方式对时钟信号的基频以及谐波进行频率调制，在频谱分析仪上显示的图形就会明显降低以及散开。这一简单的频率调制方式与通信上的展频通信是无关的。如果在频谱分析仪上显示的信号是展开的辐射样子，则其来源就应该是开启了展频功能的时钟信号。关注点就应该集中到这些相关的信号及其布线，而不需要管其他的信号。反之亦然。如果频谱显示的信号是窄带而不是散开的，则可以不管展频的时钟信号。另一种可能是在频谱分析仪上看到的信号可能不像是窄频信号的谐波也不像是展频信号，那么有可能来源于其他信号源的辐射，通常是随机的宽带噪声的集合。因此，了解这些辐射的来源可以在进行整改时排除一些不相关的信号。

信号是如何跑出屏蔽机壳的？信号的来源清楚后，就可以开始分析信号是如何跑到机壳外面去的。首先观察移动或移除各种连接线缆时，辐射的强度是否有很大的影响。大多数产品的屏蔽机壳实质上很小，所以其本身不会是有效的辐射器。当把各种连接线线缆加到产品上时，这些线缆就会比这个产品在电气上大了很多，并且会变成是较有效的辐射器。信号要从屏蔽机壳出去有以下三种方法：

1）由产品结构的孔洞、开口、缝隙泄漏出去。由孔洞、开口、缝隙泄漏出去时一个常用的测试方法是使用近场探头在机壳旁边进行侦测。这个方法通常可以协助找出造成辐射的开口，但是通常也可能找到并非真正造成问题的位置。实际上，这个测试通常会指出某个封闭的金属角落或是封闭平面的中心点是泄漏源头，这个错误的指示是由近场探头的工作原理导致的。也就是说，它所测量的是电流在金属表面产生的磁场。一旦信号从开口泄漏出去，则不论开口在哪，如果此结构是合适的大小，就可能产生一个与实体大小有关联的共振状况，信号就会增强。这个共振会造成在结构上的 RF 电流，其电流的峰值位置是由辐射的波长控制的，而与实际的泄漏位置不太相关。当频率在半波偶极子处的共振点时，最大的电流会是在天线的中央位置，与实际的信号馈入点无关。

使用接触方式的电场探头是较好的方式，要使用此种探头，需将频谱分析仪调整到超标的频点，然后将探头跨越所要测量的各个孔洞位置，可以很快地测量到该孔洞信号泄漏的最大值，再采用铜箔胶带暂时贴在孔缝隙上，从而验证是否可以得到改善。如果这个有问题的信号无法在任何的缝隙或孔洞上找到，则这个信号可能就是由别的方式跑出机壳的。

如果发现某一缝隙有很高程度的泄漏，则可以使用导电泡棉，或是采用对辐射的源头进行滤波的方式加以解决。

2）经由机壳的屏蔽传导到线缆以及未屏蔽的线缆。经由机壳的屏蔽传导到线缆以及未屏蔽的线是一个常见的辐射原因，把导线拿掉或是移动位置，就可以发现哪些导体线缆是主要问题。根据前面的方法可以用电场探头来协助分析哪一个连接器是泄漏的源头。随着噪声信号跑到连接器引脚的原因不同，会看到不同的结果。通常，这个信号为共模信号，而所有引脚的噪声信号都是一样的能量强度。实际上并非如此，其中的某条或几条导体的杂讯能量可能比其他的导体要强。如果能找到泄漏的引脚，则可以在布线上采用滤波的方式，或是在噪声源的源头加滤波器进行处理。

3）由不理想的屏蔽线缆连接接触泄漏到机壳。电缆的屏蔽应该是360°的搭接，还要考虑搭接阻抗的问题，除了军事产品这样做外，对于普通产品线缆屏蔽可能是缠绕的铜箔或是编织的金属线，也可能是组合使用。由线缆屏蔽连接到机壳屏蔽的品质有很大的差异，最简单的方式是使用一条导线接触到线缆屏蔽的铜箔片或编织网，然后连接到机壳连接器上的接地脚。较牢固的方式是使用金属连接器的外壳挤压到线缆的屏蔽层，然后此外壳再接触到机壳上的连接头。不管使用哪种方式，在线缆屏蔽与系统机壳之间必须要低阻抗连接。如果不是低阻抗，则电流在此阻抗上流过就会产生电压，就会有辐射的发生。

在实践中，可以采用电场探头或电压探针来找寻哪一个线缆屏蔽是泄漏的源头。用此探针来量测线缆屏蔽与机壳之间的电压。一旦找到了泄漏的线缆屏蔽连接端，便可以改变其连接方式，或者是在信号的源头处进行适当的滤波，从而可以解决问题。

了解信号从哪里来的是非常重要的。如果信号可以在其源头控制住，那就不会造成系统信号泄漏的问题，因为杂讯信号的来源已经没有了。如果无法在源头处控制，那就要了解信号是如何从机壳中泄漏出去的，还需要重点关注的是信号的源头以及泄漏点间耦合的机制。通常产品在进行 EMC 测试实验中测试不通过，再想改善其耦合机制就太晚了，控制其耦合机制可以缩短解决问题的时间。比如时钟信号传递到泄漏缝隙的方式有很多种，最有可能的方式是信号在机壳内辐射，然后再由开孔泄漏出去。经过缝隙附近的一条内部线缆或走线也可能会造成缝隙的泄漏。有时移动内部线缆的位置就可以降低辐射的强度。时钟信号可能会耦合到其他的信号导体而进入内部线缆，然后辐射出去。一旦找到了耦合的机制，就可以加以控制。

因此，对于产品来说还需要对辐射发射产生的原因进行分解，如图 9-9 所示。

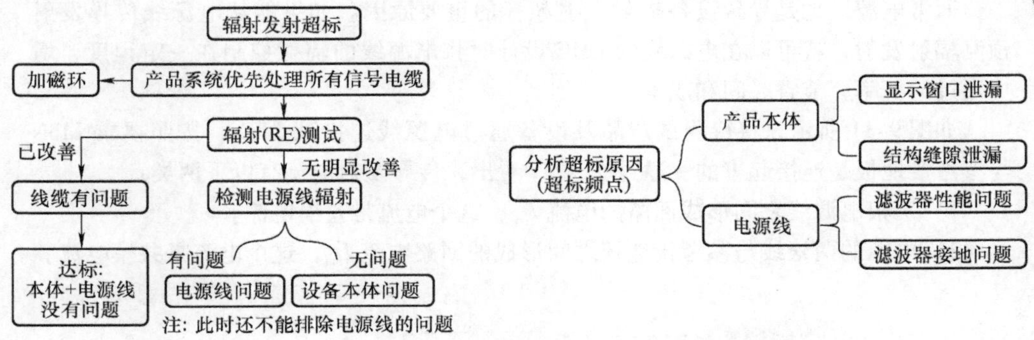

图 9-9　EMI 辐射发射原因分解示意图

这时，可以通过相关的经验推测导致辐射发射超标的原因。如前面所述，产品中的开关电源电路和时钟电路都是不可或缺的。这就要对辐射发射问题有一个基本的认识。

1）一个辐射源（天线）可能导致多个超标的频率点。

2）一个超标的频点可能会来自多个辐射源（天线）。

因此，建立正确的测试优化方法，如图 9-10 所示。首先关注辐射最强的超标频率点，找到产生辐射发射的部位（天线）。了解清楚原因，再进行整改优化，使其达标。依次检查其他超标频率点，按照同样的过程进行优化达标，直到通过测试。最后对整个 EMI 优化的措施实施性价比最佳化设计。

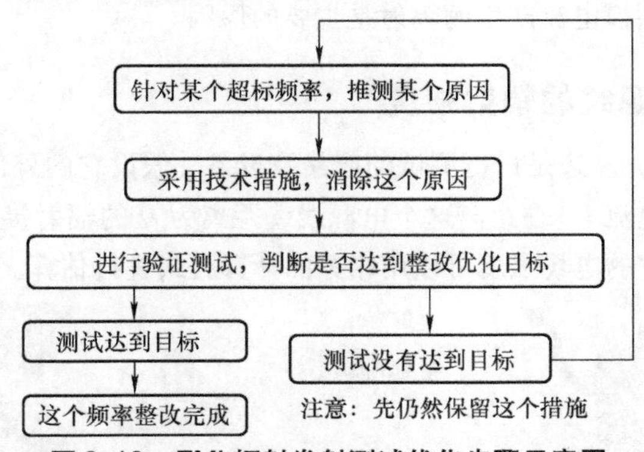

图 9-10　EMI 辐射发射测试优化步骤示意图

如图 9-10 所示，整改的过程是一个推测与验证的过程。使用消除辐射源的技巧，就需要掌握辐射发射控制的相关方法和 EMI 器件的应用。所需要的相关器件可参考《物联产品电磁兼容分析与设计》第 10 章的内容。

9.2.1 电源线的电磁辐射

通常电源线也是导致设备辐射发射超标的重要原因。如果能从电源线传导发射预测辐射发射，就可以在电源线的 EMC 设计时将电源线的辐射控制在一定程度，增加通过的概率，节省时间和成本。

如图 9-11 所示，将待测试产品及设备通过电源线连接到 LISN，按照要求 LISN 与参考接地板是连接起来的。通过图 9-11 看出，传导发射电流有以下两类：

1）两根电源线之间形成回路的电流 I_{dm}，这个电流是差模电流。

2）电源的两根线与参考接地板之间形成的回路电流 I_{cm}，这个电流是共模电流。

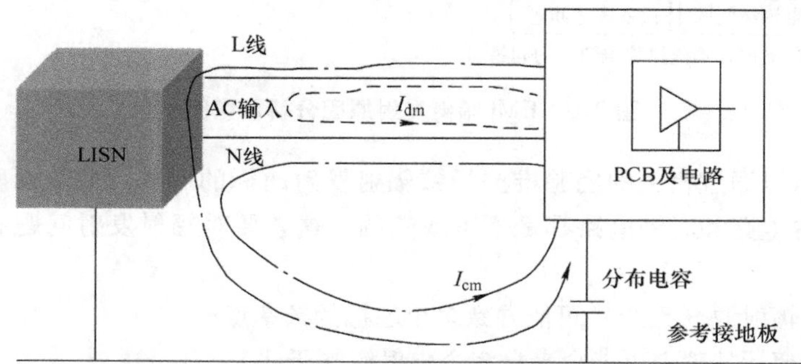

图 9-11　电源线的差模电流和共模电流示意图

因此，在电源线上就会存在有差模传导发射和共模传导发射，电源线上的差模电流会产生电磁辐射，但是由于这两根线靠得很近，所以它们形成的回路面积非常小，因此辐射的效率很低。电源线上的共模电流也会产生辐射，共模电流的回流面积就大了很多，故共模电流产生的辐射是主要的原因。

9.2.2 预测电源线的辐射强度

如图 9-12 所示，左边是进行测试的产品及设备，假设它的外部电源线长度为 L，电源线缆上有共模电流 I，在距离这个电源线缆距离为 D 的辐射接收天线测试点，根据第 2 章的内容，它的电场强度可以用相关的计算公式进行估算。

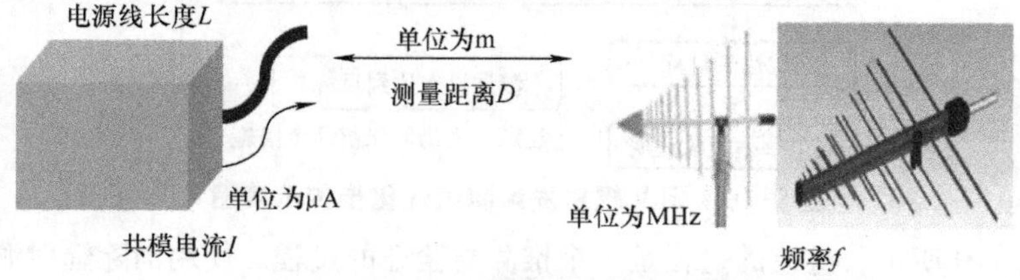

图 9-12　电源线的辐射发射测试示意图

当 $L < \lambda/4$ 时，$E = 1.26ILf/D$，单位为 μV/m。

式中，λ 为信号波长；D 是在测试标准中规定的，标准里面有 1m、3m 或者 10m。

当 $L > \lambda/4$ 时，$E = 120I/D$，单位为 μV/m。

根据天线辐射原理，当天线的长度为无线电信号波长的 1/4 时，天线的发射和接收转换效率最高。

通过线缆长度和波长的关系就可以简化计算，λ 为信号波长。当实际的电源线连接电缆超过 $\lambda/4$ 时，其电场强度与频率就基本没有关系了。因此，通过这两个公式从共模电流预测电场强度是非常重要的，只要测试流过电源线缆的共模电流就可以预测电源线的辐射强度。

在没有屏蔽暗室的情况下，可以通过电流卡钳测试产品及设备电源线的共模电流来判断电源线的辐射，进行初步分析。一般情况下，电源线的长度 $L > \lambda/4$ 时，$E = 120I/D$(μV/m)，这时只要先测试电源线上的共模电流，就可以知道电源线产生的辐射是否会导致超标。

如图 9-13 所示，检测共模电流的方法比较简单，用一个电流卡钳同时卡住电源线，这样电流卡钳输出的就是共模电流。从辐射的限制值就可以推测出对共模电流的限制。

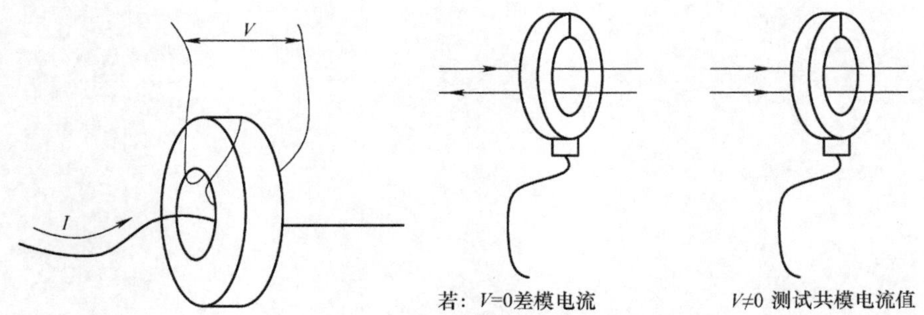

图 9-13　电源线的共模电流测试示意图

9.2.3　从 RE 标准计算对共模电流的限值

从辐射的限制值可以推测出对共模电流的限制，CISPR22 - CLASS B 标准的辐射发射规定，天线距离受试设备 3m，30 ~ 230MHz 的频率范围不能超过 40dBμV/m。假如实际的产品电源线长度 $L = 1.3$m，估算 60 ~ 100MHz 的共模电流限值。

$f = 60$MHz 时，$\lambda = C/f = 300 \times 10^6/60 \times 10^6 = 5$m，$\lambda/4 = 1.25$m。

$f = 100$MHz 时，$\lambda = C/f = 300 \times 10^6/100 \times 10^6 = 3$m，$\lambda/4 = 0.75$m。

当 $L > \lambda/4$ 时，$E = 120I/D$，单位为 μV/m。

60 ~ 100MHz 的辐射发射的限值 40dBμV/m 转换电场强度 $E = 100$μV/m。

$$E = 120I/D = 100\mu V/m, D = 3m$$
$$I = (100 \times 3)/120 = 2.5\mu A$$

此时最大的限值共模电流 $I = 2.5\mu A$，如果有流过电源线的共模电流超过 $2.5\mu A$，则电源线辐射发射就会超标。通过计算数据可知流过电源线共模电流 $I_{cm} < 2.5\mu A$，这是一个较小的数值，因此需要严格控制电源线上的共模电流发射。

电源线的辐射发射主要是其共模发射电流的问题，从共模电流的大小可以预测出电源线的辐射强度。利用这个方法就可以在产品及设备进行辐射发射屏蔽暗室测试之前，先对电源线的辐射进行预测，并优先通过技术整改措施确保电源线的辐射发射不会导致辐射发射超标。任何产品在电源线上微小的共模电流发射，都会导致辐射发射超标的问题。

因此，对于开关电源的具体优化措施和方法，可参考前面章节中的各个开关电源拓扑的分析和设计。

附　录

附录 A　EMC 常见的不符合项及整改对策

A.1　产品 EMI 辐射发射超标整改对策（整机定位流程）

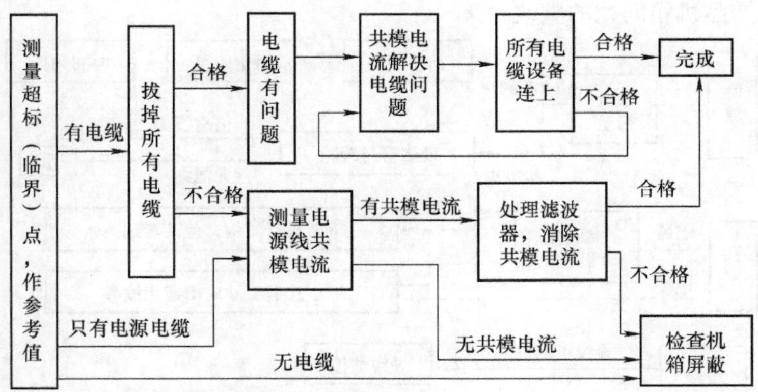

A.2　产品中电源线共模电流整改对策

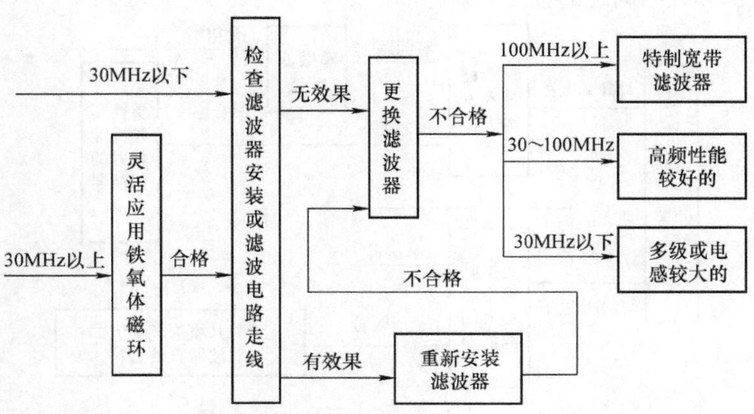

A.3　产品中信号电缆上的共模电流整改对策

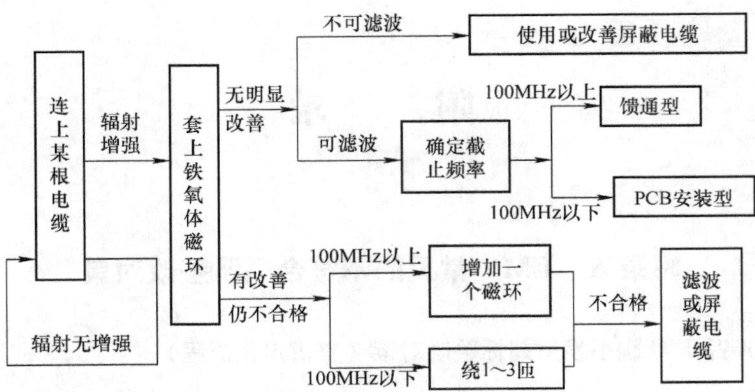

A.4 产品机箱问题的整改对策

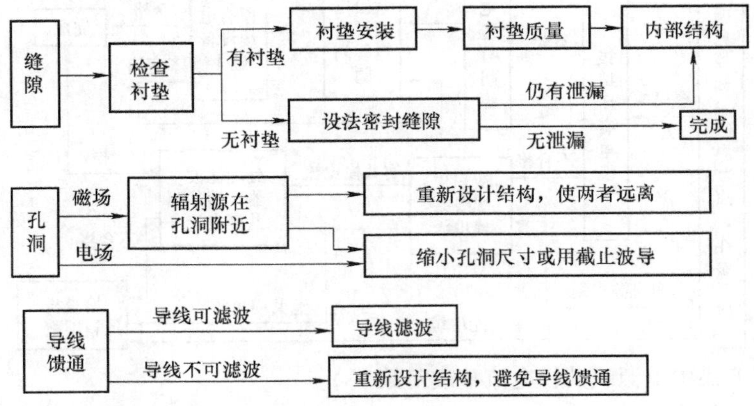

A.5 共模发射问题的整改对策

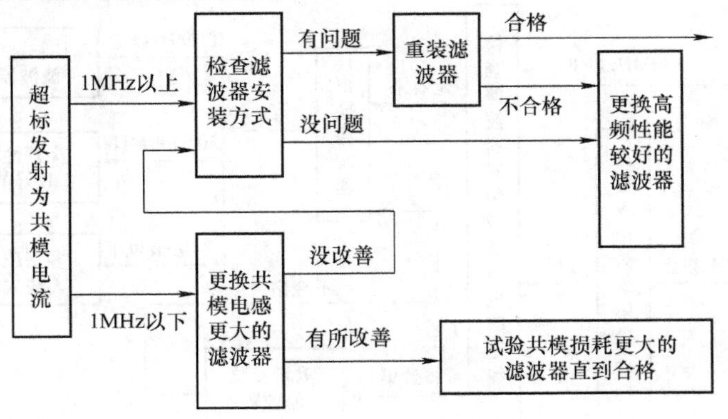

A.6　直接静电放电（ESD）问题的整改对策

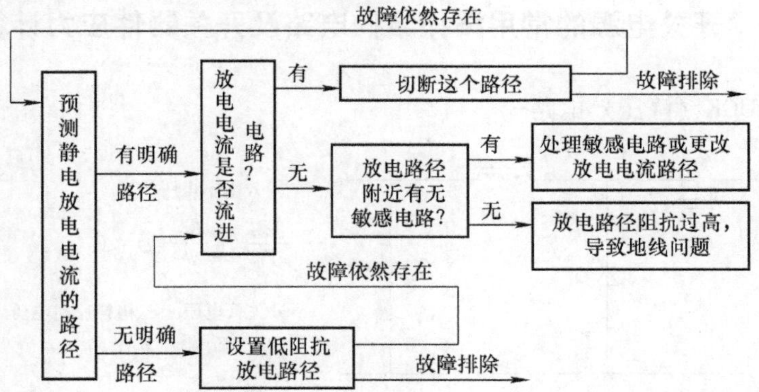

附录 B　开关电源的常用拓扑结构电路及开关器件应力计算参考

B.1　BUCK（降压）电路

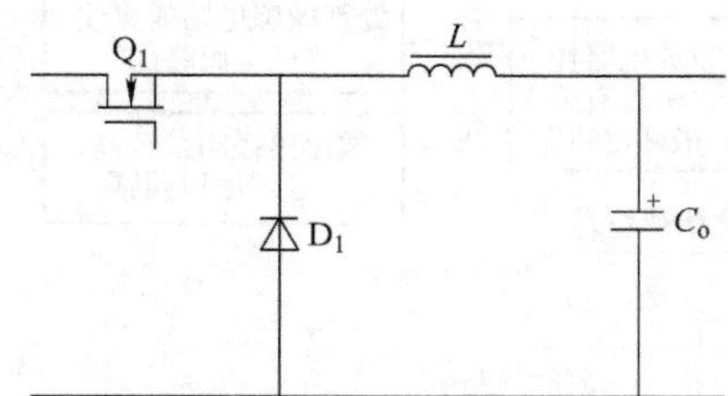

输入输出电压关系

$$\frac{V_{out}}{V_{in}} = \frac{T_{on}}{T} = D$$

开关管电压　$V_{ds} = V_{in}$　　二极管反向电压　$V_{d1} = V_{in}$

B.2　BOOST（升压）电路

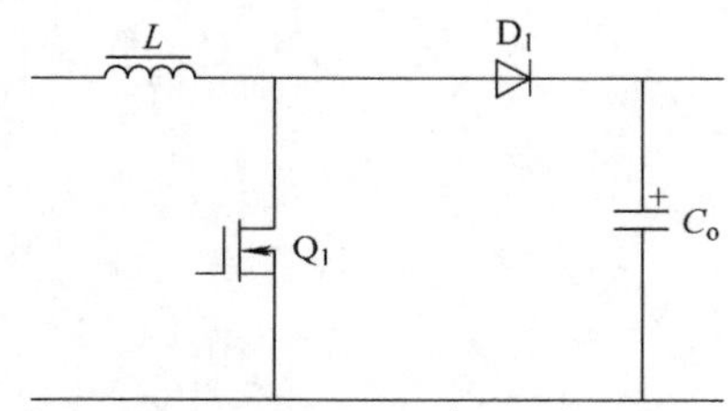

输入输出电压关系

$$\frac{V_{out}}{V_{in}} = \frac{T}{T-T_{on}} = \frac{1}{1-D}$$

开关管电压　$V_{ds} = V_{out}$　　二极管反向电压　$V_{d1} = V_{out}$

B.3　BUCK - BOOST（降压升压）电路

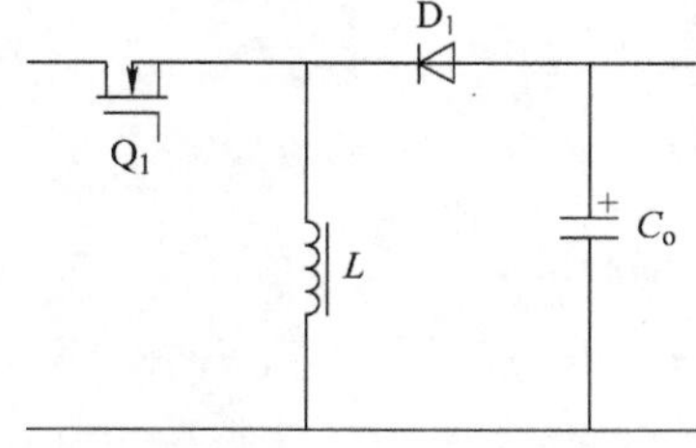

输入输出电压关系

$$\frac{V_{out}}{V_{in}} = \frac{T_{on}}{T-T_{on}} = \frac{D}{1-D}$$

开关管电压　$V_{ds} = V_{in} - V_{out}$　　二极管反向电压　$V_{d1} = V_{in} - V_{out}$

B.4　SEPIC（单端一次侧电感式转换器）电路

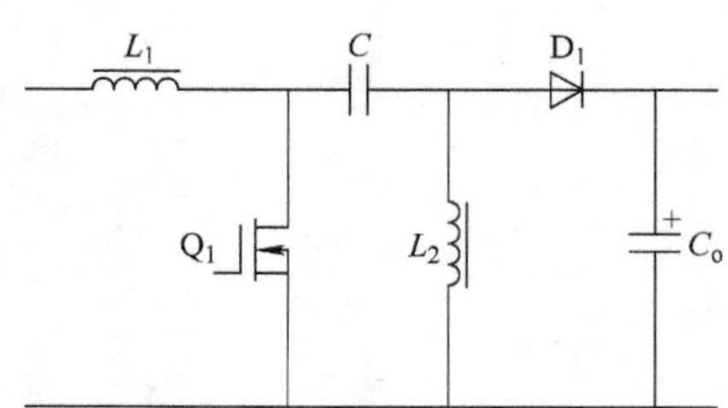

输入输出电压关系

$$\frac{V_{out}}{V_{in}} = \frac{D}{1-D}$$

开关管电压

$V_{ds} = V_{in} + V_{out}$

二极管反向电压

$V_{d1} = V_{out} + V_{in}$

B.5　FLYBACK（反激式）电路

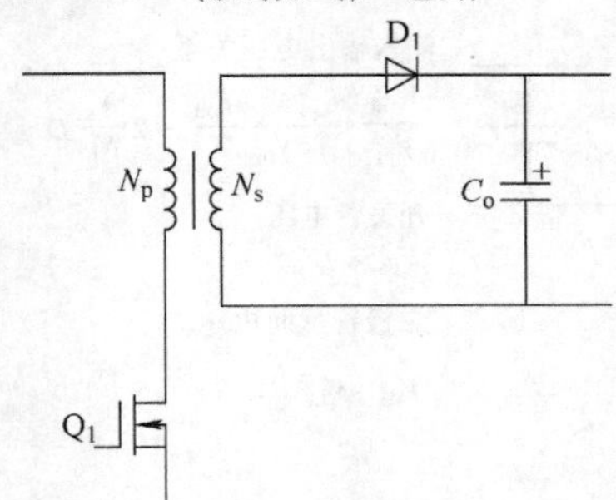

输入输出电压关系

$$\frac{V_{out}}{V_{in}}=D\sqrt{\frac{TV_{out}}{2I_{out}L_p}}$$

开关管电压

$$[(V_{in,max}+V_L)+(V_O+V_D)\frac{N_p}{N_s}]\times 1.3$$

二极管反向电压

$$V_{d1}=V_{out}+V_{in}\frac{N_s}{N_p}$$

B.6　FORWARD（正激式）电路

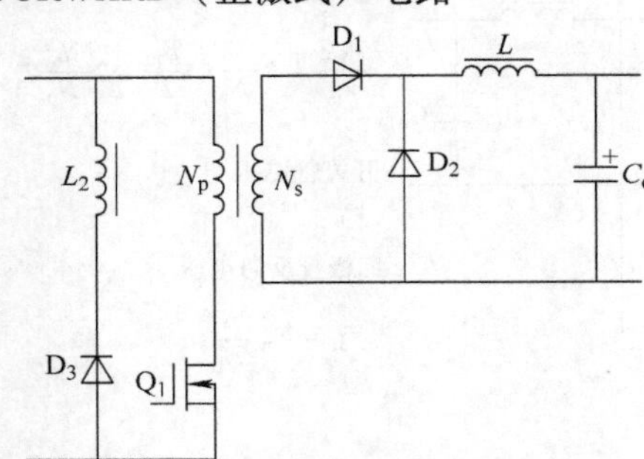

输入输出电压关系

$$\frac{V_{out}}{V_{in}}=\frac{N_s}{N_p}\frac{T_{on}}{T}=\frac{N_s}{N_p}D$$

开关管电压

$$V_{ds}=2V_{in}$$

二极管反向电压

$$V_{d1}=V_{out}+V_{in}\frac{N_s}{N_p}$$

B.7　2SWITCH FORWARD（双正激式）电路

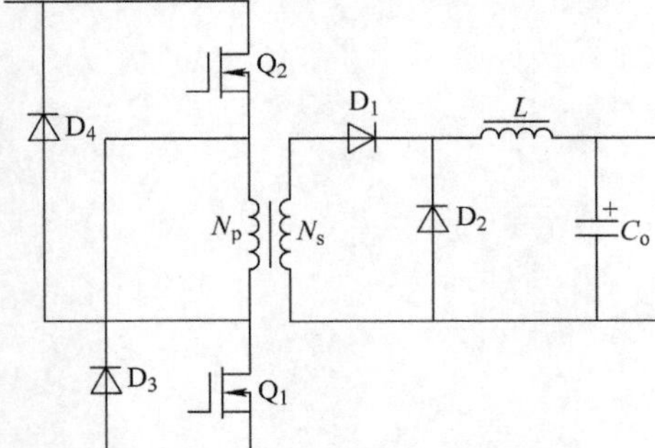

输入输出电压关系

$$\frac{V_{out}}{V_{in}}=\frac{N_s}{N_p}\frac{T_{on}}{T}=\frac{N_s}{N_p}D$$

开关管电压

$$V_{ds}=V_{in}$$

二极管反向电压

$$V_{d1}=V_{out}+V_{in}\frac{N_s}{N_p}$$

B.8　HALF BRIDGE（半桥）电路

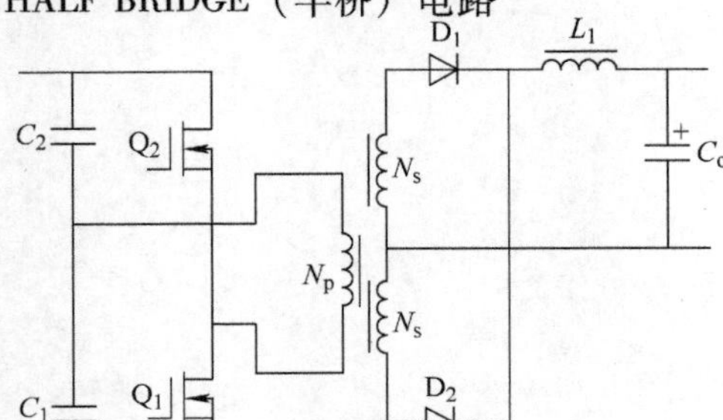

输入输出电压关系

$$\frac{V_{out}}{V_{in}}=\frac{N_s}{N_p}\frac{T_{on}}{T}=\frac{N_s}{N_p}D$$

开关管电压

$$V_{ds}=V_{in}$$

二极管反向电压

$$V_{d1}=\frac{N_s}{N_p}\frac{V_{in}}{2}$$

B.9 PUSH PULL（推挽式）电路

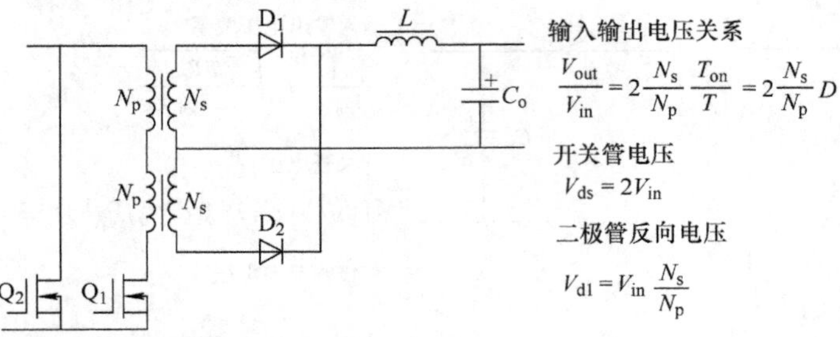

输入输出电压关系

$$\frac{V_{\text{out}}}{V_{\text{in}}}=2\frac{N_s}{N_p}\frac{T_{\text{on}}}{T}=2\frac{N_s}{N_p}D$$

开关管电压

$$V_{\text{ds}}=2V_{\text{in}}$$

二极管反向电压

$$V_{\text{d1}}=V_{\text{in}}\frac{N_s}{N_p}$$

B.10 FULL BRIDGE（全桥）电路

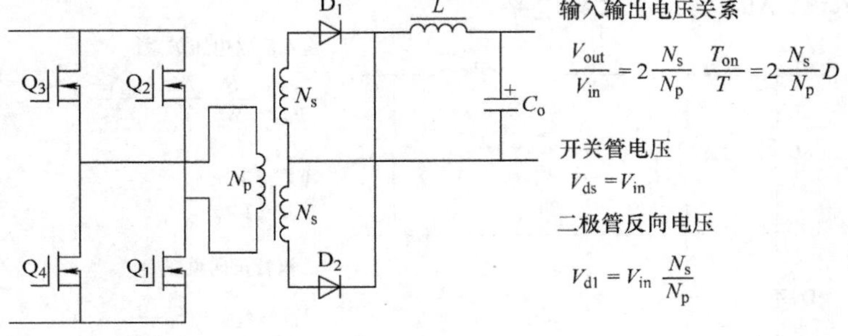

输入输出电压关系

$$\frac{V_{\text{out}}}{V_{\text{in}}}=2\frac{N_s}{N_p}\frac{T_{\text{on}}}{T}=2\frac{N_s}{N_p}D$$

开关管电压

$$V_{\text{ds}}=V_{\text{in}}$$

二极管反向电压

$$V_{\text{d1}}=V_{\text{in}}\frac{N_s}{N_p}$$

参考文献

[1] 中华人民共和国国家质量监督检验检疫总局，中国国家标准化管理委员会．测量、控制和实验室用的电设备　电磁兼容性要求　第1部分：通用要求：GB/T 18268.1—2010 [S]．北京：中国标准出版社，2010.

[2] 中华人民共和国国家质量监督检验检疫总局，中国国家标准化管理委员会．电磁兼容　限值　谐波电流发射限值（设备每相输入电流≤16A）：GB 17625.1—2012 [S]．北京：中国标准出版社，2012.

[3] 国家市场监督管理总局，中国国家标准化管理委员会．家用电器、电动工具和类似器具的电磁兼容要求　第1部分：发射：GB 4343.1—2018 [S]．北京：中国标准出版社，2018.

[4] 国家市场监督管理总局，国家标准化管理委员会．家用电器、电动工具和类似器具的电磁兼容要求　第2部分：抗扰度：GB/T 4343.2—2020 [S]．北京：中国标准出版社，2020.

[5] 中华人民共和国国家质量监督检验检疫总局，中国国家标准化管理委员会．信息技术设备的无线电骚扰限值和测量方法：GB/T 9254—2008 [S]．北京：中国标准出版社，2008.

[6] 中华人民共和国国家质量监督检验检疫总局，中国国家标准化管理委员会．信息技术设备　抗扰度　限值和测量方法：GB/T 17618—2015 [S]．北京：中国标准出版社，2015.

[7] 中华人民共和国国家质量监督检验检疫总局，中国国家标准化管理委员会．低压开关设备和控制设备　第1部分：总则：GB/T 14048.1—2012 [S]．北京：中国标准出版社，2012.

[8] 国家市场监督管理总局，国家标准化管理委员会．低压开关设备和控制设备　第2部分：断路器：GB/T 14048.2—2020 [S]．北京：中国标准出版社，2020.

[9] 中华人民共和国国家质量监督检验检疫总局，中国国家标准化管理委员会．低压开关设备和控制设备　第3部分：开关、隔离器、隔离开关及熔断器组合电器：GB/T 14048.3—2017 [S]．北京：中国标准出版社，2017.

[10] 中华人民共和国国家质量监督检验检疫总局，中国国家标准化管理委员会．低压开关设备和控制设备　第5-1部分：控制电路电器和开关元件　机电式控制电路电器：GB/T 14048.5—2017 [S]．北京：中国标准出版社，2017.

参考文献

[1] [illegible]

[2] [illegible]

[3] [illegible]

[4] [illegible]

[5] [illegible]

[6] [illegible]

[7] [illegible]

[8] [illegible]

[9] [illegible]

[10] [illegible]